EUL VERLAG

WIRTSCHAFTSINFORMATIK

Herausgegeben von Prof. Dr. Dietrich Seibt, Köln, Prof. Dr. Hans-Georg Kemper, Stuttgart, Prof. Dr. Georg Herzwurm, Stuttgart, Prof. Dr. Dirk Stelzer, Ilmenau, und Prof. Dr. Detlef Schoder, Köln

Band 75
Carsten Unger
Entwicklung eines Rahmenkonzepts für das Management von Business-Intelligence-Systemen
Lohmar – Köln 2011 • 384 S. • € 65,- (D) • ISBN 978-3-8441-0087-7

Band 76
Waldemar Meinzer
Preisverhandlung von Standardsoftware im Investitionsgütergeschäft – Eine spieltheoretische Analyse
Lohmar – Köln 2013 • 348 S. • € 63,- (D) • ISBN 978-3-8441-0260-4

Band 77
Sandra Seiz
Gestaltung eines strategiekonformen Informationsmanagements in der Pre-Merger-Phase bei Mergers & Acquisitions
Lohmar – Köln 2013 • 248 S. • € 56,- (D) • ISBN 978-3-8441-0279-6

Band 78
Margarete Koch
Entwicklung eines Informationsversorgungskonzepts als Basis unternehmensspezifischer Business-Intelligence-Lösungen industrieller Unternehmen
Lohmar – Köln 2014 • 344 S. • € 63,- (D) • ISBN 978-3-8441-0311-3

Band 79
Nadine Amende
Nutzenmessung der geografischen Informationsvisualisierung in Verbindung mit der Informationssuche
Lohmar – Köln 2014 • 388 S. • € 65,- (D) • ISBN 978-3-8441-0316-8

Band 80
Xuanpu Sun
Ein szenario- und prototypingbasiertes Konzept zur Informationsbedarfsanalyse für Business-Process-Intelligence-Systeme – Entwicklung und Evaluation
Lohmar – Köln 2014 • 352 S. • € 64,- (D) • ISBN 978-3-8441-0317-5

JOSEF EUL VERLAG

Reihe: Wirtschaftsinformatik · Band 80

Herausgegeben von Prof. Dr. Dietrich Seibt, Köln, Prof. Dr. Hans-Georg Kemper, Stuttgart, Prof. Dr. Georg Herzwurm, Stuttgart, Prof. Dr. Dirk Stelzer, Ilmenau, und Prof. Dr. Detlef Schoder, Köln

Dr. Xuanpu Sun

Ein szenario- und prototypingbasiertes Konzept zur Informationsbedarfsanalyse für Business-Process-Intelligence-Systeme

Entwicklung und Evaluation

Mit einem Geleitwort von Prof. Dr. Hans-Georg Kemper,
Universität Stuttgart

EUL VERLAG

Bibliografische Information der Deutschen Nationalbibliothek

Die Deutsche Nationalbibliothek verzeichnet diese Publikation in der Deutschen Nationalbibliografie; detaillierte bibliografische Daten sind im Internet über <http://dnb.d-nb.de> abrufbar.

Dissertation, Universität Stuttgart, 2014

D 93

ISBN 978-3-8441-0317-5
1. Auflage März 2014

JOSEF EUL VERLAG GmbH
Brandsberg 6
53797 Lohmar
Tel.: 0 22 05 / 90 10 6-6
Fax: 0 22 05 / 90 10 6-88
E-Mail: info@eul-verlag.de
http://www.eul-verlag.de

Bei der Herstellung unserer Bücher möchten wir die Umwelt schonen. Dieses Buch ist daher auf säurefreiem, 100% chlorfrei gebleichtem, alterungsbeständigem Papier nach DIN 6738 gedruckt.

Geleitwort

Es steht heute außer Zweifel, dass das Management primärer, wertschöpfender und sekundärer, unterstützender Geschäftsprozesse einen kritischen Faktor des unternehmerischen Erfolgs darstellt. Die wirksame Implementierung eines adäquaten Geschäftsprozessmanagements ist somit eine der großen Aufgaben, mit denen sich die meist funktional gegliederten Unternehmen konfrontiert sehen. Hierbei stellt die Implementierung leistungsfähiger IT-basierter Entscheidungsunterstützungssysteme (Business Intelligence, BI) in prozessualen Strukturen aufgrund historisch gewachsener Systeminfrastrukturen (Legacy-Strukturen) und organisatorisch über Jahre etablierter Aufgabensegmentierungs- und -koordinationskonzepte eine besondere Herausforderung dar. So behindern diese technischen und organisatorischen Limitationen häufig die Bestimmung relevanter Informationsbedarfe, die für die erfolgreiche Implementierung leistungsfähiger prozessorientierter BI-Systeme erforderlich wären.

Die vorliegende Arbeit von Herrn Xuanpu Sun ist diesem Themenbereich – der als Business Process Intelligence (BPI) bezeichnet wird – gewidmet. Zielsetzung der Arbeit ist die Entwicklung und Evaluation eines Konzepts zur Informationsbedarfsanalyse für BPI-Systeme, die eine Analyse von Geschäftsprozessen auf der Grundlage von BI-Techniken unterstützen. Hierbei hat sich Herr Sun sowohl für die Entwicklung eines Werkzeugs als auch eines Entwicklungsprozessmodells entschieden. Auf dieser Basis können relevante BPI-Szenarien abgegrenzt, prozessuale Strukturen erhoben bzw. abgebildet und Prozessablaufdaten für multidimensionale BI-Analysen prototypisch generiert werden. Eine fallstudien-basierte Evaluation seines Gesamtansatzes rundet die Arbeit ab. Engagiert hat er hierbei zwei Referenzanwendungskontexte analysiert, die sehr anschaulich die Domänenneutralität seines Konzepts dokumentieren. Die Erkenntnisse sind in beiden Szenarien beeindruckend und leisten hervorragende Ansatzpunkte zur Erweiterung traditioneller Informationsbedarfsanalysen.

Hans-Georg Kemper Stuttgart, im März 2014

Vorwort

Die Tätigkeit als akademischer Mitarbeiter am Lehrstuhl für Wirtschaftsinformatik I an der Universität Stuttgart bot mir die Möglichkeit, mich intensiv mit dem Thema Business Intelligence, insb. im Anwendungsbereich des Geschäftsprozessmanagements, zu beschäftigen. Die vorliegende Arbeit fasst die Ergebnisse meiner Forschung zusammen. Die Realisierung des Forschungsvorhabens verdanke ich zahlreichen Personen, die mich während der Entstehung dieser Arbeit begleitet haben.

Mein ganz persönlicher Dank gilt meinem Doktorvater, Prof. Dr. Hans-Georg Kemper, der mich in meiner Zeit am Lehrstuhl stets unterstützt hat. Er hat durch seine Bereitschaft, mir Freiräume für meine Forschungstätigkeiten einzuräumen, und durch sein persönliches Engagement sowie seine konstruktiven Ratschläge diese Dissertation erst ermöglicht. Des Weiteren bedanke ich mich bei Herrn Prof. Dr. Georg Herzwurm für die Übernahme des Zweitgutachtens und bei Herrn Prof. Dr. Henry Schäfer für die Übernahme des Prüfungsvorsitzes.

Meinen ehemaligen Kollegen am Lehrstuhl – Herrn Dr. Henning Baars, Herrn Clemens Haußmann, Herrn Philip Hollstein, Herrn Jens Lachenmaier, Herrn Dr. Heiner Lasi, Herrn Dominik Morar, Frau Dr. Margarete Koch, Frau Viola Koppetzki, Herrn Dr. Carsten Unger und Herrn Michael Zimmer – möchte ich für die sehr gute Zusammenarbeit sowie die zahlreichen fruchtbaren Diskussionen danken. Insbesondere möchte ich mich bei Herrn Dr. Henning Baars bedanken, der mich stets dazu motiviert hat, den Weg meines Forschungsvorhabens zu Ende zu gehen und mich durch die kritischen Diskussionen und wertvollen Anregungen stets unterstützt hat. Ebenso danke ich den Experten aus der Praxis, die mich v.a. bei der Evaluation meiner Forschungsergebnisse unterstützt haben. Dank gilt auch den wissenschaftlichen Hilfskräften, dabei insb. Herrn Simon Möhrer, Herrn Thomas Rupek und Herrn Christian Walter, die wesentlich zum sprachlichen Feinschliff beigetragen haben.

Einen ganz besonderen Dank möchte ich schließlich an meine Frau Wanchun richten, die während der Entstehung dieser Arbeit meinen Rücken frei gehalten hat. Dank gilt ebenfalls meinem Sohn Leo, meinen Eltern und meinen Schwiegereltern für die Unterstützung auf ihrer Art und Weise.

Stuttgart, im März 2014 Xuanpu Sun

Gliederungsübersicht

Inhaltsverzeichnis

Abbildungsverzeichnis

Tabellenverzeichnis

Abkürzungsverzeichnis

ADAPT .... Application Design for Analytical Processing Technologies
APS .... Advanced Planning System
BAM .... Business Activity Monitoring
BI .... Business Intelligence
BPI .... Business Process Intelligence
BPM .... Business Process Management
BPMN .... Business Process Modeling Notation
CAD .... Computer-aided Design
C-DWH .... Core Data Warehouse
CM-System .... Campus Management System
CRM .... Custom Relationship Management
DSS .... Decision Support Systems
DWH .... Data Warehouse
EPCIS .... EPC-Informationsservices
EPK .... Ereignisgesteuerte Prozesskette
ERM .... Entity-Relationship-Modell
ERP .... Enterprise Resource Planning
ETL .... Extraktion, Transformation, Laden
FIS .... Führungsinformationssystemen
GPM .... Geschäftsprozessmanagement
GPS .... Global Positioning System
IBA .... Informationsbedarfsanalyse
IEEE .... Institute of Electrical and Electronics Engineers
IS .... Information system
IT .... Informationstechnologie
LW .... Local Warehouse
ME/R-Modell .... Multidimensionales Entity-Relationship-Modell
MES .... Manufacturing Execution System
MIS .... Management Information Systems
MSS .... Management Support System
MUS .... Managementunterstützungssysteme
ODS .... Operational Data Store

OLAP .... Online Analytical Processing
OMG .... Object Management Group
PDS .... Process Data Store
PPS .... Produktionsplanung- und Steuerungssystem
ProDIA-Werkzeug .... Werkzeug für die Generierung von ProzessablaufDaten für eine InformationsbedarfsAnalyse
PWH .... Process Warehouse
RDC .... Regional Distribution Center
RE .... Requirements Engineering
RFID .... Radio Frequency Identification
SCC .... Supply Chain Council
SCM .... Supply Chain Management
SCOR-Modell .... Supply Chain Operations Reference Model
SOA .... Serviceorientierte Architektur
UML .... Unified Modelling Language
UML AD .... UML Aktivitätsdiagramm
VMI .... Vendor Managed Inventory
WDC .... World Distribution Center
WfMS .... Workflow Management System
WKWI .... Die Wissenschaftliche Kommission für Wirtschaftsinformatik
WVZ .... Warenverteilzentrum
XML .... Extensible Markup Language
XSD .... XML Schema Definition

Zusammenfassung

Das Management von Geschäftsprozessen hat seit den 1990er Jahren stetig an Bedeutung gewonnen. Der Vorteil besteht v.a. darin, dass die Transparenz über das unternehmerische Leistungsgeschehen erhöht und dadurch Potentiale zur Effizienzsteigerung aufgezeigt werden können. Zur Unterstützung des Geschäftsprozessmanagements kommen seit jeher IT-basierte Anwendungssysteme zum Einsatz. In den vergangenen Jahren wurden sowohl in der Literatur als auch in der Praxis verstärkt die Einsatzmöglichkeiten speziell von Business-Intelligence-(BI)-Systemen zur Unterstützung von Prozessanalysen diskutiert. Solche Anwendungssysteme werden als *prozessorientierte BI-Systeme* oder *Business-Process-Intelligence-Systeme* (BPI-Systeme) bezeichnet.

Bei der Entwicklung von BPI-Systemen besteht eine wesentliche Herausforderung zunächst darin, den adäquaten Informationsbedarf zu ermitteln (Informationsbedarfsanalyse), der bei der Erfüllung von BPI-gestützten prozessorientierten Entscheidungsaufgaben zu decken ist. Aufgrund der Komplexität aktueller Prozessstrukturen sowie des für die Anwender oft noch hohen Neuigkeitsgrads prozessorientierter analytischer Aufgaben ist der Informationsbedarf oft nicht hinreichend artikulierbar.

Vor diesem Hintergrund ist es das Ziel dieser Arbeit, ein Konzept zu entwickeln und zu evaluieren, das die Informationsbedarfsanalyse bei der Entwicklung von BPI-Systemen unterstützt.

Ausgehend von einem gestaltungsorientierten Forschungsansatz wird das oben genannte Ziel in mehrere aufeinander aufbauende Teilziele heruntergebrochen. Hierzu werden qualitative empirische Untersuchungen durchgeführt. Zunächst erfolgt eine Literaturanalyse zu den bestehenden Methoden und Ansätzen der Informationsbedarfsanalyse (insb. für die Entwicklung von BI-Systemen). Darauf basierend werden für das zu entwickelnde Konzept Basismethoden ausgewählt, wobei argumentiert wird, dass sich hier eine Kombination aus Szenario-Methode und Prototyping anbietet.

Auf Grundlage dieser Basismethoden wird das Konzept konkretisiert. Es wird ausgeführt, dass das Konzept mit zwei Gestaltungskomponenten umgesetzt werden kann: Einem *Werkzeug* (*ProDIA-Werkzeug* genannt) und einem flankierenden *iterativen Vorgehensmodell*. Mithilfe des ProDIA-Werkzeugs können ein zu untersuchender Geschäftsprozess abstrahiert abgebildet sowie Beispieldaten zum Prozessablauf unter Nutzung eines Prozesssimulationsansatzes generiert werden. Mit diesen Daten können prototypische BPI-Systeme (z.B. OLAP-Systeme oder Process-Mining-Systeme) für verschiedene Analyseszenarios realisiert werden, die dann mit den Entscheidungsträgern evaluiert werden können. Mithilfe des verfolgten iterativen Ansatzes können so auch komplexe Analyseszenarios schrittweise identifiziert und konkretisiert sowie indirekt der relevante Informationsbedarf abgeleitet werden.

Methodisch werden auf Basis einer Literaturanalyse und einer Sekundäranalyse zunächst konkrete Anforderungen an die Entwicklung des Konzepts erhoben. Anschließend werden das ProDIA-Werkzeug und ein iteratives Vorgehensmodell entwickelt und prototypisch realisiert. Mit dem ProDIA-Werkzeug können Demonstrationsdaten für verschiedene Typen von Geschäftsprozessen, etwa Logistikprozesse mit physischen Objekten oder Versicherungsprozesse mit informationellen Objekten, erzeugt werden. Die Besonderheiten des ProDIA-Werkzeugs liegen v.a. darin, dass bei der Generierung von Beispieldaten einerseits die Multidimensionalität von Prozessanalysen berücksichtigt und andererseits flexibel eine Vielzahl von Einflussgrößen konfiguriert werden kann. Auf diese Weise lassen sich unterschiedlichste prozessuale Analyseszenarios darstellen.

Die Evaluation des Konzepts erfolgt durch zwei Fallstudien, die zum einen im Kontext der Logistik und zum anderen in einem universitären Umfeld durchgeführt wurden. Hierbei wurden zunächst die Einsatzmöglichkeiten von BPI-Systemen mit Fachexperten diskutiert. Mithilfe des ProDIA-Werkzeugs konnten die zu untersuchenden Prozesse abgebildet, Beispieldaten zum Prozessablauf generiert und anschließend BPI-Prototypen (anhand eines OLAP-Werkzeuges) realisiert werden. In mehreren Workshops konnten hierbei schrittweise relevante Analyseszenarios identifiziert und am Anfang der Untersuchungen noch nicht artikulierter Informationsbedarf erhoben werden.

Die Erkenntnisse dieser Arbeit leisten einen Beitrag zur Diskussion über Einsatzmöglichkeiten sowie Herausforderungen von prozessorientierten BI-Systemen. Hierfür konnte gezeigt werden, dass die Nutzenpotenziale von solchen Systemen sowie die damit verbundene Informationsbedarfsanalyse mithilfe eines szenario- und prototypingbasierten Vorgehens evaluiert werden können.

Abstract

The management of business processes has received considerable attention since the early 1990s. Its benefits are considered to enable the transparency and increase the efficiency of companies by organizing business tasks from a procedural view. Information systems are generally used to support the management of business processes. In the last years, the opportunities of using business intelligence systems to support the analysis of business processes have been discussed widely. Such information systems are called *Process-orientied BI Systems* or *Business Process Intelligent Systems* (BPI Systems).

During the development of BPI systems, it is a major challenge to elicit adequate information requirements (information requirements analysis) which are needed to fulfil process-oriented management tasks supported by the BPI systems. This is due to the complexity of the business process structure on the one hand and the relatively new analytical tasks for the users on the other, so that the information requirements are often articulated insufficiently.

The purpose of this work is to develop and to evaluate a concept which is used to support analysis of information requirements for business process intelligence systems.

The research methodology is based on design science. First of all, a literature review has been taken for the existing methods and approaches of requirements analysis (especially for development of BI systems). After that, the basic methods for this intended concept are chosen which are the scenario method and the prototyping. It is argued that two components are contained in this scenario- and prototyping-based concept: a tool (which is called ProDIA-Tool) and an iterative procedure model. The ProDIA-Tool is used to model a business process for which a BPI system is to be developed and generate demonstration data for the courses of the process (according to process simulation). Based on the generated process data, BPI prototypes (e.g. OLAP-Systems or process mining systems) with various analysis scenarios can be realized. These scenarios can then be evaluated with the users of the future BPI system. With the help of an iterative procedure model, it is thus possible to elicit even complicated analysis scenarios gradually. Relevant information requirements can then be derived from the identified scenarios.

The elicitation of the requirements for developing this scenario and prototyping based concept has been accomplished according to a literature review and a secondary analysis. The ProDIA-Tool and an iterative procedure model were developed afterwards. There are mainly two specific characteristics of the ProDIA-Tool. The first one is that the generated process data are based on multi-dimensional structures of business processes which are important for analyses of processes. The other one is that lots of influencing variables for process simulation can be configured. This way, different kinds of process-oriented analysis scenarios can be demonstrated.

Finally, this concept was evaluated by two case studies in the context of logistics and of the university. In both case studies, the possibilities of using BPI systems were discussed with professionals. Possible business processes which could be supported by BPI systems were modelled with the help of the ProDIA-Tool. After that, process data were generated and prototypes of BPI systems (based on an OLAP-Tool) are realised. The prototypes and potential analysis scenarios were then demonstrated in several workshops so that relevant analysis scenarios as well as the information requirements which were not articulated from the beginning of the studies could finally be identified.

The outcome of this work is a contribution to the discussion of possibilities of using process-oriented BI systems. It could be showed that the potential of such systems as well as the related analysis for the information requirements can be supported by a scenario and prototyping based concept.

1 Einleitung

1.1 Motivation und Problemstellung

Geschäftsprozessmanagement, ein Konzept, das eine Gestaltung und Steuerung betrieblicher Aufgaben aus prozessualer Sicht vorsieht, hat sich seit den 1990er-Jahren sowohl in der Wissenschaft als auch in der Praxis etabliert und bewährt.[1] Eine prozessorientierte Ausrichtung betrieblicher Aufgaben erhöht die unternehmerische Transparenz und leistet signifikante Beiträge zur betrieblichen Effizienzsteigerung.[2] Viele Unternehmen verfolgen daher das Ziel, die traditionelle funktionale Arbeitsteilung, bei der Prozessketten durch Abteilungsgrenzen unterbrochen werden, was mit einem hohen Koordinationsaufwand einhergeht, zu einer prozessorientierten Organisation zu entwickeln. Damit können historisch gewachsene und bislang voneinander getrennte Aufgabenbereiche miteinander verknüpft und aus prozessualer Sicht integriert betrachtet werden.[3] Die dadurch entstehenden Aufgaben für das Management von Geschäftsprozessen unterscheiden sich von denen im einzelnen Teilaufgabenbereich: Sie basieren auf prozessualen Strukturen und betrachten die Zusammenhänge verschiedener Aufgabenbereiche, um Ursache-Wirkungsbeziehungen über Abteilungsgrenzen besser berücksichtigen zu können.[4] Um diese Aufgaben zu erfüllen, ist es notwendig, den entstehenden Informationsbedarf zu befriedigen. Dessen Ermittlung ist jedoch aufgrund der oftmals komplexen Strukturen der Prozesse mit Herausforderungen verbunden.[5]

Die Aufgaben für das Geschäftsprozessmanagement umfassen im Wesentlichen die Organisation und die Gestaltung einer Prozessstruktur, die Steuerung und die Kon-

[1] Eine Reihe von wissenschaftlichen Publikationen von Davenport, Hammer und Champy, Gaitanides, Scheer u.a. hat zur Verbreitung und die Etablierung von prozessorientierten Ansätze beigetragen. Vgl. u.a. Davenport, T. H. (1993), S. 1 ff., Hammer, M. und Champy, J. (1993), S. 90 ff., Scheer, A.-W. (1997), S. 1 ff. sowie Gaitanides, M. (2012), S. 1 ff.

[2] Vgl. Schmelzer, H. J. und Sesselmann, W. (2013), S. 3 f., Bucher, T. (2008), S. 101, Weske, M. (2007), S. 4, Becker, J. und Kahn, D. (2012), S. 3 f. sowie Ko, R. K. L. u.a. (2009), S. 744 ff.

[3] Vgl. Gadatsch, A. (2012), S. 10 ff. und S 290, Kettinger, W. J. und Teng, J. T. C. (1997), S. 56, Becker, J. und Kahn, D. (2012), S. 4 f., Weske, M. (2007), S. 17 ff. sowie Bergsmann, S. (2012), S. 4. In einigen Anwendungsdomänen geht die Entwicklung noch einen Schritt weiter, indem unternehmensübergreifende „End-to-End-Prozesse“ gestaltet werden. Vgl. Bergsmann, S. (2012), S. 48 f. sowie Picot, A. und Hess, T. (2005), S. 36 ff.

[4] Vgl. Schmelzer, H. J. und Sesselmann, W. (2013), S. 54 ff., Rohloff, M. (1995), S. 85 f. sowie Bergsmann, S. (2012), S. 5 ff.

[5] Vgl. Davenport, T. H. (1993), S. 79.

trolle, sowie die Analyse und die Optimierung von Geschäftsprozessen.[6] Es herrscht ein allgemeiner Konsens darüber, dass die Ausführung solcher Aufgaben ohne adäquate IT-Unterstützung kaum vorstellbar ist.[7] Dementsprechende Anwendungssysteme[8] müssen ebenfalls prozessuale Strukturen berücksichtigen, die bei funktionsorientierten Anwendungssystemen[9] üblicherweise nicht im Mittelpunkt stehen.[10] In den vergangenen Jahren haben neue Ansätze, die mithilfe von Business-Intelligence-Techniken (BI-Techniken)[11] die zuletzt genannten Aufgabenfelder des Geschäftsprozessmanagements im dispositiven Kontext unterstützen, immer mehr an Bedeutung gewonnen.[12] Hierbei werden Prozessablaufdaten[13] aus verschiedenen Aufgabenbereichen entlang eines gesamten Geschäftsprozesses extrahiert, aufbereitet und mit verschiedenen Techniken analysiert. Dadurch wird es möglich, die Analyse einer komplexen Prozessstruktur zu unterstützen und Zusammenhänge zwischen den Teilprozessen für die Verantwortlichen nachvollziehbarer zu machen.[14] Diese Art von analytischen Anwendungen[15] wird in der Literatur unter den Begriffen *prozessorientierte BI* oder *Business Process Intelligence (BPI)*[16] diskutiert.[17] Dementsprechende Anwendungssysteme, die mithilfe von BI-Techniken die Geschäftsprozessanalyse unterstützen, werden als BPI-Systeme bezeichnet.

---

[6] Vgl. Schmelzer, H. J. und Sesselmann, W. (2013), S. 8 ff., Gadatsch, A. (2012), S. 4 ff., Weske, M. (2007), S. 11 ff. sowie van der Aalst, W. M. P. u.a. (2003), S. 5.

[7] Vgl. Davenport, T. H. und Short, J. E. (1990), S. 1 ff. sowie Bucher, T. (2008), S. 102.

[8] Vgl. Abschnitt 1.3.

[9] Funktionsorientierte Anwendungssysteme entstehen in funktionsorientierten Organisationsstrukturen und sind die Systeme, welche die speziellen Aufgaben der jeweiligen Organisationseinheit möglichst effizient unterstützen. Vgl. u.a. Allweyer, T. (2005), S. 17 sowie Lehner, F. u.a. (2008), S. 16.

[10] Vgl. Davenport, T. H. und Short, J. E. (1990), S. 4 f. sowie Schmelzer, H. J. und Sesselmann, W. (2013), S. 465 ff.

[11] Vgl. Kapitel 3.

[12] Vgl. Grigori, D. u.a. (2004), S. 321 ff., Dayal, U. u.a. (2001), S. 1 ff., Becker, M. und Chamoni, P. (2008), S. 155 ff., Felden, C. u.a. (2010), S. 195 ff. sowie Chow, L. u.a. (2010), S. 19 ff.

[13] In dieser Arbeit werden Prozessablaufdaten als die Daten verstanden, welche die Abläufe von Geschäftsprozessen dokumentieren. Die Prozessablaufdaten werden i.d.R. bei der Ausführung von Prozessaktivitäten erzeugt. Beispiele der Prozessablaufdaten sind Ausführungszeitpunkt oder Bearbeiter einer Aktivität. Vgl. Becker, M. und Chamoni, P. (2008), S. 158 f.

[14] Vgl. Baars, H. u.a. (2008a), S. 73 ff., Baars, H. und Sun, X. (2009), S. 1 ff., Hall, C. (2004b), S. 1 ff. sowie Holten, R. u.a. (2002), S. 864 ff.

[15] Analytische Anwendungen sind von den operativen Systemen getrennte Anwendungssysteme, die Aufgaben der Analyse übernehmen. Vgl. Oehler, K. (2006), S. 35.

[16] Der Begriff Business Process Intelligence hat sich in den letzten Jahren in der Wissenschaft für diesen Anwendungsbereich etabliert. Dies wird in Kapitel 3 näher erörtert.

[17] Vgl. Bucher, T. und Gericke, A. (2009), S. 408-429, Cheng, Y. und Li, Z. (2010), S. 1-4, Grigori, D. u.a. (2004), S. 321 ff., Dayal, U. u.a. (2001), S. 1 ff., Felden, C. u.a. (2010), S. 195 ff. sowie Chow, L. u.a. (2010), S. 19 ff.

Im Rahmen dieser Arbeit wird der oben beschriebene Anwendungsbereich betrachtet. Hierbei soll ein Konzept entwickelt werden, das die Ermittlung des Informationsbedarfs bei der Entwicklung von BPI-Systemen unterstützt.

Die Identifikation des Informationsbedarfs wird allgemein unter dem Begriff *Informationsbedarfsanalyse* diskutiert. In der Literatur wurden zahlreiche Methoden und Ansätze zur Informationsbedarfsanalyse vorgestellt.[18] Trotzdem ist die Durchführung einer Informationsbedarfsanalyse im Kontext der Business Process Intelligence eine große Herausforderung. Diese lässt sich in den folgenden drei Punkten zusammenfassen:

1) *Die Bestimmung des Informationsbedarfs stellt generell eine Herausforderung im BI-Kontext dar.*
   Aufgrund der Komplexität und der Flexibilität der im BI-Kontext durchzuführenden Aufgaben, haben die Entscheidungsträger (und somit die Anwender) oft Schwierigkeiten, ihren Informationsbedarf für diese Aufgaben, insb. sofern diese schwach strukturierter strategischer und taktischer Natur sind, zu konkretisieren.[19] Eine vollständige benutzerbasierte Ex-ante-Spezifikation ist somit nur schwer möglich.[20]
2) *Die Neuartigkeit des Anwendungsbereichs erschwert zusätzlich die Erhebung des Informationsbedarfs.*
   Eine prozessorientierte Ausrichtung der BI stellt einen neuartigen BI-Anwendungsbereich mit bislang wenig Verbreitung in der Praxis dar.[21] Dementsprechend fehlt den Unternehmen bei der Implementierung die nötige Erfahrung. Darum ist es für die Informationsbedarfsanalyse notwendig, den Anwendern dabei zu helfen, frühzeitig die Anwendungsmöglichkeiten eines BPI-Systems zu erkennen.

---

[18] Vgl. Zowghi, D. und Coulin, C. (2005), S. 19 ff., Strauch, B. (2002), S. 1 ff. sowie Goeken, M. (2004b), S. 353 ff.
[19] Vgl. Strauch, B. (2002), S. 2, Koreimann, D. S. (1976), S. 72 sowie Gluchowski, P. u.a. (2008), S. 265.
[20] Vgl. Meyer, M. und Strauch, B. (2000), S. 98, Koreimann, D. S. (1976), S. 72 sowie Strauch, B. und Winter, R. (2002), S. 4.
[21] Vgl. Dayal, U. u.a. (2001), S. 1-11, Grigori, D. u.a. (2001), S. 1-10 sowie Bonifati, A. u.a. (2001a), S. 649-652.

3) *Die besonderen Eigenschaften prozessorientierter Strukturen führen zu weiteren Herausforderungen.*

   Die besonderen Eigenschaften prozessorientierter Strukturen bei der Prozessanalyse ergeben sich vor allem aus den Abhängigkeiten der Prozessaktivitäten voneinander. Prozessorientierte Analysen sind dadurch charakterisiert, dass sie diese Abhängigkeiten über Organisations- oder Unternehmensgrenzen hinweg berücksichtigen können.[22] Aus der Komplexität dieser Abhängigkeiten resultiert eine Vielfalt an Analysemöglichkeiten, was die Informationsbedarfsanalyse zusätzlich erschwert.

1.2 Zielsetzung

Aus den oben genannten Herausforderungen ergibt sich die Notwendigkeit, die Besonderheiten einer Informationsbedarfsanalyse für BPI-Systeme zu überprüfen. Daraus lässt sich das Ziel dieser Arbeit ableiten:

Das Ziel dieser Arbeit ist die Entwicklung und Evaluation eines Konzepts zur Informationsbedarfsanalyse für BPI-Systeme, die eine Analyse von Geschäftsprozessen auf der Grundlage von BI-Techniken unterstützen.

Im Lauf dieser Arbeit wird argumentiert, dass die Szenario-Methode und das Prototyping ein solches Konzept adäquat unterstützen können.[23] Im Rahmen der Forschungstätigkeiten zu dieser Arbeit wurde ein Werkzeug entwickelt, mit dem ein zu untersuchender Geschäftsprozess abstrahiert abgebildet, Beispieldaten zum Ablauf des Prozesses generiert und auf deren Basis ein BPI-System prototypisch realisiert werden kann. Damit lassen sich Analyseszenarios[24], welche die Einsatzmöglichkeiten eines BPI-Systems visualisieren, generieren und durch die Entscheidungsträger evaluieren. In einem iterativen Vorgehen lassen sich damit schrittweise relevante Analyseszenarios erheben. Abschließend kann der Informationsbedarf anhand der identifizierten Analyseszenarios abgeleitet werden.

Die Entwicklung des oben skizzierten Konzepts bzw. die Erreichung des Ziels dieser Arbeit lässt sich durch mehrere Schritte realisieren. Diese werden in den folgenden Forschungsfragen detailliert formuliert:

---

[22] Vgl. Abschnitt 3.3.1.

[23] Vgl. Abschnitt 5.5.

[24] Ein Analyseszenario wird im Rahmen dieser Arbeit als eine typisierte Beschreibung einer möglichen Einsatzsituation eines BPI-Systems verstanden. Vgl. Abschnitt 5.3.

Forschungsfrage (1): Was ist unter dem Begriff BPI-System zu verstehen? Welche Besonderheiten zeichnen solche Systeme aus?

Prozessorientierte BI bzw. Business Process Intelligence wird seit dem Jahr 2001 verstärkt in der Wissenschaft diskutiert,[25] dennoch gibt es in der Literatur kein einheitliches Verständnis zur Abgrenzung des Konzepts. Deshalb sollen zuerst, ausgehend von den Anwendungsdomänen des Geschäftsprozessmanagements und der Business Intelligence, der Begriff sowie dessen adressierte Teilbereiche konkretisiert werden. Insb. sollen die Besonderheiten, die BPI-Systeme auszeichnen, identifiziert werden, da sie für die Auswahl geeigneter Methoden zur Informationsbedarfsanalyse entscheidend sind.

Die Beantwortung der Forschungsfrage (1) ist Gegenstand der Kapitel 2 und 3 der vorliegenden Ausführung.

Forschungsfrage (2): Welche Ansätze zur Informationsbedarfsanalyse, insb. für BI-Systeme, wurden in der wissenschaftlichen Literatur vorgeschlagen?

Neben allgemeinen generischen Informationserhebungsmethoden für die Entwicklung von Anwendungssystemen[26] wurden in der Literatur Ansätze entwickelt, die eine Informationsbedarfsanalyse speziell für BI-Systeme unterstützen. Da BPI-Systeme wiederum als eine Teilmenge von BI-Systemen betrachtet werden, sind diese Ansätze auch potentiell für diese Arbeit relevant und müssen systematisch gewürdigt werden.

Die Forschungsfrage (2) wird in Kapitel 4 beantwortet.

Forschungsfrage (3): Sind bestehende Ansätze zur Informationsbedarfsanalyse für BPI-Systeme geeignet? Und welche Basismethoden sind unter Berücksichtigung der skizzierten Herausforderungen bei der BPI-Entwicklung für die Gestaltung des Konzepts geeignet?

Für die Entwicklung des Konzepts ergibt sich die Notwendigkeit, die bestehenden Ansätze zur Informationsbedarfsanalyse dahingehend zu überprüfen, ob diese auch für BI-gestützte Prozessanalysen geeignet sind. Darauf basierend soll eine Kombina-

[25] Vgl. Dayal, U. u.a. (2001), S. 1-11, Grigori, D. u.a. (2001), S. 1-10, Bucher, T. und Gericke, A. (2009), S. 408-429 sowie Felden, C. u.a. (2010), S. 195-206.

[26] Die meisten Ansätze basieren auf isolierten Methoden, wie Interview, schriftlicher Befragung, Dokumentenanalyse etc. Vgl. u.a. Holten, R. (1999), S. 122 sowie Goeken, M. (2006), S. 129 ff. In Abschnitt 4.3 wird auf diese Methoden detailliert eingegangen.

tion adäquater Basismethoden (isolierte Methoden)[27] anhand der oben vorgestellten drei Herausforderungen für das zu entwickelnde Konzept ausgewählt werden.

Die Beantwortung der Forschungsfrage (3) ist Gegenstand von Kapitel 5 der vorliegenden Ausführung.

Forschungsfrage (4): Welche Anforderungen sind für die Entwicklung des Konzepts relevant?

Ausgehend von den ausgewählten Basismethoden sowie von den Besonderheiten der BPI-Systeme sollen Anforderungen für die Entwicklung des Konzepts identifiziert werden. Geschäftsprozessmanagement und Business Intelligence bilden hierbei den Untersuchungsbereich.[28]

Diese Forschungsfrage wird in Kapitel 6 behandelt.

Forschungsfrage (5): Wie können die ausgewählten Methoden zu einem Lösungskonzept ausgebaut werden, das den in (4) identifizierten Anforderungen genügt?

Auf Basis der identifizierten Anforderungen wird das Lösungskonzept entwickelt. Im Lauf dieser Arbeit wird das Konzept durch die Entwicklung eines Vorgehensmodells sowie eines Werkzeugs zur Generierung von Beispieldaten zum Ablauf von Geschäftsprozessen konkretisiert.

Auf Forschungsfrage (5) wird in Kapitel 7 eingegangen.

Forschungsfrage (6): Kann das entwickelte Konzept effektiv eingesetzt werden?

Schließlich soll das entwickelte Konzept evaluiert werden. Die Evaluation wird in Kapitel 8 behandelt.

Die Forschungsfragen (1) und (2) lassen sich auf Basis von Literaturrecherche beantworten und werden in dieser Arbeit im Rahmen der Aufarbeitung der technischen und theoretischen Grundlagen behandelt. Ausgehend vom gestaltungsorientierten Forschungsansatz dieser Arbeit können aus Forschungsfrage (3) bis (6) vier aufeinander aufbauende Teilziele abgeleitet werden, die durch die Behandlung der jeweilige Forschungsfrage das Gestaltungsziel dieser Arbeit schrittweise verfolgen (siehe Abb. 1).

[27] In der Praxis werden i.d.R. verschiedene isolierte Basismethoden zur Informationsbedarfsanalyse kombiniert angewendet, um die Nachteile einzelner Methode zu kompensieren. Weiteres über Methoden zur Informationsbedarfsanalyse wird in Abschnitt 4.3 näher erörtert.

[28] Der Untersuchungs- und Gestaltungsbereich dieser Arbeit werden in Abschnitt 5.3 konkretisiert.

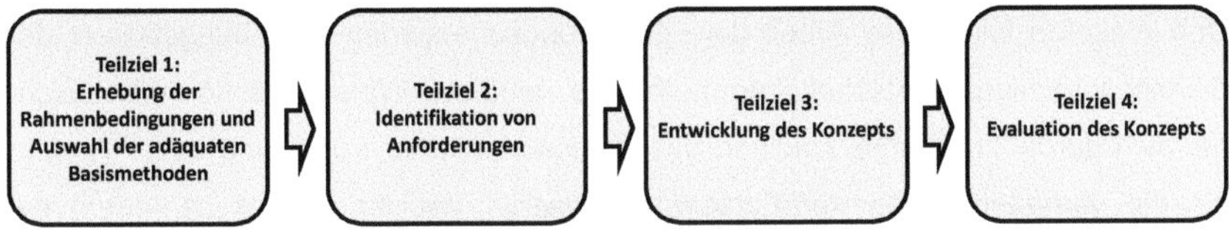

Abb. 1: Vier Teilziele der Arbeit[29]

1.3 Wissenschaftliche Einordnung

Diese Arbeit ist in die wissenschaftliche Disziplin der Wirtschaftsinformatik einzuordnen.[30] Nach der wissenschaftlichen Kommission Wirtschaftsinformatik (WKWI) im Verband der Hochschullehrer für Betriebswirtschaft e.V. und dem Fachbereich Wirtschaftsinformatik in der Gesellschaft für Informatik e.V. sind Gegenstand der Wirtschaftsinformatik *„Informationssysteme (IS) in Wirtschaft, Verwaltung und privatem Bereich."* [31] Dabei werden Informationssysteme als sozio-technische Systeme verstanden, die aus menschlichen und maschinellen Komponenten bestehen. Ihre Zielsetzung soll es sein, Information und Kommunikation nach wirtschaftlichen Kriterien optimal bereitzustellen.[32] Informationssysteme stellen ein umfassendes Konzept dar, in das betriebliche Aufgaben, Aufgabenträger, Informations- und Kommunikationstechniken sowie Organisationsstrukturen in einem komplexen Gestaltungsprozess zu integrieren sind.[33] Ein Teil der Informationssysteme wird als Anwendungssystem bezeichnet. Darunter versteht man alle Software, Hardware sowie dazugehörigen Daten, die für die Ausführung einer konkreten betrieblichen Aufgabe / eines Aufgabenbereiches eingesetzt werden.[34] Als Synonym für den Begriff *Anwendungssystem* wird in der Literatur häufig der Begriff *Anwendung* benutzt.[35] Um den Rahmen der Forschungsarbeit nicht zu sprengen, konzentriert sich diese Arbeit auf die Untersuchung von Anwendungssystemen der Business Process Intelligence.

---

[29] Eigene Darstellung.

[30] Die Wirtschaftsinformatik ist eine eigenständige Disziplin. Zum Vergleich mit den Disziplinen Informatik und Betriebswirtschaft sowie dem Profil der Wirtschaftsinformatik siehe folgende Literatur: WKWI und GI FB WI (2011), S. 1 ff., Laudon, K. u.a. (2009), S. 61 ff., Abts, D. und Mülder, W. (2010), S. 1 ff. sowie Kemper, H. G. (1999), S. 20 f.

[31] WKWI und GI FB WI (2011), S. 1.

[32] Vgl. Krcmar, H. (2010), S. 25, Abts, D. und Mülder, W. (2010), S. 12, Seibt, D. (2001), S. 47 sowie WKWI und GI FB WI (2011), S. 1.

[33] Vgl. Seibt, D. (2001), S. 47, Ferstl, O. K. und Sinz, E. J. (2012), S. 3 ff. sowie Laudon, K. u.a. (2009), S. 17.

[34] Vgl. Stahlknecht, P. und Hasenkamp, U. (2005), S. 326, Laudon, K. u.a. (2009), S. 16 f. sowie Ferstl, O. K. und Sinz, E. J. (2012), S. 6.

[35] Vgl. Seibt, D. (2001), S. 46 sowie Klarl, H. (2011), S. 10.

Des Weiteren folgt diese Arbeit dem gestaltungsorientierten Forschungsansatz der deutschsprachigen Wirtschaftsinformatik. Die deutsche Wirtschaftsinformatik zeichnet sich durch ihre starke Tradition gestaltungsorientierter Forschung aus.[36] Anders als ein verhaltensorientierter Forschungsansatz,[37] dessen Ziel es ist, durch die Beobachtung der Eigenschaften von Informationssystemen und des Verhaltens von Benutzern Theorien zu entwickeln und zu verifizieren, hat die gestaltungsorientierte Wirtschaftsinformatik das Ziel, Informationssysteme durch die Gestaltung innovativer Artefakte zu verbessern.[38]

Im Jahr 2010 haben zehn renommierte deutsche Professoren der Wirtschaftsinformatik ein Memorandum veröffentlicht, dessen Position von weiteren 111 BWL-Professoren unterstützt wird.[39] Das Memorandum bestätigt die Relevanz des gestaltungsorientierten Forschungsansatzes der Wirtschaftsinformatik und hat entsprechende Kriterien dafür entwickelt. Im folgenden Teil wird diese Arbeit in diese Kriterien eingeordnet.

Anspruchsgruppen

Anspruchsgruppen der gestaltungsorientierten Wirtschaftsinformatik sind *„Personen oder Institutionen, welche die Ressourcen für die Forschung bereitstellen und im Gegenzug Ergebnisse für sich erwarten“.*[40] Anspruchsgruppen dieser Arbeit sind Wirtschafts- und Verwaltungsinstitutionen, die Interesse an potenziellen Anwendungen für eine BI-gestützte Geschäftsprozessanalyse haben.

Erkenntnisgegenstand

Der Erkenntnisgegenstand der Wirtschaftsinformatik sind betriebliche Informations- und Kommunikationssysteme, die aus komplexen soziotechnischen Systemen, nämlich aus Menschen, Informations- und Kommunikationstechnik, Organisationen sowie den Beziehungen zwischen diesen drei Objekttypen bestehen.[41] Der spezifi-

---

[36] Vgl. Becker, J. u.a. (2009), S. 1.

[37] Der verhaltensorientierten Ansatz wird im angelsächsischen Raum *„Behavior Science“* genannt. Vgl. Hevner, A. R. u.a. (2004), S. 76 f. Im Vergleich zum deutschen gestaltungsorientierten Forschungsansatzes geht das *„Design Science Research“* in der angelsächsischen IS-Forschung in die gleiche Richtung. Vgl. u.a. Österle, H. u.a. (2010), S. 2 sowie Hevner, A. R. u.a. (2004), S. 75-100.

[38] Vgl. Hevner, A. R. u.a. (2004), S. 82 ff.

[39] Der Memorandum wurde sowohl auf Deutsch als auch auf Englisch veröffentlicht. Vgl. Österle, H. u.a. (2010), S. 1-6 sowie Österle, H. u.a. (2011), S. 7-11.

[40] Österle, H. u.a. (2010), S. 3.

[41] Vgl. Österle, H. u.a. (2010), S. 4.

sche Erkenntnisgegenstand dieser Arbeit sind Anwendungssysteme der Business Process Intelligence.

Erkenntnisziele

Erkenntnisziele der Wirtschaftsinformatik sind Handlungsanleitungen zur Konstruktion und zum Betrieb von Informationssystemen sowie Innovationen in den Informationssystemen selbst.[42] Diese Arbeit zielt vor diesem Hintergrund darauf ab, ausgehend von einer Sollvorstellung eines BPI-Systems unter gegebenen Restriktionen ein geeignetes Konzept zur Informationsbedarfsanalyse zu konstruieren.

Ergebnistypen

Zu den Ergebnistypen der gestaltungsorientierten Wirtschaftsinformatik gehören Konstrukte (Konzepte, Terminologien, Sprachen), Modelle und Instanzen (Implementierung konkreter Lösungen als Prototypen oder produktive Informationssysteme).[43] Das Ergebnis dieser Arbeit ist ein Konzept, das darauf ausgelegt ist, die Informationsbedarfsanalyse für BPI-Systeme durchzuführen.[44] Dieses Konzept wird in der Arbeit durch die Entwicklung eines Werkzeugs und eines Vorgehensmodells instantiiert sowie durch Anwendung anhand zwei Fallstudien evaluiert.

Erkenntnisprozess

Der Erkenntnisprozess umfasst idealtypisch vier Phasen, die iterativ mehrfach wiederholt werden: Analyse, Entwurf, Evaluation und Diffusion.[45] Gemäß der Definition der Teilziele[46] verfolgt die Arbeit diesen Forschungsprozess. Zusätzlich wird ein Teil der Forschungsergebnisse als Konferenzbeiträge publiziert und vorgetragen.[47] Das detaillierte Forschungsdesign sowie die Forschungsmethode werden in Kapitel 5 vorgestellt.

Erkenntnismethoden

Basierend auf der Zielsetzung dieser Arbeit und ihrer Verortung in der deutschsprachigen Wirtschaftsinformatik wird ein konstruktionsorientierter Forschungsansatz

[42] Vgl. Österle, H. u.a. (2010), S. 4.
[43] Vgl. Österle, H. u.a. (2010), S. 5.
[44] Die genaue Konstruktion des Konzepts wird in Kapitel 5 näher vorgestellt.
[45] Vgl. Österle, H. u.a. (2010), S. 5.
[46] Vgl. Abschnitt 1.2.
[47] Vgl. Baars, H. und Sun, X. (2009), S. 1-10, Baars, H. u.a. (2008c), S. 1-10 sowie Sun, X. und Baars, H. (2010), S. 2375-2386.

gewählt.[48] Durch qualitative empirische Forschung sollen relevante Anforderungen zur Entwicklung des Konzepts aus Literatur und Fallstudien identifiziert werden. Im Mittelpunkt stehen die Entwicklung des Konzepts sowie dessen prototypische Realisierung und die Erprobung.

1.4 Aufbau der Arbeit

Der Aufbau dieser Arbeit, der sich an den Forschungsfragen sowie am Bezugsrahmen[49] orientiert, wird in Abb. 2 dargestellt. Dabei werden die Kapitel zu drei thematischen Blöcken gebündelt. Diese sind *technische und theoretische Grundlagen, Konzeptionalisierung des Forschungsvorhabens* und *Durchführung der Untersuchungen.*

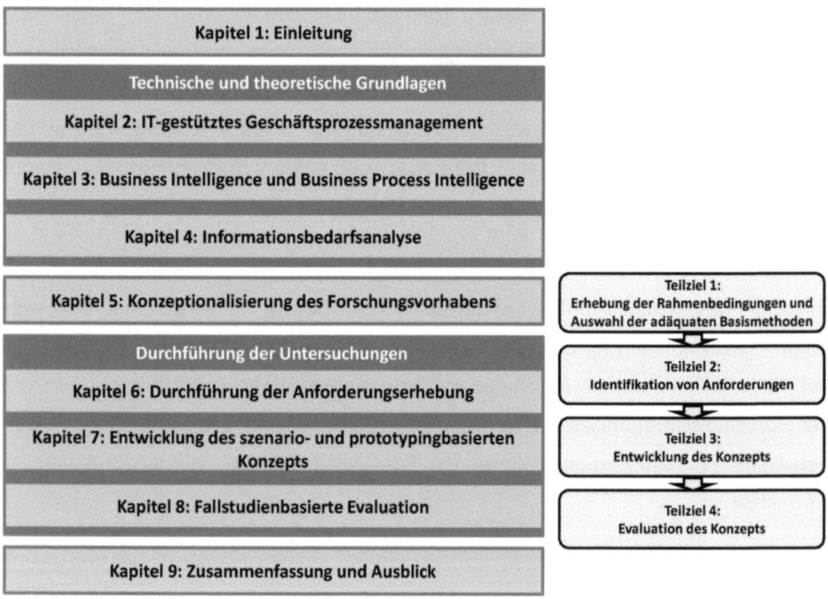

Abb. 2: Aufbau der Arbeit (Überblick)[50]

[48] Es gibt in der Literatur kein einheitliches Verständnis vom Begriff *konstruktionsorientierter Forschungsansatz*. Vgl. Loos, P. und Fettke, P. (2007), S. 35. Für Becker und Pfeiffer ist dieser Forschungsansatz gleichbedeutend mit Design Science Research. Vgl. Becker, J. und Pfeiffer, D. (2006), S. 1-17. Die Arbeit teilt diese Meinung und versteht den konstruktionsorientierten Forschungsansatz als eine Forschungsmethode, die im Rahmen der empirischen Forschung IT-Artefakte konstruiert und das Erkenntnisziel verfolgt.

[49] Vgl. Abschnitt 5.3.

[50] Eigene Darstellung.

In den sich anschließenden Kapiteln 2 bis 4 werden technische und theoretische Grundlagen dargestellt und diskutiert, die für die Ableitung des im Rahmen dieser Arbeit zu entwickelnden Konzepts als wesentlich erachtet werden. Die Kapitel 2 und 3 widmen sich jeweils den Grundlagen der beiden Anwendungsbereiche, die den Untersuchungsbereich dieser Forschungsarbeit abbilden: Das Geschäftsprozessmanagement und die Business Intelligence. In Kapitel 2 werden der Begriff sowie die Eigenschaften von Geschäftsprozessen diskutiert (Abschnitt 2.2) und die Aufgabenfelder für das Geschäftsprozessmanagement (Abschnitt 2.3) sowie IT-basierte Konzepte zur Unterstützung dieser Aufgabenfelder dargestellt (Abschnitt 2.4).

In Kapitel 3 werden die grundlegenden Verständnisse der Business Intelligence (Abschnitt 3.1) sowie deren Architekturkomponenten (Abschnitt 3.2) vorgestellt. Basierend auf den Grundlagen aus den beiden Anwendungsbereichen sowie einer Analyse aus den bestehenden Veröffentlichungen, werden der Begriff und die Verständnisse der Business Process Intelligence sowie die Besonderheiten von BPI-Systemen für die vorliegende Arbeit in Abschnitt 3.3 abgeleitet. Diese dienen als Grundsatz zu einer Informationsbedarfsanalyse für die Entwicklung eines BPI-Systems. Die Thematik der Informationsbedarfsanalyse wird in Kapitel 4 behandelt. Neben der Darstellung generischer Informationserhebungsmethoden werden Ansätze diskutiert, die in der Literatur speziell zur Informationsbedarfsanalyse für die Entwicklung von BI-Systemen vorgeschlagen werden. Eine Auswertung dieser Ansätze und der Basismethoden zur Informationserhebung in Kapitel 5 führt zur Designentscheidung des im Rahmen dieser Arbeit zu entwickelnden Konzepts.

Auf den technischen und theoretischen Grundlagen aufsetzend, erfolgt in Kapitel 5 die Konzeptionalisierung des Forschungsvorhabens. Neben der Darstellung des Forschungsdesigns (Abschnitt 5.1) und der Forschungsmethoden (Abschnitt 5.2) wird ein konzeptioneller Bezugsrahmen entwickelt, in dem der Untersuchungsbereich und der Gestaltungsbereich dieser Arbeit basierend auf den im Grundlagenteil definierten Begriffen abgegrenzt werden (Abschnitt 5.3). Anschließend werden die in Kapitel 5.5 vorgestellten Ansätze zur Informationsbedarfsanalyse für BI-Systeme daraufhin überprüft, ob sie auch für die Entwicklung von BPI-Systemen geeignet sind. Schließlich wird argumentiert, dass die Kombination von der Szenario-Methode und dem Prototyping angesichts der Herausforderungen des in dieser Arbeit zu entwickelnden Konzepts hierbei adäquat unterstützen kann (Teilziel 1).

Die Kapitel 6 bis 8 stellen den Schwerpunkt dieser Arbeit dar und befassen sich mit der Anforderungserhebung, der Entwicklung und der Evaluation des Konzepts. Kapitel 6 widmet sich der Erhebung von Anforderungen für die Entwicklung des szenario- und prototypingbasierten Konzepts, dessen Grundsatz darin besteht, durch die Generierung von Prozessablaufdaten Prototypen von BPI-Systemen zu realisieren und schließlich relevante Analyseszenarios abzuleiten. Ausgehend von einer Literaturanalyse sowie einer qualitativen Sekundäranalyse auf Basis von drei Fallstudien werden Analyseszenarios im Kontext der BPI-Analyse diskutiert und schließlich Anforderungen identifiziert, die für die Entwicklung des Konzepts notwendig sind (Teilziel 2). Anhand der identifizierten Anforderungen wird in Kapitel 7 die Entwicklung von zwei Gestaltungskomponenten vorgestellt, die das szenario- und prototypingbasierte Konzept abbilden: Ein Werkzeug, das Beispieldaten zum Prozessablauf generiert, um Prototypen von BPI-Systemen zur Abbildung von Analyseszenarios zu realisieren und ein iteratives Vorgehensmodell, welches das Werkzeug durch ein strukturiertes Vorgehen unterstützt und für einen szenario- und prototypingbasierten Einsatz geeignet ist (Teilziel 3). Schließlich wird eine fallstudienbasierte Evaluation, die anhand von zwei Fallstudien jeweils im Logistik- und Universitätskontext durchgeführt wird, für das szenario- und prototypingbasierte Konzept in Kapitel 8 dargestellt (Teilziel 4).

In dem abschließenden Kapitel 9 werden die gewonnen Erkenntnisse dieser Arbeit zunächst zusammengefasst. Daraufhin werden weitere Forschungsbedarfe thematisiert.

2 IT-gestütztes Geschäftsprozessmanagement

Sowohl Geschäftsprozessmanagement als auch Business Intelligence gehören zum Untersuchungsbereich dieser Arbeit. Diese beiden Themen werden in den folgenden beiden Kapiteln behandelt.

Dieses Kapitel stellt zunächst die Grundlagen von Geschäftsprozessen, des Geschäftsprozessmanagements sowie bestehende IT-basierte Konzepte für deren Unterstützung vor. Hierfür werden in Abschnitt 2.1 zuerst die Relevanz einer Prozessausrichtung sowie des Managements von Geschäftsabläufen erläutert. Anschließend werden der Begriff *Geschäftsprozess* sowie Eigenschaften und Klassifikationen von Geschäftsprozessen diskutiert (Abschnitt 2.2). Des Weiteren werden in Abschnitt 2.3 verschiedene Aufgabenfelder im Rahmen des Geschäftsprozessmanagements dargestellt. Schließlich werden im letzten Abschnitt relevante Informationstechnologien zur Unterstützung des Geschäftsprozessmanagements (Abschnitt 2.4) vorgestellt.[51]

2.1 Relevanz des Geschäftsprozessmanagements

Das Geschäftsprozessmanagement ist heute ein wichtiger Bestandteil des Managements eines Unternehmens. Die Grundidee besteht darin, betriebliche Abläufe zu untersuchen und diese zu verbessern. Dies war ursprünglich nicht selbstverständlich, da Unternehmen vornehmlich funktional gegliedert waren. In den achtziger und neunziger Jahren hat sich der Gedanke langsam durchgesetzt, dass es nicht ausreicht, einzelne Funktionen zu optimieren, sondern dass diese vielmehr durchgängig entlang der Geschäftsabläufe zu betrachten sind.[52] Abb. 3 zeigt beispielhaft ein funktional organisiertes, produzierendes Unternehmen und eine funktionsübergreifende Gestaltung der Prozesse.

Die Motivationen zur Einführung eines Geschäftsprozessmanagements können durch die steigenden Anforderungen an Unternehmen hinsichtlich der Reaktion auf

[51] Einige dieser Techniken werden auch im Anwendungsbereich der Business Intelligence diskutiert. Im letzten Abschnitt werden diese Techniken in die Aufgabenfelder des Geschäftsprozessmanagements eingeordnet. Die Einordnung der Informationstechniken in die Aufgabenfelder des Geschäftsprozessmanagements (in Abschnitt 2.4) soll dabei helfen, BPI-Systeme im späteren Teil der Arbeit abzugrenzen. Vgl. Abschnitt 3.3.1.

[52] Vgl. Allweyer, T. (2005), S. V, Hammer, M. und Champy, J. (1993), S. 90 f., Becker, J. und Kahn, D. (2012), S. 4 ff., Scheer, A.-W. (1997), S. 26 ff. sowie Fink, C. A. (2003), S. 57 ff.

die Dynamik der Kundenanforderungen, des zunehmenden Wettbewerbs, schnellerer technologischer Entwicklungen sowie des Kostendrucks begründet werden.[53] Das Geschäftsprozessmanagement, verstanden als ein integriertes System, das eine zielgerichtete Steuerung von Geschäftsprozessen ermöglicht, soll die Transparenz unternehmerischer Prozesse erhöhen und wird somit als ein geeignetes und etabliertes Konzept betrachtet, um flexibel auf neue Anforderungen zu reagieren und die erforderlichen Anpassungen vorzunehmen.[54] Ein weiterer Grund für die Einführung eines Geschäftsprozessmanagements liegt in den Regeln und Normen, welche die Unternehmen fordern, bestimmte Tätigkeiten zu dokumentieren, um sie zurückverfolgen zu können.[55] Hierfür müssen die Prozesse so definiert werden, dass sie alle gesetzlichen Regelungen einhalten können.

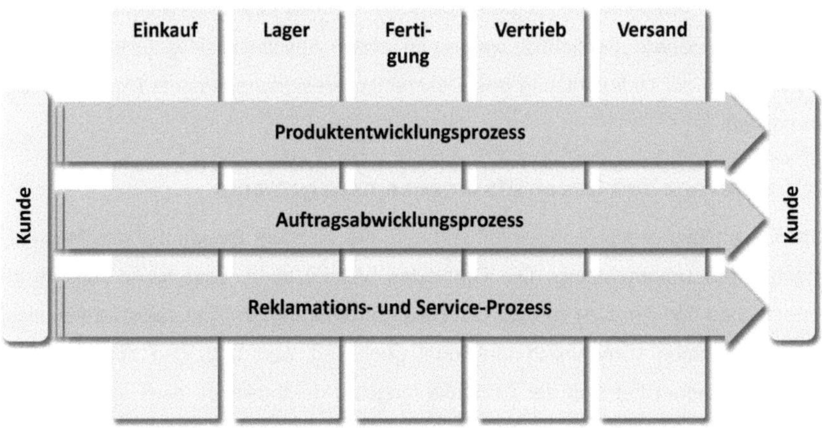

Abb. 3: Prozess und Funktionsgedanken (eine typische Ableitung in der Industrie)[56]

Die Gestaltung einer prozessorientierten Ausrichtung in den Unternehmen sowie das Management der Geschäftsabläufe sind ohne geeignete IT-Unterstützung kaum vorstellbar.[57] Diese deckt verschiedene Aufgabenfelder des Geschäftsprozessmanagements ab: Von der Organisation und der Gestaltung einer Prozessstruktur, über die Steuerung und die Kontrolle, bis hin zu der Analyse und der Optimierung von

[53] Vgl. Schmelzer, H. J. und Sesselmann, W. (2013), S. 1 f., Bolsinger, H. (2005), S. 212 f. sowie Allweyer, T. (2005), S. 4 ff.
[54] Vgl. Schmelzer, H. J. und Sesselmann, W. (2013), S. 1 ff. sowie Becker, J. und Kahn, D. (2012), S. 3 f.
[55] Vgl. EU-Verodnung (2002), S. 2 ff. sowie ISO (2008), S. 11.
[56] Verändert übernommen aus Gadatsch, A. (2012), S. 13.
[57] Vgl. Schmelzer, H. J. und Sesselmann, W. (2013), S. 465 f. sowie Allweyer, T. (2005), S. 33.

Geschäftsprozessen. Prozessorientierte Anwendungssysteme sind dafür verantwortlich, durch adäquate Informationsversorgung das Management von Geschäftsprozessen zu unterstützen.[58]

Im folgenden Teil werden die Grundlagen des Geschäftsprozesses, des Geschäftsprozessmanagements sowie der IT-Unterstützung des Geschäftsprozessmanagements vorgestellt.

2.2 Geschäftsprozesse und ihre Eigenschaften

In diesem Abschnitt werden die Grundlagen von Geschäftsprozessen erläutert.

2.2.1 Begriff des Geschäftsprozesses

In den Natur- und Sozialwissenschaften ist ein Prozess allgemein eine *„Bezeichnung für den gerichteten Ablauf eines Geschehens"*.[59] In verschiedenen Disziplinen wird der Begriff Prozess jedoch unterschiedlich interpretiert. Während ein chemischer Prozess die Umwandlung von Stoffen meint,[60] bezeichnet ein Prozess in der Informatik den Ablauf eines Programms mit allen benötigten Ressourcen.[61]

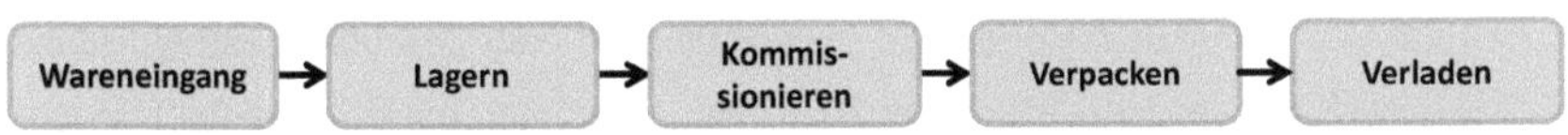

Abb. 4: Der Ablauf eines Lagerprozesses[62]

Im betriebswirtschaftlichen Kontext wird ein Geschäftsprozess allgemein als *„eine Abfolge von Funktionen (auch als Aktivitäten bezeichnet) zur Erfüllung einer betrieblichen Aufgabe"*[63] verstanden.[64] Die Funktionen (Aktivitäten) sind einzelne Aufgaben und Tätigkeiten, die in einem Geschäftsprozess auszuführen sind. Das sind z.B. das Kommissionieren eines Lagerprozesses (siehe Abb. 4) oder der Versand von Be-

[58] Vgl. Gadatsch, A. (2012), S. 9.
[59] Carrier, M. und Wimmer, R. (1995), S. 385. Carrier u.a. unterscheiden einen Prozess in deterministisch und stochastisch. Ein Prozess ist *deterministisch*, wenn jeder Zustand von anderen Zuständen kausal voll bestimmt wird. *Stochastisch* ist ein Prozess, wenn ein Zustand aus anderen Zuständen nur mit einer gewissen Wahrscheinlichkeit folgt. Vgl. Carrier, M. und Wimmer, R. (1995), S. 386.
[60] Vgl. Carrier, M. und Wimmer, R. (1995), S. 386.
[61] Vgl. Gumm, H.-P. und Sommer, M. (2011), S. 545 f.
[62] Verändert übernommen aus Arnold, D. u.a. (2008), S. 380.
[63] Vgl. Allweyer, T. (2005), S. 8.
[64] Ein Geschäftsprozess ist eine spezielle Ausprägung eines Prozesses. In dieser Arbeit wird ausschließlich das Thema Geschäftsprozess behandelt. Die Begriffe *Prozess* und *Geschäftsprozess*, sowie *Prozessmanagement* und *Geschäftsprozessmanagement* werden in dieser Arbeit synonym verwendet.

werbungsmaterialien bei einem Bewerbungsprozess. In einem Geschäftsprozess werden Leistungen durch informationelle oder physische Transformationen erbracht.[65] Dabei muss eine Leistung einen Nutzen besitzen oder einen Wert darstellen.[66]

Trotz des allgemeinen Verständnisses wird der Begriff *Geschäftsprozess* in der Literatur angesichts verschiedener Aspekte unterschiedlich definiert. Im Folgenden werden die Aspekte der in einem Geschäftsprozess zu bearbeitenden Objekte, der Kundenanforderungen sowie die organisatorische Aspekte herausgearbeitet.

Becker u.a. definieren einen Geschäftsprozess als *„die inhaltlich abgeschlossene, zeitliche und sachlogische Folge von Aktivitäten, die zur Bearbeitung eines betriebswirtschaftlich relevanten Objektes notwendig sind“.*[67] Bei dieser Definition stehen vor allem die zu bearbeitenden betriebswirtschaftlichen *Objekte* im Mittelpunkt. Becker u.a. argumentieren, dass die betriebswirtschaftlichen Objekte eine zentrale Bedeutung für den Prozess haben. Somit wird ein solches Objekt als prozessprägendes Objekt bezeichnet.[68] Die Objekte lassen sich in *informationelle* und *physische* Objekte (auch materielle Objekte genannt) unterscheiden.[69] In einem Prozess mit physischen Objekten werden materielle Sachen hergestellt oder bearbeitet. Ein typisches Beispiel hierfür ist der Herstellungsprozess einer Maschine. Ein Prozess mit informationellen Objekten hingegen bearbeitet Informationen. Ein Beispiel hierfür ist das Design eines neuen Produkts, in dessen Prozess ein Konzept für ein Produkt entwickelt wird. Viele Geschäftsprozesse beinhalten beide Typen von Objekten.[70]

Die Definition von Schmelzer und Sesselmann stellt unter anderem die Kundenanforderungen in den Mittelpunkt: Ein Geschäftsprozess *„besteht aus der funktions- und organisationsübergreifenden Folge wertschöpfender Aktivitäten, die von Kunden erwartete Leistungen erzeugen und die aus der Geschäftsstrategie und den Geschäftszielen abgeleiteten Prozessziele erfüllen.“*[71] Dabei stellt die kundenorientierte Leistung die oberste Priorität eines Unternehmens dar: Kundenprobleme zu lösen,

---

65 Vgl. Allweyer, T. (2005), S. 8 sowie Koch, S. (2011), S. 6.
66 Vgl. Allweyer, T. (2005), S. 152.
67 Becker, J. und Kahn, D. (2012), S. 6.
68 Vgl. Becker, J. und Kahn, D. (2012), S. 6 sowie Becker, J. und Schütte, R. (2004), S. 107.
69 Vgl. Davenport, T. H. und Short, J. E. (1990), S. 19, Schwegmann, A. und Laske, M. (2012), S. 179, Bergmann, R. und Garrecht, M. (2008), S. 100 sowie Forte, M. (2002), S. 26.
70 Vgl. Davenport, T. H. und Short, J. E. (1990), S. 19.
71 Schmelzer, H. J. und Sesselmann, W. (2013), S. 52.

Kundennutzen zu schaffen und die Kunden zufriedenzustellen.[72] Diesbezüglich sind die Inputs von einem Geschäftsprozess die Anforderungen von Kunden und die Outputs die Leistungen für Kunden. Die Effizienz der Leistungen wird von Leistungsparametern wie Prozesszeiten, -qualität und -kosten bestimmt.[73]

Gadatsch definiert einen Geschäftsprozess als *„eine zielgerichtete, zeitlich-logische Abfolge von Aufgaben, die arbeitsteilig von mehreren Organisationen oder Organisationseinheiten unter Nutzung von Informations- und Kommunikationstechnologien ausgeführt werden können“.*[74] In der Regel werden verschiedene Arbeitsschritte eines Prozesses von mehreren verantwortlichen Organisationen bearbeitet und der Prozess wird trotzdem als eine gesamte Einheit betrachtet. Eine Organisation wird damit nicht nur für die Bearbeitung ihrer eigenen Arbeitsschritte zuständig verstanden, sondern als relevantes Entscheidungsorgan in einem übergeordneten Prozess und ihre Tätigkeit hat Einfluss auf den gesamten Prozessablauf. In dem bei Abb. 4 dargestellten Beispiel können Waren nicht „verladen“ werden, wenn vorherige Aktivitäten wie das „Kommissionieren“ nicht von der zuständigen Organisationseinheit durchgeführt worden sind. Somit ist die Kooperation von verschiedenen Organisationseinheiten ein wichtiger Faktor für die effektive Gestaltung eines Prozesses.[75]

Wie oben vorgestellt, werden für die Definition des Begriffs *Geschäftsprozess* verschiedene Aspekte herangezogen. Im Rahmen dieser Arbeit wird versucht, diese Eigenschaften zusammengefasst darzustellen. Dabei wird ein *Geschäftsprozess als eine zeitlich-logische Abfolge von funktions- und organisationsübergreifenden Verknüpfungen von Aktivitäten zur Bearbeitung eines betriebswirtschaftlich relevanten Objekts verstanden.* Folgende Eigenschaften sind dabei konstituierend für einen Geschäftsprozess:

- *Aktivität*
  Eine Aktivität ist ein Arbeitsschritt, der zur Erbringung einer Leistung durchgeführt wird. Aktivitäten sind elementare Bestandteile einer Aufgabe.[76] Ein Geschäftsprozess besteht aus mehreren Aktivitäten, die funktions- oder organisationsübergreifend miteinander verknüpft sind.

[72] Vgl. Schmelzer, H. J. und Sesselmann, W. (2013), S. 57.
[73] Vgl. Schmelzer, H. J. und Sesselmann, W. (2013), S. 56.
[74] Gadatsch, A. (2012), S. 36.
[75] Vgl. Becker, J. und Kahn, D. (2012), S. 11.
[76] Vgl. Becker, J. und Kahn, D. (2012), S. 6.

- *Leistung*

  Ein Geschäftsprozess erzeugt Leistungen für Kunden. Die Leistungen können sowohl informationelle als auch physische Transformationen darstellen.[77] Die Effizienz der erbrachten Leistungen lässt sich mithilfe von Kennzahlen ermitteln.[78]

- *Zeitlich-logische Abfolge*

  Zur Erfüllung einer Aufgabe werden einzelne Aktivitäten in einer bestimmten zeitlich-logischen Reihenfolge ausgeführt. Die zeitliche Reihenfolge ist in den meisten Fällen durch logische Abhängigkeiten bedingt.[79] Diese Abhängigkeiten werden bei der Prozessmodellierung durch den Kontrollfluss (auch Steuerfluss) realisiert.[80,81]

- *Objekte*

  In einem Geschäftsprozess werden Objekte bearbeitet. Die Objekte unterscheiden sich in physische oder informationelle Objekte.[82]

- *Organisationseinheit*[83]

  Organisationseinheiten sind zuständig für die Ausführung einzelner Aktivitäten. Ein Geschäftsprozess wird in der Regel von mehreren Organisationseinheiten durchgeführt.[84] Je nach Detaillierungsgrad der Prozessstruktur lässt sich die hierarchische Struktur der Organisationseinheit aufbauen.[85]

- *Ressource*

  Ressourcen sind für die Ausführung von Aktivitäten erforderliche Einsatzmittel, wie Maschinen, Material, Räume etc.[86]

---

[77] Vgl. Allweyer, T. (2005), S. 8.
[78] Vgl. Vgl. Schmelzer, H. J. und Sesselmann, W. (2013), S. 56.
[79] Vgl. Allweyer, T. (2005), S. 45.
[80] Vgl. Gadatsch, A. (2012), S. 65. Weiteres zur Prozessmodellierung vgl. Abschnitt 2.4.1.
[81] Aktivitäten müssen nicht immer hintereinander ausgeführt werden. Mehrere Aktivitäten können auch gleichzeitlich ausführt werden. Bspw. lässt sich ein digitales Modell eines Produktes von zwei Personen gleichzeitig entwickeln. Dies gilt vor allem für Prozesse mit informationellen Objekten. Auch diese Abläufe werden durch die zeitlich-logische Abfolge bestimmt. Vgl. Becker, J. und Kahn, D. (2012), S. 6 sowie Becker, J. und Schütte, R. (2004), S. 107.
[82] Vgl. Davenport, T. H. und Short, J. E. (1990), S. 19 sowie Koch, S. (2011), S. 6.
[83] Diese Arbeit konzentriert sich auf die Ermittlung des relevanten Informationsbedarfs für eine BI-gestützte Geschäftsprozessanalyse. Dabei werden Prozessleistungen für sowohl externe Kunden als auch für interne Kunden sowie für andere Interessengruppen betrachtet. Die Kunden werden dabei als eine der beteiligten Organisationseinheiten in der Wertschöpfungskette betrachtet. Der Aspekt der Kundenanforderungen wird hiermit nicht separat behandelt.
[84] Vgl. Gadatsch, A. (2012), S. 36.
[85] Vgl. Prozessstruktur in Abschnitt 2.2.2.
[86] Vgl. Allweyer, T. (2005), S. 17.

Die konkrete Ausführung eines Geschäftsprozesses wird als eine *Prozessinstanz* (*process instance*) bezeichnet. Wenn ein neues Objekt zur Bearbeitung startet, wird eine neue Prozessinstanz erzeugt.[87] Mithilfe von Prozessinstanzen lassen sich die Abläufe eines Geschäftsprozesses dokumentieren.[88] Eine Prozessinstanz besteht aus mehreren Ausführungen der voneinander abhängigen Aktivitäten. Eine konkrete Ausführung einer Aktivität wird *Aktivitätsinstanz* (*activity instance*) genannt.[89]

2.2.2 Struktur von Geschäftsprozessen

Bei der Gestaltung von Geschäftsprozessen kann die Prozessstruktur in eine hierarchische Struktur (Prozessaufbaustruktur) und eine sequenzielle Struktur (Prozessablaufstruktur) unterteilt werden.[90] In diesem Abschnitt werden die beiden Varianten der Prozessstruktur erörtert.

2.2.2.1 Hierarchische Struktur von Geschäftsprozessen

Ein Geschäftsprozess kann auf unterschiedlichen Detaillierungsebenen betrachtet werden. Die auf höherer Ebene grob beschriebenen Arbeitsschritte lassen sich durch detaillierte Darstellungen auf unteren Ebenen konkretisieren.

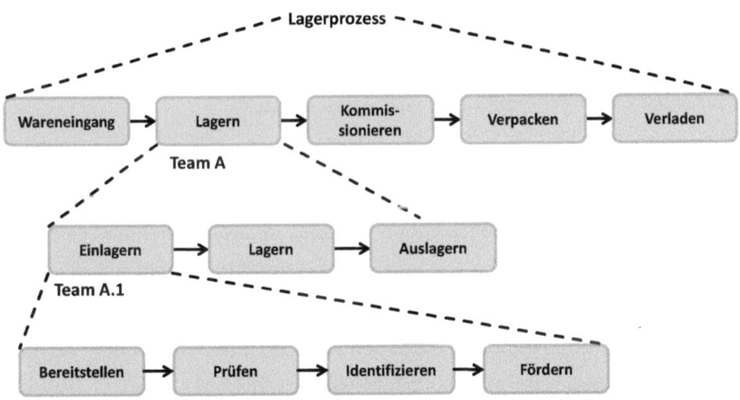

Abb. 5: Hierarchische Unterteilung eines Lagerprozesses[91]

[87] Vgl. Engels, C. (2009), S. 191, Allweyer, T. (2009), S. 29 ff. sowie Grief, J. (2005), S. 41.
[88] Vgl. Draheim, D. (2010), S. 87.
[89] Vgl. Wittges, H. (2005), S. 206, van der Aalst, W. M. P. (2011), S. 211 ff. sowie Malik, T. S. (2009), S. 74 ff.
[90] Vgl. Staud, J. L. (2006), S. 9 ff. sowie Schmelzer, H. J. und Sesselmann, W. (2013), S. 148 ff.
[91] Eigene Darstellung. Inhaltliche Anlehnung an Arnold, D. u.a. (2008), S. .380 ff. sowie Allweyer, T. (2005), S. 56.

Abb. 5 zeigt, wie die Aktivität „Lagern" des in Abschnitt 2.2.1 dargestellten Lagerprozesses auf zwei weiteren Ebenen detailliert wird. Ein Geschäftsprozess kann auf diese Weise mehrstufig hierarchisch aufgebaut werden. Somit lässt sich die komplexe Struktur eines Prozesses strukturiert darstellen und verwalten. Die obere Ebene enthält eine Übersicht über den gesamten Prozess, der durch die unteren Ebenen der Prozesshierarchie schrittweise verfeinert wird.[92] Nach Schmelzer und Sesselmann kann ein Geschäftsprozess in Teilprozesse, Prozessschritte, Arbeitsschritte und Aktivitäten unterteilt werden (siehe Abb. 6).[93]

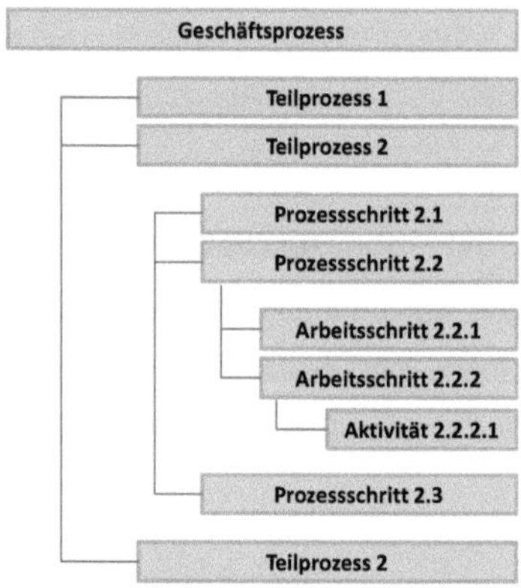

Abb. 6: Prozessaufbaustruktur[94]

Die Prozesshierarchie ist nicht nur für den Aufbau und die Strukturierung von Geschäftsprozessen relevant, sondern spielt in anderen Aufgabenfeldern des Prozessmanagements, wie z.B. der Prozessteuerung und -analyse, ebenfalls eine wichtige Rolle. Durch die Zerlegung von Prozessen zu detaillierten Ebenen lassen sich die Organisationseinheiten, die für die Ausführung von Aktivitäten zuständig sind, auch hierarchisch darstellen.[95] In höheren Ebenen sind oft Unternehmen oder Abteilungen für einen Teilprozess oder Prozessschritt verantwortlich während in den unteren Ebenen ein Arbeitsschritt oder eine Aktivität einem bestimmten Arbeitsplatz oder einem Rollenträger zugeordnet wird. Dadurch lassen sich die Status der Prozessabläufe in verschiedenen Detaillierungsebenen den zuständigen Organisationseinhei-

[92] Vgl. Allweyer, T. (2005), S. 55 sowie Niemöckl, M. u.a. (2012), S. 550.
[93] Weitere Bezeichnungen für die Prozessstruktur vgl. u.a. Schmelzer, H. J. und Sesselmann, W. (2013), S. 153.
[94] Verändert übernommen aus Schmelzer, H. J. und Sesselmann, W. (2013), S. 154.
[95] Vgl. Gadatsch, A. (2012), S. 119 ff.

ten zuordnen[96] und es wird möglich, die Verantwortlichkeit eines Geschäftsprozesses aus unterschiedlichen Sichten zu betrachten. Beispielsweise sind Manager aus der Unternehmensführungsebene verantwortlich für den gesamten Ablauf eines Prozesses oder eines Teilprozesses und bekommen Berichte über entsprechende Kennzahlen in einer aggregierten Form. Es ist für sie meistens nicht erforderlich, den detaillierten Ablauf jedes Prozessschrittes zu kennen. Die Personen hingegen, die für die untere Ebene der Prozesshierarchie zuständig sind, benötigen detailliertere Informationen über den Prozessablauf, damit sie die operativen Aufgaben, wie z.B. Prozesssteuerung, schnell und zielgerichtet ausführen können.

2.2.2.2 Sequenzielle Struktur von Geschäftsprozessen

Die sequenzielle Struktur von Geschäftsprozessen beschreibt deren Ablauflogik, die durch die Abhängigkeiten zwischen Prozessaktivitäten bestimmt wird.[97] Diese Abhängigkeiten (*dependencies*) werden in der Coordination Theory behandelt.[98,99]

Ursprünglich wurde die Coordination Theory verwendet, um Aufgaben von verschiedenen Aufgabenträgern im Computerzeitalter durch neue Kommunikationssysteme zu koordinieren.[100] Das Wort „Coordination" wird verstanden als *„managing dependencies among activities"*.[101] Später wurde die Coordination Theory in den Anwendungsbereich des Geschäftsprozessmanagements übertragen.[102] Dabei wurden drei Grundtypen von Abhängigkeiten zwischen Aktivitäten, ausgehend von den Ressourcen und Objekten[103], definiert (siehe Abb. 7):[104]

[96] Vgl. Niemöckl, M. u.a. (2012), S. 55 sowie Allweyer, T. (2005), S. 143 f.

[97] Vgl. Staud, J. L. (2006), S. 9 f. sowie Schmelzer, H. J. und Sesselmann, W. (2013), S. 158 ff.

[98] Vgl. Malone, T. W. und Crowston, K. (1994), S. 87.

[99] Ähnlich wird diese Thematik auch in der deutschsprachigen betriebswirtschaftlichen Organisationslehre behandelt. Nach Frese u.a. vollzieht sich die Lösung komplexer Entscheidungsprobleme in der Realität oft als arbeitsteiliger Prozess, bei dem mehrere voneinander getrennte Teilentscheidungen getroffen werden. Hierbei wird die horizontale Zerlegung der Arbeitsteilung als Segmentierung bezeichnet. Für die Darstellung der Segmentierung von Entscheidungen werden die Beziehungen zwischen den Teilentscheidungen in der Organisationstheorie bei den Entscheidungsinterdependenzen (Prozessinterdependenzen) behandelt. Vgl. Frese, E. u.a. (2012), S. 108 ff. Da die Coordination Theory in der Literatur mehr im Bereich des Geschäftsprozessmanagements eingesetzt wird, hat sich der Verfasser dieser Arbeit für diese entschieden.

[100] Vgl. Malone, T. W. (1988), S. 6.

[101] Vgl. Malone, T. W. und Crowston, K. (1994), S. 90 sowie Crowston, K. (1997), S. 159.

[102] Vgl. Malone, T. W. u.a. (1999), S. 429 sowie Crowston, K. (1997), S. 160.

[103] In der Coordination Theory wird ein Objekt als Ressource interpretiert, da ein von einer Aktivität verarbeitetes Objekt zu den erforderlichen Ersatzmitteln der abhängigen Aktivität gehört.

[104] Vgl. Malone, T. W. u.a. (1999), S. 429 f.

- *Flow Dependencies* beschreiben die Situation, wenn eine Aktivität ein Objekt herstellt und dieses dann von einer anderen Aktivität verwendet wird. Diese Art von Abhängigkeit existiert fast immer in einem Geschäftsprozess. Bspw. werden Waren bei einem Distributionsprozess von einer zu anderen Aktivitäten weitergegeben.
- *Sharing Dependencies* entstehen, wenn mehrere Aktivitäten sich eine Ressource teilen. Dies ist zum Beispiel der Fall, wenn zwei Personen eine Maschine gemeinsam benutzen.
- *Fit Dependencies* entstehen, wenn mehrere Aktivitäten zusammen ein Objekt produzieren. Fit Dependencies liegen bspw. dann vor, wenn ein Auftrag von mehreren Personen geprüft werden muss.

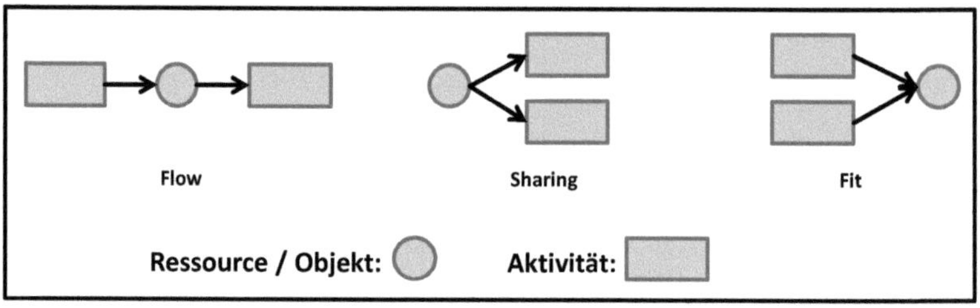

Abb. 7: Drei Grundtypen von Abhängigkeiten zwischen Aktivitäten[105]

Diese drei Grundtypen von Abhängigkeiten bestimmen die Ablauflogik von Geschäftsprozessen. Weitere Abhängigkeiten können auf Basis dieser drei Typen abgeleitet werden.[106]

2.2.3 Typen von Geschäftsprozessen

Ein Geschäftsprozess lässt sich nach verschiedenen Kriterien klassifizieren. Im folgenden Abschnitt werden die Klassifikationen bezüglich Strukturierungsgrad, Arten der Objekte und Organisationsebene diskutiert.

2.2.3.1 Klassifikation nach Strukturierungsgrad

Nach Strukturierungsgrad lassen sich Geschäftsprozesse in *strukturierte*, *semi-strukturierte* und *unstrukturierte Prozesse* aufteilen.[107] Bei einem strukturierten Pro-

[105] Verändert übernommen aus Malone, T. W. u.a. (1999), S. 430.
[106] Vgl. Malone, T. W. u.a. (1999), S. 431 sowie Gadatsch, A. (2012), S. 65 f.
[107] Vgl. Richter-von Hagen, C. und Stucky, W. (2004), S. 25 sowie Weske, M. (2007), S. 20 f.

zess können alle Details des Ablaufs im Voraus sehr genau festgelegt werden, somit sind solche Prozesse beliebig wiederholbar (hohe Wiederholfrequenz).[108] In diesem Fall können die Aktivitäten sowie ihre Abfolge effektiv mithilfe von Anwendungssystemen gestaltet werden. Ein Beispiel für einen strukturierten Prozess ist ein Produktionsprozess in der Automobilindustrie, der in der Regel einen höheren Automatisierungsgrad[109] besitzt. Semi-strukturierte Prozesse enthalten sowohl Prozessschritte, die sich gut regeln lassen, als auch Prozessschritte, die nicht einfach im Voraus festzulegen sind. Der nicht zu regelnde Prozessteil lässt sich allgemein nicht automatisieren.[110] Unstrukturierte Prozesse folgen keinem starren Ablauf und sind nicht im Voraus planbar.[111] Ein Beispiel dafür ist ein Beratungsprozess für ein Unternehmen, der in der Regel im Laufe einer Beratung angepasst wird.

2.2.3.2 Klassifikation nach Arten der Objekte

Wie bereits in Abschnitt 2.2.1 vorgestellt wurde, kann ein Geschäftsprozess auch nach den Arten der im Prozess bearbeiteten Objekte (physische und informationelle Objekte) unterschieden werden. Die entsprechenden Prozesse können dementsprechend auch als *physische Prozesse* sowie *informationelle Prozesse* bezeichnet werden.[112]

Die Prozesstypen sind stark von den unterschiedlichen Eigenschaften der Objekte geprägt und werden für das Prozessmanagement unterschiedlich behandelt. Zum Beispiel können physische Objekte durch messbare Kennzahlen, die eine physische Eigenschaft beschreiben (wie z.B. Temperatur, Feuchtigkeit, Druckwerte etc.), dokumentiert werden. Informationelle Objekte können hingegen vervielfacht (kopiert) werden und von mehreren Organisationseinheiten gleichzeitig bearbeitet werden.[113] Solche Eigenschaften haben Einfluss auf den Prozessablauf und führen dazu, dass sie bei der Dokumentation sowie der Analyse von Geschäftsprozessen berücksichtigt werden müssen.

---

[108] Vgl. Richter-von Hagen, C. und Stucky, W. (2004), S. 25 sowie Allweyer, T. (2005), S. 65.
[109] Automatisierungsgrad ist definiert als das Verhältnis der Anzahl der selbständig ablaufenden Prozessaktivitäten zur Gesamtzahl der Prozessaktivitäten. Vgl. Moroff, G. (1992), S. 76 sowie Lauber, R. und Göhner, P. (1999), S. 15 f.
[110] Vgl. Richter-von Hagen, C. und Stucky, W. (2004), S. 25.
[111] Vgl. Schneider, G. u.a. (2008), S. 62.
[112] Vgl. Davenport, T. H. und Short, J. E. (1990), S. 19, Scholz-Reiter, B. u.a. (1999), S. 102 sowie Institute of Industrial Engineers (1993), S. 110.
[113] Vgl. Davenport, T. H. und Short, J. E. (1990), S. 19.

2.2.3.3 Klassifikation nach Organisationsebene

Nach den involvierten Organisationseinheiten lassen sich Geschäftsprozesse ebenfalls klassifizieren. *Unternehmensinterne Geschäftsprozesse* definieren interne Geschäftsabläufe eines Unternehmens, in denen sowohl physische als auch informationelle Objekte die Unternehmensgrenzen nicht überschreiten. Diese Prozesse können weiter in *interfunktionale Prozesse*, die innerhalb einer Organisation wirken, aber verschiedene organisatorische Bereiche überqueren, und *interpersonale Prozesse*, die innerhalb abgegrenzter organisatorischer Bereiche durchgeführt werden, aufgeteilt werden.[114]

Wenn ein Geschäftsablauf zwei oder mehrere Unternehmen überquert, wird er als *unternehmensübergreifender (interorganisatorischer) Prozess* bezeichnet.[115] Ein typisches Beispiel ist der Prozess im Bereich des Supply Chain Management (SCM), in welchem Lieferanten, Dienstleister, Hersteller und Kunden in einen Wertschöpfungsprozess involviert sind.[116] Eine wesentliche Herausforderung für das Management unternehmensübergreifender Prozesse ist es, einen reibungslosen Informationsaustausch zwischen allen beteiligten Unternehmen, trotz verschiedener organisatorischen Strukturen sowie eingesetzten IT-Systeme, zu gewährleisten.[117]

2.3 Geschäftsprozessmanagement

Das Management von Geschäftsprozessen wird in der Literatur als Geschäftsprozessmanagement bezeichnet. Der Begriff *Geschäftsprozessmanagement* (Eng. *Business Process Management – BPM*) ist zwar weltweit verbreitet, wird jedoch, ähnlich wie der Begriff Prozess, in der Literatur nicht einheitlich definiert. Beispielsweise hat IDS Scheer aus Sicht der Implementierung von BPM-Ansätzen das Geschäftsprozessmanagement in betriebswirtschaftliches BPM, das als Managementkonzept im Unternehmen verstanden wird, und technologisches BPM, das als Lösungskonzept zur Automatisierung von Geschäftsprozessen gesehen wird, unterschieden.[118] Andere Definitionen konzentrieren sich auf die Aufgaben, die durch das Geschäftsprozessmanagement unterstützt werden. Weske u.a. haben das Geschäftsprozessmanagement als Menge an Konzepten, Methoden und Technologien,

[114] Vgl. Schantin, D. (2004), S. 59 sowie Davenport, T. H. und Short, J. E. (1990), S. 17 f.
[115] Vgl. Schantin, D. (2004), S. 59 sowie Davenport, T. H. und Short, J. E. (1990), S. 14 ff.
[116] Vgl. Gadatsch, A. (2012), S. 269 ff.
[117] Vgl. Gehr, F. und Hellingrath, B. (2007), S. 140 ff.
[118] Vgl. Kruppke, H. u.a. (2006), S. 6.

die zur Unterstützung für das Design, die Administration, die Konfiguration, die Ausführung und die Analyse von Geschäftsprozessen angewendet werden, definiert.[119] Hierbei wird das Management von Prozessen auf der strategischen Ebene explizit ausgeschlossen.[120] Hingegen ordnet Gadatsch dem Abgleich mit der Unternehmensstrategie neben der organisatorischen Gestaltung von Prozessen und deren technischen Umsetzung zu den Aufgaben des Geschäftsprozessmanagements ein.[121]

Laut Allweyer bezweckt das Geschäftsprozessmanagement *„die systematische Gestaltung, Steuerung, Überwachung und Weiterentwicklung der Geschäftsprozesse eines Unternehmens. Es umfasst das strategische Prozessmanagement, den Prozessentwurf, die Prozessimplementierung und das Prozesscontrolling.“*[122] Ein ähnliches Verständnis von Geschäftsprozessmanagement haben Schmelzer und Sesselmann bei ihrer Definition gezeigt. Danach wird das Geschäftsprozessmanagement definiert als *„ein integriertes System aus Führung, Organisation und Controlling zur zielgerichteten Steuerung und Optimierung von Geschäftsprozessen.“*[123] Darüber hinaus führen Schmelzer und Sesselmann aus, dass das Geschäftsprozessmanagement dazu beiträgt, die strategischen und operativen Ziele eines Unternehmens zu erreichen.[124] Nach Schmelzer und Sesselmann ist das Hauptziel des Geschäftsprozessmanagements, „durch Prozessoptimierung die Effektivität und Effizienz des Unternehmens nachhaltig zu erhöhen sowie den Unternehmenswert zu steigern“.[125] Um dieses Ziel zu erreichen, lassen sich verschiedene Tätigkeiten in vier Aufgabenfelder einordnen. Mithilfe dieser Einordnung können die Informationstechniken, inkl. der Techniken, die von BPI-Systemen angewendet werden, in den Aufgabenfeldern des Geschäftsprozessmanagements abgegrenzt werden.[126] Abb. 8 stellt diese vier Aufgabenfelder dar.[127]

---

[119] Vgl. Weske, M. u.a. (2004), S. 2 sowie Weske, M. (2007), S. 5.
[120] Vgl. Weske, M. u.a. (2004), S. 2 sowie van der Aalst, W. M. P. u.a. (2003), S. 4 f.
[121] Vgl. Gadatsch, A. (2012), S. 1.
[122] Allweyer, T. (2005), S. 95.
[123] Schmelzer, H. J. und Sesselmann, W. (2013), S. 6.
[124] Vgl. Schmelzer, H. J. und Sesselmann, W. (2013), S. 6.
[125] Schmelzer, H. J. und Sesselmann, W. (2013), S. 10. Diese Definition wird in der Literatur oft zitiert: Vgl. z.B. Ellebracht, H. u.a. (2009), S. 183 ff., Krause, O. und Mertins, K. (2006), S. 44 sowie Koch, S. (2011), S. 17 ff.
[126] Vgl. Abschnitt 2.4 und Abschnitt 3.3.1.
[127] Die vier Aufgabenfelder werden auf Basis von Schmelzer und Sesselmann definiert. Vgl. Schmelzer, H. J. und Sesselmann, W. (2013), S. 8 ff. Allerdings werden die Bezeichnung dieser

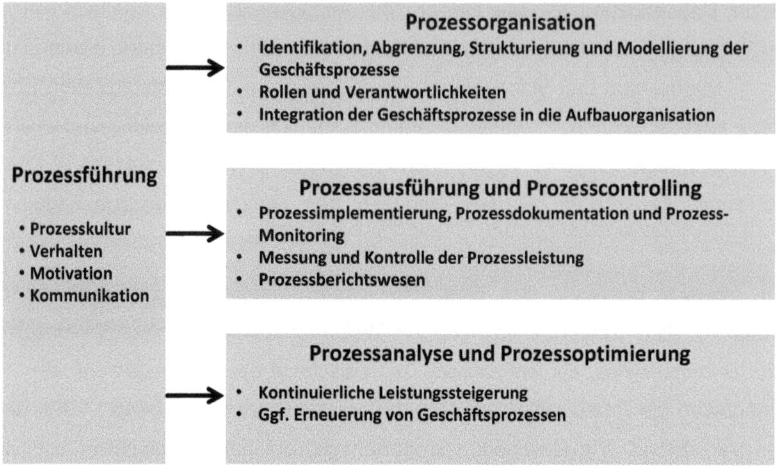

Abb. 8: Aufgabenfelder des Geschäftsprozessmanagements[128]

Im folgenden Teil dieser Arbeit werden zunächst die Aufgaben dieser vier Aufgabenfelder vorgestellt. Anschließend werden für das Geschäftsprozessmanagement relevante Kennzahlen diskutiert.

2.3.1 Prozessführung

Bei der Gestaltung einer prozessorientierten Ausrichtung, insb. wenn sich ein Unternehmen aus einer funktional ausgerichteten Struktur zu einer prozessorientierten Organisation entwickelt, ist es von Bedeutung, dass die betroffenen Mitarbeiter diese Veränderungen akzeptieren und mittragen.[129] Prozessführung hat die Aufgabe, solche Veränderungen an die Mitarbeiter so zu vermitteln, dass sie sich mit dem Geschäftsprozessmanagement identifizieren und die Ziele des Prozessmanagements umsetzten können.[130] Dazu gehören Aufgaben, wie z.B. mit den Mitarbeitern klare prozessorientierte Ziele zu vereinbaren, Mitarbeiter zur kontinuierlichen Steigerung der Prozessleistung zu motivieren oder mit den Mitarbeitern intensiv zu kom-

Aufgabenfelder auf Basis folgende Literatur angepasst: Vgl. Gadatsch, A. (2012), S. 36 ff., Weske, M. (2007), S. 11 ff. sowie van der Aalst, W. M. P. u.a. (2003), S. 5.

[128] Verändert übernommen aus Schmelzer, H. J. und Sesselmann, W. (2013), S. 9. Ergänzt durch Gadatsch, A. (2012), S. 36 ff., Weske, M. (2007), S. 11 ff. sowie van der Aalst, W. M. P. u.a. (2003), S. 5.

[129] Vgl. Allweyer, T. (2005), S. 301.

[130] Vgl. Schmelzer, H. J. und Sesselmann, W. (2013), S. 8.

munizieren.[131] Zur Unterstützung der Prozessführung können passende Kommunikationssysteme, Anreizsysteme und Change-Management-Systeme eingesetzt werden.

2.3.2 Prozessorganisation

Die Prozessorganisation umfasst alle Aufgaben, die sich auf die Gestaltung und die Planung eines Geschäftsprozesses beziehen.[132] Hierbei werden Geschäftsprozesse identifiziert, abgegrenzt und anschließend für die Ausführung strukturiert und modelliert (siehe Abb. 8).[133]

Die *Prozessidentifizierung* und die *Prozessabgrenzung* helfen dabei, die Geschäftsstrategie aus prozessualer Sicht konsequent umzusetzen. Die Umsetzung führt oft dazu, bestehende Prozesse zu verändern bzw. neue Prozesse zu generieren. Entscheidend dabei ist, die erfolgskritischen Prozesse (Kernprozesse) zu identifizieren und diese weiterzuentwickeln.[134]

Die *Prozessmodellierung* zielt darauf ab, Abläufe betriebswirtschaftlicher Aufgaben aus einem Geschäftsfeld unter einer fachlichen und konzeptionellen Perspektive abzubilden.[135] Ein modellierter Prozess muss nicht die Realität abbilden – er kann auch dazu dienen, betriebliche Abläufe neu zu gestalten. Dabei wird nicht nur der Ablauf des Prozesses betrachtet, auch Informationen über involvierte Organisationen, benötigte Ressourcen etc. werden mitberücksichtigt. Diese Informationen sind relevante Bestandteile der Prozessplanung und können in der Praxis durch skriptbasierte oder graphische Methoden dargestellt werden.[136]

2.3.3 Prozessausführung und -controlling

In den Aufgabenfeldern von *Prozessausführung* und *Prozesscontrolling* wird ein Geschäftsprozess implementiert und dokumentiert. Außerdem umfassen sie die Steuerungsfunktionen zur Zielerreichung.[137]

[131] Vgl. Schmelzer, H. J. und Sesselmann, W. (2013), S. 8 f.
[132] Vgl. Schmelzer, H. J. und Sesselmann, W. (2013), S. 10.
[133] Vgl. Weske, M. (2007), S. 11 ff. sowie van der Aalst, W. M. P. u.a. (2003), S. 5.
[134] Vgl. Emrich, C. (2004), S. 18 ff. sowie Mayer, R. und Brenner, M. (2009), S. 155.
[135] Vgl. Gadatsch, A. (2012), S. 2 f. sowie Rosemann, M. u.a. (2012), S. 47 ff.
[136] Vgl. Gadatsch, A. (2012), S. 63 f. Methoden und Werkzeuge der Prozessmodellierung vgl. Abschnitt 2.4.1.
[137] Vgl. Schmelzer, H. J. und Sesselmann, W. (2013), S. 10., Gadatsch, A. (2012), S. 4 ff. sowie Mayer, R. und Brenner, M. (2009), S. 156.

Die *Prozessimplementierung* ist für die Umsetzung der entworfenen Prozesse in Form organisatorischer Maßnahmen sowie für die Implementierung von Anwendungssystemen zuständig.[138] Hierbei werden Prozesselemente für die operative Durchführung auf Basis der unternehmensspezifischen Gegebenheiten detailliert.[139] Zu den Aufgaben von *Prozessdokumentation* gehören die Identifikation und Beschreibung von relevanten Geschäftsprozessen sowie die Dokumentation der Prozessabläufe.[140] Basierend auf der Prozessdokumentation lassen sich die Leistungen eines Geschäftsprozesses durch *Prozess-Monitoring,* dessen Aufgaben die laufende Messung und Kontrolle der Ist-Prozessleistungen durch Prozesskennzahlen im Hinblick auf die Erreichung der Prozessziele sind, gezielt steuern.[141]

Prozesskennzahlen sind wichtige Hilfsmittel für die Prozessausführung und das Prozesscontrolling. Mithilfe von Prozesskennzahlen lassen sich Prozessabläufe dokumentieren und ihre Leistungen messbar machen.[142]

2.3.4 Prozessanalyse und -optimierung

Die *Prozessanalyse* beinhaltet eine betriebswirtschaftlich orientierte Untersuchung von Prozessen, deren Ziel es ist, die existierenden unternehmerischen Geschäftsprozesse zu untersuchen und dabei Schwachstellen und Verbesserungspotentiale aufzudecken.[143] Deshalb wird die Prozessanalyse auch oft als Analyse von Ist-Situation bei Geschäftsprozessen verstanden, womit existierende Probleme bei den vorhandenen Geschäftsabläufen aufgedeckt werden. Es ist jedoch sinnvoll, den Ist-Prozess bei einer Prozessanalyse mit dem Soll-Prozess zu vergleichen. Durch den Vergleich lassen sich einerseits die Abweichungen leicht erkennen, andererseits können die Ergebnisse der Ist-Analyse beim Entwurf von neuen Soll-Prozessen gezielt berücksichtigt werden.[144]

---

[138] Vgl. Allweyer, T. (2005), S. 92 sowie Gadatsch, A. (2012), S. 4 f.

[139] Vgl. Schmelzer, H. J. und Sesselmann, W. (2013), S. 565 ff.

[140] Vgl. Gadatsch, A. (2012), S. 4.

[141] Vgl. Schmelzer, H. J. und Sesselmann, W. (2013), S. 325 f. sowie Gadatsch, A. (2012), S. 5.

[142] Vgl. Schmelzer, H. J. und Sesselmann, W. (2013), S. 318 f. Mithilfe von Prozesskennzahlen können die Transparenz über die Leistungssituation durch Methoden, wie z.B. Balanced Scorecard, hergestellt. Balanced Scorecard ist ein Konzept für die Konkretisierung, Darstellung und Verfolgung von Strategien. Verschiedene Kennzahlen lassen sich auf Basis von Balanced Sorecard darstellen. Vgl. Kaplan, R. S. und Norton, D. P. (1992), S. 71-79 sowie Horváth & Partners (2007), S. 1 ff. Weiteres über Prozesskennzahlen vgl. Abschnitt 2.3.5.

[143] Vgl. Gadatsch, A. (2012), S. 4, Abts, D. und Mülder, W. (2010), S. 245, Allweyer, T. (2005), S. 223 sowie Schwegmann, A. und Laske, M. (2012), S. 179.

[144] Vgl. Allweyer, T. (2005), S. 224 f. sowie Abts, D. und Mülder, W. (2010), S. 245 ff.

Die Ziele der Prozessanalyse lassen sich von den Unternehmenszielen ableiten und sich allgemein in funktionale, finanzielle und soziale Ziele unterteilen.[145] Funktionale Ziele beziehen sich auf die Leitungsaspekte, wie z.B. die Reduzierung der Durchlaufzeit oder die Erhöhung der Produktqualität. Die finanziellen Ziele haben monetäre Aspekte, z.B. die Senkung der Personalkosten oder die Verringerung der Kapitalbindung, im Fokus. Soziale Ziele beziehen sich hingegen auf die Mitarbeiter, z.B. auf die Sicherung der Arbeitsplätze oder die Personalentwicklung.[146]

Zur Operationalisierung dieser Ziele haben Schwegmann und Laske relevante Merkmale für eine Identifikation von Schwachstellen bzw. Verbesserungspotenzialen in drei Kategorien gruppiert:[147]

- *Aspekte der Prozessabläufe:* Hinsichtlich der Analyse der Prozessabläufe kann eine Reihe von Schwachstellen identifiziert werden: Überflüssige Prozesse / Teilprozesse / Aktivitäten, Beschleunigungspotenziale, Optimierung von inner- und zwischenbetrieblichen Prozessschnittstellen etc.
- *Aspekte der Aufbauorganisation:* Mögliche Schwachstellen durch Mängel der Aufbauorganisation können z.B. sein: Unklare Aufgabenzuordnung, zu viele Hierarchieebenen, fehlende Anreizsysteme.
- *Aspekte der IT-Unterstützung und der technischen Infrastruktur:* Für moderne Unternehmen ist der Einsatz von Informations- und Kommunikationstechnik für die Prozessanalyse und eine erfolgreiche Prozessoptimierung neben organisatorischen Maßnahmen unabdingbar.[148] Mängel in der IT-Unterstützung können beispielsweise sein: Fehlende Funktionalitäten, redundante Speicherung von Daten, mangelhafte Datenqualität, mangelnde Performance etc.

Die *Prozessoptimierung* wird als Identifikation, Definition, Einleitung und Überwachung von Prozessverbesserungen verstanden.[149] Das Ziel der Prozessoptimierung ist es, bestehende Prozesse effektiver, effizienter und flexibler zu gestalten.[150] Die-

[145] Vgl. Schwegmann, A. und Laske, M. (2012), S. 182 sowie Schulte-Zurhausen, M. (2010), S. 392 ff.
[146] Vgl. Schwegmann, A. und Laske, M. (2012), S. 182.
[147] Vgl. Schwegmann, A. und Laske, M. (2012), S. 183-185.
[148] Vgl. Gadatsch, A. (2012), S. 30 sowie Allweyer, T. (2005), S. 17.
[149] Vgl. Gadatsch, A. (2012), S. 4.
[150] Vgl. Abts, D. und Mülder, W. (2010), S. 253, Becker, T. (2008), S. 28 sowie Gadatsch, A. (2012), S. 19.

ses lässt sich in die folgenden vier Ebenen, die unterschiedliche Verbesserungsansätze beschreiben, einordnen:[151]

- *Gestaltung der Prozesse:* Bei der Gestaltung der Prozesse können die bestehenden Prozesse geändert oder neue Prozesse und Ressourcen entwickelt werden. Die Gestaltungsebene bietet die größte Möglichkeit, Prozesse zu verbessern, erfordert aber radikale Veränderung.[152]
- *Planung der Prozesse:* Mit der Prozessplanung werden die erforderlichen Kapazitäten sowie die Durchführungsstrategien festgelegt. Bei der Optimierung der Prozesse gilt es hier, mittelfristig bis langfristig Kapazitäten und Aktivitäten der Prozesse optimal einzustellen und richtige Durchführungsstrategien zu verwenden.
- *Steuerung der Prozesse:* Bei der Prozesssteuerung werden die Ressourcen und die zu bearbeitenden Objekte auf unterschiedliche Beteiligte aufgeteilt. Dazu werden Priorität und Reihenfolge bei der Prozessoptimierung berücksichtigt.[153]
- *Ausführung der Prozesse:* Das Hauptaugenmerk der Ausführung der Prozesse liegt darin, die Prozessabläufe nach der vordefinierten Prozessstruktur einzuhalten, die Prozessleistung gleichmäßig zu verteilen und die Ausführungsfehler möglichst gering zu halten. In dieser Ebene sind die Standardisierung der Prozesse und die Dokumentation der Aktivitäten entscheidend für eine effiziente Durchführung und eine kontinuierliche Verbesserung der Prozesse. Typische Prozessoptimierungsmöglichkeiten sind bspw. die Identifikation der Unregelmäßigkeiten von Prozessabläufen und Prozessleistungen.[154]

In der Praxis hängen die Prozessanalyse und die Prozessoptimierung stark voneinander ab. Die Prozessanalyse wird oft als eine Vorstufe bei einem Prozessoptimierungsprojekt durchgeführt, um die Verbesserungspotenziale aufzudecken.[155] Außerdem werden Methoden für die Prozessanalyse und Prozessoptimierung, wie z.B.

[151] Vgl. Becker, T. (2008), S. 17-20.
[152] Die Methode der Geschäftsprozessoptimierung lässt sich in Process-Reengineering und Prozessoptimierung unterscheiden. Ziel des Process-Reengineering ist eine radikale Änderung der Prozesse, die komplett neu gestaltet werden. Prozessoptimierung geht von den bestehenden Prozessen aus und baut diese um. Process-Reengineering ist risikoreich und verspricht nur bei Krisensituationen Erfolg und wird deshalb kaum noch verwendet. In dieser Arbeit handelt es sich um die Prozessoptimierung der zweiten Methode. Weitere Literatur zu diesem Thema vgl. u.a. Becker, J. und Kahn, D. (2012), S. 5 ff. sowie Allweyer, T. (2005), S. 80 ff.
[153] Vgl. Becker, T. (2008), S. 19.
[154] Vgl. Becker, T. (2008), S. 18 f.
[155] Vgl. Seidlmeier, H. (2010), S. 172.

Simulation oder Visualisierung, in der Regel von IT-Techniken unterstützt. Diese sowie die Unterstützung von weiteren Aufgaben des Prozessmanagements werden in Abschnitt 2.4.3 diskutiert.

2.3.5 Kennzahlen für Geschäftsprozessmanagement

Kennzahlen[156] werden verstanden als Zahlen, die Informationen über betriebswirtschaftliche Tatbestände darstellen.[157] Sie sind ein unverzichtbares unternehmerisches Führungsinstrument und dienen als Basis für die Kontrolle, Dokumentation und Analyse wichtiger Sachverhalte und Zusammenhänge in einem Unternehmen.[158] Kennzahlen, die in einer Beziehung zueinander stehen und so als Gesamtheit über einen Sachverhalt vollständig informieren, können zu einem Kennzahlsystem zusammengefasst werden.[159] Die Entwicklung eines Kennzahlsystems hängt von Anwendungsgebieten sowie den zu erledigenden Aufgaben ab.[160]

Im Bereich des Geschäftsprozessmanagements haben Kennzahlen die Aufgabe, die Leistungen eines Prozesses sichtbar zu machen und diese mit den Zielen zu vergleichen.[161] Durch verschiedene Systematisierungsmerkmale lassen sich Kennzahlen in unterschiedliche Typen unterscheiden.[162] Im Rahmen diese Arbeit werden folgende fünf Kennzahlentypen für das Geschäftsprozessmanagements betrachtet:[163]

- *Kostenbezogene Kennzahlen:* Kostenbezogene Kennzahlen dokumentieren die Kostenfaktoren von Geschäftsprozessen. Dieser Typ von Kennzahlen kennzeichnet die Effizienz eines Prozesses und wird benutzt, um die Wettbewerbsfähigkeit zu erhalten bzw. zu stärken. Beispiele für diese Kennzahlen sind: Transportkosten, Lagerkosten, Produktionskosten etc.

[156] In der vorliegenden Arbeit wird der Begriff *Kennzahl* als betriebswirtschaftliche Kennzahl verstanden.
[157] Vgl. Meyer, C. (2011), S. 17.
[158] Vgl. Preißler, P. R. (2008), S. 4.
[159] Vgl. Horváth, P. (2012), S. 507.
[160] Vgl. Meyer, C. (2011), S. 41 ff.
[161] Vgl. Becker, T. (2008), S. 186 sowie Kummer, S. u.a. (2009), S. 179.
[162] Kennzahlen können durch betriebliche Funktionen, wie z.B. Kennzahlen für Beschaffung und Produktion, oder nach statistisch-methodischen Gesichtspunkten in absolute Zahlen und Verhältniszahlen systematisiert werden. In dieser Arbeit werden fünf Typen von Kennzahlen aus der Sicht des Prozessmanagements definiert. Weitere Quelle zur Systematisierung der Kennzahlen: Vgl. u.a. Meyer, C. (2011), S. 41 ff. sowie Preißler, P. R. (2008), S. 11 ff.
[163] Vgl. Becker, T. (2008), S. 181 ff., Jung, B. (2002), S. 69-80, VDI-RICHTLINIEN (2007), S. 1 ff., Witte, H. (2007), S. 176 ff. sowie Heß, H. (2004), S. 124.

- *Mengenbezogene Kennzahlen:* Im Gegensatz zu kostenbezogenen Kennzahlen, bei denen die monetären Werte dargestellt werden, wird bei mengenbezogenen Kennzahlen die Anzahlen der betrachteten Gegenstände berücksichtigt. Beispiele für diese Art von Kennzahlen sind die Anzahl der offenen Aufträge, Menge der Lieferung oder der Lagerbestand.
- *Zeitbezogene Kennzahlen:* Zeitbezogene Kennzahlen dokumentieren in erster Linie die zeitlichen Abläufe von Objekten. Mithilfe dieser Art von Kennzahlen soll die Prozessleistung kontrolliert werden, sodass diese möglichst schnell erbracht werden kann. Typische Kennzahlen sind: Liegezeit, Bearbeitungszeit, Durchlaufzeit etc.
- *Leistungsbezogene Kennzahlen:* Leistungsbezogene Kennzahlen werden verwendet, um die erbrachten Leistungen zu messen bzw. die Produktivität und Effektivität der Arbeit zu erhöhen. Solche Kennzahlen sind beispielsweise der Umsatz pro Mitarbeiter und Jahr oder die Anzahl der bearbeiteten Unterlagen pro Mitarbeiter und Tag.
- *Qualitätsbezogene Kennzahlen:* Mit dieser Art von Kennzahlen lässt sich die Qualität der erbrachten Leistungen kontrollieren. Beispiele hierfür sind Fehlerquoten, Kundenzufriedenheit, Reklamationsquoten etc.

Kennzahlen sind einen wichtigsten Parameter für eine effiziente und effektive Gestaltung eines Prozesses und stehen miteinander in enger Beziehung.[164] Kennzahlen können sowohl manuell als auch maschinell erfasst werden. Maschinelle Datenerfassung ist personenunabhängig. Sie gilt meistens als kostengünstig und liefert eine höhere Datenqualität. Allerdings muss eine technische Infrastruktur zur Erfassung sowie zum Austausch der Daten bereitgestellt werden.[165]

[164] Unternehmerische Probleme können sich anhand von „Effektivität" und „Effizienz" beschreiben lassen. Effektivität bedeutet „das richtige tun", wie z.B. die richtigen Erfolgsfaktoren zu bestimmen und die richtigen Produkte zu entwickeln. Die mangelhafte Effektivität führt zu den unzufriedenen Kunden. Effizienz bedeutet „etwas richtig tun", d.h. wirtschaftliche Erreichung der gesetzten Ziele. Die Effizienz von Prozessen hat erheblichen Einfluss auf Produktivität und Profitabilität. Vgl. Drucker, P. F. (1974), S. 44 sowie Töpfer, A. (2007), S. 77.

[165] Vgl. Jung, B. (2002), S. 69 ff. Die Bereitstellung einer solchen Infrastruktur, insb. in einem prozessorientierten Kontext, in dem verschiedene Organisationseinheiten oder Unternehmen involviert sind und Daten miteinander ausgetauscht werden müssen, ist häufig mit Herausforderungen verbunden.

2.4 Informationstechnologie für das Geschäftsprozessmanagement

Aufgrund der Komplexität der Geschäfte in modernen Unternehmen ist es kaum vorstellbar, Geschäftsprozesse ohne Unterstützung von Informationstechnologie (IT) zu steuern und durchzuführen.[166] Verschiedene IT-basierte Konzepte wurden entwickelt, um die Modellierung, die Dokumentation, die Steuerung, die Analyse und die Optimierung von Geschäftsprozessen zu unterstützen. In der Literatur werden dementsprechende Anwendungen oft den sogenannten BPM-Systemen (Business Process Management System) zugeordnet.[167] Außerdem wird betriebswirtschaftliche Standardsoftware, wie z.B. ERP (Enterprise Resource Planning) Software, SCM (Supply Chain Management) Software etc., zur Unterstützung spezifischer Anwendungsbereiche eingesetzt.

In den folgenden drei Abschnitten werden IT-basierte Konzepte zur Unterstützung folgender Aufgabenfelder des Geschäftsprozessmanagements diskutiert: Prozessorganisation, Prozessausführung und -controlling sowie Prozessanalyse und Prozessoptimierung.[168] Es ist nicht immer möglich, einzelne Ansätze zu den jeweiligen Aufgabenfeldern eindeutig zu zuordnen. Ein Beispiel ist die Visualisierungstechnik, welche die Modellierung der Prozessorganisation, das Monitoring von Prozesskennzahlen sowie die Darstellung von Analyseergebnissen unterstützen kann. Deshalb erfolgt die Zuordnung anhand der Einsatzschwerpunkte der entsprechenden IT-Ansätze.

2.4.1 IT für die Prozessorganisation

Prozessmodellierung spielt bei der Gestaltung der Prozessorganisation eine bedeutende Rolle. Neben den Abläufen eines Geschäftsprozesses werden auch die Orga-

---

[166] Vgl. Österle, H. (1995), S. 62 f.

[167] Vgl. Schmelzer, H. J. und Sesselmann, W. (2013), S. 468 ff. sowie Weske, M. (2007), S. 6.

[168] Die BPM-Systeme lassen sich in drei Gruppen in Form eines BPM-Lebenszyklus kategorisieren: Modellierung und Dokumentation, Monitoring und Automatisierung, Analyse und Simulation. Vgl. European Association of Business Process Management (EABPM) (2009), S. 43 f. und 299; Spath, D. und Weisbecker, A. (2008), S. 9 sowie Schmelzer, H. J. und Sesselmann, W. (2013), S. 468 ff. Diese Gruppierung ist vergleichbar mit den in dieser Arbeit verwendeten Aufgabenfeldern des Geschäftsprozessmanagements: Modellierung und Dokumentation lassen sich als IT-Unterstützung in die Prozessorganisation einordnen. Monitoring, Automatisierung und Steuerung können dem Bereich der Prozessausführung und des Prozesscontrollings zugeordnet werden. Analyse und Simulation liefern hierbei die IT-Unterstützung für Prozessanalyse und Prozessoptimierung.

nisationen, die Daten und die Ressourcen bei der Prozessmodellierung betrachtet.[169] Diese lassen sich beispielsweise von dem weit verbreiteten ARIS-Konzept in fünf Modellierungssichten differenzieren:[170]

- Die Aufbauorganisation eines Unternehmens wird durch die *Organisationssicht* beschrieben. Hierzu werden die hierarchischen Beziehungen einer Organisationsstruktur durch ein Organigramm[171] dargestellt.
- Die *Datensicht* beschreibt die für die Modellierung relevanten Objekte und deren Beziehungen. Hierzu wird das Entity-Relationship-Modell[172] verwendet.
- In der *Funktionssicht* werden die betrieblichen Funktionen in Form einer Baumstruktur dargestellt.
- Die *Leistungssicht* beschreibt die Produkte eines Unternehmens. Sie enthält materielle und immaterielle Leistungen sowie Geldflüsse.
- Die *Steuerungssicht* ist die zentrale Sicht des ARIS-Konzeptes und stellt die Geschäftsprozesse eines Unternehmens dar. Die Geschäftsprozesse werden hierbei üblicherweise mit der erweiterten ereignisgesteuerten Prozesskette (EPK) beschrieben.

Es existiert eine Vielzahl von Werkzeugen, die Prozessmodellierung unterstützten. Beispiele sind ADONIS von der Universität Wien[173], ARIS-Toolset für die Implementierung des ARIS-Konzepts von der Software AG,[174] BONAPART von der Firma BTC AG[175] sowie MS Visio von Microsoft[176]. Im Kern verwenden alle Werkzeuge eine oder mehrere Notationen[177] zur Darstellung der Abläufe von Geschäftsprozessen. Die drei in Deutschland am weitesten verbreiteten Notationen für die Prozessmodel-

---

[169] Vgl. Abschnitt 2.3.2.
[170] Vgl. Scheer, A.-W. (2001), S. 1 ff. In der Literatur existieren viele ähnliche Sichtenkonzepte. Zum Beispiel unterscheidet Gadatsch die Prozessorganisation in eine zentrale Prozesssicht und vier ergänzende Struktursichten (Organisations-, Aktivitäts-, Applikations-, und Informationsstruktursicht). Weitere Informationen dazu vgl. Gadatsch, A. (2012), S. 61 ff.
[171] Ein Organigramm wird benutzt, um die Aufbauorganisation eines Unternehmens graphisch zu visualisieren. Vgl. Töpfer, A. (2007), S. 1261.
[172] Das Entitiy-Relationship-Modell ist ein Werkzeug zur semantischen, konzeptionellen Datenmodellierung von Objekten und ihren Beziehungen. Vgl. Fink, A. u.a. (2005), S. 106 sowie Chen, P. P. (1976), S. 9-36.
[173] ADONIS Community (2012), URL siehe Literaturverzeichnis.
[174] Software AG (2013), URL siehe Literaturverzeichnis.
[175] BONAPART (2012), URL siehe Literaturverzeichnis.
[176] Microsoft (2013), URL siehe Literaturverzeichnis.
[177] Das ARIS-Toolset unterstützt neben EPK auch BPMN zur Modellierung von Geschäftsprozessen. Vgl. Davis, R. und Brabänder, E. (2007), S. 20 ff.

lierung sind die Ereignisgesteuerte Prozesskette (EPK), die Business Process Modelling Notation (BPMN) und das UML Aktivitätsdiagramm (UML AD).[178]

Die EPK wurde von einer Arbeitsgruppe unter der Leitung von August-Wilhelm Scheer an der Universität des Saarlands im Jahr 1992 entwickelt.[179] Mit ihrer betriebswirtschaftlich orientierten Notation richtet sich die EPK an Fachanwender, die damit in einfacher und verständlicher Weise Prozesse abbilden können sollen. Funktionen und Ereignisse werden durch Kontrollflüsse und Konnektoren verbunden und als eine Prozesskette präsentiert.[180]

BPMN ist eine weitere weitverbreitete Modellierungsnotation im Bereich des Geschäftsprozessmanagements. Diese wurde von der Business Process Management Initiative veröffentlicht und wird seit 2005 durch die Object Management Group (OMG)[181] gepflegt. Zielgruppe von BPMN sind ebenfalls Fachanwender, allerdings wird stärker darauf abgezielt, die Lücke zwischen Design und Implementierung von Geschäftsprozessen zu überbrücken. Die Notation von BPMN kann in BPEL-Code (Business Process Excution Language) transformiert werden, der für die Ausführung eines Geschäftsprozesses, insb. durch Web-Services, verwendet werden kann.[182] Die Unified Modeling Language (UML) ist ein führender Standard im Bereich des Software-Engineerings und wurde von der OMG entwickelt.[183] UML stellt eine Vielzahl von Diagrammtypen bereit, darunter das UML Aktivitätsdiagramm, das für die Modellierung der Prozessabläufe verwendet werden kann.[184]

Die in Abschnitt 2.2.2.2 vorgestellten Abhängigkeiten der Prozessaktivitäten in der Coordination Theory lassen sich durch alle drei Modellierungsnotationen abbilden. Tab. 1 zeigt beispielhaft, wie die drei Grundtypen der Abhängigkeiten von den drei oben vorgestellten Notationen durch Kontrollflüsse und Konnectoren / Gateways berücksichtigt werden können.[185]

---

[178] Vgl. Schmelzer, H. J. und Sesselmann, W. (2013), S. 475 f.
[179] Vgl. Keller, G. u.a. (1992), S. 1 ff.
[180] Keller, G. u.a. (1992), S. 1 ff., Scheer, A.-W. (2001), S. 15 ff. sowie Fink, A. u.a. (2005), S. 122 ff.
[181] Vgl. OMG (2012a), URL siehe Literaturverzeichnis.
[182] Vgl. Korherr, B. (2008), S. 21 ff. sowie Object Management Group (2013), URL siehe Literaturverzeichnis.
[183] Vgl. OMG (2012b), URL siehe Literaturverzeichnis.
[184] Vgl. Kecher, C. (2011), S. 215 ff. sowie Abts, D. und Mülder, W. (2010), S. 352 ff.
[185] Jede der vorgestellten Notationen bietet mehrere Möglichkeiten für die Abbildung der Typen von Abhängigkeiten, insb. für die Abbildung der Share Dependencies, wie es das UML AD zeigt. Durch

Tab. 1: Zuordnung der Notationen in der Coordination Theory[186]

	Flow Dependencies	Share Dependencies	Fit Dependencies
EPK	Information Flow	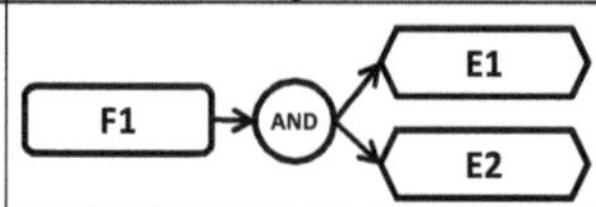	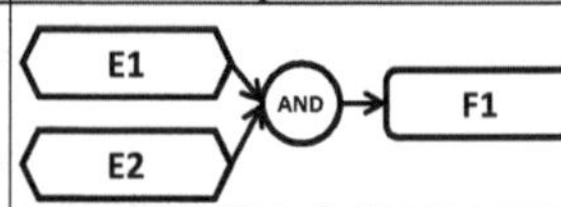
BPMN	Sequence Flow	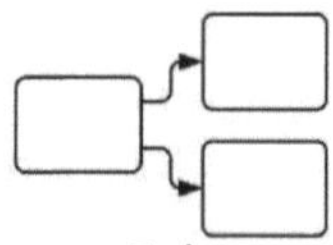 Fork	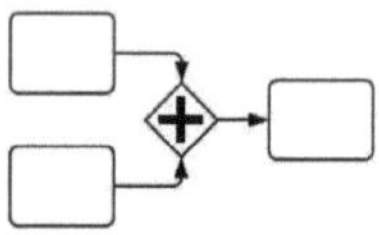 Join
UML AD	Flow	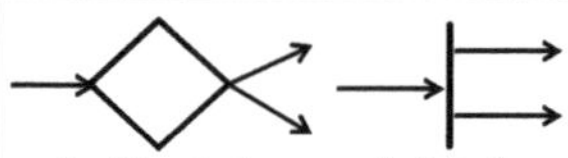 Decision Node Fork Node	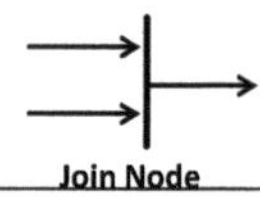 Join Node

2.4.2 IT für die Prozessausführung und das Prozesscontrolling

Die IT-Unterstützung für die Prozessausführung und das Prozesscontrolling werden in drei Teilen vorgestellt: Workflow-Management-Systeme, Prozess-Monitoring sowie weitere relevante betriebswirtschaftliche Standardsoftware.

2.4.2.1 Workflow Management System

Ein Workflow besteht aus formal detailliert beschriebenen Arbeitsanweisungen, die sich auf die operative Ebene von Geschäftsprozessen (i.d.R. auf die Ebene der Arbeitsschritte oder Aktivitäten) beziehen und ganz oder teilweise automatisiert ablaufen.[187] Er beinhaltet die zeitlichen, fachlichen und ressourcenbezogenen Spezifikationen, welche für die automatische Steuerung der Arbeitsschritte erforderlich sind.[188] Diese Arbeitsschritte sind zur Ausführung durch Mitarbeiter oder durch Anwendungsprogramme vorgesehen.[189]

---

diese Tabelle soll es demonstriert werden, dass die Abhängigkeiten in der Coordination Theory von den Modellierungsnotationen berücksichtigt werden.

[186] Die Elemente der Notationen werden im Rahmen dieser Arbeit nicht vertieft vorgestellt. Weitere Informationen finden sich unter: Object Management Group (2013), URL siehe Literaturverzeichnis, Kecher, C. (2011), S. 215 ff., Korherr, B. (2008), S. 21 ff. sowie Scheer, A.-W. (2001), S. 125 ff.

[187] Vgl. Schmelzer, H. J. und Sesselmann, W. (2013), S. 480 f. sowie Gadatsch, A. (2012), S. 40 f.

[188] Vgl. Gehring, H. (1999), S. 4 sowie Gadatsch, A. (2012), S. 41.

[189] Durch den Strukturierungsgrad lassen sich Workflows in allgemeiner Workflow, fallbezogener Workflow und Ad hoc Workflow unterscheiden. Ein allgemeiner Workflow ist durch im Detail definierbare Arbeitsschritte charakterisiert und lässt sich in hohem Grad automatisieren. Der fallbezogene Workflow bezeichnet Arbeitsabläufe, die nicht vollständig automatisierbar sind. Im Vergleich zum allgemeinen Workflow besitzt ein fallbezogener Workflow höhere Freiheitsgrade. Einzelne Vorgänge

Das Workflow-Management bezeichnet ein Konzept zur Umsetzung der übergeordneten Prozessziele auf operativer Ebene. Zu diesem Zweck stellen *Workflow-Management-Systeme (WfMS)* anwendungsunabhängige Funktionen dar, welche die Modellierung, Durchführung und das Monitoring von Arbeitsabläufen bereitstellen.[190] Dabei werden Prozessablaufdaten in der Regel mithilfe von WfMS dokumentiert.[191] Diese können für die Prozessanalyse genutzt werden. Im Vergleich zum Geschäftsprozessmanagement ist das Workflow-Management auf die operative Planung und Steuerung von Geschäftsprozessen fokussiert. Die Einsatzvorteile von Workflow-Management-Systemen sind verbesserte Prozessqualität, verkürzte Durchlaufzeit, reduzierte Prozesskosten, automatisierte Prozesssteuerung und höhere Datenkonsistenz.[192]

Ein aus mehreren Arbeitsschritten bestehender Workflow kann teils von verschiedenen Personen und teils durch mehrere Anwendungssysteme unterstützt werden. So kann bspw. ein Workflow „Auftragsbearbeitung" von mehreren Mitarbeitern (jeweils zuständig für Bestellungsüberprüfung, Auftragseinplanung, Auftragsbestätigung etc.) und durch Unterstützung mehrerer Anwendungssysteme (z.B. ERP-System, Office-Produkte etc.) ausgeführt werden. Der Einsatzschwerpunkt von WfMS liegt vorwiegend im Bereich der kaufmännisch-administrativen Geschäftsprozesse bzw. Büroprozesse.[193] Für anwendungsspezifische Funktionen, wie z.B. Produktionsplanung oder Ressourcenplanung, werden in der Praxis betriebswirtschaftliche Standardsoftware, z.B. PPS-Systeme (Produktionsplanung und Steuerungssysteme) und ERP-Systeme, eingesetzt.[194]

2.4.2.2 Prozess-Monitoring und Business Activity Monitoring

Die laufende Messung und Kontrolle der Ist-Leistung von Prozessen wird als *Prozess-Monitoring* bezeichnet.[195] Allgemein erfassen die Monitoring-Tools permanent

können übersprungen und modifiziert werden. Ad hoc-Workflows sind unstrukturierte Arbeitsschritte, deren Ablauffolge sich nicht vorab bestimmen lässt. Im Vergleich zu den zwei anderen Typen von Workflows ist der Ad hoc-Workflow nicht modellierbar. Vgl. Gadatsch, A. (2012), S. 42 ff.

[190] Vgl. Gehring, H. (1999), S. 4 ff., Schmelzer, H. J. und Sesselmann, W. (2013), S. 480 f. sowie Gadatsch, A. (2012), S. 49 f.

[191] Vgl. van der Aalst, W. M. P. und van Hee, K. (2004), S. 170 sowie zur Muehlen, M. und Hansmann, H. (2012), S. 398 ff.

[192] Vgl. Schmelzer, H. J. und Sesselmann, W. (2013), S. 480 sowie Gadatsch, A. (2012), S. 49 f.

[193] Vgl. Gadatsch, A. (2012), S. 227 ff.

[194] Vgl. Abschnitt 2.4.2.3.

[195] Vgl. Schmelzer, H. J. und Sesselmann, W. (2013), S. 325 sowie Gadatsch, A. (2012), S. 5.

die Ist-Daten im Prozess und errechnen aus den Messergebnissen die Prozesskennzahlen, wie z.B. die Durchlaufzeit einer Lieferung. Die errechneten Kennzahlen können mit festgelegten Plan(Soll)-Werten verglichen und an ein entsprechendes Frontend-Werkzeug zur Beurteilung der Prozessleistung weitergereicht werden.[196]

Business Activity Monitoring (BAM) ist ein von der Gartner Group geprägter Begriff, der eine Sammlung von verschiedenen Technologien aus Business Intelligence und Geschäftsprozessmanagement ist.[197] Es ist eine near-time / operational BI-Lösung[198], die den Unternehmen erlaubt, organisationsübergreifende Geschäftsprozesse durch ein Dashboard zeitnah zu überwachen.[199] Zur Unterstützung der operativen Geschäftsprozesse werden entsprechende BI-Komponenten benötigt. Hierbei spielen insb. ETL-Prozesse[200] und Operational Data Store (ODS) eine wichtige Rolle.[201,202]

2.4.2.3 Betriebswirtschaftliche Standardsoftware

Beim Geschäftsprozessmanagement werden anwendungsspezifische Aufgaben durch betriebswirtschaftliche Standardsoftware unterstützt. Diese haben im Vergleich zu WfMS, deren Hauptaufgaben die Planung und die Steuerung von Geschäftsprozessen sind, die Aufgaben, spezifische betriebswirtschaftliche Einzelfunktionen (wie z.B. „Auftragsbearbeitung") bereitzustellen und dadurch einen Teil eines Geschäftsprozesses zu unterstützen. Solche Anwendungssysteme können ggf. unter der Kontrolle von einem WfMS stehen. Dadurch wird es ermöglicht, verschiedene Funktionen des Workflows zu integrieren.[203]

Betriebswirtschaftliche Standardsoftware hat sich seit den achtziger Jahren von Insellösungen, die individuell entwickelt werden und einzelne Funktion bereitstellen,

---

[196] Vgl. Spath, D. und Weisbecker, A. (2008), S. 12 ff., Schmelzer, H. J. und Sesselmann, W. (2013), S. 325 f. sowie Alff, S. C. und Bungert, W. (2004), S. 164.

[197] Vgl. McCoy, D. W. (2002), S. 1 ff. sowie Dresner, H. J. (2002), S. 1 ff.

[198] Vgl. Operational BI in Abschnitt 3.2.1.2.

[199] Vgl. Eckerson, W. W. (2011), S. 107 ff, Golfarelli, M. u.a. (2004), S. 2 f. sowie Allweyer, T. (2005), S. 94.

[200] ETL steht für Extract, Transform und Load. ETL und ODS werden in Abschnitt 3.2 näher erläutert.

[201] Vgl. Kemper, H.-G. und Baars, H. (2009), S. 1550 ff., Golfarelli, M. u.a. (2004), S. 3 ff. sowie White, C. (2003), S. 47 ff.

[202] Außerdem wird das BAM auch als eine technische Implementierung des Process Performance Management verstanden. Vgl. Golfarelli, M. u.a. (2004), S. 3 sowie Melchert, F. u.a. (2004), S. 4057 ff. Dabei liegt der Schwerpunkt des Process Performance Management in der Ermittlung und Analyse von relevanten Kennzahlen, die aus dem laufenden Prozess extrahiert werden. Vgl. Gadatsch, A. (2012), S. 33 f.

[203] Vgl. Gadatsch, A. (2012), S. 229 sowie Allweyer, T. (2005), S. 330 ff.

schrittweise zu integrierten Systemen entwickelt.[204] Eine integrierte Lösung vereinfacht vor allem die Kommunikation zwischen verschiedenen Applikationen durch eine zentrale Datenbasis und ebenso eine übergreifende Prozesssteuerung.

Zu den am weitesten verbreiteten Lösungen gehören *ERP-Systeme* (Enterprise Resource Planning), die nahezu alle operativen Aufgabenbereiche und Prozesse innerhalb eines Unternehmens unterstützen.[205] ERP-Systeme integrieren mehrere betriebswirtschaftliche Standard-Business-Applikationen, etwa für Finanzwesen und Controlling, Produktionsplanung und Steuerung, Einkauf und Logistik, Vertrieb und Versand sowie Personal, und stellen sicher, dass nur betriebswirtschaftlich konsistente Transaktionen ausgeführt werden können.[206] Für die Produktionsplanung und Steuerung gibt es *PPS-Systeme* (Produktionsplanung- und Steuerungssysteme), die oft in ERP-Systeme integriert sind, sowie *MES-Systeme* (Manufacturing-Execution-Systeme), welche im Vergleich zu den ERP-Systemen konkretere Produktionsaufgaben und -abläufe beschreiben und steuern.[207] Außerdem werden *SCM-Systeme* (Supply Chain Management) zur Erhöhung der Wirtschaftlichkeit unternehmensübergreifender Wertschöpfungsprozesse und *CRM-Systeme* (Custom Relationship Management) zur systematischen Unterstützung der Kundenbeziehung eingesetzt.[208] Zur Unterstützung des Supply-Chain-Managements werden zunehmend ergänzend sogenannte *Advanced-Planning-Systeme (APS)* angeboten.[209] Durch fortgeschrittene Methoden der Planung und Terminierung sowie hohe Rechenleistung setzen APS den Schwerpunkt darauf, unternehmensübergreifende Produktionsprozesse zu unterstützen.[210]

Im Bereich des Hochschulmanagements sind integrierte Lösungen unter dem Begriff *Campus Management System (CM-System)* bekannt. Darin werden Funktionen zur Unterstützung des studentischen Zyklus, wie z.B. Bewerbung, Zulassung, Studienmanagement, Prüfungsmanagement, zusammengefasst.[211]

[204] Vgl. Gadatsch, A. (2012), S. 229 f.
[205] Vgl. Abts, D. und Mülder, W. (2010), S. 169.
[206] Vgl. Friedl, G. u.a. (2002), S. 161 ff.
[207] Vgl. Kletti, J. (2006), S. 21 ff.
[208] Vgl. Gadatsch, A. (2012), S. 276 f sowie Corsten, D. und Gabriel, C. (2004), S. 29 ff.
[209] Vgl. Kugeler, M. (2012), S. 444.
[210] Vgl. Betge, D. (2006), S. 1 ff., Stadtler, H. (2005), S. 575 ff. sowie Kugeler, M. (2012), S. 444.
[211] Vgl. Alt, R. und Auth, G. (2010), S. 185 ff.

2.4.3 IT für Prozessanalyse und Prozessoptimierung

Zur Prozessanalyse und -optimierung werden die drei Informationstechniken Visualisierung, Prozesssimulation und Process Mining vorgestellt.

2.4.3.1 Visualisierung

Visualisierung bezeichnet eine bildhafte Darstellung zur Präsentation von Fakten und Informationen, um intuitive Erkenntnisse zu vermitteln.[212] Dabei sind die darzustellenden Informationen die Grundlage der Visualisierung.[213] Nach McCormick u.a. hat Visualisierung zwei Aufgaben: Sie soll zum einen Ergebnisse präsentieren und damit das Verständnis und die Kommunikation über die Informationen erleichtern. Zum anderen soll sie die Analyse dieser Informationen unterstützen, sodass der Betrachter in der Lage ist, diese nicht nur zu sehen, sondern auch zu bewerten.[214] Durch Visualisierung sollen *„die Analyse, das Verständnis und Kommunikation von Modellen, Konzepten und Daten … erleichtert werden."*[215]

Visualisierungstechniken unterstützen fast alle Aufgabenfelder des Geschäftsprozessmanagements. Eine einfache Form der Visualisierung ist die visuelle Darstellung der Prozessabläufe, wie bspw. die graphische Darstellung einer Modellierungsnotation. Des Weiteren werden Visualisierungstechnologien in den Bereichen Workflow-Management und Prozess-Monitoring zur Unterstützung der Prozesssteuerung und -überwachung verwendet.

Für die Darstellung und Analyse der Informationen spielt die Visualisierung auch bei der Prozessanalyse und -optimierung eine wichtige Rolle. Mit verschiedenen Visualisierungstechnologien können Informationen von Geschäftsprozessen in unterschiedlichen Formen, wie tabellarisch (z.B. OLAP[216]-Analyse mit tabellarischer Darstellung), graphisch (z.B. Balanced Scorecard) oder geographisch (z.B. Umsatz von verschiedenen Regionen auf einer Karte) dargestellt werden. Viele komplexe Sachverhalte lassen sich ohne passende Visualisierungstechnologien nur schwer verstehen, deshalb sind diese ein wichtiger Bestandteil für die Prozessanalyse und -optimierung.

[212] Vgl. Schumann, H. und Müller, W. (2000), S. 1.
[213] Vgl. Schumann, H. und Müller, W. (2000), S. 1.
[214] Vgl. McCormick, B. H. u.a. (1987), S. 1 ff.
[215] Schumann, H. und Müller, W. (2000), S. 5.
[216] OLAP steht für Online Analytical Processing. Vgl. Abschnitt 3.2.2.1.

2.4.3.2 Prozesssimulation

Der Verband Deutscher Ingenieure definiert Simulation als *„die Nachbildung eines dynamischen Prozesses in einem Modell, um zu Erkenntnissen zu gelangen, die auf die Wirklichkeit übertragbar sind“*.[217] Durch die Nachbildung der Realität erlaubt es eine Prozesssimulation, mit verschiedenen Situationen von Geschäftsprozessen zu experimentieren und somit weitere Erkenntnisse über geplante Prozesse zu erlangen. Die Notwendigkeit eines Einsatzes der Simulationstechnik wird darin gesehen, dass Experimente an realen Systemen zu unwirtschaftlich oder unmöglich sind.[218]

Prozesssimulation hat sich als ein effizientes Verfahren zur Untersuchung ökonomischer Probleme etabliert.[219] In einer Simulation können alternative Lösungen in verschiedenen nachvollziehbaren Szenarios durchgespielt werden, was den Entscheidungsprozess unterstützt. Die verschiedenen Szenarios werden durch die Manipulation der Werte von Eingangsgrößen / Parametern durch ein Simulationsmodell in Form von Ausgangsgrößen dargestellt.[220]

Typische Ziele der Prozesssimulation sind die Überprüfung der Ablauffähigkeit von Prozessmodellen, die Evaluation alternativer Prozessmodelle, die Unterstützung der Kapazitätsplanung sowie die Prognose der Effekte einer Veränderung.[221] Hierbei werden Prozesskennzahlen,[222] wie z.B. Durchlaufzeit oder Einsatzzeit, bezüglich der Prozessabläufe oder der Ressourcenverfügbarkeit simuliert. Anschließend können entsprechende Planungen und Optimierungen auf Basis der Simulationsergebnisse durchgeführt werden.[223]

2.4.3.3 Process Mining

Das Ziel des *Process Mining* ist es, adäquate Modelle auf Basis von Prozessablaufdaten zu erstellen, um Geschäftsprozesse zu rekonstruieren, zu evaluieren und zu analysieren.[224] Die Voraussetzung für die Ausführung des Process Mining ist die Bereitstellung einer Datenbasis, in der die Informationen und die Reihenfolge der

---

[217] VDI-RICHTLINIEN (2000), S. 1 ff.
[218] Vgl. Gadatsch, A. (2012), S. 198.
[219] Vgl. Gadatsch, A. (2012), S. 196.
[220] Vgl. Gadatsch, A. (2012), S. 196.
[221] Vgl. Neumann, S. u.a. (2012), S. 402 f., Gadatsch, A. (2012), S. 198 f. sowie Spath, D. und Weisbecker, A. (2008), S. 112 ff.
[222] Vgl. Abschnitt 2.3.5.
[223] Vgl. Gadatsch, A. (2012), S. 202.
[224] Vgl. Weske, M. (2007), S. 15, Kemper, H. G. u.a. (2010), S. 123 sowie van der Aalst, W. M. P. u.a. (2007), S. 712 f.

Aktivitäten von Geschäftsprozessen aus den Anwendungssystemen, wie z.B. WfMS, ERP-, SCM-System, abgelegt sind. Diese Art von Informationen wird in der Regel in den operativen Systemen in Form von Process-Logs oder Event-Logs gespeichert.[225] Als Datenbasis für solche Analysen wird oft ein integriertes Repository für Prozessdaten, ein Process Warehouse (PWH), verwendet.[226]

Die Analysen mit Process Mining können aus verschiedenen Perspektiven betrachtet werden. Während sich die Analysen der Prozessabläufe auf die Perspektive der Ablauflogik von Geschäftsprozessen konzentrieren, steht die Unternehmensorganisation bei den Analysen der Verantwortlichkeit der Prozessdurchführung im Mittelpunkt.[227] Aufgrund der unterschiedlichen Betrachtungsperspektive ist es erforderlich, die Zielsetzung vor der Durchführung von Process Mining genau festzulegen.

Process Mining und Business Activity Monitoring (BAM)[228] sind zwei relativ junge Ansätze für die Geschäftsprozessanalyse.[229] In der Literatur werden sie oft in den Anwendungsbereich der Business Intelligence eingeordnet, da integrierte Datensätze von Geschäftsprozessen bei diesen Techniken vorausgesetzt werden.[230] Weiteres über die Einordnung beider Techniken in BI und BPI wird in Kapitel 3 diskutiert.

[225] Vgl. van der Aalst, W. M. P. und Weijters, J. M. M. (2004), S. 231 ff., Kemper, H. G. u.a. (2010), S. 123, Weske, M. (2007), S. 15 sowie van der Aalst, W. M. P. u.a. (2007), S. 712 ff.
[226] Vgl. Grigori, D. u.a. (2004), S. 322, van der Aalst, W. M. P. u.a. (2003), S. 232 f. sowie zur Mühlen, M. (2001), S. 550 ff.
[227] van der Aalst, W. M. P. u.a. (2007), S. 714 ff. sowie Song, M. und van der Aalst, W. M. P. (2008), S. 300 ff.
[228] Vgl. Abschnitt 2.4.2.2. Außer der Controllingfunktion können die Informationen von BAM auch für Prozessanalyse verwendet werden. Vgl. van der Aalst, W. M. P. u.a. (2003), S. 5 f.
[229] Vgl. Kemper, H. G. u.a. (2010), S. 124 sowie van der Aalst, W. M. P. u.a. (2003), S. 1 ff.
[230] Vgl. van der Aalst, W. M. P. und Weijters, J. M. M. (2004), S. 235, van der Aalst, W. M. P. u.a. (2003), S. 261 sowie White, C. (2003), S. 47 ff.

3 Business Intelligence und Business Process Intelligence

In diesem Kapitel wird der zweite Untersuchungsbereich dieser Arbeit, Business Intelligence, behandelt. Außerdem wird der Begriff *Business Process Intelligence* aus den Grundlagen der BI und des im letzten Kapitel vorgestellten Geschäftsprozessmanagements abgeleitet.

Zunächst werden die Grundlagen von Business Intelligence sowie deren Funktionen und Architektur zur Unterstützung betriebswirtschaftlicher Aufgaben vorgestellt. Anschließend werden relevante Komponenten einer BI-Architektur erörtert. Schließlich folgen die Definition der Business Process Intelligence sowie die Einordnung und Abgrenzung von BPI-Systemen.

3.1 Grundlagen der Business Intelligence

In diesem Abschnitt wird zunächst die Abgrenzung zwischen operativen und dispositiven Systemen erläutert. Anschließend werden die Grundlagen der Business Intelligence ausgeführt.

3.1.1 Einordnung der dispositiven Systeme

Betriebliche Informationssysteme können nach Art der zu unterstützenden Arbeitsinhalte grob in operative und dispositive Systeme unterschieden werden.[231] Operative Systeme sind auf die Unterstützung operativer Anwendungsfelder ausgerichtet.[232] Da solche Systeme in der Regel transaktionsorientiert sind, werden diese auch als Transaktionssysteme bezeichnet.[233] Diese sind die Grundlage jeder betrieblichen

---

[231] Vgl. Kemper, H. G. u.a. (2010), S. 15, Hansen, H. R. und Neumann, G. (2009), S. 132 ff., Gluchowski, P. u.a. (2008), S. 6 f. sowie Chamoni, P. und Gluchowski, P. (2010), S. 10.

[232] Operative Systeme lassen sich weiter in Administrationssysteme und Dispositionssysteme unterscheiden. Administrationssysteme bieten Dokumentations- und Bewertungsfunktionalitäten für operative Tätigkeiten und unterstützen damit die Verarbeitung und Speicherung von Massendaten im Betrieb. Im Gegensatz dazu übernehmen Dispositionssysteme die Steuerungs- und Lenkungsaufgaben und unterstützen die Entscheidungsfindung des unteren und mittleren Managements bei Routineentscheidungen. Vgl. Hansen, H. R. und Neumann, G. (2009), S. 139 ff., Mertens, P. (2013), S. 27 ff., Gluchowski, P. u.a. (2008), S. 6 sowie Scheer, A.-W. (1997), S. 4.

[233] Transaktionssysteme werden in der Literatur auch Hilfsprogramme genannt, welche die Abwicklung von formalisierten Verarbeitungsvorgängen im Dialog sichern. Vgl. Mertens, P. u.a. (2012), S. 21, Hansen, H. R. und Neumann, G. (2009), S. 139, McLeod, R. und Schell, G. P. (2007), S. 9 f. sowie Jung, R. und Winter, R. (2000), S. 4. In dieser Arbeit werden die Begriffe Transaktionssystem und transaktionsorientiertes Anwendungssystem als Synonyme von operativen Systemen gehandhabt.

Anwendung und unterstützen die alltäglichen betrieblichen Tätigkeiten.[234] Beispiele für operative Systeme sind ERP-Systeme zur Unterstützung der Ressourcenplanung eines Unternehmens, Buchungssysteme im Dienstleistungsbereich oder CRM-Systeme für den Vertrieb.[235] Informationssysteme, die Arbeiten unterstützen, die *„mit der Leitung und Lenkung der betrieblichen Vorgänge im Zusammenhang stehen“,*[236] werden als dispositive Systeme bezeichnet.[237] Die Hauptaufgabe solcher Systeme besteht darin, Informationen für Fach- und Führungskräfte bereitzustellen, um Managementaufgaben zu unterstützen.[238]

Die zugehörigen Daten dieser beiden Arten von Informationssystemen können in operative und dispositive Daten unterteilt werden.[239] Operative Daten stammen aus dem täglichen Geschäftsbetrieb und werden von operativen Systemen erzeugt und verarbeitet.[240] Die für die managementunterstützenden Systeme erforderlichen dispositiven Daten unterscheiden sich erheblich von dem operativen Datenmaterial. Diese Daten werden aus operativen Systemen bzw. aus externen Datenquellen gewonnen und werden zu analytischen Zwecken meist verdichtet und transformiert. Aus diesem Grund ist es häufig nicht zielführend, direkt von einem dispositiven System auf operative Daten zuzugreifen.[241]

Seit den 60er Jahren wird informationstechnologische Unterstützung für die Entscheidungsträger der Unternehmen entwickelt.[242] In der Praxis lassen sich solche Lösungsansätze als *Management Support Systems (MSS)* bzw. *Managementunterstützungssysteme (MUS)* oder *analytische Informationssysteme* zusammenfassen.[243] Derzeit hat sich der Begriff *Business-Intelligence-Systeme (BI-Systeme)* in der Praxis und in der wissenschaftlichen Diskussion etabliert.[244] In der Literatur gibt es unter-

---

[234] Vgl. Gluchowski, P. u.a. (2008), S. 6, Hansen, H. R. und Neumann, G. (2009), S. 139 sowie Chamoni, P. und Gluchowski, P. (2010), S. 10.
[235] Vgl. Mertens, P. u.a. (2012), S. 23 ff. sowie Laudon, K. u.a. (2009), S. 435 ff.
[236] Gutenberg, E. (1983), S. 12.
[237] Vgl. Kemper, H. G. u.a. (2010), S. 15.
[238] Vgl. Gluchowski, P. u.a. (2008), S. 15 sowie Chamoni, P. und Gluchowski, P. (2010), S. 11.
[239] Vgl. Kemper, H. G. u.a. (2010), S. 15, Spitta, T. und Bick, M. (2008), S. 97 sowie Grasl, O. u.a. (2004), S. 82.
[240] Vgl. Pirk, K. und Wolf, V. (2001), S. 217 sowie Kemper, H. G. u.a. (2010), S. 15 f.
[241] Vgl. Kemper, H. G. (2000), S. 16, Spitta, T. und Bick, M. (2008), S. 97 ff. sowie Jarke, M. u.a. (2003), S. 5 f.
[242] Vgl. Gluchowski, P. u.a. (2008), S. 55 sowie Kemper, H. G. u.a. (2010), S. 1.
[243] Vgl. Gluchowski, P. u.a. (2008), S. 15 f. sowie Turban, E. u.a. (2011), S. 11.
[244] Das Leitungsgremium der GI-Fachgruppe „Management Support Systems“ (MSS) hat 2011 beschlossen, diese in „Business Intelligence“ (WI-BI) umzubenennen. Die Gründe für die Umbenennung sowie die Relevanz des Begriffs BI wurde von der Fachgruppe in der folgenden Quelle detailliert

schiedliche Verständnisse über die Aufgaben und Funktionen von BI-Systemen.[245] Im deutschsprachigen Raum hat sich im Laufe der Zeit ein weites BI-Verständnis von Gluchowski u.a. durchgesetzt.[246] Demnach umfasst ein BI-System sowohl die benötigte ETL-Werkzeuge,[247] Data Warehouse[248] als auch die Analysesysteme.[249] Hierbei spielt v.a. die Data-Warehouse-Komponente mit einer integrierten Datenhaltung eine zentrale Rolle und bringt diverse Analysesysteme[250], die ansonsten auf isolierte Datenbestände zugreifen, zusammen.[251] Die Datenaufbereitung und die Datenintegration sind auch für Business-Process-Intelligence-Systeme von Bedeutung, womit diese sich wesentlich von konventionellen Methoden zur Prozessanalyse unterscheiden.[252] In den nächsten Abschnitten werden Business Intelligence und Business Process Intelligence ausführlicher vorgestellt.

3.1.2 Begriff der Business Intelligence

1958 erschien in einem Beitrag von Hans Peter Luhn erstmalig der Begriff *Business Intelligence*, dessen Aufgabe als effiziente Gestaltung von Dokumentmanagement durch Nutzung von Informationstechnologien verstanden wurde.[253] Howard Dresner, ein Analyst in der Gartner Group, hat 1989 diesen Begriff nach dem heutigen Verständnis verwendet und dies als eine Sammlung von verschiedenen Technologien definiert.[254] In den 90er Jahren wurde der Begriff populär und seitdem wird die Definition sowie die Bedeutung von Business Intelligence kontrovers diskutiert.[255]

Die Unterschiede im Begriffsverständnis wurden von einigen Forschern untersucht. So hat z.B. Mertens im Jahr 2002 sieben unterschiedliche Varianten der Definition

erläutert: Vgl. GI-Fachgruppe WI-BI (2011), S. 1 ff. Im Rahmen dieser Arbeit werden BI-Systeme und analytische Informationssysteme als Synonyme verwendet. Weitere Differenzierung vgl. u.a. Chamoni, P. und Gluchowski, P. (2010), S. 11, Kemper, H. G. u.a. (2010), S. 1 ff., Gluchowski, P. u.a. (2008), S. 15 f. sowie Scott Morton, M. S. (1983), S. 1 ff.

245 Vgl. Abschnitt 3.1.2.

246 Vgl. GI-Fachgruppe WI-BI (2011), S. 3.

247 Vgl. Abschnitt 3.2.1.2.

248 Vgl. Abschnitt 3.2.1.

249 Vgl. Gluchowski, P. u.a. (2008), S. 91. Diese Komponenten werden in Abschnitt 3.1.3 und Abschnitt 3.2 vorgestellt.

250 Vgl. Abschnitt 3.1.3.

251 Vgl. Kemper, H. G. u.a. (2010), S. 16 ff.

252 Vgl. Abschnitt 3.3.

253 Vgl. Luhn, H. P. (1958), S. 314 f. sowie Gibson, M. u.a. (2004), S. 296.

254 Vgl. Nylund, A. L. (1999), S. 70 sowie Buchanan, L. und O'Connell, A. (2006), S. 33.

255 Vgl. Mertens, P. (2002), S. 4, Kemper, H. G. u.a. (2010), S. 2 ff. sowie GI-Fachgruppe WI-BI (2011), S. 2 f.

identifiziert.[256] Auch die Fachgruppe von der Gesellschaft Informatik WI-BI hat exemplarisch fünf unterschiedliche Definitionsansätze aufgezeigt.[257] Häufig wird Business Intelligence als ein Sammelbegriff definiert: Beispielsweise definieren Turban u.a. BI als *„... an umbrella term that combines architectures, tools, databases, analytical tools, applications and methodologies. ...“.*[258]

Die Sammeldefinitionen werden v.a. dadurch kritisiert, dass die entsprechenden Ansätze nicht trennschaff sind und können deshalb einen hohen Grad an Beliebigkeit aufweisen.[259] Im Rahmen dieser Arbeit wird Business Intelligence als ein integrierter Gesamtansatz zur Entscheidungsunterstützung verstanden. Die Definition von Kemper u.a. wird hiermit für diese Arbeit übernommen:

„Business Intelligence (BI) bezeichnet einen integrierten, unternehmensspezifischen, IT-basierten Gesamtansatz zur betrieblichen Entscheidungsunterstützung.“[260]

Der Einsatzbereich der BI-Systeme liegt im gesamten Führungssystem einer Organisation: Vom Top Management, das die obersten Führungskräfte umfasst, über das Middle Management, wo Entscheidungen vorbereitet oder gefällte Entscheidungen der obersten Managementebene umgesetzt werden, bis zum Lower Management, das in erster Linie mit operativen Entscheidungen betraut ist, deren Aufgabenbereiche meist in der Planung, Steuerung und Kontrolle von ausführenden Organisationseinheiten liegen.[261] In den unteren Managementebenen (insb. Lower Management) existieren viele Aufgabenstellungen, die einen definierten und wiederkehrenden Ablauf haben. Solche Aufgabenstellungen werden deshalb als strukturierte Aufgaben bezeichnet. Die Aufgaben sowie die zu treffenden Entscheidungen, die in den höhe-

---

[256] Diese sieben Varianten sind: 1). BI als Fortsetzung der Daten- und Informationsverarbeitung. 2). BI als Filter in der Informationsflut. 3). BI = MIS, aber besonders schnelle/flexible Auswertungen. 4). BI als Frühwarnsystem. 5). BI = Data Warehouse. 6). BI als Informations- und Wissensspeicherung. 7). BI als Prozess: Symptomerhebung → Diagnose → Therapie → Prognose → Therapiekontrolle. Vgl. Mertens, P. (2002), S. 4.

[257] Folgende fünf Definitionsansätze wurden aufgezeigt: *1). BI als Klasse von IT-Systemen.* Vgl. Eckerson, W. W. (2011), S. 31 ff. sowie Negash, S. (2004), S. 177 ff. *2). BI als IT-Architektur.* Vgl. Moss, L. T. und Atre, S. (2003), S. 4. *3). BI als Sammelbegriff für Technologien und Konzepte zur Entscheidungsunterstützung.* Vgl. Turban, E. u.a. (2011), S. 19 sowie Gluchowski, P. u.a. (2008), S. 93. *4). BI als integrierter Ansatz zur Entscheidungsunterstützung.* Vgl. Kemper, H. G. u.a. (2010), S. 9. *5). BI als Wissensgenerierungsprozess.* Vgl. Golfarelli, M. u.a. (2004), S. 1; Grothe, M. und Gentsch, P. (2000), S. 19. Weiteres zu den Definitionsansätze vgl. GI-Fachgruppe WI-BI (2011), S. 2 f.

[258] Turban, E. u.a. (2011), S. 75.

[259] Vgl. Kemper, H. G. u.a. (2010), S. 5.

[260] Kemper, H. G. u.a. (2010), S. 9.

[261] Vgl. Kemper, H. G. u.a. (2010), S. 10, Nicolai, C. (2009), S. 54 f. sowie Gluchowski, P. u.a. (2008), S. 25 f.

ren Managementebenen gegeben sind, haben hingegen häufig eine komplexe Struktur, sodass dafür kein standardisierter Lösungsweg definiert werden kann. Solche Aufgaben sind als unstrukturiert oder semi-strukturiert zu bezeichnen.[262] Je geringer der Strukturierungsgrad ist, desto höher sind die Anforderungen bezüglich der Erhebung und Beschaffung von notwendigen Informationen zur Erfüllung von komplexen Entscheidungsaufgaben. Somit hat der Strukturierungsgrad auch Einfluss auf die Auswahl der Methoden der Informationsbedarfsanalyse, die im Rahmen dieser Arbeit behandelt wird.[263] Diese Thematik wird in Kapitel 4 weiter verfolgt.

3.1.3 Architekturordnungsrahmen

Kemper u.a. haben einen generischen Framework entwickelt, der einer unternehmensspezifischen Ausgestaltung eines jeweiligen BI-Ansatzes zugrunde gelegt werden kann. Dieser Framework, der im Rahmen dieser Arbeit für die Einordnung der BPI-Architektur verwendet wird, ist auch als BI-Ordnungsrahmen zu verstehen (siehe Abb. 9).[264]

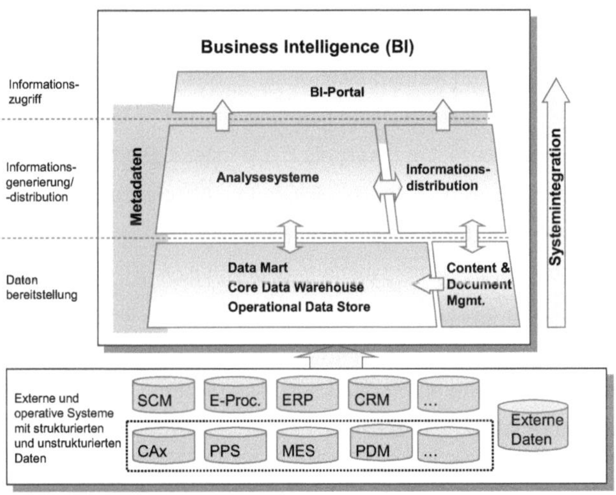

Abb. 9: BI-Ordnungsrahmen von Kemper u.a.[265]

[262] Vgl.Gluchowski, P. u.a. (2008), S. 25 f., Laux, H. und Liermann, F. (2005), S. 242 sowie Berthel, J. (1975), S. 39.

[263] Vgl. Laux, H. und Liermann, F. (2005), S. 245, Koreimann, D. S. (1976), S. 161 sowie Berthel, J. (2004), S. 877 f.

[264] Vgl. Kemper, H. G. u.a. (2010), S. 10 ff.

[265] Übernommen aus Kemper, H. G. u.a. (2010), S. 11.

Der BI-Ordnungsrahmen ist in drei Schichten untergliedert, deren Komponenten von vorgelagerten externen und operativen Systemen mit strukturierten und unstrukturierten Daten versorgt werden.[266] Die operativen Systeme umfassen alle betrieblichen Informationssysteme, wie z.B. ERP-, SCM-, CRM-Systeme. Weitere Datenlieferanten für BI-Systeme sind Systeme in spezifischen Anwendungsbereichen, z.B. CAD, PPS und MES in der Produktion.

Die drei Schichten betreffen Datenbereitstellung, Informationsgenerierung/-distribution und Informationszugriff:

- *Erste Schicht – Datenbereitstellung*

  Daten aus den operativen und externen Systemen werden in der ersten Schicht integriert, aufbereitetet und bereitgehalten.[267] Die strukturierten (numerischen) Daten werden in der Regel in einem *Data-Warehouse (DWH)* vorgehalten, das aus *Core Data Warehouse (C-DWH)* und *Data Marts* besteht.[268] Für die zeitnahe Auswertung kann ein *Operational Data Store (ODS)* integriert werden.[269] Unstrukturierte Daten, wie Dokumente oder Audio-Dateien, werden i.d.R. im sog. Content Management System oder Knowledge Management System vorgehalten.[270] Operative Daten können nicht direkt in BI-Systemen genutzt werden und müssen in themenorientierte Daten überführt werden.[271] Dies erfolgt durch einen Transformationsprozess, der häufig als *ETL-Prozess* (Extraktion, Transformation, Laden) bezeichnet wird.[272] In den folgenden Abschnitten werden das DWH-Konzept sowie die ETL-Prozesse näher erörtert.

- *Zweite Schicht – Informationsgenerierung/-distribution*

  Die Hauptaufgabe dieser Schicht ist es, dem Benutzer die analytischen Komponenten mit aufbereiteten Daten bereitzustellen, damit er diese Daten entsprechend untersuchen und auswerten kann. Aus diesem Grund wird diese Schicht auch als Analyseschicht bezeichnet.[273] Hierbei werden verschiedene Analyse-

[266] Vgl. Kemper, H. G. u.a. (2010), S. 10 ff. sowie Gluchowski, P. u.a. (2008), S. 108 ff.
[267] Vgl. Baars, H. und Kemper, H.-G. (2008), S. 132 f. sowie Negash, S. (2004), S. 177 ff.
[268] Vgl. Kemper, H. G. u.a. (2010), S. 12 sowie Bonifati, A. u.a. (2001b), S. 455.
[269] Vgl. Inmon, W. H. (1999), S. 12 ff., Kemper, H.-G. und Baars, H. (2009), S. 1550 ff. sowie Golfarelli, M. u.a. (2004), S. 3.
[270] Vgl. Baars, H. (2006), S. 409 ff., Baars, H. und Kemper, H.-G. (2008), S. 132 ff. sowie Gluchowski, P. u.a. (2008), S. 326 ff.
[271] Vgl. Abschnitt 3.2.1.1.
[272] Vgl. Kimball, R. und Caserta, J. (2004), S. 22 ff. sowie Vassiliadis, P. u.a. (2002), S. 14 ff.
[273] Vgl. Gluchowski, P. u.a. (2008), S. 111.

funktionalitäten mit unterschiedlichen Typen von Analysesystemen bereitgestellt. Das reicht von freier Navigation im Datenbestand, wie z.B. freie Datenrecherchen und OLAP-Systeme, bis hin zu weiterführender methodischer Aufbereitung, bspw. in modellgestützten Analysesystemen, worunter *Decision Support Systems (DSS)*, *Data-/Text-/Process-Mining-Systeme* subsumiert werden können.[274] Die Informationsdistribution stellt die Schnittstelle zwischen Analysesystemen und Ansätzen des betrieblichen Wissensmanagements dar. So soll sie zum einen das im BI-Kontext erzeugte Wissen archivieren und zum anderen existierende unstrukturierte Daten den BI-Systemen anreichern.[275]

- *Dritte Schicht – Informationszugriff*
  Diese Schicht, auch Präsentationsschicht genannt, zielt darauf ab, den Benutzer zweckmäßig mit Informationen zu versorgen.[276] Der Informationszugriff erfolgt oft durch sog. *Portale*, die den Benutzern über das Internet / Intranet einen zentralen Einstiegspunkt für verschiedene Analysemöglichkeiten bieten.[277]

3.2 Komponenten in den BI-Architekturschichten

In diesem Abschnitt werden für diese Arbeit relevante BI-Komponenten vorgestellt, die in den oben vorgestellten Ordnungsrahmen eingeordnet werden. Zum einen wird das Data-Warehouse-Konzept, inkl. dessen Architektur und Modellierungsmethoden, diskutiert. Zum anderen werden zwei ausgewählte Analysekomponenten, das OLAP und das Data Mining, näher erörtert.

3.2.1 Datenbereitstellung: Data-Warehouse-Konzept

Die Datenbereitstellungsschicht einer BI-Lösung erfolgt mit einem sogenannten Data Warehouse. Die Herausforderung dabei ist es, einen geeigneten und integrierten Datenbestand für den gesamten Komplex der Managementunterstützung eines Unternehmens zur Verfügung zu stellen.[278] Idealerweise wird dieser Datenbestand bereichs- oder unternehmensweit ausgerichtet und deckt den Informationsbedarf verschiedener Anwendergruppen ab.[279] Aus technischer und betriebswirtschaftlicher

[274] Vgl. Gluchowski, P. u.a. (2008), S. 111 ff. sowie Kemper, H. G. u.a. (2010), S. 90 f.
[275] Vgl. Kemper, H. G. u.a. (2010), S. 13.
[276] Vgl. Gluchowski, P. u.a. (2008), S. 114.
[277] Vgl. Kemper, H. G. u.a. (2010), S. 13 sowie Moss, L. T. und Atre, S. (2003), S. 56.
[278] Vgl. Gluchowski, P. u.a. (2008), S. 117 sowie Kemper, H. G. u.a. (2010), S. 19.
[279] Vgl. Gluchowski, P. u.a. (2008), S. 118 sowie Laudon, K. u.a. (2009), S. 307.

Sicht wird es als sinnvoll erachtet, diese Art von Datenbestand von den operativen Daten zu entkoppeln und separat zu betreiben.[280]

Verschiedene Komponenten werden in einem DWH-Konzept in unterschiedlichen Situationen eingesetzt. Im folgenden Teil dieser Arbeit werden zunächst die Charakteristika von DWH sowie die Komponenten und die Architektur eines DWH-Konzepts vorgestellt. Anschließend wird die multidimensionale Modellierung der Datenhaltungsstruktur ausgeführt.

3.2.1.1 Charakteristika des DWHs

Ein Data Warehouse ist ein Datenhaltungssystem für dispositive Daten, das von den operativen Datenbeständen getrennt, themenorientiert aufbereitet und logisch zentralisiert ist. [281] Hierbei stehen die Analysebedürfnisse der Anwender im Mittelpunkt. Es ist die Aufgabe eines DWHs, die dauerhafte Verwaltung der für die Analysen der Anwender notwendigen Daten sowie die Aufbereitung dieser Daten vorzunehmen.[282] Inmon hat den Begriff des Data Warehouse wesentlich geprägt. Er hebt dabei vier Merkmale hiervor:[283]

- *Themenorientierung (subject-oriented)*
  Dispositive Daten des DWHs sind an den Themengebieten der Entscheidungsträger ausgerichtet. So werden die operativen / externen Daten in ihrer Ausrichtung für die Ablage im DWH aufbereitet und z.B. auf Kunden-, Produkt- oder Lieferantensicht transformiert.
- *Integration (integrated)*
  Daten aus verschiedenen operativen / externen Quellen werden im DWH zu einer inhaltlich widerspruchfreien Datensammlung integriert. Das Ziel der Integration ist die Generierung eines konsistenten Datenbestands, selbst wenn die Datenquellen aus den operativen Systemen teilweise heterogen sind.[284]

[280] Vgl. Kurz, A. (1999), S. 75 sowie Holthuis, J. (2000), S. 149-188.
[281] Vgl. Kemper, H. G. u.a. (2010), S. 19 sowie Buhrymenka, A. (2012), S. 14.
[282] Vgl. Bauer, A. und Günzel, H. (2009), S. 57.
[283] Vgl. Inmon, W. H. (2005), S. 29 ff., Bauer, A. und Günzel, H. (2009), S. 7, Mucksch, H. und Behme, W. (2000), S. 9 ff., Kemper, H. G. u.a. (2010), S. 19-21 sowie Gluchowski, P. u.a. (2008), S. 119 ff.
[284] Vgl. Inmon, W. H. (2005), S. 30 ff. sowie Gluchowski, P. u.a. (2008), S. 119.

- *Zeitraumbezug (time-variant)*
  Operative Daten sind in aller Regel transaktionsorientiert und werden somit zeitpunktbezogen abgelegt. Im Gegensatz dazu repräsentieren Daten im DWH meist einen Zeitraum, wie z.B. einen Tag, eine Woche oder einen Monat.[285]
- *Nicht-Volatilität (non-volatile)*
  Daten im DWH werden dauerhaft abgelegt. Diese Daten werden im DWH-System nicht gelöscht oder verändert. Hierfür ist ein sinnvolles Historisierungskonzept erforderlich.

Darüber hinaus wird ein weiteres Merkmal, die Granularität, als relevant erachtet, die den Detaillierungsgrad der betriebswirtschaftlich relevanten Daten im DWH repräsentiert.[286] Je feiner die Granularität der erfassten Daten ist, desto detaillierter können Geschäftsprozesse dokumentiert werden.[287] Dies wiederum kann zu flexiblen Anwendungs- und Analysemöglichkeiten führen.[288]

3.2.1.2 DWH-Komponenten und -Architekturen

In der Praxis existiert eine Vielzahl von DWH-Architekturvarianten, die größtenteils historisch gewachsen sind.[289] Die Wahl verschiedener Architekturen hängt sowohl von der Organisations- und Führungsstruktur eines Unternehmens[290] als auch von der Art der Anwendungen ab.[291] Häufig eingesetzte Komponenten sind Core Data Warehouse (C-DWH), Data Mart und Operational Data Store (ODS) als Speicherkomponenten und ETL-Komponenten für Transformationsprozesse.[292] Damit kann eine entsprechende Referenzarchitektur erstellt werden, die in Abb. 10 zu sehen ist.

Das *Core Data Warehouse (C-DWH)* ist die zentrale Datenhaltungskomponente und somit die Kernkomponente der BI-Architektur. Das C-DWH enthält die historischen und aktuellen Daten aus allen eingebundenen Anwendungsbereichen und wird direkt

---

[285] Vgl. Sinz, E. J. und Ulbrich-vom Ende, A. (2010), S. 232 sowie Inmon, W. H. (2005), S. 32 f.
[286] Vgl. Kemper, H. G. u.a. (2010), S. 20 sowie Wirtz, K. (2002), S. 51.
[287] Vgl. Fleisch, E. (2001), S. , Fleisch, E. und Dierkes, M. (2003), S. 148 sowie Kronz, A. (2005), S. 35 ff.
[288] Vgl. Baars, H. u.a. (2008c), S. 2.
[289] Vgl. Bauer, A. und Günzel, H. (2009), S. 31, Sen, A. und Sinha, A. P. (2005), S. 80, Kemper, H. G. u.a. (2010), S. 21 sowie Sinz, E. J. und Ulbrich-vom Ende, A. (2010), S. 241 ff.
[290] Vgl. Sinz, E. J. und Ulbrich-vom Ende, A. (2010), S. 232.
[291] Vgl. Bauer und Günzel haben vier Aspekte zur Ableitung einer DWH-Architektur identifiziert: Geschäftsarchitektur, Anwendungsarchitektur, Datenarchitektur und Technologiearchitektur. Für weitere Informationen hierzu siehe Bauer, A. und Günzel, H. (2009), S. 257 ff.
[292] Vgl. Kemper, H. G. u.a. (2010), S. 23 ff., Bauer, A. und Günzel, H. (2009), S. 36 sowie Gluchowski, P. u.a. (2008), S. 140-142.

von operativen internen und externen Quellensystemen oder von dem vorgelagerten Operational Data Store gefüllt.[293] Eine zentralisierte Lösung mit einem C-DWH als ausschließliche Datenbereitstellungskomponente erweist sich allerdings in einigen Fällen als konzeptuell und technisch problematisch, da sie mit riesigen Datenmengen schwer skalierbar und nicht sehr performant ist. Außerdem können Anwender die Daten schwer durchschauen, da die Daten in einem C-DWH viel zu detailliert und zu wenig aussagekräftig sind.[294] Daher werden häufig *Data Marts* eingesetzt, die als kleine Datenpools für inhaltlich beschränkte Applikationen eines Benutzerkreises aufgebaut werden. Die Daten von Data Marts werden in der Regel aus einem Core Data Warehouse extrahiert.[295] Daher wird dieses Konzept als *Hub-and-Spoke-Architektur* bezeichnet.[296]

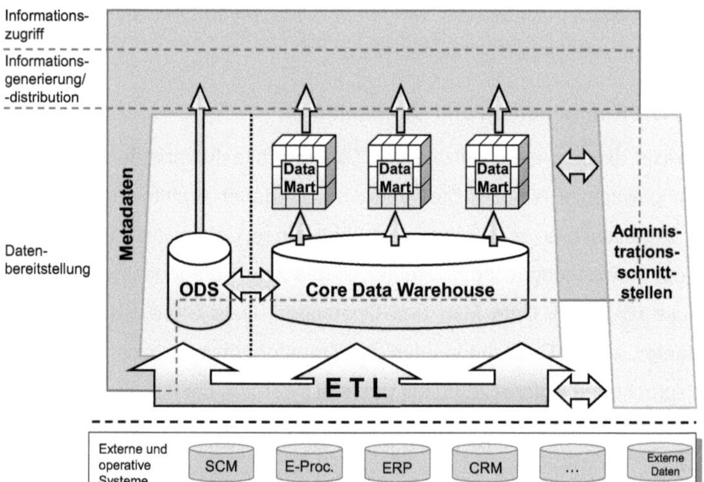

Abb. 10: Einordnung der DWH-Komponenten im BI-Architekturordnungsrahmen[297]

In einem *Operational Data Store (ODS)* werden aktuelle transaktionsorientierte Daten aus verschiedenen operativen Systemen temporär bereitgestellt, um das

---

[293] Vgl. Manhart, K. und Zimmermann, M. (2009), S. 339, Kemper, H. G. u.a. (2010), S. 25 ff. sowie Barnes, S. (2002), S. 121.

[294] Vgl. Bauer, A. und Günzel, H. (2009), S. 59 sowie Gluchowski, P. u.a. (2008), S. 128 f.

[295] Wenn Daten nicht aus einer zentralen Datenbank extrahiert werden, sondern direkt aus einzelnen Anwendungsbereichen, werden solche Daten-Pools als unabhängige Data Marts bezeichnet. Vgl. Kemper, H. G. u.a. (2010), S. 22 sowie Bauer, A. und Günzel, H. (2009), S. 62 f.

[296] Vgl. Bauer, A. und Günzel, H. (2009), S. 59, Kemper, H. G. u.a. (2010), S. 26 ff. sowie Gluchowski, P. u.a. (2008), S. 128 f.

[297] Verändert übernommen aus Kemper, H. G. u.a. (2010), S. 25.

Unternehmen mit aktuellen, betrieblichen Informationen zu unterstützen.[298] Ein ODS ermöglicht es, integrierte Daten aus operativen Systemen zeitnah zusammenzufügen und wird somit als eine wichtige Komponente für sogenannte Operational BI[299]-Anwendungen betrachtet.[300]

Die Transformation zwischen operativer / externer und dispositiver Datenhaltung wird durch den sogenannten *Transformationsprozess*, auch als *ETL-Prozess*[301] bezeichnet, ermöglicht. Seine Aufgabe liegt darin, die transaktionsorientierten Daten aus operativen Anwendungsfeldern in themenorientierte Daten zu überführen.[302]

3.2.1.3 Multidimensionale Modellierung

Die Beschreibung über die Bedeutung und die Repräsentation von Daten sowie ihrer Beziehungen zueinander erfolgt durch Datenmodelle.[303] Im BI-Kontext bilden Datenmodelle die Datenstruktur dispositiver Daten ab, welche die Analysebedürfnisse der Anwender zur Unterstützung von Managementaufgaben abdecken sollen. Solche Analysebedürfnisse sind in der Regel vielschichtig und erfordern oft multidimensionale[304] Abfragen.[305] Dementsprechend ist es erforderlich, ein geeignetes Datenmodell zur Strukturierung der dispositiven Daten zu entwickeln.[306]

---

[298] Vgl. Inmon, W. H. (1999), S. 205 ff., Kemper, H.-G. und Baars, H. (2009), S. 1548 ff. sowie Kemper, H. G. u.a. (2010), S. 26 ff.

[299] Gluchowski u.a. bezeichnen Operational BI (OpBI) als „integrierte geschäftsprozessorientierte Systeme, die mithilfe klassischer BI-Methoden auf der Basis zeitnaher, prozessualer Ablaufdaten ... eine Realtime- (Near-Realtime-) Unterstützung für zeitkritische Entscheidungen während des Prozessablaufes bieten". Gluchowski, P. u.a. (2009a), S. 9.

[300] Vgl. Kemper, H.-G. und Baars, H. (2009), S. 1549 ff., White, C. (2006), S. 1 ff. sowie Winter, R. (2000), S. 135 f.

[301] Der Begriff „ETL-Prozess" umfasst drei Teilprozesse aus der englischen Bezeichnung: *„Extraction"*, *„Transformation"* und *„Load"*. „Extraction" hat die Aufgabe, Daten aus operativen Datenquellen in den Arbeitsbereich zu übertragen. Während des Prozessschritts „Transformation" werden Daten, die aus heterogenen Quellen stammen in ein einheitliches Format überführt. Die bereinigten Daten werden durch den „Load"-Prozessschritt aus dem Arbeitsbereich in die Basisdatenbank weitergeleitet. Vgl. Bauer, A. und Günzel, H. (2009), S. 48 ff.

[302] Vgl. Kemper, H. G. und Finger, R. (2010), S. 159 ff., Inmon, W. H. (2005), S. 122 sowie Mucksch, H. und Behme, W. (2000), S. 33 ff. Kemper und Finger haben vier Teilprozesse identifiziert, aus denen sich der Transformationsprozess zusammensetzt: die Filterung, die Harmonisierung, die Aggregation und die Anreicherung. *Filterung*: Extraktion aus den operativen Daten und die Bereinigung syntaktischer und semantischer Fehler in den zu übernehmenden Daten. *Harmonisierung*: Zusammenführung der gefilterten Daten insb. durch syntaktische und betriebswirtschaftliche Abgleichung. *Aggregation*: Verdichtung gefilterter und harmonisierter Daten. *Anreicherung*: Die Bildung und Speicherung betriebswirtschaftlicher Kennzahlen. Vgl. Kemper, H. G. und Finger, R. (2010), S. 159-173.

[303] Vgl. Rechenberg, P. (2000), S. 223 f., Kemper, H. G. u.a. (2010), S. 58 sowie Gluchowski, P. u.a. (2008), S. 95.

[304] Glochowski u.a. haben die Multidimensionalität definiert als *„eine bestimmte Form der logischen Anordnung quantitativer, betriebswirtschaftlicher Größen, die betriebswirtschaftlich relevantes Zah-*

Dieser Abschnitt der Arbeit beschäftigt sich mit der multidimensionalen Datenmodellierung,[307] die sich für viele Problemstellungen als besonders zweckmäßig erwiesen hat und vor allem für die Modellierung der anwendungsorientierten Data Marts als relevant erachtet wird.[308]

Fakten, Dimensionen und Hierarchisierungen

Multidimensionale Datenräume bestehen aus Fakten, Dimensionen und Hierarchisierungen.[309]

Fakten, auch Measures genannt, stellen aus semantischer Sicht Kennzahlen dar und stehen im Mittelpunkt der Datenanalyse.[310] Diese geben relevante Zusammenhänge eines Betriebs in verdichteter und messbarer Form wieder.[311] Für die Messung von Kennzahlen können grundsätzlich drei Skalentypen verwendet werden, welche die Merkmalsausprägungen bestimmen: nominal, ordinal und kardinal. Nominalskalierte Merkmale lassen sich in ihren Ausprägungen nur durch die Beschreibung unterschieden. Hierbei besteht keine Ordnung zwischen verschiedenen Ausprägungen (z.B. Namen). Hingegen lassen sich ordinalskalierte Merkmale in natürlicher Weise ordnen (z.B. Klasseneinteilung von Automobilen: A, B, C, E etc.). Kardinalskalierte Merkmale besitzen außer der Reihfolge auch einen Abstand zwischen den Merkmalsausprägungen.[312]

Die Dimensionen besitzen einen deskriptiven Charakter und werden genutzt, um klassifizierte Geschäftsgebiete oder Entscheidungsobjekte zu beschreiben.[313] Nach ihnen können Faktdaten aus verschiedenen Sichten zur Auswertung gruppiert und

---

lenmaterial simultan entlang unterschiedlicher Klassen logisch zusammengehöriger Informationsobjektes aufgliedert und dadurch mit der naturgemäß mehrdimensionalen Problemsicht der Unternehmensanalytiker weitgehend korrespondiert". Gluchowski, P. u.a. (2008), S. 143 f.

[305] Vgl. Totok, A. (2000), S. 75 sowie Farkisch, K. (2011), S. 12.

[306] Vgl. Inmon, W. H. (2005), S. 159 ff. sowie Farkisch, K. (2011), S. 11.

[307] Die Entwicklung eines Datenmodelles wird allgemein als Modellierung bezeichnet: „Modellierung ist die Beschreibung oder Darstellung eines realen Objektes auf Basis einer gewählten Abstraktion zur Hervorhebung der wesentlichen Eigenschaften." Ridder, L. und König, H. (1992), S. 6.

[308] Vgl. Bauer, A. und Günzel, H. (2009), S. 57, Kemper, H. G. u.a. (2010), S. 58, Inmon, W. H. (2005), S. 137 f. sowie Chaudhuri, S. und Dayal, U. (1997), S. 65.

[309] Vgl. Kemper, H. G. u.a. (2010), S. 66, Totok, A. (2000), S. 85 ff. sowie Kimball, R. und Ross, M. (2013), S. 7 ff.

[310] Vgl. Totok, A. (2000), S. 85 f., Behme, W. u.a. (2000), S. 224, Kemper, H. G. u.a. (2010), S. 66 sowie Goeken, M. (2006), S. 176 f.

[311] Vgl. Kemper, H. G. u.a. (2010), S. 66 sowie Horváth, P. (2012), S. 498 f.

[312] Vgl. Totok, A. (2000), S. 86, Schira, J. (2009), S. 23 sowie Bankhofer, U. und Vogel, J. (2008), S. 8 f.

[313] Vgl. Behme, W. u.a. (2000), S. 224 sowie Totok, A. (2000), S. 87.

analysiert werden.[314] Typische Dimensionen aus dem betriebswirtschaftlichen Kontext sind z.B. Organisationseinheit, Produkt, Kunde etc.[315]

Der Betrachtungsgegenstand einer Dimension kann in einer vertikalen, hierarchischen Struktur dargestellt werden. Dies ermöglicht die Abbildung unterschiedlicher Verdichtungsstufen der Faktdaten für den Entscheidungsträger. Somit erhält er die Informationen in der für die entsprechende Aufgabe benötigen Granularität.[316]

Modellierungsebenen und semantische Modellierung

Ein multidimensionales Datenmodell wird, wie bei der üblichen Entwicklung von Anwendungssystemen, von der betriebswirtschaftlichen Problemstellung abgeleitet. Aufgrund der hohen Komplexität wird eine Modellierung i.d.R. in drei Ebenen schrittweise erfüllt: Das *Fachkonzept*, das *DV-Konzept* und die *technische Implementierung*.[317] Das Fachkonzept beschreibt das zu unterstützende Anwendungskonzept in einer formalisierten Sprache. Im DV-Konzept werden die Fachbeschreibungen in die Kategorien der DV-Umsetzung übertragen. Schließlich stellt die technische Implementierung die technische Umsetzung des DV-Konzepts dar.[318]

Zunächst wird die Modellierung des Fachkonzepts näher betrachtet. Hierbei hat die semantische Modellierung[319] der multidimensionalen Datenstruktur für die Entwicklung eines Fachkonzepts einen hohen Stellenwert. In der Literatur wird eine Reihe von Modellierungsmethoden / -techniken diskutiert.[320] Eine der bekanntesten Techniken ist das *Entity-Relationship-Modell* (ERM) von Chen.[321] Auf Basis des ERM haben Sapia u.a. das *multidimensionale Entity-Relationship-Modell* (ME/R-Modell) durch drei zusätzliche Beschreibungsobjekte erweitert: *Faktbeziehungstyp* (verknüpft die

[314] Vgl. Kemper, H. G. u.a. (2010), S. 66.
[315] Nach den Eigenschaften und Arten von Dimensionen können verschiedene Dimensionstypen unterschieden werden, z.B. anhand einer betriebswirtschaftlichen, oder strukturellen Typisierung. Diese werden im Rahmen dieser Arbeit nicht vertieft diskutiert. Weitere Information vgl. u.a. Holthuis, J. (2000), S. 164-172, Holthuis, J. (2001), S. 122 ff. sowie Totok, A. (2000), S. 87-95.
[316] Vgl. Kemper, H. G. u.a. (2010), S. 66 sowie Totok, A. (2000), S. 29.
[317] Vgl. Scheer, A.-W. (1997), S. 15 ff., Holthuis, J. (2000), S. 161 sowie Totok, A. und Jaworski, R. (1998), S. 15.
[318] Vgl. Holthuis, J. (2000), S. 161 sowie Scheer, A.-W. (1997), S. 15 ff.
[319] Nach der Nähe zur Realwelt können Datenmodelle in drei Ebenen klassifiziert werden: Semantisches Datenmodell, logisches Datenmodell und physisches Datenmodell. Im Rahmen dieser Arbeit wird die Modellierung des semantischen und logischen Datenmodells behandelt. Für weitere Informationen siehe: Hahne, M. (2010), S. 229 ff. sowie Hahne, M. (2005), S. 75 ff.
[320] Vgl. Gluchowski, P. u.a. (2008), S. 269 ff., Hahne, M. (2010), S. 233 ff. sowie Bauer, A. und Günzel, H. (2009), S. 161 ff.
[321] Vgl. Chen, P. P. (1976), S. 9-36.

einzelnen Dimensionen durch Fakten miteinander), *Dimensionsebenen Entitytyp* (beschreibt die Struktur der Dimensionen) und *Roll-Up Beziehungstyp* (beschreibt die hierarchische Struktur).[322] Weiterhin werden *Dimensional Fact Modelling*[323] und *Application Design for Analytical Processing Technologies* (ADAPT)[324] ebenfalls oft für die Modellierung eingesetzt. Insb. das ADAPT findet zurzeit in der Praxis eine breite Anwendung. Es bietet eine Menge von Beschreibungselementen, mit denen sich die verschiedenen Bestandteile multidimensionaler Datenmodelle darstellen lassen. Darunter sind bspw. ein Würfel (Hypercube), dem Dimensionen zugeordnet werden können, sowie sechs verschiedene Typen von Dimensionen[325] und weitere Elemente, die z.B. die Hierarchie einer Dimension beschreiben.[326]

Logische Modellierung und Star-Schema

Das *Star-Schema* hat sich mittlerweile zum Standard zur Abbildung von multidimensionalen Datenstrukturen in relationalen Systemen (DV-Konzept) entwickelt.[327] Als Star-Schema wird eine logische Modellierungsvariante auf Basis des Relationenmodells verstanden.[328] Ein logisches Datenmodell beschreibt die logische Struktur der Daten und ist noch unabhängig von der technischen Implementierung.[329]

Der grundsätzliche Ansatz des Star-Schemas ist es, die quantifizierenden Informationen (die Faktdaten) in einer zentralen Tabelle zu erstellen, die als Faktentabelle bezeichnet wird. Die Dimensionstabellen sind um die Faktentabelle herum angeordnet und enthalten qualifizierende Informationen (die Dimensionen).[330] In den Dimensionstabellen werden Hierarchien definiert, sodass die Faktdaten zur Auswertung entlang der Hierarchien verdichtet werden können. Eine Verknüpfung der Dimensionen erfolgt nur durch die Faktentabelle. Der Primärschlüssel der Faktentabelle ist in

[322] Vgl. Sapia, C. u.a. (1998), S. 105-116.
[323] Vgl. Golfarelli, M. u.a. (1998), S. 215-247.
[324] Vgl. Bulos, D. (1996), S. 33-38 sowie Totok, A. und Jaworski, R. (1998), S. 19 ff.
[325] Die sechs Typen von Dimensionen sind: Aggregierende Dimensionen (Aggregation Dimension), Sequenzielle Dimensionen (Sequential Dimension), Eigenschaftsdimensionen (Property Dimension), Versionsdimensionen (Version Dimension), Kennzahlendimension (Measure Dimension) und Tupeldimension (Tupel Dimension). Vgl. Gluchowski, P. u.a. (2008), S. 275 ff. sowie Totok, A. (2000), S. 133 ff.
[326] Vgl. Gluchowski, P. u.a. (2008), S. 275 ff., Schiefer, J. u.a. (2004), S. 162 ff. sowie Becker, M. und Chamoni, P. (2006), S. 24 ff.
[327] Vgl. Hahne, M. (2010), S. 243 ff. sowie Kimball, R. und Caserta, J. (2004), S. 13 ff.
[328] Vgl. Kemper, H. G. u.a. (2010), S. 67 sowie Gluchowski, P. u.a. (2008), S. 282.
[329] Vgl. Gluchowski, P. u.a. (2008), S. 97 sowie Hahne, M. (2002), S. 9.
[330] Vgl. Hahne, M. (2010), S. 243 sowie Behme, W. u.a. (2000), S. 224 ff.

der Regel ein zusammengesetzter Schlüssel aus den Primärschlüsseln der Dimensionstabellen.[331] Abb. 11 zeigt ein einfaches Star-Schema anhand eines Beispiels.

Abb. 11: Beispiel eines Star-Schemas[332]

Die Attribute sowie die hierarchische Struktur einer Dimensionstabelle werden auf Basis der Analysenotwendigkeit im betriebswirtschaftlichen Kontext bestimmt. Jedes Attribut im Star-Schema wird durch eine eigene Spalte in der Dimensionstabelle abgebildet. Dabei stehen alle Spalten gleichberechtigt nebeneinander.[333] Zwei Arten von Attributen können in multidimensionalen Modellen unterschieden werden: Zum einen gibt es Attribute, die für die Navigation entlang der Hierarchien genutzt werden, wie z.B. Produktgruppe und Produktuntergruppe im o.g. Beispiel. Zum anderen existieren Attribute, die verschiedene Analysen ermöglichen, z.B. Gewicht im o.g. Beispiel.[334] Die Dimensionstabellen sind in der Regel in erster und zweiter Normalform modelliert. Auf Grund der Performanz wird bei der Star-Modellierung bewusst auf die Normalisierung zur dritten Normalform verzichtet.[335]

Die Partitionierung der Dimensionstabelle kann zum sogenannten *Snowflake-Schema* führen. Im Snowflake-Schema werden die Dimensionselemente verschiedener Verdichtungen in separaten, jedoch miteinander verknüpften Tabellen abgelagert.[336] Das Ziel der Snowflake-Modellierung besteht nicht darin, die Dimensionstabelle vollständig zu normalisieren, sondern vielmehr, ein performanceoptimiertes

[331] Vgl. Bauer, A. und Günzel, H. (2009), S. 225 sowie Behme, W. u.a. (2000), S. 224.
[332] Eigene Darstellung.
[333] Im klassischen Star-Schema werden alle aggregierten Faktdaten in der zentralen Faktentabelle gehalten. Um die Aggregation performanter zu gestalten, wird ein sogenanntes *Fact-Constellation-Schema* angewendet. Im Fact-Constellation-Schema werden die aggregierten Daten auf der eigentlichen Faktentabelle in eigenständige Aggregattabellen ausgelagert. Vgl. Behme, W. u.a. (2000), S. 227 sowie Hahne, M. (2010), S. 250 ff.
[334] Vgl. Hahne, M. (2010), S. 247 f. sowie Hahne, M. (2005), S. 111.
[335] Vgl. Kemper, H. G. u.a. (2010), S. 69 sowie Farkisch, K. (2011), S. 30.
[336] Vgl. Hahne, M. (2010), S. 119 f., Gluchowski, P. u.a. (2008), S. 287, Behme, W. u.a. (2000), S. 227, Moss, L. T. und Atre, S. (2003), S. 200 ff. sowie Farkisch, K. (2011), S. 27 ff.

Datenmodell zu entwickeln, das für bestimmte Anwendungsfälle geeignet ist.[337] Beispielsweise kann diese Struktur zu kürzeren Zugriffszeiten führen, wenn Summationstabellen auf der Faktenseite für jede Hierarchieebene existieren.[338] Der Nachteil des Snowflake-Schemas liegt in der höheren Komplexität, die das Navigieren in den Daten erschwert.[339]

3.2.2 Informationsgenerierung: OLAP und Data Mining

Auf Basis dispositiver Datenspeicherungsstrukturen, die oft multidimensional abgebildet sind, können verschiedene Werkzeuge zur Auswertung und Analyse verwendet werden.[340] In diesem Abschnitt werden zwei weit verbreitete Analysekomponenten – On-Line Analytical Processing (OLAP) und Data Mining – vorgestellt.[341]

3.2.2.1 OLAP

Seit Anfang der 90er Jahre hat sich das *On-Line Analytical Processing* (OLAP) als eine der wichtigsten Analysetechnologien von multidimensionalen Datenbeständen etabliert.[342] Diese soll den Entscheidungsträgern aus den Fachabteilungen schnelle, interaktive und vielfältige Zugriffe auf relevante Informationen ermöglichen.[343]

Die Fakten, Dimensionen und Hierarchien, aus denen multidimensionale Datenräume bestehen,[344] werden in der Regel in einer Würfelstruktur (Cube) beim OLAP-System abgebildet. Die OLAP-Analyse wird durch verschiedene Operationen durchgeführt: *Pivotierung*: Das Drehen des Cubes. *Roll-up & Drill-down*: Das Navigieren innerhalb der Dimensionshierarchien. *Drill-through & Drill-across*: Das Navigieren über den originären multidimensionalen Datenraum hinaus. Und *Slice & Dice*: Der Zuschnitt der Teilmenge des Cubes.[345]

---

[337] Vgl. Kemper, H. G. u.a. (2010), S. 70.
[338] Vgl. Behme, W. u.a. (2000), S. 228 sowie Kemper, H. G. u.a. (2010), S. 70.
[339] Vgl. Gluchowski, P. u.a. (2008), S. 288 f.
[340] Vgl. Bauer, A. und Günzel, H. (2009), S. 201.
[341] In die Analysesysteme sind auch freie Datenrecherche, modellgestützte Analyse wie Text Mining, verschiedene Berichtssysteme etc. einzuordnen. Aufgrund des begrenzten Umfangs werden diese nicht im Rahmen dieser Arbeit behandelt. Für weitere Informationen vgl. u.a. Kemper, H. G. u.a. (2010), S. 85 ff. sowie Gluchowski, P. u.a. (2008), S. 205 ff.
[342] Vgl. Codd, E. F. u.a. (1993a), S. 87 ff., Codd, E. F. u.a. (1993b), S. 1 ff. sowie Chamoni, P. und Gluchowski, P. (2010), S. 14.
[343] Vgl. Gluchowski, P. u.a. (2008), S. 144 sowie Moss, L. T. und Atre, S. (2003), S. 283 ff.
[344] Vgl. Abschnitt 3.2.1.3.
[345] Vgl. Totok, A. (2000), S. 62 f., Kemper, H. G. u.a. (2010), S. 102 ff., Buhrymenka, A. (2012), S. 15 ff.

Abb. 12 zeigt einen drei-dimensionalen Cube auf Basis des im letzten Abschnitt genannten Beispiels.

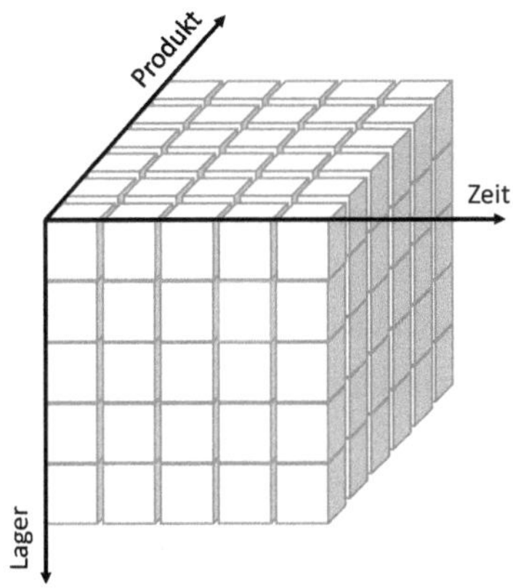

Abb. 12: Darstellung eines Cubes[346]

Sowohl relationale als auch proprietäre multidimensionale Datenbankensysteme können als Speichertechnologien für OLAP-Systeme verwendet werden. Dementsprechend unterscheiden sich die Systeme in R-OLAP und M-OLAP.[347] Die Vorteile der relationalen Datenbankensysteme liegen vor allem in der Skalierbarkeit, Plattformunabhängigkeit sowie dem hohen Datenvolumen. Hingegen überzeugen die multidimensionalen Systeme v.a. durch den Performance-Vorteil.[348] Die Vorteile beider Varianten können durch das hybride OLAP (H-OLAP) vereint werden.

3.2.2.2 Data Mining

Data Mining kann den modellgestützten Analysesystemen, die eine algorithmische Ausrichtung aufweisen, zugeordnet werden.[349] Data Mining stellt Methoden zur Verfügung, *„die autonom aus großen Rohdatenmengen die bedeutsamsten und aussagekräftigsten Muster identifizieren und sie dem Anwender als interessantes Wissen präsentieren“.*[350]

---

[346] Einige Darstellung.
[347] Vgl. Moss, L. T. und Atre, S. (2003), S. 283 f., Kemper, H. G. u.a. (2010), S. 106 f. sowie Farkisch, K. (2011), S. 26 f.
[348] Vgl. Gluchowski, P. u.a. (2008), S. 173 ff., Kemper, H. G. u.a. (2010), S. 106 f., Chaudhuri, S. und Dayal, U. (1997), S. 66 sowie Colliat, G. (1996), S. 64 ff.
[349] Vgl. Kemper, H. G. u.a. (2010), S. 110 sowie Kobrin, M. (2010), S. 14 f.
[350] Bissantz, N. u.a. (2000), S. 380.

Die Etablierung der dispositiven Systeme mit harmonisierten Datenbeständen hat die Verbreitung von Data-Mining-Methoden vorangetrieben.[351] Dabei ist Data Mining keine neue Disziplin und seine Methoden leiten sich zum größten Teil aus der Statistik, der künstlichen Intelligenz und dem Maschinenlernen ab.[352] Zu den typischen Ansätzen des Data Mining gehören die Abweichungsanalyse, die Clusteranalyse, die Klassifikation, die Assoziationsanalyse, Visualisierungstechniken und künstliche neuronale Netze.[353] Ein erfolgreicher Einsatz eines Data-Mining-Verfahrens erfordert nicht nur die Auswahl der richtigen Methode. Das gesamte Vorgehen, von der Hypothesengenerierung, der Datenvorbereitung, bis zur Interpretation der Ergebnisse, muss bei solchen Verfahren berücksichtigt werden.[354]

3.3 Business Process Intelligence

Die klassischen Anwendungen von Business Intelligence sind datenzentriert und die Berichte sowie Analysen basieren meist auf kaufmännischen Daten, wie z.B. Bestands- und Finanzgrößen.[355] Beispiele für bekannte Anwendungssysteme sind Balanced-Scorecard-Systeme, Planungs- und Budgetierungssysteme und analytische CRM-Systeme.[356] Diese Art von BI-Systemen ist seit Langem im Bereich von Banken, Finanzdienstleistern, Telekommunikation und im Einzelhandel etabliert. In den letzten Jahren hat sich gezeigt, dass sowohl in der Praxis als auch in der Wissenschaft ein steigendes Interesse an einer gezielt prozesszentrierten BI besteht.[357] Beispiele für prozessorientierte Analysen mithilfe von BI-Techniken finden sich in der Produktion[358] und der Logistik[359]. Diese Art von Anwendungen bietet durch die

[351] Vgl. Kemper, H. G. u.a. (2010), S. 113.
[352] Vgl. Kemper, H. G. u.a. (2010), S. 115 sowie Turban, E. u.a. (2011), S. 196.
[353] Im Rahmen dieser Arbeit werden diese Ansätze nicht vertieft. Weitere Informationen dazu siehe folgende Literatur: Runkler, T. A. (2010), S. 35 ff., Gluchowski, P. u.a. (2008), S. 195 ff., Bissantz, N. u.a. (2000), S. 377 ff., Turban, E. u.a. (2011), S. 216 ff. sowie Kemper, H. G. u.a. (2010), S. 115 ff.
[354] Ein Beispiel zeigt das Vorgehen des CRISP-DM (Cross Industry Standard Process for Data Mining), in dem ein Data-Mining-Prozess in sechs Phasen unterteilt wird: Business Understanding, Data Unterstanding, Data Preparation, Modeling, Evaluation und Deployment. Vgl. Wirth, R. und Hipp, J. (2000), S. 29-39 sowie Gabriel, R. u.a. (2009), S. 123 ff.
[355] Vgl. Marjanovic, O. (2007), S. 1, Becker, M. und Chamoni, P. (2008), S. 156, Baars, H. und Lasi, H. (2010), S. 430, Laqua, I. (2010), S. 237 f, Kueng, P. u.a. (2001), S. 349 sowie Schiefer, J. u.a. (2004), S. 163.
[356] Vgl. Gluchowski, P. u.a. (2008), S. 223.
[357] Vgl. Marjanovic, O. (2007), S. 1 ff., Bucher, T. und Dinter, B. (2008), S. 167 f., Bucher, T. und Gericke, A. (2009), S. 408 ff. sowie Gluchowski, P. und Kemper, H. G. (2006), S. 18.
[358] Vgl. Kemper, H. G. u.a. (2011), S. 117 ff., Koch, M. u.a. (2010), S. 1 ff. sowie Cheng, Y. und Li, Z. (2010), S. 1-4.
[359] Vgl. Baars, H. u.a. (2008a), S. 73 ff., Baars, H. und Sun, X. (2009), S. 1 ff. sowie Hall, C. (2004b), S. 1 ff.

integrierte Datenhaltung aus prozessualer Sicht neue Perspektiven zur Unterstützung der Analyse von Geschäftsprozessen und wird in der Wissenschaft unter dem Begriff *Business Process Intelligence* eingeordnet. Als Nutzenpotenziale von BPI-Systemen werden in der Literatur die Steigerung der Transparenz und der Effizienz von Geschäftsprozessen sowie die Erhöhung der Flexibilität und der Agilität für das Geschäftsprozessmanagement oft genannt.[360]

In diesem Teil der Arbeit werden einführend verschiedene in der Literatur vorgestellten Definitionen für Business Process Intelligence diskutiert. Darauf basierend wird eine eigene Definition abgeleitet. Um BPI-Systeme von operativen Anwendungssystemen abzugrenzen, werden relevante Techniken mithilfe der Aufgabenfelder des Geschäftsprozessmanagements[361] eingeordnet. Anschließend werden eine BPI-Architektur sowie die Funktionen der Architekturkomponenten vorgestellt. Zuletzt werden die Relevanz einer prozessorientierten Datenstruktur sowie einige Standarddimensionen in solchen Strukturen erläutert.

3.3.1 Der Begriff und die Einordnung

In den letzten Jahren wird in der Wissenschaft verstärkt über die Entscheidungsunterstützung von BI-Techniken für das Geschäftsprozessmanagement diskutiert. Eine Vielzahl an Literatur wurde ab 2001 von den HP Labs und deren Partnern veröffentlicht. Hier wurde diese Art von Anwendungen als *Business Process Intelligence (BPI)* bezeichnet.[362] Ähnliche Sachverhalte wurden auch unter dem Begriff *prozessorientierte BI* diskutiert, der in der Literatur teilweise auch als Synonym zu BPI[363] behandelt wird.[364] Die Definition sowie das Verständnis von Business Process Intelligence werden in der Literatur kontrovers diskutiert. Anhand einer Analyse von bestehenden

[360] Vgl. Bucher, T. und Dinter, B. (2008), S. 171, Bucher, T. und Gericke, A. (2009), S. 411 f. sowie Dayal, U. u.a. (2001), S. 8.
[361] Vgl. Abschnitt 2.3.
[362] Vgl. Dayal, U. u.a. (2001), S. 1-11, Grigori, D. u.a. (2001), S. 1-10, Bonifati, A. u.a. (2001a), S. 649-652, Casati, F. u.a. (2002), S. 1-12, sowie Grigori, D. u.a. (2004), S. 321-343.
[363] Ein weiterer verwandter Begriff ist Process Performance Management. Der Schwerpunkt des Process Performance Management liegt in der Ermittlung und Analyse von relevanten Kennzahlen, die aus dem laufenden Prozess extrahiert werden. Der Ansatz wird oft unter dem Begriffsbild Operational Business Intelligence eingeordnet. Vgl. Gadatsch, A. (2012), S. 33 f., Gluchowski, P. u.a. (2008), S. 360, Melchert, F. u.a. (2004), S. 4056 sowie Fan, Y. und Bai, X. (2004), S. 341. Das Verständnis der Anwendungsbereiche von Process Performance Management ist weitgehend vergleichbar zu jenem von BPI als operationale BI im Prozesskontext.
[364] Vgl. Felden, C. u.a. (2010), S. 145 f., Linden, M. u.a. (2010), S. 208, Mircea, M. u.a. (2010), S. 100 sowie Amberg, C. (2010), S. 1 ff.

Veröffentlichungen lassen sich diese Definitionen grundsätzlich in folgende drei Kategorien differenzieren:[365]

- *BPI als Operational BI*

Die Ansätze, bei denen BI-Techniken im operativen Kontext zur Unterstützung von Geschäftsabläufen eingesetzt werden, werden allgemein unter dem Begriff Operational BI[366] zusammengefasst.[367] Der Schwerpunkt der Operational BI liegt in der operativen Steuerung und wird in der Praxis oft mithilfe von Business Activity Monitoring (BAM) realisiert.[368] Da BAM insb. das Monitoring von Prozesskennzahlen unterstützt und bei vielen Publikationen als eine entscheidende Technik der Business Process Intelligence betrachtet wird,[369] wird der Begriff BPI bei einigen Autoren sogar als Synonym zu Operational BI interpretiert.[370] So schreibt Hall, dass BPI *„another term of using Operational BI to inform business process Management decisions“*[371] sei. Becker und Chamoni betonen, dass BPI auf *„eine flexible, multidimensionale und zeitnahe Evaluierung der betrieblichen Abläufe“*[372] zielt. Ähnlich definieren Bucher und Dinter, dass BPI darauf ausgerichtet ist, *„Entscheidungsträger im Kontext der Ausführung unternehmerischer – auch und vor allem operativer Prozesse ... mit handlungs- und entscheidungsrelevanten Informationen zu versorgen“*[373].

- *BPI als Sammelbegriff verschiedener Werkzeuge und Techniken*

Die Autoren, die maßgeblich die Etablierung des Begriffs geprägt haben, haben BPI als eine Sammlung von BI-Werkzeugen und -Techniken zur Unterstützung des Geschäftsprozessmanagements definiert.[374] So Grigori u.a. *„we refer to this set of tools as the Business Process Intelligence (BPI) tool suite, since it is based on the application of business intelligence techniques to business processes.“*[375] Dayal u.a. interpretieren BPI als einen Sammelbegriff für verschiedene BI-Techniken, die in den

[365] Die untersuchten wissenschaftlichen Artikel wurden zwischen 2001 und 2010 in Journals, Fachzeitschriften, Konferenzen oder Workshops veröffentlicht. In allen diesen Artikel wurde das Thema BPI als Schwerpunkt behandelt und der Begriff BPI oder prozessorientierte BI im weiteren Sinne definiert.
[366] Vgl. Abschnitt 3.2.1.2.
[367] Vgl. White, C. (2006), S. 1 sowie Eckerson, W. W. (2007), S. 7-9.
[368] Vgl. Felden, C. u.a. (2010), S. 198 sowie Gluchowski, P. u.a. (2008), S. 360.
[369] Vgl. Hall, C. (2004a), S. 1 sowie Harmon, P. (2004), S. 8 f.
[370] Vgl. Felden, C. u.a. (2010), S. 198.
[371] Hall, C. (2004a), S. 1.
[372] Becker, M. und Chamoni, P. (2006), S. 24.
[373] Bucher, T. und Dinter, B. (2008), S. 170.
[374] Vgl. Grigori, D. u.a. (2001), S. 2, Grigori, D. u.a. (2004), S. 322 sowie Bonifati, A. u.a. (2001a), S. 2.
[375] Grigori, D. u.a. (2004), S. 322.

Anwendungsdomänen des Geschäftsprozessmanagements zum Einsatz gebracht werden.[376] Mutschler und Reichert haben die beiden Definitionen zusammengefasst: *„BPI subsumiert existierende Konzepte, Anwendungen und Werkzeuge für die Erfassung und Auswertung von Prozessdaten“.*[377] Die Werkzeuge und Techniken, die hierzu eingesetzt werden, sind diverse Komponenten aus dem BI-Kontext. Dabei werden insb. Data Warehouses / Process Warehouse[378], Data-Mining- / Process-Mining-Komponenten, BAM-Lösungen, sowie Dashboards als für BPI-Analyse relevante Komponenten genannt.[379] Auch OLAP wurde bereits zur Analyse der Geschäftsprozesse eingesetzt.[380] Dabei werden v.a. die Analyse, die Optimierung und die Prognose als zu unterstützende Aufgaben für das Geschäftsmanagement genannt.[381] Im Bereich von Analyse und Optimierung kommen Reporting oder flexible Analysefunktionen wie OLAP zum Einsatz.[382] Für die Prognose können Modelle abgebildet und verschiedene Szenarios simuliert werden. Hierfür werden oft Process Mining und Simulationen eingesetzt.[383] Hinsichtlich der Aspekte von Operational BI werden Monitoring und Steuerung in vielen Arbeiten ebenfalls den Aufgaben der BPI zugeschrieben.[384]

- *BPI als analytischer Prozess zur Unterstützung verschiedener Aufgabenfelder von Geschäftsprozessmanagement*

Ein weiteres Verständnis von BPI legt den Schwerpunkt in die von BPI-Systemen zu unterstützenden Aufgabenfelder des Geschäftsprozessmanagements.[385] Anhand einer Literaturuntersuchung haben Felden u.a. die Charakteristika von BPI in einer morphologischen Box klassifiziert und anschließend die BPI wie folgt definiert: *„BPI is the analytical process of identifying, defining, modelling and improving value creating*

[376] Vgl. Dayal, U. u.a. (2001), S. 8;
[377] Mutschler, B. und Reichert, M. (2006), S. 27.
[378] Vgl. der Begriff *Process Warehouse* in Abschnitt 3.3.2.
[379] Vgl. Bonifati, A. u.a. (2001a), S. 2, Sayal, M. u.a. (2002), S. 1-4, Casati, F. u.a. (2002), S. 1 ff., Mutschler, B. und Reichert, M. (2006), S. 28, Genrich, M. u.a. (2007), S. 5-10 sowie zur Muehlen, M. und Shapiro, R. (2009), S. 137 ff.
[380] Vgl. Mansmann, S. u.a. (2007b), S. 111-122, Holten, R. u.a. (2002), S. 864 ff., Baars, H. und Sun, X. (2009), S. 1-10 sowie Dayal, U. u.a. (2001), S. 8.
[381] Vgl. Grigori, D. u.a. (2004), S. 322 ff., Dayal, U. u.a. (2001), S. 8 sowie Castellanos, M. u.a. (2009), S. 467 ff.
[382] Vgl. Grigori, D. u.a. (2004), S. 322.
[383] Vgl. Dayal, U. u.a. (2001), S. 8, Accorsi, R. u.a. (2012), S. 359 sowie zur Muehlen, M. und Shapiro, R. (2009), S. 138 ff.
[384] Vgl. Casati, F. u.a. (2002), S. 2 sowie Castellanos, M. u.a. (2009), S. 469.
[385] Vgl. Abschnitt 2.3.

business processes in order to support the tactic and strategic management.“[386] Es wird betont, dass BPI darauf abzielt, taktische und strategische Managemententscheidungen zu unterstützen. Somit wird die operative Prozessausführung und -steuerung nicht dem Aufgabenbereich der BPI zugeordnet. Nach Felden u.a. fokussiert BPI businessorientiertes Prozessdesign und -redesign.[387] Ähnlich verstehen Vanthienen u.a. BPI als BI-Techniken für ein besseres Verständnis sowie für die Optimierung von Geschäftsprozessen.[388]

Trotz der unterschiedlichen Definitionen sind folgende zwei Gemeinsamkeiten abzuleiten: Zum einen nutzt BPI bekannte BI-Techniken durch Auswertung der Prozessablaufdaten (z.B. Log-Dateien in WfMS), um das Management von Geschäftsprozessen zu unterstützen. Diese Techniken sind v.a. Process Warehouse, Process Mining, BAM, OLAP und Simulation. Zum anderen sind die von BPI-Systemen unterstützten Aufgaben insb. auf taktische und strategische Managemententscheidungen fokussiert, deren Ziel es ist, Geschäftsprozesse effizienter zu gestalten. Auch im Verständnis der ersten Gruppe von Definitionen zielt bei der BPI nicht auf die direkte operative Ausführung von Geschäftsprozessen ab. Vielmehr soll dieses durch Maßnahmen, wie bspw. die automatische Identifizierung von unerwarteten Events sowie entsprechende Lösungsvorschläge, zeitnah entscheidungsrelevante Informationen für die Entscheidungsträger des Geschäftsprozessmanagements bereitstellen.

Anhand der obigen Diskussion wird ersichtlich, dass das Verständnis in der ersten Gruppe, bei der der Begriff Business Process Intelligence als Synonym von Operational BI definiert wird, den Anwendungsbereich von BPI zu sehr einschränkt und somit nicht geeignet ist. Auch eine Sammeldefinition, deren Verständnis in der zweiten Gruppe der Definitionen vertreten wird, ist aus Sicht des Verfassers als nicht geeignet zu erachten. Eine Sammeldefinition kann eine vollständige Abdeckung der zugehörigen Konzepten und Techniken nicht garantieren und ist deshalb problematisch, wenn neue Konzepte oder Techniken in der Zukunft entwickelt werden.[389]

Im Rahmen dieser Arbeit wird das Verständnis von BPI in der dritten oben genannten Gruppe von Definitionen übernommen. Abgeleitet von dem Verständnis der Business Intelligence soll BPI sich ebenfalls auf die Unterstützung von Entscheidungsaufgaben

[386] Felden, C. u.a. (2010), S. 200 sowie Linden, M. u.a. (2010), S. 212.
[387] Vgl. Felden, C. u.a. (2010), S. 199.
[388] Vgl. Vanthienen, J. u.a. (2008), S. 1.
[389] Vgl. Abschnitt 3.1.2 (die Definition der Business Intelligence).

konzentrieren. Somit liegt der Fokus von BPI nicht auf der operativen Ausführung von Prozessen, sondern mehr auf der Unterstützung von Prozessanalyse, welche insb. die Schwachstellen und die Verbesserungspotenziellen durch Analyse von Prozessablaufdaten aufdecken soll. Der Begriff Business Process Intelligence wird in dieser Arbeit wie folgt definiert:

Business Process Intelligence (BPI) bezeichnet einen integrierten Ansatz, der auf die Analyse der Ablauflogik von Geschäftsprozessen auf Basis von Geschäftsprozessdaten mithilfe von BI-Techniken abzielt.

Dabei werden Anwendungssysteme, die mithilfe von BI-Techniken die Geschäftsprozessanalyse unterstützen, als BPI-Systeme bezeichnet. Das Ziel bei der Nutzung eines BPI-Systems besteht darin, durch die Analyse von Prozessablaufdaten sowohl die Struktur von Geschäftsprozessen als auch deren Rahmenbedingungen, wie z.B. die Aufteilung von Ressourcen zwischen den Prozessaktivitäten, zu optimieren. Hierbei kann eine Analyse auf historischen oder aktuellen Informationen von Prozessabläufen basieren.

Die Besonderheit von BPI-Systemen liegt v.a. in der Prozessorientierung, die durch die Abhängigkeiten zwischen den Prozessaktivitäten – die Ablauflogik – bestimmt wird. Die Konsequenzen dieser Besonderheit können sowohl aus Analysesicht als auch aus Datenbereitstellungssicht betrachtet werden:

- Aus *Analysesicht* sind die Abhängigkeiten zwischen den Aktivitäten bei der Prozessanalyse zu berücksichtigen.
  Das Verständnis von Geschäftsprozessen beinhaltet, dass Prozessaktivitäten voneinander abhängig sind. Diese Abhängigkeiten folgen einer Ablauflogik von Geschäftsprozessen.[390] Daraus entstehen Ursache-Wirkungsbeziehungen im Prozesskontext, die mithilfe von BPI-Systemen zu analysieren sind. Aus diesem Grund ist es für BPI-Systeme erforderlich, diese logischen Abhängigkeiten zu erkennen und bei der Prozessanalyse zu berücksichtigen.
- Aus *Datenbereitstellungssicht* sind die aufgrund der Prozessorientierung entstehenden technischen Anforderungen zu berücksichtigen.
  Die aus der Prozessorientierung resultierenden technischen Anforderungen für die Implementierung eines BPI-Systems unterschieden sich von konventionellen

[390] Vgl. Abschnitt 2.2.2.2.

BI-Lösungen. Beispiele hierfür sind die Integration der Prozessablaufdaten unter Berücksichtigung der Ablauflogik oder die Entwicklung einer prozessorientierten Datenhaltungsstruktur.[391]

Anhand der Definition lassen sich verschiedene Techniken der BPI-Systeme, wie Abb. 13 zeigt, in das Aufgabenfeld der Prozessanalyse und -optimierung einordnen.[392]

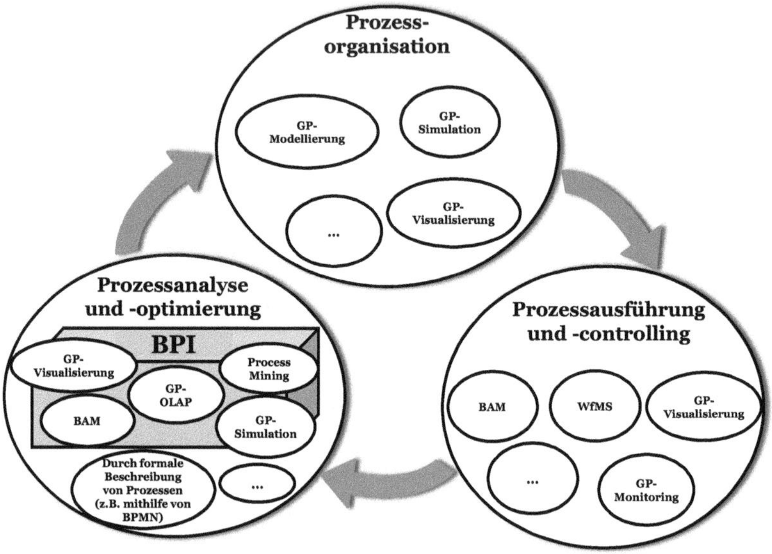

Abb. 13: Einordnung der BPI-Techniken in das Geschäftsprozessmanagement[393]

Wie aus Abb. 13 ersichtlich, sind Techniken wie OLAP, Simulation und Process Mining in das Aufgabenfeld der Prozessanalyse und -optimierung einzuordnen. Diese werden dazu verwendet, Analysen für Geschäftsprozesse durchzuführen. Die Ergebnisse davon können zum Prozessdesign und -redesign, welches in das Aufgabenfeld der Prozessorganisation einzuordnen ist, genutzt werden. BAM wird bei dieser Abbildung in zwei Aufgabenfeldern dargestellt. BAM ist als eine Technik im Bereich der Prozessausführung und des Prozesscontrollings einzuordnen, wenn es

---

[391] Vgl. Becker, M. und Chamoni, P. (2008), S. 155 ff., Grigori, D. u.a. (2001), S. 3 f. sowie Mansmann, S. u.a. (2007a), S. 29 f.

[392] Diese Einordnung basiert auf den Aufgabenfeldern des Geschäftsprozessmanagements von Schmelzer und Sesselmann und den „Business Process Lifecycle" von Weske. Vgl. Abschnitt 2.3.

[393] Eigene Darstellung. Vgl. Abschnitt 2.3.

nur für das Monitoring von Prozesskennzahlen eingesetzt wird. Wenn hingegen die Informationen zur Entscheidungsunterstützung für die Prozessanalyse verwendet werden, wird BAM als eine BPI-Technik verstanden.

Die von den o.g. Techniken gestützten betrieblichen Aufgaben sind, im Vergleich zu denen im operativen Kontext, meistens komplexe unstrukturierte Entscheidungsaufgaben. Im operativen Kontext des Geschäftsprozessmanagements lässt sich ein großer Teil der Aufgaben, wie die operative Durchführung von Prozessen, die Prozessdokumentation oder das Prozess-Monitoring,[394] als ein Routineprozess definieren, sodass die Durchführung dieser Aufgaben mithilfe von Anwendungssystemen, wie z.B. WfMS, größtenteils automatisiert werden kann. Dabei handelt es sich um gut strukturierte und wiederkehrende Aufgaben, für die typischerweise die unteren Managementebenen zuständig sind.[395] Im Gegensatz dazu handelt es sich bei den BPI-Systemen um analytische Aufgaben, deren Ziel es ist, Verbesserungspotentiale von Geschäftsprozessen unter verschiedenen Aspekten aufzudecken.[396] Solche Aufgaben sind in aller Regel unstrukturiert und in den höheren Managementebenen einzuordnen.[397] Der darin beschriebene Lösungsweg ist deshalb nicht eindeutig und muss individuell ermittelt werden.[398] Dieses Merkmal von BPI-Systemen spielt eine bedeutende Rolle bei der Informationsbedarfsanalyse und wird bei der Auswahl von adäquaten Informationserhebungsmethoden in Kapitel 5 berücksichtigt.

3.3.2 BPI-Architektur

Verschiedene technische Komponenten, die im letzten Abschnitt vorgestellt wurden, lassen sich, wie Abb. 14 darstellt, in die BI-Referenzarchitektur[399] einordnen.

Die in einem BPI-System für die Prozessanalyse zur Verfügung gestellten Prozessablaufdaten werden aus operativen Systemen extrahiert, verdichtet und schließlich in ein Process Warehouse geladen. Ein Process Warehouse (PWH) ist konzeptionell wie ein traditionelles Data Warehouse aufgebaut und kann in die bestehende DWH-Infrastruktur integriert werden.[400] Die Aufgaben eines PWHs bestehen v.a. in

[394] Vgl. Abschnitt 2.3.3.
[395] Vgl. Gadatsch, A. (2012), S. 51 f. sowie Böhm, R. und Fuchs, E. (2002), S. 438.
[396] Vgl. Abschnitt 2.3.4.
[397] Vgl. Felden, C. u.a. (2010), S. 200 sowie Linden, M. u.a. (2010), S. 212.
[398] Vgl. Laux, H. und Liermann, F. (2005), S. 246 sowie Berthel, J. (1975), S. 39.
[399] Vgl. Abschnitt 3.1.3.
[400] Vgl. Becker, M. und Chamoni, P. (2006), S. 24.

der systematischen Aufbereitung von Geschäftsprozessdaten zur Unterstützung von Entscheidungsaufgaben.[401] Die Datenbereitstellungsschicht mit einer integrierten Datenhaltung ist für BPI-Systeme von großer Bedeutung. Somit können Prozessablaufdaten verschiedener Teilprozesse / Prozessschritte aus unterschiedlichen Quellsystemen extrahiert und für die Prozessanalyse aufbereitet werden. Damit unterscheiden sich BPI-Systeme als ein integrierter Ansatz von anderen technischen Lösungen zur Prozessanalyse.

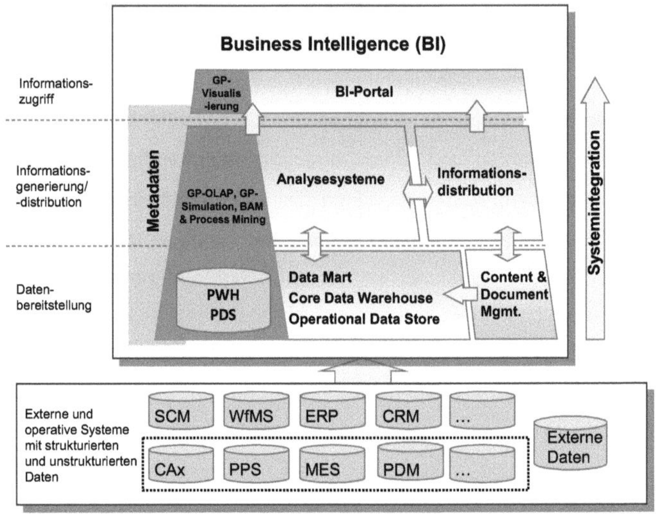

Abb. 14: BPI-Architektur eingeordnet in den BI-Ordnungsrahmen[402]

Prozessablaufdaten werden häufig aus den WfMS extrahiert, in denen die arbeitsteiligen Abläufe koordiniert und in einer Log-Datei automatisch dokumentiert werden.[403] Allerdings beschränken sich die Datenquellen nicht nur auf WfMS. Anhand eines passenden Datenintegrationskonzepts können alle operativen / externen Systeme, die zur Unterstützung des zu untersuchenden Prozesses beitragen, potentielle Quellsysteme sein.[404] Beispielsweise deuten einige Untersuchungen darauf hin, dass ein großes Nutzenpotential für alle Beteiligten in der Supply Chain besteht, wenn organisations- / unternehmensübergreifende, prozessorientierte Analysen durchge-

[401] Vgl. Scheer, A.-W. (2002), S. 74 sowie List, B. u.a. (2003), S. 114 f.
[402] Eigene Darstellung in Anlehnung von Kemper, H. G. u.a. (2010), S. 11, Becker, M. und Chamoni, P. (2006), S. 24 f. sowie Schiefer, J. u.a. (2004), S. 3 f.
[403] Vgl. Becker, M. und Chamoni, P. (2006), S. 24 sowie Bonifati, A. u.a. (2001a), S. 2.
[404] Vgl. List, B. u.a. (2003), S. 117-119.

führt werden können.[405] Solche Analysen können jedoch nur realisiert werden, wenn verschiedene Quellsysteme aus unterschiedlichen Organisationen und Unternehmen eingebunden werden.

Die Datenintegration wird durch ETL-Komponenten ermöglicht. Hierbei werden die für die Prozessanalyse relevanten Daten miteinander verknüpft und in eine prozess- und analyseorientierte Datenstruktur eines PWHs geladen.[406] Für real/near-time Anwendungen kann ein *Process Data Store (PDS), vergleichbar mit* einem ODS in der BI-Architektur, verwendet werden.[407] Die Datenstruktur des PWHs ist eine der Kernkomponenten und bestimmt die Anwendungsmöglichkeiten eines BPI-Systems. Diese wird im nächsten Abschnitt näher erörtert. Für prozessorientierte Analysen kommen v.a. Process Mining, OLAP und Simulation zum Einsatz. Diese Techniken greifen auf die Daten aus einem PWH oder einem Data Mart zu und stellen die Ergebnisse mithilfe entsprechender Visualisierungstechniken zur Verfügung. In der Literatur werden diese auch als *Business Process Cockpit* bezeichnet.[408]

3.3.3 Datenstruktur des PWH

Die hierarchische Struktur von Geschäftsprozessen, die Ablauflogik mit den Abhängigkeiten zwischen den Aktivitäten sowie die Prozessinstanzen lassen sich durch Dimensionen und Fakten in einem PWH-Datenmodell darstellen und stehen somit für weitere Analysen zur Verfügung. Dabei ist die Prozessstruktur eine der Dimensionen, die sich von der traditionellen DWH-Modellierung unterscheidet. Hierfür werden nicht nur Prozessaktivitäten sowie deren hierarchische Beziehungen dokumentiert, sondern auch die logische Abfolge und die Abhängigkeiten zwischen den Aktivitäten (sequenzielle Struktur). Damit ist die Modellierung der Prozessstruktur ein wichtiger Bestandteil eines PWH-Datenmodells.[409] Für weitere relevante Dimensionen werden oft Organisationen / Zuständigkeiten, Ressourcen, Objekte und Zeit genannt.[410]

---

[405] Vgl. Hall, C. (2004b), S. 1 ff., Huang, G. Q. u.a. (2003), S. 1483 ff. sowie Vogt, J.-O. (2011), S. 265 ff.

[406] Vgl. Becker, M. und Chamoni, P. (2006), S. 24 sowie Casati, F. u.a. (2002), S. 1133 ff.

[407] Vgl. Schiefer, J. u.a. (2004), S. 166 ff.

[408] Vgl. Sayal, M. u.a. (2002), S. 1 ff., Casati, F. u.a. (2002), S. 5, Grigori, D. u.a. (2004), S. 325 sowie Becker, M. und Chamoni, P. (2006), S. 25.

[409] Vgl. Bonifati, A. u.a. (2001a), S. 651, Casati, F. u.a. (2007), S. 1132, Schiefer, J. u.a. (2004), S. 166, Mansmann, S. u.a. (2007b), S. 118 sowie Eder, J. u.a. (2001), S. 7.

[410] Vgl. Becker, M. und Chamoni, P. (2008), S. 162, Eder, J. u.a. (2001), S. 7 sowie Bonifati, A. u.a. (2001a), S. 650.

Bei der Ausführung von Prozessaktivitäten werden betriebliche Objekte verarbeitet und transformiert.[411] Eine Aktivitätsinstanz bezeichnet eine konkrete Ausführung einer Aktivität und dokumentiert entsprechende Ereignisse.[412] Die dadurch entstehenden Messwerte, wie Dauer, Kosten oder Qualitätskennzahlen, werden als Fakten in das PWH aufgenommen.[413]

Basierend auf den o.g. Dimensionen und Fakten lassen sich die Geschäftsprozesse sowie die Abläufe segmentieren und aus verschiedenen Sichten analysieren. So werden bspw. Analysen der Ursache-Wirkungsbeziehungen und der Gründe für nicht-homogenes Verhalten von Prozessinstanzen ermöglicht.[414]

Die Modellierung eines PWH-Datenmodells ist oft von dem jeweiligen Anwendungsfall abhängig. So werden verschiedene Datenmodelle in der Literatur vorgestellt. Beispielsweise haben Bonifati u.a. und Eder u.a. jeweils ein PWH-Datenmodell für Workflow-Daten entwickelt, dessen Dimensionen und Fakten an die Spezifikationen von WfMS ausgerichtet sind.[415] Schiefer u.a. sowie Becker und Chamoni haben in ihren Arbeiten jeweils ein logisches Datenmodell für PWH vorgestellt.[416] Diese beiden Datenmodelle sind allgemein modelliert und enthalten Dimensionen und Fakten, die als Grundlage für eine Prozessanalyse verwendet werden können. Die veröffentlichten PWH-Datenmodelle werden im Rahmen dieser Arbeit untersucht und im konzeptionellen Teil dieser Arbeit bei der Entwicklung eines multidimensionalen Datenmodells berücksichtigt.[417]

In diesem Abschnitt wurde der Anwendungsbereich der Business Process Intelligence abgegrenzt und anschließend die Definition sowie die Besonderheiten von BPI-Systemen abgeleitet. Außerdem wurden relevante Komponenten einer BPI-Architektur sowie die mögliche Datenstruktur eines prozessorientierten Data Warehouse diskutiert. Somit wird die Forschungsfrage (1) bezüglich der Abgrenzung und der Besonderheiten von BPI-Systemen adressiert.[418]

---

[411] Vgl. Becker, M. und Chamoni, P. (2006), S. 25.
[412] Vgl. Abschnitt 2.2.1.
[413] Vgl. Grigori, D. u.a. (2004), S. 324 sowie Casati, F. u.a. (2007), S. 1132.
[414] Vgl. Becker, M. und Chamoni, P. (2006), S. 25.
[415] Vgl. Bonifati, A. u.a. (2001a), S. 649 ff. sowie Eder, J. u.a. (2001), S. 1 ff.
[416] Vgl. Schiefer, J. u.a. (2004), S. 162 ff. sowie Becker, M. und Chamoni, P. (2006), S. 24 ff.
[417] Vgl. Abschnitt 7.2.1.
[418] Vgl. Abschnitt 1.2.

4 Informationsbedarfsanalyse

In den letzten zwei Kapiteln wurden relevante Grundlagen des Untersuchungsbereichs erörtert. Darauf basierend wurde auf die Forschungsfrage (1) der Arbeit eingegangen und der Anwendungsbereich von BPI-Systemen definiert.[419] Dieses Kapitel zielt darauf ab, die Forschungsfrage (2) bezüglich der Methoden zur Informationsbedarfsanalyse zu beantworten. Neben den in der Literatur vorgeschlagenen generischen Informationserhebungsmethoden werden spezielle Ansätze im Rahmen der Entwicklung von BI-Systemen diskutiert.

In diesem Kapitel wird zuerst Requirements Engineering, dabei insb. die Anforderungserhebung, vorgestellt, um die Informationsbedarfsanalyse in die Softwareentwicklung – v.a. bei der Entwicklung von BI-Systemen – einzuordnen (Abschnitt 4.1). Anschließend werden die grundlegenden Begriffe des Informationsbedarfs in Abschnitt 4.2 diskutiert. In Abschnitt 4.3 werden in der Literatur vorgestellte Methoden zur Informationsbedarfsanalyse erörtert. Abschließend werden spezielle Ansätze der Informationsbedarfsanalyse für die Entwicklung von BI-Systemen diskutiert (Abschnitt 4.4).

4.1 Requirements Engineering und Informationsbedarfsanalyse

Während die Nutzung von IT im betriebswirtschaftlichen Kontext immer mehr an Bedeutung gewinnt, steigen die Herausforderungen bei der Entwicklung von Systemen angesichts der steigenden Komplexität, des Kostendrucks und des Qualitätsanspruchs.[420] Gemäß einer viel zitierten Studie der Standish Group, bereiten etwa zwei Drittel aller IT-Projekte Probleme oder sind ganz gescheitert.[421] Verschiedene Studien zeigen, dass etwa die Hälfte dieser Probleme auf eine fehlerhafte oder nicht ausreichende Anforderungsanalyse zurückzuführen ist.[422] Die meisten davon sind grundlegende Probleme, die zu Beginn eines Entwicklungsprojekts bestehen, wie bspw. Unklarheit der Zielvorgaben, inhärente Komplexität der Aufgabe oder Kommunikationsprobleme.[423] Diese Problematik wird im Rahmen des *Requirements Engine-*

[419] Vgl. Abschnitt 3.3.
[420] Vgl. Pohl, K. (2008), S. 7; Balzert, H. (2009), S. 439 ff.
[421] Vgl. The Standish Group (2010), S. 3.
[422] Vgl. The Standish Group (1995), S. 5, Hall, T. u.a. (2002), S. 155, Ibanez, M. und Rempp, H. (1996), S. 1 ff. sowie Jenkins, A. M. u.a. (1984), S. 73 ff.
[423] Vgl. Herzwurm, G. und Pietsch, W. (2009), S. 156 ff. sowie Partsch, H. (2010), S. 5 f.

ering (RE) behandelt. In das Requirements Engineering kann auch die Ermittlung des Informationsbedarfs (Informationsbedarfsanalyse) eingeordnet werden, die insb. bei der Entwicklung von dispositiven Systemen von Bedeutung ist.[424] In diesem Abschnitt werden zunächst die Grundlagen des Requirements Engineering vorgestellt. Anschließend wird die Einordnung der Informationsbedarfsanalyse erläutert.

Eine der im deutschsprachigen Raum verbreiteten Definitionen von Requirements Engineering ist die von Pohl, bei der das RE definiert ist als *„ein kooperativer, iterativer, inkrementeller Prozess, dessen Ziel es ist, zu gewährleisten, dass alle relevanten Anforderungen bekannt und in dem erforderlichen Detaillierungsgrad verstanden sind“*[425]. Ferner betont Pohl, dass es für die involvierten Stakeholder[426] erforderlich ist, eine ausreichende Übereinstimmung bezüglich der Anforderungen zu erzielen und alle Anforderungen vorschriftskonform zu dokumentieren und zu spezifizieren.[427]

Das Requirements Engineering umfasst mehrere miteinander verknüpfte Aktivitäten, welche die Aufgabe bezüglich der Gewinnung von Anforderungen unterstützen. Die wesentlichen Aktivitäten sind die Anforderungserhebung (Requirements Elicitation), die Dokumentation (Documentation) und die Übereinstimmung (Negotiation and Agreement).[428] Dabei ist insb. die Anforderungserhebung mit der Informationsbedarfsanalyse in enger Beziehung zu betrachten.[429]

Allgemein werden Anforderungen (Requirements) als Fähigkeiten verstanden, die ein System besitzen sollte, um gegebene Probleme zu lösen oder ein definiertes Ziel zu erreichen.[430] Sie umfassen Informationen darüber, warum ein System entwickelt wird, was dieses System leisten bzw. welche Funktionalitäten dieses System beinhalten

---

[424] Vgl. Goeken, M. (2004a), S. 169 sowie Gluchowski, P. u.a. (2008), S. 264.
[425] Pohl, K. (2008), S. 43.
[426] Ein Stakeholder wird in der RE verstanden als *„eine Person oder Organisation, welche (direkt oder indirekt) Einfluss auf die Anforderungen hat“.* Rupp, C. (2009), S. 64.
[427] Vgl. Pohl, K. (2008), S. 43.
[428] Ziel der Anforderungserhebung ist es, die Bedarfe von Anwendern zu verstehen und die Anforderungen an das geplante System zu identifizieren. Kommunikation und Kooperation mit allen relevanten Stakeholdern sind wichtige Erfolgsfaktoren dieser Aktivität. Bei der Dokumentation werden Anforderungen gemäß den Dokumentationsvorschriften dokumentiert oder gemäß den Spezifikationsvorschriften spezifiziert. Ziel der Übereinstimmung ist es, mögliche Konflikte unter den Stakeholdern über die erhobenen Anforderungen aufzudecken und aufzulösen. Vgl. Pohl, K. (2008), S. 42 ff., van Lamsweerde, A. (2000), S. 6, Aurum, A. und Wohlin, C. (2005), S. 10 sowie Rupp, C. (2009), S. 14 f.
[429] Vgl. Goeken, M. (2004b), S. 177, Stroh, F. u.a. (2010), S. 37 sowie Meindl, U. (1972), S. 6.
[430] Vgl. Vogel, O. u.a. (2009), S. 105, Partsch, H. (2010), S. 25, sowie Ross, D. T. und Schoman, K. E. (1977), S. 7.

soll und welche Einschränkungen einzuhalten sind.[431] Dabei beinhalten Anforderungen sowohl Wünsche und Ziele von Benutzern als auch Bedingungen und Eigenschaften eines zu entwickelnden Systems.[432] In der Literatur können Anforderungen gemäß unterschiedlicher Kriterien auf verschiedene Weise klassifiziert werden.[433] Eine der bekanntesten Klassifikationen differenziert zwischen *funktionalen* und *nicht-funktionalen* Anforderungen.[434] Funktionale Anforderungen spezifizieren die Funktionen und Services, die von einem System oder einer Systemkomponente den Benutzern zur Verfügung gestellt werden sollen.[435] Traditionell lassen sich funktionale Anforderungen in drei komplementäre Perspektiven untergliedern: *Daten- / Strukturperspektive* (statische Struktur der Daten, z.B. festgehalten in Form von Entity-Relationship-Modellen[436]), *Funktionsperspektive* (Manipulation der Daten durch die Funktionen des Systems, z.B. mit Hilfe von Datenflussdiagrammen[437]), und *Verhaltensperspektive* (Verhalten des Systems, z.B. im Form von Zustandsautomaten[438]).[439] Die nicht-funktionalen Anforderungen hingegen erfassen alle Anforderungen, die nicht durch das System als Funktionen zu spezifizieren sind. Diese beinhalten Qualitätsattribute, Eigenschaften sowie Einschränkungen eines Systems.[440]

Bei der Entwicklung von dispositiven Systemen stehen oft die Bestimmung der fachlich-inhaltlichen Aspekte (Informationsbedarf) sowie die Aufbereitung solcher

[431] Vgl. Partsch, H. (2010), S. 25, van Lamsweerde, A. (2000), S. 5 sowie Ross, D. T. und Schoman, K. E. (1977), S. 6 f.

[432] Nach einem Standard der IEEE (das Institut der Elektrik- und Elektronik-Ingenieure) ist eine Anforderung: 1) Eine Bedingung oder Eigenschaft, die ein System oder eine Person benötigt, um ein Problem zu lösen oder ein Ziel zu erreichen. 2) Eine Bedingung oder Eigenschaft, die ein System oder eine Systemkomponente aufweisen muss, um einen Vertrag zu erfüllen oder einem Standard, einer Spezifikation oder einem anderen formell auferlegten Dokument zu genügen. 3) Eine dokumentierte Repräsentation einer Bedingung oder Eigenschaft wie in 1) oder 2) definiert. Vgl. IEEE Std 610 (1990), S. 1 ff. Die deutsche Übersetzung wurde übernommen von Pohl, K. (2008), S. 13.

[433] Beispielsweise differenziert Pohl zwischen funktionalen Anforderungen, Qualitätsanforderungen und Rahmenbedingungen. Die Klasse der nicht-funktionalen Anforderungen können nach Pohl prinzipiell in unterspezifizierte funktionale Anforderungen, die bei einer Detaillierung in funktionale Anforderungen sowie Qualitätsanforderungen überführt werden können, und Qualitätsanforderungen unterteilt werden. Vgl. Pohl, K. (2008), S. 14 ff. Außerdem haben Partsch sowie Aurum und Wohlin jeweils in der Arbeit verschiedene Klassifikationen von Anforderungen zusammengefasst. Vgl. Partsch, H. (2010), S. 26 ff. sowie Aurum, A. und Wohlin, C. (2005), S. 4.

[434] Vgl. Sommerville, I. (2012), S. 116 f. sowie Ludewig, J. und Lichter, H. (2013), S. 369 ff.

[435] Vgl. Sommerville, I. (2012), S. 116 ff., Rupp, C. (2009), S. 18, Balzert, H. (2009), S. 456 sowie Vogel, O. u.a. (2009), S. 107 f.

[436] Vgl. Chen, P. P. (1976), S. 9 ff.

[437] Vgl. Partsch, H. (2010), S. 111-114.

[438] Vgl. Hubwieser, P. (2004), S. 13 ff.

[439] Vgl. Pohl, K. (2008), S. 184-187 sowie Partsch, H. (2010), S. 27.

[440] Vgl. Balzert, H. (2011), S. 109-135 sowie Sommerville, I. (2012), S. 119 ff.

Informationen im Mittelpunkt.[441] In der Literatur wird die Erhebung dieser Art von Anforderungen unter dem Begriff *Informationsbedarfsanalyse* diskutiert.[442] Grundsätzlich können solche Anforderungen den funktionalen Anforderungen zugeordnet werden, wobei eine Informationsbedarfsanalyse nicht darauf abzielt, bereits Datenstrukturen oder Funktionen von Systemen zu spezifizieren. Der Schwerpunkt liegt hingegen darin, die Bedarfe der Aufgabenträger unter fachlich-inhaltlichen Aspekten zu betrachten, um daraufhin notwendige Informationen zum Zweck der Entscheidungsunterstützung zur Verfügung zu stellen.[443] Im nächsten Abschnitt wird die Thematik des Informationsbedarfs sowie der Informationsbedarfsanalyse näher erörtert.

4.2 Grundlagen des Informationsbedarfs

Eine Informationsbedarfsanalyse wird als der Einsatz von Methoden verstanden, die zur Ermittlung notwendiger Informationsbedarfe betriebswirtschaftlicher Aufgaben dienen.[444] In diesem Abschnitt werden die hierfür grundlegenden Begriffe, wie Information, Informationsbedarf etc., definiert.

4.2.1 Begriff der Information

Die Begriffe *Information*, *Daten* und *Signal* sind eng miteinander verbunden. Hierbei werden Signale als *„sinnlich wahrnehmbare und/oder technisch übertragbare und verarbeitbare Zeichen“*[445] in der Kommunikationswissenschaft definiert. Die Funktionsweise der Kommunikationsvorgänge wird in der Semiotik – der allgemeinen Lehre von Zeichen und Zeichenreihen – untersucht.[446] Die Semiotik unterscheidet zwischen drei Ebenen der Kommunikation: Syntaktik, Semantik und Pragmatik.[447] Die Syntaktik oder Syntax umfasst die Beziehungen zwischen den Zeichen in einem Sprachsystem und bestimmt die formalen Relationen der Zeichen zueinander. So

---

[441] Vgl. Gluchowski, P. u.a. (2008), S. 264 sowie Strauch, B. (2002), S. 2.

[442] Vgl. Gluchowski, P. u.a. (2008), S. 264 sowie Stroh, F. u.a. (2010), S. 37. Beispielsweise bezeichnet Goeken solche Anforderungen als informatorische bzw. als informationsbedarfsbezogene Anforderungen. Vgl. Goeken, M. (2004a), S. 169.

[443] Vgl. Gluchowski, P. u.a. (2008), S. 264, Holten, R. (1999), S. 61, Goeken, M. (2004b), S. 355 sowie Goeken, M. (2004a), S. 12.

[444] Vgl. Koreimann, D. S. (1976), S. 65 sowie Berthel, J. (1975), S. 32 f.

[445] Beck, K. (2013), S. 21.

[446] Vgl. Eco, U. und Trabant, J. (2002), S. 26, Picot, A. u.a. (2003), S. 89 ff. sowie Krcmar, H. (2010), S. 17 f.

[447] Vgl. Posner, R. und Robering, K. (2003), S. 1 ff., Favre-Bulle, B. (2001), S. 84 ff. sowie Stickel, E. (2001), S. 1.

werden Regeln definiert, nach denen Zeichen (Signale) zu einem gültigen Ausdruck kombiniert werden können.[448] Die Semantik untersucht die inhaltliche Bedeutung zwischen den Zeichen und dem bezeichneten Objekt. Damit wird den Zeichen auf der semantischen Ebene eine Bedeutung zugeschrieben.[449] Dementsprechend lässt sich auch der Begriff *Daten*[450], der als Zeichen und Zeichenkette verstanden wird, der semantischen Ebene zuordnen.[451] Schließlich bezieht sich die Pragmatik auf die Wirkungen von Zeichen auf ihre Rezipienten. Hierbei wird der Handlungszusammenhang als Pragmatik bezeichnet.[452]

In der Betriebswirtschaftslehre hat die Informationsdefinition der Zweckorientierung nach Wittmann[453] im Lauf der Zeit zunehmend Beachtung gewonnen.[454] So steht nicht die Interpretation von Signalen im Vordergrund, sondern der Zweckbezug. Durch den Zweckbezug lassen sich Informationen von Daten unterscheiden. Daten haben zwar Bedeutung, sind aber nicht zweckorientiert. Eine Information hingegen wird in bestimmten Handlungskontexten zweckorientiert verwendet.[455] Da in dieser Arbeit die Erhebung von Informationsbedarf mit dem Zweck zur Erfüllung von betriebswirtschaftlichen Aufgaben behandelt wird, wird das Verständnis der Zweckorientierung über den Begriff *Information* übernommen.[456]

4.2.2 Informationsbedarf, Informationsnachfrage und Informationsangebot

Der Begriff *Informationsbedarf* wird in der Literatur aus verschiedenen Sichtweisen unterschiedlich definiert.[457] Seit den 90er Jahren wird die Definition von Picot immer

[448] Vgl. Krcmar, H. (2010), S. 18.
[449] Vgl. Grimm, R. (2005), S. 8 f. sowie Merten, K. (2007), S. 45.
[450] Daten werden definiert als Zeichen und Zeichenketten, die in einen regelbasierten Zusammenhang gebracht werden. Vgl. Krcmar, H. (2010), S. 15 f.
[451] Vgl. Wall, F. (2006), S. 102 sowie Spitta, T. und Bick, M. (2008), S. 49 ff.
[452] Vgl. Grimm, R. (2005), S. 9 sowie Krcmar, H. (2010), S. 18.
[453] Nach Wittmann wird der Begriff Information definiert als *„zweckorientiertes Wissen, also solches Wissen, das zur Erreichung eines Zweckes, nämlich einer möglichst vollkommenen Disposition eingesetzt wird."* Wittmann, W. (1959), S. 14.
[454] Vgl. Witte, E. (1972), S. 4 sowie Krcmar, H. (2010), S. 19. Auch diese Definition ist nicht ohne Kritik geblieben. Vgl. u.a. Bode, J. (1997), S. 449 ff.
[455] Vgl. Picot, A. u.a. (2003), S. 91, Mertens, P. u.a. (2012), S. 52 sowie Stickel, E. (2001), S. 2.
[456] Der Begriff Information gehört zu den am häufigsten diskutierten Begriffen. Im Rahmen dieser Arbeit wird dieser Begriff nicht vertieft diskutiert. Des Weiteren vgl. u.a. Bode, J. (1997), S. 449 ff., Wall, F. (2006), S. 100 ff., Rüttler, M. (1991), S. 27 sowie Struckmeier, H. (1997), S. 4 f.
[457] Bertel hat Informationsbedarf als „die Summe derjenigen Informationen, die zur Erfüllung eines informationellen Interesses (z.B. aus betrieblicher Sicht zur Bewältigung einer bestimmten Aufgabe) erforderlich sind" definiert. Siehe Berthel, J. (1975), S. 29 sowie Berthel, J. (2004), S. 873. Ähnlich

häufiger zitiert und von vielen Wissenschaftlern als die etablierte Definition verwendet.[458] Picot definiert den Informationsbedarf als *„die Art, Menge und Qualität der Informationen, die eine Person zur Erfüllung ihrer Aufgaben in einer bestimmten Zeit benötigt*“.[459] Diese Person wird auch als *Aufgabenträger* oder *Entscheidungsträger* bezeichnet.[460]

Die *Informationsart* beschreibt die inhaltliche Festlegung der Information. Damit wird angestrebt, eine möglichst vollständige Bezeichnung des Informationsmaterials zu schaffen, das zur Problemlösung verwendet wird.[461] Alleine durch die inhaltliche Komponente ist der Informationsbedarf nicht vollständig beschrieben. Hinzu kommen die Komponenten *Informationsqualität* und *Informationsmenge*, die den Informationsbedarf weiter konkretisieren. Die *Informationsqualität* bezeichnet Eigenschaften von Informationen wie Problemrelevanz, Wahrscheinlichkeit, Bestätigungsgrad, Überprüfbarkeit, Genauigkeit und Aktualität.[462] Die *Informationsmenge* kann über Merkmale wie Volumen, Häufigkeit, Verdichtungsgrad etc. spezifiziert werden.[463]

In der Realität werden betriebliche Informationssysteme durch Informationsangebot und Informationsnachfrage gekennzeichnet. Das *Informationsangebot* wird als Summe aller Informationen verstanden, die zu einem bestimmten Zeitpunkt tatsächlich vorhanden sind.[464] Die *Informationsnachfrage* ergibt sich aus der Nachfrage der Informationsverwender (Aufgabenträger).[465] Die Beziehung zwischen Informationsbedarf, Informationsnachfrage und Informationsangebot sowie die Ermittlung des Informationsstands werden in Abb. 15 dargestellt.

---

wird der Informationsbedarf auch vom Koreimann definiert: „Unter Informationsbedarf verstehen wir die Summe aller Informationen, die erforderlich sind, um einen Sachverhalt – z.B. Realprozess oder Problemsituation – abzubilden; dies folgt aus der generellen Abbildungsfunktion der Information“. Siehe Koreimann, D. S. (1976), S. 65. Bei diesen beiden Definitionen werden die Charaktermerkmale der Aufgabenträger nicht berücksichtigt. Solche Merkmale sind jedoch gerade im dispositiven Kontext von Bedeutung. Aus diesem Grund wird für die vorliegende Arbeit die Definition von Picot übernommen.

[458] Vgl. Krcmar, H. (2010), S. 64, Weck, R. J. (2003), S. 13, Minkus, A. (2011), S. 42 sowie Fink, A. u.a. (2005), S. 74.

[459] Picot, A. u.a. (2003), S. 81.

[460] Vgl. Picot, A. u.a. (2003), S. 81 sowie Berthel, J. (1975), S. 27 ff.

[461] Vgl. Berthel, J. (1975), S. 33.

[462] Vgl. Berthel, J. (1975), S. 39 ff.

[463] Vgl. Küpper, H.-U. u.a. (2013), S. 217 f.

[464] Vgl. Abts, D. und Mülder, W. (2010), S. 396.

[465] Vgl. Berthel, J. (1975), S. 27 f.

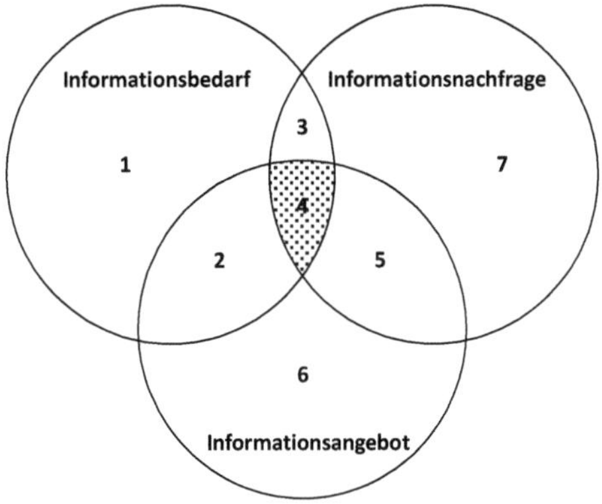

Legende:

1 – Informationen, die weder angeboten noch nachgefragt werden
2 – Informationen, die angeboten, aber nicht nachgefragt werden
3 – Informationen, die nachgefragt, aber nicht angeboten werden
4 – angebotene und nachgefragte Informationen
5 – Informationen, die angeboten und nachgefragt werden, aber nicht notwendig sind
6 – Informationen, die angeboten werden, aber weder nachgefragt werden noch notwendig sind
7 – Informationen, die nachgefragt werden, aber weder angeboten werden noch notwendig sind

Abb. 15: Informationsbedarf, Informationsnachfrage und Informationsangebot[466]

Aus der obigen Abbildung wird ersichtlich, dass der Informationsbedarf[467] weder durch die Informationsnachfrage noch durch das Informationsangebot zwangsläufig vollständig gedeckt ist.[468] Der Überdeckungsbereich der drei Kreise bezeichnet den *Informationsstand* (Segment 4). Je höher der bereits gedeckte Informationsbedarf ist, desto höher ist der realisierte *Informationsgrad* – das Verhältnis von Informationsstand und Informationsbedarf.[469] Allerdings strengen sich die Aufgabenträger in der Realität nicht zwingend an, eine vollständige Deckung zu erzielen, sondern begnügen sich mit einem hinreichenden Informationsstand, der ihnen zur Durchführung einer Aufgabe ausreicht.[470] Außerdem ist darauf hinzuweisen, dass v.a. bei komple-

[466] Verändert übernommen aus Berthel, J. (1975), S. 30.
[467] In der Literatur wird der Informationsbedarf oft in den objektiven und subjektiven Informationsbedarf unterschieden. Diese Unterscheidung spielt im Rahmen dieser Arbeit keine Rolle und wird deshalb nicht betrachtet. Weitere Literatur vgl. u.a. Witte, E. u.a. (1988), S. 227, Koreimann, D. S. (1976), S. 65, Picot, A. u.a. (2003), S. 81, Berthel, J. (2004), S. 873 ff. sowie Krcmar, H. (2010), S. 60 ff.
[468] Vgl. Berthel, J. (1975), S. 30. Die Proportion der Kreise entspricht nicht die Menge der Information. Über die Proportion siehe angegebene Literatur.
[469] Vgl. Witte, E. u.a. (1988), S. 227 sowie Berthel, J. (2004), S. 876.
[470] Vgl. Witte, E. u.a. (1988), S. 16 sowie Cyert, R. M. u.a. (1958), S. 336 ff.

xen Entscheidungssituationen eine vollständige Deckung oftmals nicht erzielbar ist, da die Entscheidungsträger ihren Informationsbedarf nicht vollständig kennen und eine unvollkommene Informationsnachfrage äußern.[471]

Die Erhebung des Informationsbedarfs wird durch eine Informationsbedarfsanalyse erreicht. Nach Koreimann ist Informationsbedarfsanalyse die Summe jener Methoden und Verfahren, *„die geeignet sind, diejenigen Informationen zu ermitteln, die für die Lösung konkreter betriebswirtschaftlicher Aufgaben im Rahmen eines Unternehmens erforderlich sind.“*[472] Die Ermittlung hängt von den Arten der betrachteten Aufgaben ab. Für gut strukturierte und wiederkehrende Aufgaben,[473] deren Erstellung in einem Routineprozess exakt beschrieben werden können, ist der Informationsbedarf konstant und kann durch informationsorientierte Analysen, z.B. Modellanalysen,[474] identifiziert werden.[475] Im Gegensatz dazu kann ein Informationsbedarf für komplexe Entscheidungsaufgaben, die oftmals unstrukturiert sind, nur durch subjektive Komponenten, wie z.B. Interviews, erfasst werden.[476]

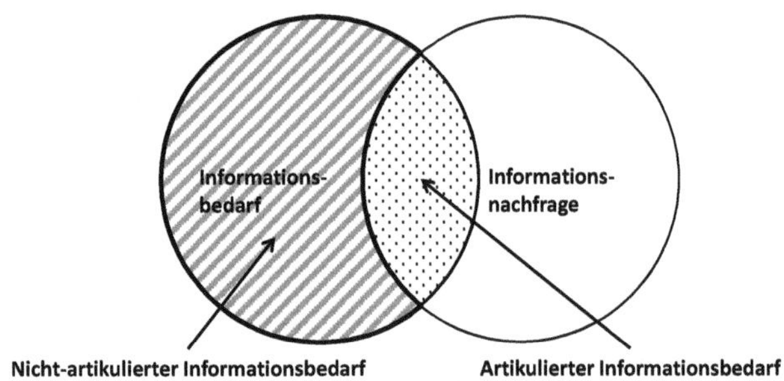

Abb. 16: Artikulierter und nicht-artikulierter Informationsbedarf

Das Ziel einer Informationsbedarfsanalyse muss es sein, insb. für komplexe Entscheidungsaufgaben sowohl den geäußerten Informationsbedarf (*artikulierten Informationsbedarf*) als auch den *nicht-artikulierten Informationsbedarf* zu erheben und damit einen adäquaten Informationsstand zu erreichen (vgl. Abb. 16).[477] Da der

---

[471] Vgl. Witte, E. u.a. (1988), S. 228, Koreimann, D. S. (1976), S. 66 f. sowie Witte, E. (1972), S. 61 ff.
[472] Koreimann, D. S. (1976), S. 65.
[473] Vgl. Abschnitt 3.1.2.
[474] Vgl. Küpper, H.-U. u.a. (2013), S. 222 ff.
[475] Vgl. Berthel, J. (1975), S. 39, Horváth, P. (2012), S. 312 sowie Voß, S. und Gutenschwager, K. (2001), S. 132.
[476] Vgl. Berthel, J. (1975), S. 39 sowie Picot, A. u.a. (2003), S. 81.
[477] Vgl. Picot, A. u.a. (2003), S. 81 sowie Heinrich, L. J. und Stelzer, D. (2011), S. 425.

artikulierte Informationenbedarf mithilfe von Basiserhebungsmethoden[478] relativ leicht zu identifizieren ist, ist es bei einer Informationsbedarfsanalyse besonders von Bedeutung, den Teil des Informationsbedarfs zu erheben, der von den Aufgabenträgern *nicht artikuliert* wird. Dabei beinhaltet dieser sowohl den Bedarf, den die Aufgabenträger zwar nicht explizit geäußert haben, jedoch implizit als notwendig erachten, als auch den für die Aufgabenträger unbekannten Informationsbedarf, dessen Realisierung bspw. durch eine Einführung neuer Funktionalitäten ermöglicht wird. Diese Arbeit konzentriert sich somit auf den *nicht-artikulierten Informationsbedarf.*

4.3 Methoden der Informationsbedarfsanalyse

Von den Informationsquellen ausgehend können die Ermittlungsmethoden von Informationsbedarf in *induktive* und *deduktive* Methoden differenziert werden. Bei einer induktiven Informationsbedarfsanalyse werden realweltliche Gegebenheiten erfasst und die Resultate versucht zu generalisieren. Hierbei genutzte Informationsquellen sind insb. Dokumente und Ergebnisse betrieblicher Datenerfassung oder der Informationsverwender. Die entsprechenden Methoden sind z.B. Dokumentenanalyse, Organisationsanalyse oder Befragung.[479] Im Gegensatz dazu sind deduktive Methoden aufgabenorientiert und versuchen, auf logischem und systematischem Wege den benötigten Informationsbedarf abzuleiten. Demzufolge werden hierbei deduktiv-logische Aufgabeanalysen und Modellanalysen eingesetzt.[480]

Eine weitere Klassifikation unterscheidet zwischen isolierten Methodenkomponenten und kombinierten Methoden.[481] *Isolierte Methoden* sind generische Informationserhebungsmethoden (Basismethoden), die auch bei der Anforderungserhebung in den Bereichen des Requirements Engineering angewendet werden.[482] In der Regel wird ein Teilaspekt bei der Informationsbedarfsanalyse von einer isolierten Methode besonders berücksichtigt. Beispielsweise zielt eine Dokumentenanalyse darauf ab, die inhaltlichen Aspekte einer Aufgabe aus bestehenden Datenmaterialen zu ermitteln, während die Interview-Methode den Bedarf aus Sicht der Aufgabenträger zu

---

[478] Vgl. Abschnitt 4.3.
[479] Vgl. Küpper, H.-U. u.a. (2013), S. 223 ff., Horváth, P. (2012), S. 313, Schaefer, S. (2008), S. 176 sowie Barth, T. und Barth, D. (2008), S. 130 f.
[480] Vgl. Küpper, H.-U. u.a. (2013), S. 225 ff., Horváth, P. (2012), S. 314, Jung, R. (2006), S. 105 sowie Barth, T. und Barth, D. (2008), S. 131.
[481] Vgl. Holten, R. (1999), S. 120, Strauch, B. (2002), S. 71, Schütt, M. (2006), S. 73 sowie Zowghi, D. und Coulin, C. (2005), S. 25 ff.
[482] Vgl. Stroh, F. u.a. (2010), S. 37 ff. sowie Goeken, M. (2006), S. 84, S.129 ff.

erheben versucht.[483] Dadurch hat die einzelne isolierte Methode entsprechende Nachteile, da einige Aspekte nicht abgedeckt werden. Um diese Nachteile zu kompensieren, werden in der Praxis in aller Regel verschiedene isolierte Methoden kombiniert.[484] Die kombinierten Methoden, die oft ein strukturiertes Vorgehensmodell besitzen, in dem verschiedene Aspekte der Informationsbedarfsanalyse schrittweise behandelt werden, sind meistens eng an bestimmte Anwendungsgebiete angelegt. Bspw. ist die Methode der *kritischen Erfolgsfaktoren* eine der Methodenkombinationen, die den Informationsbedarf zu unternehmerischen Steuerungsaufgaben für Führungskräfte in mehreren Schritten durch Interviews, Workshops, Fragenbogen etc. ermittelt.[485] Die Methode des *Business System Planning* zielt darauf ab, eine stabile IT-Architektur für eine Organisation zu entwickeln, indem relevante Informationen durch Analyse von Geschäftsressourcen, Geschäftsprozessen und Datenklassen der Organisation mithilfe eines strukturierten Vorgehens bestimmt werden. Hierbei wird auch eine Vielzahl von isolierten Methoden, wie Datentechnische Analyse oder Interviews, eingesetzt.[486] Die isolierten Methoden sind letztlich die Grundlage für die Informationsbedarfsanalyse und deshalb auch für das in dieser Arbeit zu entwickelnde Konzept von großer Bedeutung.[487] Aus diesem Grund werden in diesem Abschnitt zunächst gängige isolierte Methoden vorgestellt.[488] Da in der Literatur eine große Zahl solcher Methoden existiert, würde eine umfassende Darstellung den Rahmen dieser Arbeit sprengen.[489] Aus diesem Grund werden einige repräsentative Methoden herausgegriffen.

4.3.1 Interviews

Die *Interview-Methode* ist eine traditionelle und eine der am meisten genutzten Methoden der Informationsbedarfsanalyse.[490] Sie zielt darauf ab, Erkenntnisse und Fakten durch intensive Kommunikation zwischen Interviewer und Interviewpartnern

---

[483] Vgl. Küpper, H.-U. u.a. (2013), S. 223 ff. sowie Zowghi, D. und Coulin, C. (2005), S. 25.
[484] Vgl. Schütt, M. (2006), S. 73 sowie Strauch, B. (2002), S. 73.
[485] Vgl. Rockart, J. F. (1979), S. 82, Krcmar, H. (2010), S. 67, Jung, R. (2006), S. 106, Heinrich, L. J. und Stelzer, D. (2011), S. 343, Mayer, J. H. (1999), S. 188 sowie Picot, A. u.a. (2003), S. 81 f.
[486] Vgl. Krcmar, H. (2010), S. 248 ff. sowie Jung, R. (2006), S. 105 f.
[487] Vgl. Zowghi, D. und Coulin, C. (2005), S. 25 sowie Strauch, B. (2002), S. 73 ff.
[488] Die kombinierten Methoden werden nicht in dieser Arbeit behandelt. Relevante Ansätze der Informationsbedarfsanalyse für die Entwicklung von BI-Systemen werden in Abschnitt 4.4 diskutiert.
[489] Vgl. Zowghi, D. und Coulin, C. (2005), S. 25 sowie Beiersdorf, H. (1995), S. 75.
[490] Vgl. Wetherbe, J. C. (1991), S. 57 f., Koreimann, D. S. (1976), S. 92 f., Komiya, S. u.a. (2000), S. 175 ff. sowie Myers, M. D. und Newman, M. (2007), S. 2 ff.

darzustellen.[491] In der Literatur werden drei Typen von Interviews unterschieden: strukturierte, semi-strukturierte und unstrukturierte Interviews. Wenn mehrere Interviewpartner involviert sind, wird von einem Gruppeninterview gesprochen.[492]

Bei einem Interview ist es erforderlich, dass die Interviewpartner gründliche Kenntnisse auf dem zu untersuchenden Gebiet verfügen. Dies ist jedoch nicht immer einfach, insb. wenn die Aufgabe komplex oder gar neu ist.[493] Weitere Probleme sind bspw. ein hoher Zeitbedarf der Interviews sowie die Erkennung von den nicht passenden Informationsnachfragen.[494]

4.3.2 Schriftliche Befragung

Bei der *schriftlichen Befragung* wird der Informationsbedarf mithilfe von Fragebögen bei mehreren Befragten erfasst. Sowohl die Befragten als auch die Designer des Fragenbogens müssen gute Kenntnisse über die Begriffe, Aufgaben und Abgrenzung der zu untersuchenden Domäne besitzen.[495]

Im Vergleich zum Interview erlaubt es die schriftliche Befragung, sehr effizient große Mengen von Informationen bei verschiedenen Befragten zu erfassen. Allerdings ist die schriftliche Befragung dabei limitiert, tieferes Wissen zu erheben. Insb. bei unstrukturierten Aufgaben wird die schriftliche Befragung aufgrund der fehlenden Interaktion meistens nur in der frühen Phase der Informationsbedarfsanalyse angewendet.[496]

4.3.3 Workshops

Der Informationsbedarf wird hier in einem strukturierten Treffen, bei dem die Aufgabenträger und Fachexperten beteiligt sind, intensiv diskutiert und erfasst.[497] Der *Workshop* ist eine geeignete Methode, um Kommunikationshürden zwischen verschiedenen Aufgabenträgern zu überwinden. In den Workshops wird der Bedarf dabei aus unterschiedlichen Sichtweisen der Interessenvertreter identifiziert und diskutiert. Dabei kann dieser in der Diskussion priorisiert und organisationsübergrei-

[491] Vgl. Myers, M. D. und Newman, M. (2007), S. 3, Zowghi, D. und Coulin, C. (2005), S. 25 sowie Koreimann, D. S. (1976), S. 92.
[492] Vgl. Myers, M. D. und Newman, M. (2007), S. 3 f. sowie Brosius, H.-B. u.a. (2012), S. 99 ff.
[493] Vgl. Koreimann, D. S. (1976), S. 91.
[494] Vgl. Myers, M. D. und Newman, M. (2007), S. 4.
[495] Vgl. Scholl, A. (2009), S. 43 ff., Mayer, H. O. (2012), S. 58 ff. sowie Davis, B. (1982), S. 13.
[496] Vgl.Zowghi, D. und Coulin, C. (2005), S. 26.
[497] Vgl. Young, R. R. (2002), S. 10 sowie Brooks-Harris, J. E. und Stock-Ward, S. R. (1999), S. 3 ff.

fend betrachtet werden.[498] Ein Problem von Workshops ist die Zeitintensität. Workshops dauern je nach Umfang des zu behandelnden Themas von mehreren Stunden bis zu mehreren Tagen. Es ist deshalb nicht leicht, einheitliche Termine für alle Beteiligten zu finden.[499]

4.3.4 Brainstorming

Brainstorming ist ein Prozess, bei dem verschiedene Aufgabenträger frei über eine bestimmte Thematik diskutieren, um dabei möglichst viele Ideen zu generieren. Das Ziel dieser Methode liegt darin, freies Denken zu fördern und innovative Ideen und Lösungen zu entdecken.[500] Brainstorming ist nicht geeignet, um Entscheidungen zu treffen und wird v.a. in der frühen Phase einer Informationsbedarfsanalyse zur Ideenfindung verwendet.

4.3.5 Introspection-basierte Methode

Bei der *Introspection-basierten Methode* empfehlen die Analysten (Systemanalysten), die für die Erhebung von Anforderungen zuständig sind, den Bedarf, von dem sie als Fachexperten glauben, dass er für die Aufgabenträger relevant ist.[501] Diese Methode ist hilfreich, wenn die Benutzer die Anwendungsdomäne oder die neuen Funktionen der Anwendungssysteme nicht gut kennen. In diesem Fall müssen die Analysten nicht nur gutes Fachwissen über die Anwendungsdomäne besitzen, sondern auch die Anforderungen und Zielsetzungen der Benutzer gut verstehen. Diese Methode wird i.d.R. auch zum Beginn einer Informationsbedarfsanalyse verwendet und oft durch Interviews oder Dokumentenanalyse ergänzt.[502]

4.3.6 Aufgabenanalyse

Aufgabenanalysen beschreiben das *„Zerlegen von Aufgaben in Teilaufgaben und dieser in Tätigkeiten zwecks Bestimmung des Möglichkeitsraums der Arbeitstei-*

---

[498] Vgl. Young, R. R. (2002), S. 10 f.

[499] Zu den populären Workshop-Methoden gehört beispielsweise das *Joint Application Development (JAD)*. JAD-Methode bindet Kunden, Informationsverwender und Entwickler in Workshops zusammen, um effektiv frühzeitig Informationsbedarf zu identifizieren. Vgl. Gottesdiener, E. (2002), S. 11 ff. sowie Young, R. R. (2002), S. 12.

[500] Vgl. Gallupe, R. B. u.a. (1991), S. 137 ff., Zowghi, D. und Coulin, C. (2005), S. 28 sowie Camp, D. (2005), S. 1 ff.

[501] Vgl. Goguen, J. A. und Linde, C. (1993), S. 153 f. sowie Zowghi, D. und Coulin, C. (2005), S. 27.

[502] Vgl. Zowghi, D. und Coulin, C. (2005), S. 27.

lung.“[503] Dieses Verfahren kommt in der Regel bei gut strukturierten Entscheidungsprozessen zum Einsatz.[504] Da Entscheidungsaufgaben häufig unstrukturiert sind und manchmal sogar einmalig auftreten, können diese nur schwer in Teilaufgaben oder gar in Tätigkeiten zerlegt werden. Deshalb ist zu bezweifeln, ob diese Technik für unstrukturierte Entscheidungsaufgaben geeignet ist.[505]

4.3.7 Dokumentenanalyse

Bei dieser Methode werden betriebliche Dokumente für Aufgabenträger ausgewertet.[506] Dabei wird der Informationsbedarf gezielt von dem bisher bestehenden Informationsangebot (z.B. Berichte, Statistiken usw.) abgeleitet. Allerdings ist es allein durch die Analyse der Dokumente schwer erkennbar, welche Daten von den Aufgabenträgern tatsächlich verwendet werden und welche Informationen relevant für die Aufgabe sind, da diese lediglich den Ist-Zustand der Informationsversorgung darstellt.[507] Zur Ergänzung werden deshalb oft weitere Methoden, wie Interviews oder Workshops, zusammen mit der Dokumentenanalyse durchgeführt.

4.3.8 Datentechnische Analyse

Die d*atentechnische Analyse* geht über Dokumentenanalyse hinaus und versucht ein genaues Bild über den abgedeckten Informationsbedarf und die Informationsversorgung eines Unternehmens zu bekommen.[508] Durch die Auswertung der Datenerfassung zielt die Datentechnische Analyse darauf ab, Datenstrukturen zu definieren.[509] So gewinnt man einen vertieften Einblick in die Informationsströme und erkennt z.B. die Beziehungen zwischen verschiedenen Funktionsbereichen, die auf denselben Datenbestand zugreifen.[510] Wie die Dokumentenanalyse, so fokussiert auch die Datentechnische Analyse den Ist-Stand der Informationsversorgung.

---

[503] Heinrich, L. J. und Stelzer, D. (2011), S. 137.
[504] Vgl. Gronau, N. und Lindemann, M. (2010), S. 52.
[505] Vgl. Strauch, B. (2002), S. 72 sowie Heinrich, L. J. und Stelzer, D. (2011), S. 427 f.
[506] Vgl. Küpper, H.-U. u.a. (2013), S. 223.
[507] Vgl. Jung, R. (2006), S. 103 sowie Küpper, H.-U. u.a. (2013), S. 223.
[508] Vgl. Heinrich, L. J. und Stelzer, D. (2011), S. 164, Jung, R. (2006), S. 103 sowie Koreimann, D. S. (1976), S. 82 ff.
[509] Vgl. Jung, R. (2006), S. 103.
[510] Vgl. Heinrich, L. J. und Stelzer, D. (2011), S. 163 f.

4.3.9 Szenario-Methode

Ein Szenario ist *„eine allgemeinverständliche Beschreibung einer möglichen Situation in der Zukunft, die auf einem komplexen Netz von Einflussfaktoren beruht sowie die Darstellung einer Entwicklung, die aus der Gegenwart zu dieser Situation führen könnte."*[511] So ist die *Szenario-Methode* nicht nur auf die Gegenwart der Informationsversorgung eines Unternehmens beschränkt, sondern erlaubt es auch, die zukünftigen Lösungen (Soll-Stand) in Form von Szenarios durch Interaktionen zwischen Systemanalysten und Anwendern zu entwickeln.[512] Szenarios sind sehr flexible Medien, die in Form von Text, Bild, Diagramm oder Video dargestellt werden können.[513] Diese Technik dient sowohl dem Verständnis komplexer Entscheidungsaufgaben als auch der Entdeckung neuer Lösungswege.[514]

4.3.10 Prototyping

Prototyping wird in der Anfangsphase der Systementwickelung benutzt, um möglichst früh Funktionalitäten eines Systems in einer vereinfachten Version (Prototyp) zu demonstrieren.[515] Diese Technik ist besonders hilfreich, wenn die zu implementierenden Funktionalitäten für die Benutzer noch unbekannt sind.[516] Die Benutzer des zukünftigen Systems sollen an der Entwicklung eines Prototyps beteiligt sein und durch Erprobung der Funktionalitäten Änderungsvorschläge erarbeiten. Somit lässt sich der Informationsbedarf sukzessiv erheben.[517]

In der Praxis wird das Prototyping häufig mit anderen Methoden kombiniert, wie bspw. Interviews oder Workshops, angewendet.[518] Für komplexe Aufgaben kann das Prototyping mit der Szenario-Methode kombiniert werden.[519] Die Lösungen für solche Aufgaben können in Form von Szenarios beschrieben und diese als Prototyp für die Benutzer greifbar demonstriert werden. So lassen sich komplexe Sachverhalte schrittweise erfassen.

---

[511] Gausemeier, J. u.a. (2009), S. 59.
[512] Vgl. Sommerville, I. (2012), S. 139, Zowghi, D. und Coulin, C. (2005), S. 31, Biethahn, J. u.a. (2004), S. 291 sowie Heinrich, L. J. und Lehner, F. (2005), S. 325 ff.
[513] Vgl. Holbrook III, C. H. (1990), S. 96 sowie Sommerville, I. (2012), S. 139.
[514] Vgl.Biethahn, J. u.a. (2004), S. 291-297, Zowghi, D. und Coulin, C. (2005), S. 31, Byrd, T. A. u.a. (1992), S. 31-132 sowie Sutcliffe, A. G. (1998), S. 53.
[515] Vgl. Biethahn, J. u.a. (2004), S. 249 f.
[516] Vgl. Zowghi, D. und Coulin, C. (2005), S. 30 sowie Goeken, M. (2006), S. 104 ff.
[517] Vgl. Wetherbe, J. C. (1991), S. 62-64 sowie Stickel, E. (2001), S. 120 ff.
[518] Vgl. Nuseibeh, B. und Easterbrook, S. (2000), S. 40.
[519] Beispielsweise haben Sutcliffe und Ryan in Ihrer Arbeit eine Methode zum Requirements Engineering mit diesen beiden Techniken vorgestellt. Vgl. Sutcliffe, A. G. und Ryan, M. (1998), S. 164-171.

4.4 Informationsbedarfsanalyse für die Entwicklung von BI-Systemen

Basierend auf den Charakteristika der Business Intelligence wurden in der Literatur spezielle Ansätze vorgestellt, die darauf abzielen, eine Informationsbedarfsanalyse speziell für BI-Systeme durchzuführen.[520] In diesem Abschnitt werden einige in der Literatur vorgestellte Ansätze kategorisiert und diskutiert.

4.4.1 Eine generische Vorgehensweise

Seit den 60er Jahren werden Ansätze zur Informationsbedarfsanalyse für dispositive Systeme, zuerst unter Management Information System, später unter DWH- und BI-System, diskutiert.[521] Diese Ansätze besitzen meistens ein strukturiertes Vorgehen, das den Informationsbedarf der Entscheidungsaufgaben in verschiedenen Phasen sukzessiv ermittelt.[522] Tab. 2 zeigt beispielhaft die Phasen von drei solchen Vorgehensmodellen, die für eine Informationsbedarfsanalyse jeweils für die Entwicklung von Führungsinformationssystemen (FIS),[523] Management Information Systems[524] und DWH-Systemen in der Literatur vorgeschlagen wurden.

Tab. 2: Phasen für eine Informationsbedarfsanalyse aus drei veröffentlichten Vorgehensmodellen

	Phasen für eine Informationsbedarfsanalyse
Holten, R. (1999)[525] IBA für die Entwicklung von Führungsinformationssystemen	• Ist-Analyse des vorhandenen Berichtswesens • Fachkonzeptuelle Spezifikation der Struktur der FIS-Informationsbasis – Soll-Konzept der FIS-Informationsbasis • Generierung der FIS-Informationsbasis – Implementierung • Spezifikation der Regelungsaufgaben und Informationskanäle • Spezifikation der Berichte und Aufrufparameter

[520] Vgl. Heck-Weinhart, G. u.a. (2003), S. 197-219 sowie Strauch, B. und Winter, R. (2002), S. 359-378.

[521] Vgl. Ackoff, R. L. (1967), S. B147 ff., King, W. R. und Cleland, D. I. (1975), S. 286 ff.s owie Davis, B. (1982), S. 4 ff.

[522] Vgl. Montazemi, A. R. und Conrath, D. W. (1986), S. 45 f.

[523] Führungsinformationssysteme (Executive Information Systems) sind eine Art dispositiver Systeme, die in Mitte der 80er Jahre für Führungskräfte mit benutzerfreundlichen Zugriffsmöglichkeiten entwickelt wurden. Vgl. u.a. Gluchowski, P. u.a. (2008), S. 74 f. sowie Kemper, H. G. u.a. (2010), S. 129 f.

[524] Management Information Systems wurden in den 60er Jahren als integrierte Systeme für die Managementunterstützung entwickelt, in denen Informationen aus operativen Systemen abgeleitet werden und diese direkt in Planungs- und Kontrollprozesse einfließen. Vgl. u.a. Kemper, H. G. u.a. (2010), S. 129 sowie Chamoni, P. und Gluchowski, P. (2010), S. 6.

[525] Vgl. Holten, R. (1999), S. 233 ff.

	Phasen für eine Informationsbedarfsanalyse
King, W. R. und Cleland, D. I. (1975)[526] IBA für die Entwicklung von Management Information System	• Identifikation der Anwender • Identifikation der Entscheidungsbereiche • Definition der Entscheidungsbereiche • Entwicklung eines deskriptiven Modells • Entwicklung eines normativen Modells • Entwicklung eines Konsensmodells • Identifikation und Spezifikation des Entscheidungsmodells • Bestimmung des Informationsbedarfs
Strauch, B. und Winter, R. (2002)[527] IBA für die Entwicklung von DWH-Systemen	• Initialisierung • Ist-Analyse • Soll-Analyse • Fachkonzeptentwurf

Ähnliche Vorgehensweisen werden auch in der Arbeit zur Entwicklung eines DWH-Systems, z.B. bei Kimball und Ross[528], Golfarelli und Rizzi[529], sowie Paim u.a. [530], diskutiert.[531] Aus den bestehenden Vorgehensmodellen lässt sich eine generische Vorgehensweise grundsätzlich in drei Phasen zusammenfassen.[532] Jede dieser Phasen kann durch kleinere Schritte verfeinert werden. Außerdem können verschiedene isolierte Methoden[533] in jeder dieser Phasen eingesetzt werden.

1) Initialisierung

In der ersten Phase werden die Rahmenbedingungen für die weitere Analyse definiert. Hierbei sollen v.a. die zu unterstützenden (Entscheidungs-)Aufgaben und die Zielgruppe des zu entwickelnden BI-Systems bestimmt werden.[534] Die Bestimmung der Zielgruppe hängt von der Art der Entscheidungsaufgaben bezüglich der Managementebene[535] ab. In der Regel besteht die Zielgruppe aus einer Vielzahl von Personen, die unterschiedliche Perspektiven und Bedürfnisse an Informationen

---

[526] Vgl. King, W. R. und Cleland, D. I. (1975), S. 286 ff.
[527] Vgl. Strauch, B. und Winter, R. (2002), S. 235 ff. sowie Strauch, B. (2002), S. 148 ff.
[528] Vgl. Kimball, R. und Ross, M. (2013), S. 403 ff. sowie Kimball, R. u.a. (2008), S. 505 ff.
[529] Vgl. Golfarelli, M. und Rizzi, S. (1999), S. 1 ff.
[530] Vgl. Paim, F. R. S. u.a. (2002), S. 146 ff.
[531] Auf diese Ansätze wird aufgrund des Umfangs der Arbeit nicht explizit eingegangen.
[532] In der Arbeit von Strauch u.a. und Holten werden das Design sowie die Implementierung als letzte Phasen definiert. Im Rahmen dieser Arbeit wird eine Informationsbedarfsanalyse als beendet betrachtet, wenn der notwendige Informationsbedarf ermittelt ist. Aus diesem Grund werden das Design und die Implementierung in den o.g. drei Phasen nicht berücksichtigt.
[533] Vgl. Abschnitt 4.3.
[534] Vgl. Strauch, B. (2002), S. 172 f. sowie King, W. R. und Cleland, D. I. (1975), S. 288 f.
[535] Vgl. Abschnitt 3.1.2.

haben.[536] Sie sind die Anwender des Systems in den gesamten Prozess der Analyse involviert.

2) Ist-Analyse

In der Phase der Ist-Analyse wird der Ist-Zustand der Informationsversorgung von bestehenden Systemen ermittelt.[537] Der Zustand der Informationsversorgung für die definierten Aufgaben wird analysiert und dokumentiert. Außerdem werden die Quellsysteme sowie die Datenqualität identifiziert.[538] Dabei werden oft Analysen von existierenden Berichten und Dokumenten sowie Befragungen durchgeführt.

Die Ist-Analyse ist einerseits relevant für die Konsolidierung zwischen Soll- und Ist-Zustand der Informationsversorgung, andererseits ist sie hilfreich, um den Informationsbedarf abzuleiten, wenn bspw. bestehende Probleme durch Dokumentenanalyse erkannt werden können. Allerdings ist die Bestimmung des Ist-Zustands für eine Informationsbedarfsanalyse nicht zwingend erforderlich, insb. wenn die Informationsversorgung des zu untersuchenden Bereichs, z.B. aufgrund des Innovationsgrades der Lösung, bislang nicht oder nur kaum vorhanden ist.[539]

3) Soll-Analyse

Das Ziel der Soll-Analyse ist es, den Informationsbedarf des Soll-Zustands zu definieren. Die Soll-Analyse wird anhand der in der Phase 1) definierten Aufgaben entweder deduktiv, z.B. durch eine Aufgaben- oder Modellanalyse, abgeleitet oder induktiv auf Basis bestehender Dokumente oder bei den Aufgabenträgern erhoben.[540] Da die Entscheidungsaufgaben oft unstrukturiert sind, spielen die Aufgabenträger bei der Erhebung des Informationsbedarfs eine besonders wichtige Rolle. Insb. bei flexiblen und komplexen Aufgaben hängt die Qualität des erhobenen Informationsbedarfs stark davon ab, ob bzw. inwiefern die Aufgabenträger ihre Aufgabe und die entsprechenden Anwendungen verstanden haben.[541] Dies ist besonders schwie-

---

[536] Vgl. Goeken, M. (2006), S. 278.
[537] Vgl. Strauch, B. (2002), S. 173 f. sowie Holten, R. (1999), S. 235 ff.
[538] Vgl. Strauch, B. (2002), S. 174 sowie Gluchowski, P. u.a. (2008), S. 264.
[539] Die Relevanz der Ist-Analyse ist, je nach Ansatz der Informationsbedarfsanalyse, unterschiedlich. Bspw. hat die Ist-Analyse bei einem angebotsorientierten Ansatz für die Informationsbedarfsanalyse eine zentrale Bedeutung (vgl. Abschnitt 4.4.3). Bei einem benutzerorientierten Ansatz spielt sie jedoch keine wichtige Rolle (vgl. Abschnitt 4.4.2). Insg. muss diese allgemeine Vorgehensweise nicht streng eingehalten werden. Je nach Ansatz variiert der Schwerpunkt der Phasen.
[540] Vgl. Abschnitt 4.3.
[541] Vgl. Strauch, B. und Winter, R. (2002), S. 368 sowie Inmon, W. H. (2005), S. 20.

rig, wenn die Aufgaben und die Anwendungen erst mit der Einführung des neuen Systems entstehen.

In der Literatur ist eine Vielzahl von besonderen Ansätzen für die Informationsbedarfsanalyse zu finden, welche die oben vorgestellte generische Vorgehensweise grundsätzlich verfolgen. Solche Ansätze betrachten den Informationsbedarf aus verschiedenen Perspektiven, setzen unterschiedliche Schwerpunkte in den Phasen und verwenden unterschiedliche der in Abschnitt 4.3 vorgestellten isolierten Methoden.[542] In den folgenden Ausführungen werden einige in der Literatur vorgeschlagene Ansätze vorgestellt.

4.4.2 Benutzerorientierter / Nachfrageorientierter Ansatz

In der Literatur wird bei der Informationsbedarfsanalyse häufig zwischen benutzerorientierten / nachfrageorientierten und angebotsorientierten Ansätzen unterschieden.[543] Der Ausgangspunkt dieser Unterscheidung lässt sich auf die Klassifizierung der zwei Designansätze der DWH-Entwicklung zurückführen. Inmon argumentiert, dass die Entwicklung des DHW von Daten getrieben wird (auch als „supply-driven“ oder „data-driven“ bezeichnet).[544] Hier wird das Modellierungsvorgehen zuerst aus Sicht der Quelldaten durchgeführt und die Anforderungen aus Benutzersicht erst später berücksichtigt. Im Gegensatz dazu basiert der „demand-driven-Ansatz“ (auch „requirements-driven“ genannt) auf dem Informationsbedarf der Benutzer.[545]

Die Grundidee des benutzerorientierten Ansatzes liegt darin, dass der Ausgangspunkt der DWH-Entwicklung nicht durch die „Realität“, sondern durch die Perspektivität der beteiligten Aufgabenträger bestimmt wird.[546] Hiermit spielt die Individualität und Subjektivität der verschiedenen Benutzer eines BI-Systems bei einer Informationsbedarfsanalyse eine große Rolle.[547]

[542] Vgl. Abschnitt 4.3.
[543] Vgl. Strauch, B. und Winter, R. (2002), S. 368, Schulze, D. u.a. (2004), S. 324 sowie Goeken, M. (2006), S. 242.
[544] Vgl. Inmon, W. H. (2005), S. 283 ff.
[545] Vgl. Giorgini, P. u.a. (2005), S. 47.
[546] Vgl. Goeken, M. (2006), S. 277.
[547] Vgl. Goeken, M. (2006), S. 277.

Burmester und Goecken haben eine benutzerorientierte Entwurfsmethode[548] für unternehmensweite Data-Warehouse-Entwicklungen vorgestellt.[549] Bei dieser Methode wird der Informationsbedarf aus Sicht verschiedener Benutzer mithilfe eines viewpointorientierten Ansatzes betrachtet.[550] Damit können Benutzerbedarfe, erwartete Leistungen und Merkmale des zu entwickelten Systems strukturiert erfasst werden.[551] Diese werden anschließend mithilfe eines Referenzvorgehensmodells analysiert, spezifiziert, konsolidiert, verifiziert und validiert.[552]

Ein wesentlicher Kritikpunkt des benutzerorientierten Ansatzes besteht darin, dass die Benutzer aufgrund der Komplexität der Entscheidungsaufgaben selten in der Lage sind, den korrekten Informationsbedarf zu artikulieren.[553]

4.4.3 Angebotsorientierter Ansatz

Im Gegensatz zum benutzerorientierten Ansatz wird der Informationsbedarf bei einem angebotsorientierten Ansatz nicht direkt von den Benutzern erfasst, sondern durch die Analyse bestehender Datenbestände abgeleitet.[554] Ein Beispiel für einen angebotsorientierten Ansatz haben Golfarelli und Rizzi für die Entwicklung eines DWH vorgestellt.[555] Aus technisch orientierter Sicht zielt dieser Ansatz darauf ab, die Datenstrukturen der operativen Systeme zu analysieren und die entsprechenden Metadaten mithilfe eines sechsstufigen Phasenmodells[556] zu extrahieren.[557] Die Datenstrukturen der operativen Systeme können bspw. mit ER-Modellen beschrieben werden. Darauf aufbauend lassen sich die Fakten und Dimensionen zur Modellierung eines Fachkonzepts ableiten.[558]

[548] Diese Methode wurde auch als *viewpointorientierter Ansatz* bezeichnet. Vgl. Goeken, M. (2006), S. 251 ff.

[549] Vgl. Burmester, L. und Goeken, M. (2005), S. 1421 ff. sowie Goeken, M. (2006), S. 251 ff.

[550] *„Viewpoints stellen einen Mechanismus dar, der unterschiedliche Perspektiven verschiedener Stakeholder explizit macht.“* Goeken, M. (2006), S. 279.

[551] Vgl. Goeken, M. (2004b), S. 355 ff. sowie Goeken, M. (2006), S. 282.

[552] Vgl. Goeken, M. (2006), S. 290 ff. sowie Goeken, M. (2004b), S. 355 ff.

[553] Vgl. Strauch, B. (2002), S. 82 sowie Hammergren, T. (1996), S. 147.

[554] Für einen angebotsorientierten Ansatz werden oft deduktive Methoden, wie z.B. Modellanalyse, angewendet. Vgl. Abschnitt 4.3.

[555] Vgl. Golfarelli, M. und Rizzi, S. (1999), S. 1 ff.

[556] Diese sechs Phasen sind: analysis of the information system, requirement sepcification, conceptual design, workload refinement und dimensional scheme validation, logical design sowie physical design. Vgl. Golfarelli, M. und Rizzi, S. (1999), S. 1.

[557] Dabei nutzen die Autoren sogenannte „view sychronization algorithms“, die Metadaten aus laufenden operativen Systemen extrahieren. Vgl. Nica, A. u.a. (1998), S. 359-373 sowie Lee, A. J. u.a. (1997), S. 1-14.

[558] Vgl. Golfarelli, M. und Rizzi, S. (1999), S. 2.

Bei einem angebotsorientierten Ansatz sind die Anwender bei der Ermittlung des Informationsbedarfs nicht beteiligt. Deshalb besteht die Gefahr, dass sie den erhobenen Bedarf nicht akzeptieren.[559]

4.4.4 Zielorientierter Ansatz

Der zielorientierte Ansatz bezweckt, die Ziele der Entscheidungsträger zentral darzustellen und daraus den relevanten Informationsbedarf abzuleiten.[560] Zur Identifizierung und Analyse der Ziele haben Mazón u.a. Ziele, basierend auf der Abstraktionsebene, in drei Arten unterteilt: *strategische Ziele*, die von der Unternehmensstrategie direkt abzuleiten sind; *Entscheidungsziele*, die taktische Entscheidungen definieren, um die strategischen Ziele zu erreichen; und *Informationsziele*, die den konkreten Informationsbedarf definieren, um die Entscheidungsziele zu erfüllen.[561]

Da die Ziele von Entscheidungsträgern im Mittelpunkt des zielorientierten Ansatzes stehen, kann dieser Ansatz auch mit dem benutzerorientierten Ansatz kombiniert werden. Gam und Salinesi haben in ihrer Arbeit so einen Ansatz (requirement-driven approach) vorgestellt.[562] Um den Informationsbedarf für verschiedene Benutzergruppen (benutzerorientiert) zu differenzieren, unterteilen sie diesen in vier Ebenen: *Organization business plan, Decision-maker macro business plan, Decision-maker micro business plan* und *Action plan*. Abgeleitet aus der Unternehmensstrategie bzw. Ziele der jeweiligen Benutzergruppen wird der Informationsbedarf von höheren Ebenen bis auf die unteren Ebenen für verschiedene Benutzergruppen verfeinert und konkretisiert.[563]

In der Literatur werden verschiedene Werkzeuge für die Analyse der Ziele und des Informationsbedarfs vorgestellt. Bspw. hat Anton ein strukturiertes Vorgehen, genannt *GBRAM*,[564] entwickelt, um Ziele zu identifizieren, analysieren und evaluieren. Ähnliche Ansätze werden auch in der Arbeit von Bonifati u.a.[565] und Giorgini u.a.[566] vorgestellt, in welcher ein strukturiertes Vorgehen vorgeschlagen wird, um die Ziele

---

[559] Vgl. Strauch, B. (2002), S. 83.
[560] Vgl. Giorgini, P. u.a. (2005), S. 48.
[561] Vgl. Mazón, J.-N. u.a. (2007), S. 257 f.
[562] Vgl. Gam, I. und Salinesi, C. (2006), S. 1-14.
[563] Vgl. Gam, I. und Salinesi, C. (2006), S. 4 ff.
[564] GBRAM ist die Abkürzung für "Goal-Based Requirements Analysis Method". Es beinhaltet die zwei Komponenten „Goal Analysis“ und „Goal Evolutions“, in denen detaillierte Teilschritte, wie z.B. „Identifying goals“ definiert sind. Vgl. Anton, A. I. (1996), S. 47-56.
[565] Vgl. Bonifati, A. u.a. (2001b), S. 452-483.
[566] Vgl. Giorgini, P. u.a. (2005), S. 47-56 sowie Giorgini, P. u.a. (2006), S. 4-21.

für die Systementwicklung zu analysieren und den Informationsbedarf daraus abzuleiten.

4.4.5 Prozessorientierter Ansatz

Der prozessorientierter Ansatz zielt darauf ab, die Struktur eines Geschäftsprozesses zu identifizieren und diese in eine Data-Warehouse-Struktur umzuwandeln. Die Idee dieses Ansatzes liegt darin, dass die formale Beschreibung des Informationsbedarfs bei einem gut strukturierten Geschäftsprozess bereits in Prozessmodellen vorliegt und die zuständigen Personen mit dieser Information direkt verknüpft sind. Damit lässt sich die Datenstruktur eines DWH, inkl. der Dimensionen und Fakten, ableiten.[567] Sowohl Böhnlein u.a. [568] als auch Becker u.a. [569] haben in ihrer Arbeit entsprechende Methoden vorgeschlagen. Bei beiden Arbeiten werden Prozessmodellierungstechniken verwendet, die Informationen aus der Struktur sowie den Funktionen von Geschäftsprozessen extrahieren und diese schließlich zur Identifikation von DWH-Datenstrukturen verwenden.[570] Böhnlein u.a. haben außerdem ein iteratives Vorgehensmodell vorgestellt, das die Entwicklung unterstützt.

Bei diesem Ansatz gilt es zu beachten, dass nicht jede Anwendungsdomäne gut strukturierbar ist.[571] Außerdem basieren die Ergebnisse auf der modellierten Struktur eines Geschäftsprozesses. Der Informationsbedarf, insb. der nicht-artikulierte Informationsbedarf, von BI-Systemen lässt sich jedoch aufgrund der oftmals flexiblen Analysemöglichkeiten schwer durch ein statisches Prozessmodell ableiten.

4.4.6 The Spiral Development Methodology von Inmon

Inmon weist darauf hin, dass Anforderungen / Bedarfe bei klassischen Softwareentwicklungsprozessen, z.B. Wasserfallmodel, in den frühen Phasen zu identifizieren

---

[567] Vgl. Böhnlein, M. und Ulbrich-vom Ende, A. (2000), S. 3 sowie Strauch, B. (2002), S. 84.
[568] Vgl. Böhnlein, M. und Ulbrich-vom Ende, A. (2000), S. 3-21.
[569] Vgl. Becker, J. u.a. (2003), S. 1 ff. sowie Becker, J. u.a. (2004), S. 352 ff.
[570] In der Arbeit von Beöhnlein u.a. wird ein „Conceptual Object Schema" zur Ableitung und Identifikation von DWH-Strukturen verwendet. Ein „Conceptual Object Schema" ist ein objektorientiertes semantisches Datenmodell, das bei diesem Verfahren dazu benutzt wird, Informationen aus der Geschäftsprozessmodellebene in die Ebene von Applikationen zu transformieren, damit schließlich die Datenstruktur identifiziert wird. In der Arbeit von Becker u.a. wird eine Informationsbedarfsanalyse durch die Integration von EPK und einem Metamodell ermöglicht. Weitere Informationen zu den Verfahren siehe: Böhnlein, M. und Ulbrich-vom Ende, A. (2000), S. 3 ff. sowie Becker, J. u.a. (2003), S. 1 ff.
[571] Vgl. Koreimann, D. S. (1976), S. 45.

sind.[572] Das Problem liegt darin, dass die Benutzer eines analytischen Informationssystems in diesen Phasen der Softwareentwicklung oft nicht wissen, was Sie von diesem System erwarten können bzw. welche Funktionen sie tatsächlich benötigen.[573] Da die Nutzung von BI-Systemen, insb. für die analytischen Funktionen, ein Entdeckungsprozess ist, können die meisten Anwender erst ihre Anforderungen und Bedarfe formulieren, sobald sie gesehen haben, welche Möglichkeiten das System bietet.[574]

Aus diesem Grund empfiehlt Inmon einen Spiralansatz, in dem nur eine begrenzte Anzahl von Anforderungen am Anfang der DWH-Entwicklung erfasst wird, statt zu versuchen, die Anforderungen möglichst vollständig abzudecken. Dadurch kann die Entwicklung schnell durchgeführt und die Ergebnisse für die Benutzer sichtbar gemacht werden. Die Benutzer können deshalb zeitnah Feedback liefern, damit neue Anforderungen erfasst werden können. So lässt sich ein neuer iterativer Entwicklungszyklus starten, bis das System einen entsprechenden Zufriedenheitsgrad aus der Benutzersicht erreicht hat.[575]

4.4.7 Ein situativer Ansatz von Stroh

Stroh hat einen methodischen Ansatz zur Informationsbedarfsanalyse für analytische Informationssysteme konstruiert, der sowohl für die Entwicklung als auch für den Betrieb konzipiert ist.[576] Ausgangspunkt des situativen Ansatzes war eine empirische Untersuchung, die besagt, dass verschiedene Entwicklungssituationen von BI-Projekten innerhalb eines Unternehmens existieren. Bspw. ist das Management für eine kontinuierliche Erfassung und Dokumentation von Informationsbedarf in manchen Projekten bereits etabliert, wohingegen in anderen Projekten der Realisierungsgrad der Informationsbedarfsanalyse vergleichsweise niedrig ist.[577] Aus diesem Grund muss die Informationsbedarfsanalyse je nach Projektausrichtung unterschiedlich betrachtet werden. Stroh hat deshalb ein situatives Vorgehen entwickelt, das aus 17 Methodenfragmenten besteht, die sich in vier Phasen bündeln: *Vorbereitende*

---

[572] Vgl. Inmon, W. H. (2006), S. 4, Inmon, W. H. (2005), S. 285 sowie Inmon, W. H. u.a. (2008), S. 123 ff.

[573] Nach Inmon werden deshalb solche Anforderungen von den Anwendern geäußert: *„give me what I say I want, then I can tell you what I really want“*. Inmon, W. H. (2006), S. 5.

[574] Vgl. Inmon, W. H. u.a. (2008), S. 126.

[575] Vgl. Inmon, W. H. (2006), S. 6.

[576] Vgl. Stroh, F. (2010), S. 255.

[577] Vgl. Stroh, F. (2010), S. 42 ff.

Maßnahmen, Informationsarchitektur, Detailanalyse, und Kontinuierliches Management. [578] Anhand einer komponentenorientierten Konstruktion können relevante Methodenfragmente, die teilweise iterativ durchgeführt werden können, je nach Entwicklungssituation ausgewählt werden.[579]

Dieser Ansatz ist insg. vergleichbar mit der generischen Vorgehensweise, jedoch mit detaillierten methodischen Komponenten. Anhand der vorgestellten Komponenten ist dieser Ansatz grundsätzlich im benutzerorientierten / nachfrageorientierten Ansatz einzuordnen.[580]

Zusammenfassend hat das Kapitel 4 eine Übersicht zu den Methoden der Informationsbedarfsanalyse sowie speziellen Ansätzen für BI-Systeme dargestellt. Somit wurde die Forschungsfrage (2) behandelt.[581]

---

[578] Die 17 Methodenfragmente sind: Start-/Zielbestimmung und Projekteam in der Phase 1 (Vorbereitende Maßnahmen). Unternehmenanalyse, Kernentitäten & Referenzdimensionen, Stakeholder-Viewpoints, Geschäftsfunktionen, zukünftige Informationsbedarfe, Harmonisierung, Validierung und Priorisierung & Bewertung in der Phase 2 (Informationsarchitektur). Geschäftsprozessanalyse, Anforderungskatalog, Anforderungsspezifikation und Prototyping in der Phase 3 (Detailanalyse). Betriebsprozesse, Rollen & Verantwortlichkeiten und Strategische Verankerung in der Phase 4 (Kontinuierliches Management). Vgl. Stroh, F. (2010), S. 121 f.

[579] Vgl. Stroh, F. (2010), S. 111 ff.

[580] Vgl. Abschnitt 4.4.2.

[581] Vgl. Abschnitt 1.2.

5 Konzeptionalisierung des Forschungsvorhabens

In diesem Teil der Arbeit werden zuerst das Forschungsdesign (Abschnitt 5.1) und die Forschungsmethoden (Abschnitt 5.2) vorgestellt. Der Abschnitt 5.3 stellt den Bezugsrahmen dieser Arbeit vor und grenzt diese in verschiedenen Themenbereichen ab. Anschließend werden die Rahmenbedingungen des Untersuchungsbereichs überprüft und adäquate Basismethoden zur Informationsbedarfsanalyse für BPI-Systeme ausgewählt (Abschnitt 5.5). Im letzten Abschnitt (5.6) dieses Kapitels wird der Gestaltungsbereich dieser Arbeit auf Basis der ausgewählten Methoden konkretisiert.

5.1 Forschungsdesign

Wie bereits in der Einleitung dargestellt, ist diese Arbeit in die gestaltungsorientierte Wirtschaftsinformatik einzuordnen.[582] Der Erkenntnisprozess basiert dabei auf einer Iteration von Analyse und Erhebung von Anforderungen an das zu entwickelnde Konzept, dessen Entwurf und Entwicklung sowie der Evaluation der Resultate. Dies entspricht dem empfohlenen Vorgehen der Forschungsmethode *Design Science* in der angelsächsischen IS-Forschung.[583] Ziel der Design Science ist es, Informationssysteme durch Schaffung innovativer Artefakte zu verbessern.[584] March und Smith[585] haben zwei Kernphasen in der Design Science identifiziert – *„Build"* und *„Evaluate"*. Artefakte werden hierbei zunächst auf Basis von Anforderungen zum Lösen von bestimmten Problemen aufgebaut (Build) und dann durch passende Methoden evaluiert (Evaluate).

Dieses Vorgehen wird mit den in Kapitel 1 definierten vier Forschungszielen (Teilzielen) verknüpft:[586] Die Teilziele 1 bis 3 (Erhebung der Rahmenbedingungen und Auswahl der adäquaten Basismethoden, Identifikation von Anforderungen an das zu entwickelnde Konzept sowie Entwicklung des Konzepts) sind in der Phase „Build" einzuordnen. Das Teilziel 4 für die Evaluation des Konzepts wird in der zweiten Kernphase des Vorgehens „Evaluate" behandelt. Dabei folgen die Entwicklung

[582] Vgl. Abschnitt 1.3.
[583] Vgl. Österle, H. u.a. (2010), S. 2 sowie March, S. T. und Smith, G. (1995), S. 251 ff.
[584] Vgl. Hevner, A. R. u.a. (2004), S. 76 ff.
[585] Vgl. March, S. T. und Smith, G. (1995), S. 251 ff.
[586] Vgl. Abschnitt 1.2.

und die Evaluation einem iterativen Prozess. Abb. 17 beschreibt das Vorgehen zum Aufbau und zur Evaluation des Konzepts im Rahmen dieser Arbeit.

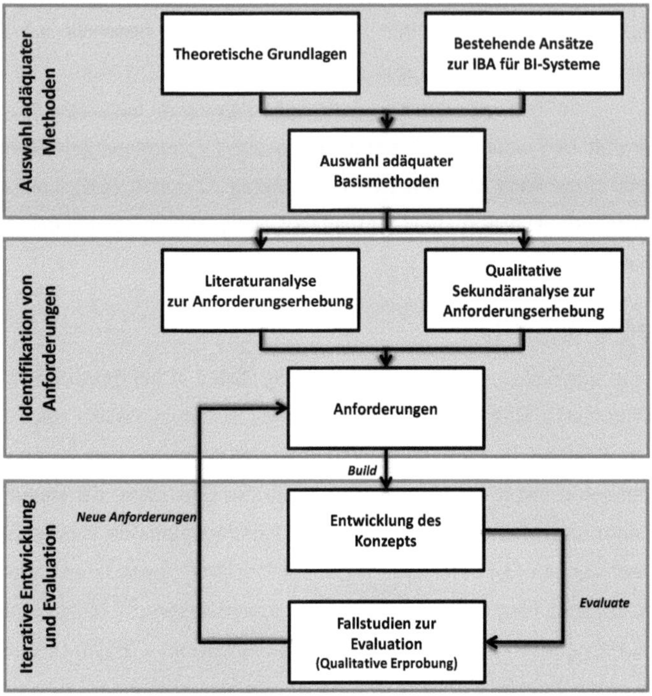

Abb. 17: Forschungsdesign dieser Arbeit[587]

5.2 Forschungsmethoden

Diese Forschungsarbeit wurde mithilfe geeigneter Methoden der qualitativen empirischen Sozialforschung durchgeführt.[588] Die theoretischen Grundlagen aus dem

[587] Eigene Darstellung.

[588] Soziologie wird im Wesentlichen als Erfahrungswissenschaft verstanden. Empirische Sozialforschung ist der Teil der Wissenschaft, die darauf abzielt, soziale Tatbestände durch empirisches Vorgehen (ausgehend von Erfahrungstatsachen) systematisch zu erfassen. Erfassungsinstrumente wie Befragung, Beobachtung, Experiment werden als Methoden der empirischen Forschung bezeichnet. Diese unterscheiden sich in quantitative und qualitative Erhebungsmethoden. Die Bedeutung der qualitativen Sozialforschung ist seit den 80er Jahren immer gestiegen. Sie wird als die Erhebung qualitativer Daten und deren Auswertung verstanden. Qualitative Daten sind solche, *„die soziale Gegenstände der Forschung auf eine wissenschaftliche Weise so beschreiben, dass sie die dem Gegenstand eigenen Verhältnisse, besonders deren Bedeutung, Struktur und Veränderung erfassen."* Vgl. Heinze, T. (2001), S. 12. Einen detaillierten Einblick zur empirischen Sozialforschung sowie

Untersuchungsbereich wie z.B. die Eigenschaften von Geschäftsprozessen, die bestehenden Methoden der Informationsbedarfsanalyse sowie die Besonderheiten der Business Process Intelligence sind Voraussetzungen für die Entwicklung des Konzepts und liefern die ersten Anforderungen für die Auswahl von Methoden zur Informationsbedarfsanalyse für BPI-Systeme.[589] Außerdem werden bestehende Ansätze zur Informationsbedarfsanalyse für die Entwicklung von BI-Systemen untersucht.[590] Darauf basierend erfolgt in Abschnitt 5.5 die Auswahl adäquater Basismethoden für das im Rahmen dieser Arbeit zu entwickelnde Konzept. Anhand der ausgewählten Methoden werden die Anforderungen zur Entwicklung des Konzepts erhoben. Zuerst werden relevante Erkenntnisse zur Anforderungserhebung durch eine Literaturanalyse[591] gewonnen.[592] Zusätzlich wird eine qualitative Sekundäranalyse[593] durchgeführt, die auf mehreren, dieser Forschungsarbeit vorangehenden Untersuchungen (drei Fallstudien) basiert. Die entsprechenden Studien wurden am Lehrstuhl für Wirtschaftsinformatik I der Universität Stuttgart im Kontext eines übergeordneten Forschungsbereichs zu BI im Geschäftsprozessmanagement und zu RFID-gestützten Logistikprozessen durchgeführt. Die konkrete Durchführung dieser drei Fallstudien erfolgte teilweise durch Abschlussarbeiten des Lehrstuhls.[594] Der Verfasser dieser Arbeit war bei der Konzeption und Durchführung der Studien beteiligt. Alle Interviewleitfäden, Gesprächsprotokolle sowie weitere Rohmaterialien der drei Fallstudien lagen vor. Diese Informationen wurden vom Verfasser mit Hinblick auf prozessorientierte Analyse mithilfe von BI-Techniken für diese Forschungsarbeit aufbereitet.[595] Eine Übersicht dieser Fallstudien wird in Tab. 3 dargestellt.

---

zu quantitativen und qualitativen Erhebungsmethoden vgl. u.a. Atteslander, P. (2010), S. 3 ff., Garz, D. und Kraimer, K. (1991), S. 1 ff., Kromrey, H. (2009), S. 33 ff. sowie Heinze, T. (2001), S. 12 ff.

[589] Diese theoretischen Grundlagen wurden in Abschnitt 2, 3 und 4 bereits vorgestellt.

[590] Vgl. Abschnitt 4.4.

[591] Eine Literaturanalyse (Literature Review) ist eine qualitative Forschungsmethode, deren Ziel darin besteht, einen Überblick über die aktuellen Forschungsergebnisse zu geben, um die Identifikation von neuen Forschungserkenntnissen zu unterstützen. Vgl. Rowley, J. und Slack, F. (2004), S. 32, Webster, J. und Watson, R. (2002), S. xiiiff. sowie vom Brocke, J. u.a. (2009), S. 1 ff.

[592] Die Literaturanalyse basierte auf die Untersuchungen mit BPI-Anwendungsbeispielen. Vgl. Abschnitt 6.1.

[593] Eine Sekundäranalyse ist die Analyse von Daten, die nicht für die jeweilige Untersuchung generiert wurden, sondern aus anderen Gründen erzeugt wurden und vor dem Untersuchungsbeginn schon vorlag. Vgl. Weischer, C. (2007), S. 335 f., Kromrey, H. (2009), S. 172 f. sowie Bortz, J. und Döring, N. (2006), S. 370.

[594] Vgl. Siegel, M. (2007), S. 1 ff., Hannich, M. (2008), S. 1 ff. sowie Reiter, A. (2007), S. 1 ff.

[595] Die vom Verfasser aufbereiteten Ergebnisse werden in Abschnitt 6.2 vorgestellt. Ein Teil dieser Ergebnisse wurde in den folgenden Publikationen veröffentlicht: Baars, H. u.a. (2008a), S. 73-83, Baars, H. u.a. (2008b), S. 1-8 sowie Baars, H. und Sun, X. (2009), S. 1-10.

Tab. 3: Qualitative Sekundäranalyse zur Anforderungserhebung[596]

	Beschreibung	Rolle der Befragten	Zeitraum der Sekundäranalyse
Fallstudie 1	RFID-basierte Supply Chain bei einem großen Handelsunternehmen	Projektmanager über Strategie und Architektur, Projektmanager über RFID, Warehousmanager, Direktor Global Supply Chain	2007-2008
Fallstudie 2	Produktionslogistik bei Lebensmittelhersteller	Produktionsmanager, Logistikplaner	2008-2009
Fallstudie 3	Produktionsprozess und Überseetransport bei einem Automobilhersteller	Produktionsmanager, Logistikmanager	2008-2009

Auf Basis der so gewonnenen Anforderungen wird ein Konzept zur Informationsbedarfsanalyse für BPI-Systeme entwickelt. Die Entwicklung und die Evaluation des Konzepts erfolgen als ein iterativer Prozess. Zur Evaluation werden zwei Fallstudien durchgeführt, in deren Rahmen das Konzept qualitativ erprobt wird (siehe Tab. 4).[597] Neu gewonnene Anforderungen werden für die Weiterentwicklung des Konzepts genutzt.

Tab. 4: Fallstudien für die qualitative Erprobung[598]

	Beschreibung	Rolle der Befragten	Zeitraum der Untersuchung	Angewendete Methoden
Fallstudie A	Ersatzteillogistik für elektronische Produkte	Manager für strategische Logistik sowie Mitarbeiter aus der operativen Logistik und der Logistikplanung	2010-2012	Interviews, Workshops
Fallstudie B	Bewerbung und Zulassungsprozess an einer deutschen Universität	Mitarbeiter des Dezernats für Studium und Promotion, Studiengangsmanager, Prozessmanager, Experten von Zulassungsausschuss, Student	2010-2011	Interviews, Workshops, Dokumentanalyse

5.3 Konzeptioneller Bezugsrahmen

Der aus der Zielsetzung sowie den Forschungsfragen abgeleitete Untersuchungs- und Gestaltungsbereich sind in Abb. 18 dargestellt.

596 Details über die drei Fallstudien werden in Abschnitt 6.2 vorgestellt.
597 Vgl. Design Evaluation von Hevner, A. R. u.a. (2004), S. 85 ff.
598 Details über die Fallstudien werden in Kapitel 8 vorgestellt.

Im Mittelpunkt dieser Arbeit stehen die Entwicklung und die Evaluation eines Konzepts, das die Erhebung des Informationsbedarfs für BPI-Systeme von potentiellen Anwendern (Entscheidungsträgern) unterstützt. Dieses Konzept sollte durch geeignete Methoden für die Informationsbedarfsanalyse unterstützt werden. Daraus ergibt sich der Gestaltungsbereich dieser Arbeit. Dieser wird in Abschnitt 5.6 anhand der Auswahl adäquater Basismethoden für die Informationsbedarfsanalyse konkretisiert.

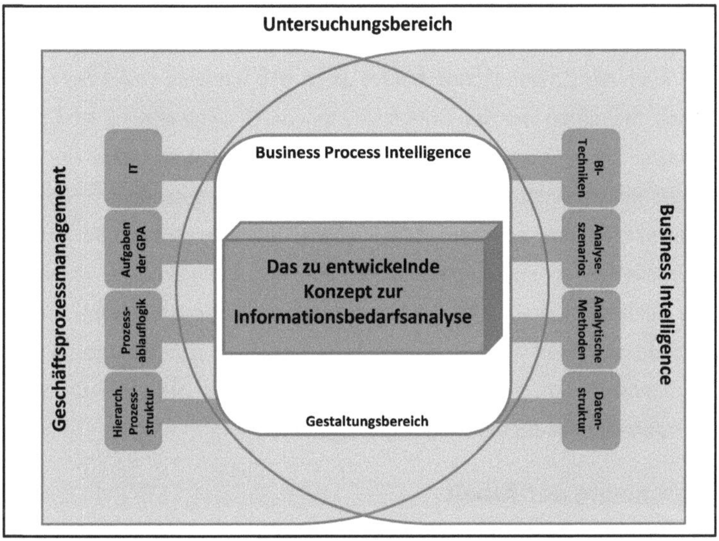

Abb. 18: Untersuchungs- und Gestaltungsbereich[599]

Zur Untersuchung gehören zwei Anwendungsbereiche: Das Geschäftsprozessmanagement und die Business Intelligence. Im Rahmen dieser Arbeit wird Business Process Intelligence als Ansatz verstanden, der in die Schnittmenge der beiden Anwendungsbereiche einzuordnen ist.[600]

Im Bereich des Geschäftsprozessmanagements ist es für diese Arbeit besonders wichtig, die hierarchische Struktur von Geschäftsprozessen genauer zu betrachten. Diese liefern die grundlegenden Informationen zum Aufbau eines BPI-Systems von der Datenhaltungsstruktur bis zur Darstellung der Analyseergebnisse. Des Weiteren hängen die betrachteten prozessorientierten Analysen per definitionem von der

[599] Eigene Darstellung.
[600] Vgl. Abschnitt 3.3. Weitere Literatur vgl. u.a. Dayal, U. u.a. (2001), S. 8 sowie Mansmann, S. u.a. (2007b), S. 111.

Prozessablaufstruktur bzw. der Ablauflogik von Prozessen ab.[601] Die Prozessablauflogik führt zu den Analysen, die eine passende Datenhaltungsstruktur voraussetzen.[602] Außerdem sind Informationstechnologien zur Unterstützung des Geschäftsprozessmanagements, die in Abschnitt 2.4 vorgestellt wurden, für die Untersuchung von Bedeutung.[603] Ein Teil dieser Techniken ist, wie in Abschnitt 3.3.1 dargestellt wurde, als BPI-Techniken einzuordnen.

Auf der Seite der BI werden ebenfalls verschiedene Aspekte für die Untersuchung betrachtet. Dabei werden sowohl die BI-gestützten, prozessorientierten Analyseszenarios als auch die Datenhaltungsstruktur eines BPI-Systems sowie die geeigneten analytischen Methoden mit der Unterstützung von BI-Techniken untersucht. Unter einem *Analyseszenario* wird im Rahmen dieser Arbeit eine typisierte Beschreibung einer möglichen Einsatzsituation eines BPI-Systems verstanden.[604] Ein Beispiel eines Analyseszenarios aus dem Supply Chain Management ist die Analyse von Qualitätsproblemen im unternehmensübergreifenden Lieferprozess. Dabei können zahlreiche Einflussfaktoren (z.B. Transportrouten oder Temperaturen) mithilfe von BPI-Systemen analysiert werden, um mögliche Ursachen aufzudecken.[605] Analyseszenarios demonstrieren die Anwendungspotenziale eines BPI-Systems und liefern relevante Informationen für die zukünftigen Systeme.

5.4 Abgrenzung der Arbeit

Wie in Abschnitt 4.4 dargestellt, existiert eine Reihe von Methoden zur Abdeckung verschiedener Aspekte bei der Erhebung des Informationsbedarfs. Diese basieren überwiegend auf einer Reihe generischer Informationserhebungsmethoden, die auch im Rahmen der Entwicklung von BPI-Systemen eingesetzt werden können.[606] Diese Arbeit zielt nicht darauf ab, neue Methoden zu entwickeln, die alle Aspekte der Informationsbedarfsanalyse abdecken. Vielmehr soll das zu entwickelnde Konzept die Besonderheiten von BPI-Systemen fokussieren, um eine Lösung für Aspekte zu finden, bei denen eine generische Vorgehensweise an Grenzen stößt. Abgeleitet von der Forschungsfrage sowie von den in der Einleitung dargestellten Herausforderun-

[601] Vgl. Abschnitt 3.3.1.
[602] Vgl. Mansmann, S. u.a. (2007b), S. 111 f., Becker, M. und Chamoni, P. (2008), S. 155 ff. sowie Schiefer, J. u.a. (2004), S. 162 ff.
[603] Vgl. List, B. u.a. (2002), S. 207 ff.
[604] Vgl. die Definition des Begriffs *Szenario* in Abschnitt 4.3.9.
[605] Vgl. Hall, C. (2004b), S. 4 ff.
[606] Vgl. Abschnitt 4.4.

gen bei der Informationsbedarfsanalyse für BPI-Systeme werden einige Einschränkungen in der Arbeit getroffen.[607] Diese reduzieren einerseits die Komplexität dieser Forschungsarbeit auf ein realistisch handhabbares Maß und fokussieren andererseits die Lösungsansätze der wichtigen Aspekte, die aus den Besonderheiten von BPI-Systemen resultieren.

Diese Einschränkungen werden im folgenden Teil jeweils im Bereich Geschäftsprozessmanagement, Informationsbedarfsanalyse sowie Business Process Intelligence dargestellt.

Einordnung im Geschäftsprozessmanagement

Ausgehend von der Definition des Begriffs Geschäftsprozess[608] sowie der Aufgabe der Wirtschaftsinformatik[609] wird der Untersuchungsbereich auf Geschäftsprozesse in Wirtschaft und Verwaltung eingeschränkt. Ein in dieser Arbeit untersuchter Geschäftsprozess folgt der Definition in Abschnitt 2.2 und muss die entsprechenden Eigenschaften besitzen. Somit werden Programmierungsprozesse, chemische Prozesse sowie nicht messbare oder nicht ausführbare Prozesse ausgeschlossen. Typische Geschäftsprozesse sind bspw. Produktions- und Logistikprozesse in der Industrie oder Genehmigungsprozesse in der Verwaltung.

Eine weitere Einschränkung ist, dass nur strukturierte und semi-strukturierte Geschäftsprozesse bei der Untersuchung berücksichtig werden. Die darauf aufsetzenden Entscheidungsaufgaben, die von BPI-Systemen unterstützt werden, sind selbst jedoch größtenteils unstrukturiert. Unstrukturierte Geschäftsprozesse, wie das Design eines neuen Produkts, sind nicht wiederholbar und es fehlt eine entsprechende Datenbasis für eine BPI-Analyse.[610] Diese unterscheiden sich im Grundansatz von BPI und werden deshalb nicht im Rahmen dieser Arbeit untersucht.

Einordnung in der Informationsbedarfsanalyse

Gemäß der Problemstellungen sowie der Forschungsfragen[611] liegt der Schwerpunkt des zu entwickelnden Konzepts im Wesentlichen auf der Erhebung des nicht-artikulierten Informationsbedarfs[612] (siehe Abb. 19, links).

---

[607] Vgl. Abschnitt 1.1.
[608] Vgl. Abschnitt 2.2.1.
[609] Vgl. Abschnitt 1.3.
[610] Vgl. Abschnitt 2.2.3.1.
[611] Vgl. Abschnitt 1.3.

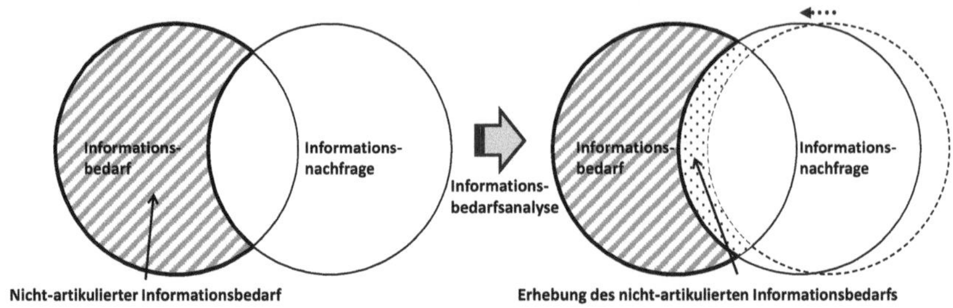

Abb. 19: Schwerpunkt der Arbeit in der Informationsbedarfsanalyse[613]

Der artikulierte Informationsbedarf wird in dieser Arbeit nicht ausgeschlossen. Allerdings lässt sich ein solcher Bedarf relativ leicht durch Basismethoden wie z.B. Interviews, Workshops etc. identifizieren und stellt damit kein Kernproblem des Untersuchungsbereichs dar. Angesichts der Neuartigkeit der Anwendungsdomäne sowie der Komplexität der Entscheidungsaufgaben im Bereich der BPI besteht die Hauptherausforderung darin, den nicht-artikulierten Informationsbedarf zu identifizieren.[614] Somit zielt das hier zu entwickelnde Konzept zur Informationsbedarfsanalyse primär darauf ab, den Deckungsbereich zwischen dem Informationsbedarf und der Informationsnachfrage zu vergrößern (siehe Abb. 19, rechts). Dabei soll sowohl der Teil vom Informationsbedarf identifiziert werden, den die Aufgabenträger zwar implizit als notwendig erachten, jedoch nicht explizit geäußert haben als auch der Teil, der für die Aufgabenträger (bislang) unbekannt ist.[615] Das Ziel ist es, letztendlich einen adäquaten Informationsstand zu erreichen.

Einordnung in der Business Process Intelligence

Die Abgrenzung zwischen BI und BPI ergibt sich aus der in Abschnitt 3.3.1 vorgestellten Definition.[616] Außerdem beschäftigt sich die Informationsbedarfsanalyse dieser Arbeit mit dem Prozesskontext bzw. mit den Anwendungen, die auf die Analyse der Zusammenhänge sowie der Abhängigkeiten zwischen den Prozessaktivitäten ausgerichtet sind. Wie es in der Definition von BPI schon dargestellt ist, zielt das BPI

---

[612] Der nicht-artikulierte Informationsbedarf ist der nicht geäußerte Teil des Informationsbedarfs. Vgl. Abschnitt 4.2.2.
[613] Eigene Darstellung.
[614] Vgl. Abschnitt 1.1, Abschnitt 3.3.1 und Abschnitt 4.2.2.
[615] Vgl. Abschnitt 4.2.2.
[616] Nach der Definition in Abschnitt 3.3.1 werden im Rahmen dieser Arbeit nur die analytischen Aspekte von BPI betrachtet. Die Funktionen der operativen Steuerung sowie das Controlling sind per definitionem nicht in BPI einzuordnen und werden deshalb nicht verfolgt.

darauf ab, die Ablauflogik von Geschäftsprozessen zu analysieren.[617] Für viele Prozesse, z.B. im Supply-Chain-Management-Prozess, gibt es bereits zahlreiche Methoden zur Analyse und Optimierung lokaler Aktivitäten, wie bspw. die Optimierung von Verpackungsvorgängen.[618] Solche Anwendungen sind oft im Forschungsbereich des Operational Research einzuordnen und basieren i.d.R. nicht auf den Ablaufdaten der vor- und nachgelagerten Prozessteile und werden deshalb von dieser Untersuchung ausgeschlossen.

Außer den oben genannten Einschränkungen ist darauf hinzuweisen, dass das Ziel dieser Arbeit nicht die Analyse oder Optimierung der bestehenden Struktur konkreter Geschäftsprozesse ist. Sie zielt vielmehr darauf ab, die potenziellen Analysemöglichkeiten von BPI-Systemen durch ein geeignetes Konzept für die Entscheidungsträger darzustellen und diskutierbar zu machen, womit der Informationsbedarf eines BPI-Systems iterativ erhoben wird.

5.5 Auswahl der adäquaten Basismethoden

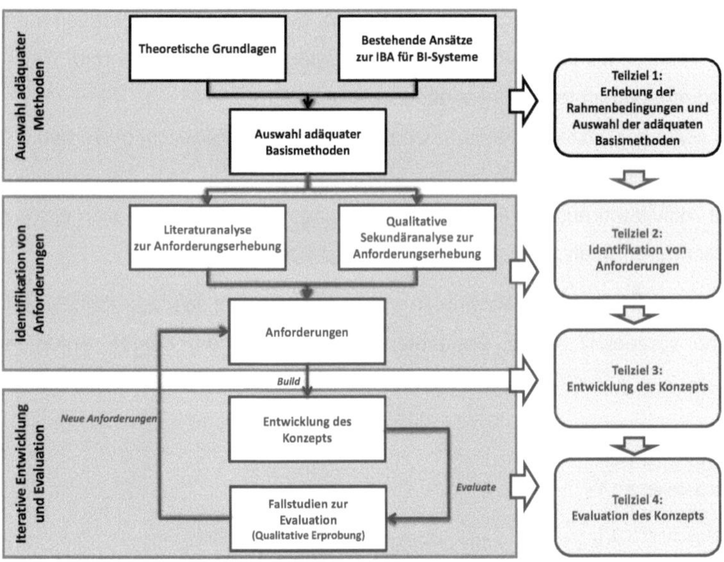

Abb. 20: Teilziel 1 im Forschungsdesign[619]

---

[617] Vgl. Abschnitt 3.3.1.

[618] Vgl. Isermann, H. (1987), S. 235-249.

[619] Eigene Darstellung.

Hiermit wird das Teilziel 1 dieser Arbeit untersucht: *„Erhebung der Rahmenbedingungen sowie die Auswahl der adäquaten Basismethoden für das zu entwickelnde Konzept“*. Abgeleitet von den Herausforderungen[620] sowie den Besonderheiten von BPI-Systemen[621] werden zuerst bestehende Ansätze zur Informationsbedarfsanalyse für die Entwicklung von BI-Systemen diskutiert und dann überprüft, ob diese für BPI-Systeme geeignet sind. Anschließend werden die in Abschnitt 4.3 dargestellten isolierten Methoden gegenübergestellt, um über adäquate Basismethoden für diese Arbeit zu entscheiden. Abb. 20 zeigt das Teilziel 1 im Forschungsdesign.

5.5.1 Vergleich bestehender Ansätze

Ausgehend von den Herausforderungen des Untersuchungsbereichs[622] sowie die Besonderheit von BPI-Systemen[623] werden zwei allgemeine Anforderungen an ein geeignetes Konzept zur Informationsbedarfsanalyse für BPI-Systeme formuliert:

- *Es sollte auf die Erhebung von nicht-artikuliertem Informationsbedarf eingegangen werden.*[624]
  Diese Anforderung ergibt sich sowohl aus den allgemeinen Herausforderungen einer Informationsbedarfsanalyse für BI-Systeme als auch aus dem Neuigkeitsgrad des betrachteten Anwendungsbereichs BPI.[625]
- *Es sollte der prozessorientierte Charakter der BPI berücksichtigt werden.*
  Zu betrachten ist v.a. die Prozessablauflogik und dabei insb. die Abhängigkeiten der Aktivitäten aus Sicht des Prozessmanagements sowie die sich ergebenden, besonderen Analysemöglichkeiten aus Sicht der BI.[626]

In Abschnitt 4.4 wurden relevante Ansätze zur Informationsbedarfsanalyse für BI-Systeme vorgestellt. Unter Betrachtung der Aspekte der beiden Anforderungen

[620] Vgl. Abschnitt 1.1.
[621] Vgl. Abschnitt 3.3.1.
[622] Vgl. Abschnitt 1.1.
[623] Vgl. Abschnitt 3.3.1.
[624] Vgl. Abschnitt 1.1, Herausforderung 1) und 2) sowie Abschnitt 5.4.
[625] Sowohl die allgemeine Herausforderungen von BI zur Informationsbedarfsanalyse als auch die Anforderung über den Neuigkeitsgrad in neuen Anwendungsbereich beziehen sich darauf, dass ein großer Teil des Informationsbedarfs der Aufgabenträger nicht bekannt ist oder nicht explizit geäußert wurden. Der Grund liegt v.a. darin, dass, wie in Abschnitt 3.3.1 dargestellt wurde, solche analytische Aufgaben oft unstrukturiert sind. Die Identifikation des nicht-artikulierten Informationsbedarfs ist die größte Herausforderung des Untersuchungsbereichs. Vgl. Abschnitt 4.2.2 und Abschnitt 5.4.
[626] Vgl. Abschnitt 3.3.1 (die Besonderheit von BPI-Systemen).

werden die bestehenden Ansätze überprüft. Tab. 5 zeigt, inwiefern diese die zwei vorgestellten Aspekte berücksichtigen.

Tab. 5: Vergleich bestehender Ansätze zur Informationsbedarfsanalyse[627]

Beschreibung	Aspekt des prozessorientierten Charakters von BPI	Aspekt des nicht-artikulierten Informationsbedarfs
Benutzerorientierter Ansatz[628]	Keine Berücksichtigung des prozessorientierten Charakters.	Der Aspekt wird in speziellen Methoden wie z.B. VODWE berücksichtigt.[629]
Angebotsorientierter Ansatz[630]	Keine Berücksichtigung des prozessorientierten Charakters.	Der nicht-artikulierte Informationsbedarf kann zum Teil durch eine systematische Ableitung aus der aktuellen Informationsversorgung ermittelt werden.
Zielorientierter Ansatz[631]	Keine Berücksichtigung des prozessorientierten Charakters.	Der nicht-artikulierte Bedarf kann zum Teil durch systematische Ableitung aus der Zielsetzung und der zu unterstützenden Aufgabe erhoben werden.
Prozessorientierter Ansatz[632]	DWH-Struktur wird aus dem Geschäftsprozess (Prozessmodellierung) abgeleitet.	Der nicht-artikulierte Bedarf kann zum Teil durch systematische Ableitung aus der Struktur eines Geschäftsprozesses erhoben werden.
The Spiral Development[633] Methodology von Inmon	Keine Berücksichtigung des prozessorientierten Charakters.	Der Aspekt wird durch mehrere Iterationen zwischen Entwicklung und Anwendung von System berücksichtigt.[634]
Ein situativer Ansatz von Stroh[635]	Keine Berücksichtigung des prozessorientierten Charakters.	Allgemeine Methoden plus Prototyping als ein Methodenfragment für die Erhebung und Validierung des Informationsbedarfs werden angewendet. Der Aspekt wird berücksichtigt.

[627] Vgl. Abschnitt 4.4.

[628] Vgl. Burmester, L. und Goeken, M. (2005), S. 1421-1440 sowie Goeken, M. (2006), S. 251 ff.

[629] Goeken und Burmester haben eine Methode zur Viewpoint-orientierte Data-Warehousing-Entwicklung (VODWE) vorgestellt. Diese stellt eine Diskussionswelt dar, in der die Bedarfe und Anforderungen von verschiedenen Benutzern systematisch erhoben und konsolidiert werden können. Ein systematisches Vorgehen zur Konsolidierung der Bedarfe aus verschiedenen Stakeholdern kann helfen, nicht-artikulierten Bedarf aufgrund der Anforderungen anderer Benutzer zu identifizieren. Vgl. Goeken, M. (2006), S. 251 ff.

[630] Vgl. Golfarelli, M. und Rizzi, S. (1999), S. 1-11.

[631] Vgl. Mazón, J.-N. u.a. (2007), S. 257 f., Giorgini, P. u.a. (2005), S. 47 ff. sowie Anton, A. I. (1996), S. 136 ff.

[632] Vgl. Böhnlein, M. und Ulbrich-vom Ende, A. (2000), S. 3 ff., Becker, J. u.a. (2003), S. 1 ff. sowie Becker, M. und Chamoni, P. (2008), S. 155-166.

[633] Vgl. Inmon, W. H. (2006), S. 1 ff.

[634] Benutzer können das System frühzeitig verwenden und damit neue Anforderungen sowie in den frühen Phasen noch nicht artikulierte Bedarfe entdecken.

[635] Vgl. Stroh, F. (2010), S. 1 ff. sowie Stroh, F. u.a. (2010), S. 37 ff.

Von den vorgestellten Ansätzen berücksichtigt nur der prozessorientierte Ansatz die Ablauflogik der Anwendungsdomäne. Hierbei wird die DWH-Struktur aus dem Prozessmodell (z.B. ARIS-Modell) abgeleitet und somit die Zusammenhänge der Aktivtäten berücksichtigt. Der Schwerpunkt dieses Ansatzes liegt in der Entwicklung der Datenstruktur von DWH. Dabei werden Fakten und Dimensionen aus einem Prozessmodell abgeleitet. Die potenziellen Analysemöglichkeiten (aus der Sicht der BI), die ebenfalls von der Prozessablauflogik abhängig sind, werden jedoch nicht ausreichend betrachtet.[636] Da die Aufgaben zur Prozessanalyse im BPI-Kontext meistens unstrukturiert und die Analysemöglichkeiten mit BPI-Systemen vielfältig sind, ist zu bezweifeln, dass der Informationsbedarf von BPI-Systemen nur aus einem statischen Prozessmodell im operativen Kontext ausreichend abgeleitet werden kann. [637] Deshalb wird der Aspekt der Erhebung vom nicht-artikulierten Informationsbedarf bei diesem Ansatz als nicht ausreichend behandelt betrachtet.

Die weiteren Ansätze können grundsätzlich für BPI-Systeme angewendet werden. Allerdings fehlt die Betrachtung des prozessorientierten Charakters. Da die von BPI-Systemen unterstützten analytischen Aufgaben von diesem Charakter abhängig sind, ist zu bezweifeln, dass der nicht-artikulierte Informationsbedarf der Entscheidungsträger mithilfe dieser Ansätze zielgerichtet erhoben werden kann.

Angesichts dieser Diskussion besteht die Notwendigkeit, ein geeignetes Konzept zu entwickeln, welches die vorgestellten Aspekte berücksichtigt.

5.5.2 Auswahl der Methoden

In der Praxis wird der Informationsbedarf in der BI selten nur durch eine einzelne isolierte Basismethode, wie z.B. die Interview-Methode, erhoben. Stattdessen werden die einzelnen Methoden kombiniert, sodass sie sich in verschiedenen Situationen gegenseitig ergänzen.[638] Diesem kombinierten Vorgehen wird hier gefolgt.

Zur Auswahl der hierbei verwendeten Methoden werden die Einsatzbereiche sowie die Einschränkungen der in Abschnitt 4.3 vorgestellten isolierten Methoden in Tab. 6 zusammengefasst.

---

[636] Vgl. Abschnitt 4.4.5.
[637] Für die komplexen Entscheidungsaufgaben ist der Informationsbedarf nur durch eine subjektive Komponente zu erreichen. Vgl. Abschnitt 4.2.2.
[638] Vgl. Abschnitt 4.4.

Tab. 6: Vergleich relevanter isolierter Methoden zur Informationsbedarfsanalyse[639]

Methoden	Geeignete Einsatzbereiche und Einschränkung
Interview-Methode	Das Interview ist eine weit verbreitete Methode, die grundsätzlich überall einsetzbar ist. Es ist erforderlich, dass die Interviewpartner über gründliche Kenntnisse auf dem untersuchten Gebiet verfügen. Außerdem ist es schwierig, nicht passende Informationsnachfrage zu erkennen.
Schriftliche Befragung	Mit der schriftlichen Befragung lassen sich sehr effizient große Mengen von Informationen verschiedener Aufgabenträgern erfassen. Allerdings ist sie nicht geeignet, um tiefergehende Erkenntnisse zu gewinnen.
Workshops	Der Workshop ist eine Methode, mit der Kommunikationshürden zwischen verschiedenen Aufgabenträgern überbrückt werden können. Wie in Interviews ist es auch hier erforderlich, dass die Teilnehmer über gründliches Wissen auf dem untersuchten Gebiet verfügen.
Brain-storming	Diese Methode wird in der frühen Phase zur Ideenfindung verwendet. Sie ist nicht geeignet, um zu konkreteren Entscheidungen zu kommen.
Introspection-basierte Methode	Diese Methode ist hilfreich, wenn die Anwender die Anwendungsdomäne oder die neuen Anwendungssysteme nicht gut kennen. Es ist erforderlich, dass die Analysten gutes Fachwissen auf dem zu untersuchenden Gebiet besitzen.
Aufgaben-analyse	Dieses Verfahren wird in der Regel für einen gut strukturierten Entscheidungsprozess eingesetzt.
Dokumenten-analyse	Mit dieser Methode wird der Ist-Zustand der Informationsversorgung dargestellt. Welche Daten von den Aufgabenträgern tatsächlich verwendet werden und welche Informationen relevant sind, wird nicht erkannt.
Datentechnische Analyse	Diese Methode zielt insb. darauf ab, die Datenstruktur durch Auswertung der Datenerfassung zu definieren. Hier wird auch der Ist-Stand der Informationsversorgung erhoben.
Szenario-Methode	Diese Methode ist dafür geeignet, die zukünftigen Lösungen in Form von Szenarios durch Interaktionen zwischen Systemanalysten und Anwendern zusammen zu entwickeln. Es ist eine relevante Methode zum Verstehen komplexer Entscheidungsaufgaben sowie Entdecken neuer Lösungswege.
Prototyping	Prototyping ist besonders hilfereich, wenn die zu implementierenden Funktionalitäten für die Benutzer unbekannt sind. Prototyping wird oft mit anderen Methoden wie z.B. Interviews, Workshops kombiniert angewendet.

Die durch die BPI unterstützten Entscheidungsaufgaben sind i.d.R. unstrukturiert (– auch wenn sie die Gestaltung strukturierter Prozesse zum Gegenstand haben).[640] Aus diesem Grund werden Methoden, wie die Aufgabenanalyse, die für gut strukturierte Aufgaben eingesetzt werden, als nicht geeignet betrachtet. Angesichts der Herausforderung der zu untersuchenden Domäne, nämlich dass die Anwendungs-

[639] Vgl. Abschnitt 4.3.
[640] Vgl. Abschnitt 3.1.2.

möglichkeiten von BPI-Systemen oft unbekannt sind und dabei die Erhebung des nicht-artikulierten Informationsbedarfs im Mittelpunkt steht,[641] werden die *Szenario-Methode* und das *Protoyping* als grundlegende Basismethoden für das in dieser Arbeit zu entwickelnde Konzept gewählt. Weitere Methoden werden dabei nicht ausgeschlossen. Sie können zur Ergänzung kombiniert mit diesen beiden Basismethoden angewendet werden, um bspw. den Anwendungskontext durch Interviews oder Workshops zu konkretisieren oder die gewonnenen Analyseszenarios mithilfe von Brainstormings zu erweitern.[642]

Mithilfe der Szenario-Methode können verschiedene Anwendungsmöglichkeiten von BPI-Systemen in Form von Analyseszenarios, die prozessorientierten Charakter besitzen, dargestellt und diskutiert werden. Die konkreten Anwendungsszenarios bieten eine Diskussionsplattform, wodurch auch komplexe Aufgaben verständlich kommuniziert werden können, was zu einem Lösungsweg sowie weiteren Anwendungsmöglichkeiten führt.[643] Die Technik des Prototypings wird eingesetzt, um die IT-basierten Aspekte der Szenarios (System, Datenbestände, Funktionalität) prototypisch zu realisieren und so die Kommunikation zwischen den Analysten und Anwendern[644] zu erleichtern.[645] Prototyping ist insb. hilfreich, wenn die Analyseszenarios komplex (z.B. mehrere Dimensionen beinhaltend) und nicht leicht zu verstehen sind. Idealerweise kann ein Anwender die prototypische Anwendung selbst bedienen und dabei möglichweise weitere Szenarios entdecken oder entwickeln.[646]

Da es sich um komplexe Entscheidungsaufgaben handelt, ist es naheliegend, dass der Informationsbedarf nicht in Form von Szenarios im Vorfeld vollständig erhoben werden kann.[647] Es ist auch nicht das Ziel dieser Arbeit, mit der Szenario-Methode die Vollständigkeit zu erreichen – es sollen vielmehr mithilfe der prototypischen

---

[641] Vgl. Abschnitt 5.4.

[642] Die Szenarios werden z.B. durch Interviews, Dokumentanalyse etc. erhoben oder die prototypisch dargestellten Szenarios in Form von Workshops diskutiert. In Kapitel 7 wird der Einsatz dieser Methoden noch detailliert vorgestellt.

[643] Vgl. Biethahn, J. u.a. (2004), S. 291 f., Heinrich, L. J. und Lehner, F. (2005), S. 327 ff. sowie Gausemeier, J. u.a. (2009), S. 59 ff.

[644] Im Folgenden wird mit Analyst der in der BPI-Systementwicklung aktive Systemanalyst bezeichnet, der insb. für das Requirements Engineering zuständig ist. Der potentielle zukünftige Systemnutzer wird als Anwender bzw. als Aufgabenträger oder Entscheidungsträger bezeichnet, selbst, wenn er selbst analytische Aufgaben übernimmt.

[645] Vgl. Heinrich, L. J. und Lehner, F. (2005), S. 421 ff., Herzwurm, G. und Pietsch, W. (2009), S. 159, Goeken, M. (2006), S. 104 f. sowie Stickel, E. (2001), S. 120 ff.

[646] Vgl. Eder, J. u.a. (2001), S. 10.

[647] Vgl. Abschnitt 4.2.2.

Darstellung relevante Anwendungsszenarios diskutierbar gemacht und evtl. neue Szenarios durch ein iteratives Verfahren entwickelt werden.

Wie die Abb. 21 zeigt, wurde das Teilziel 1 nach der Auswahl der Basismethoden adressiert.

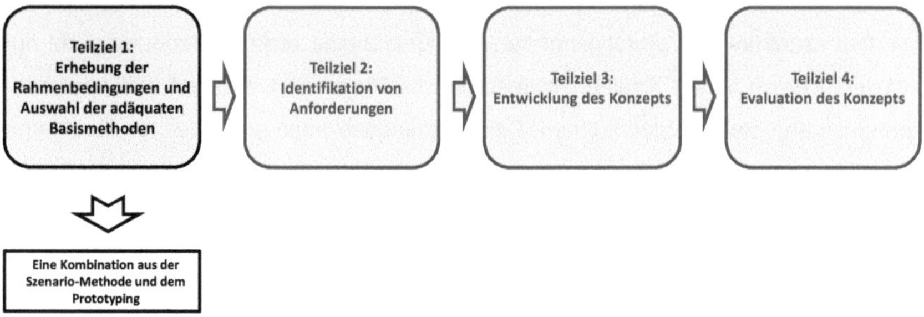

Abb. 21: Ergebnis des Teilziels 1[648]

5.6 Konkretisierung des Gestaltungsbereiches

Ausgehend von der Entscheidung, dass eine Kombination aus der Szenario-Methode und dem Prototyping als geeignete Kombination von Basismethoden ausgewählt wurde, lässt sich das hier zu entwickelnde Konzept weiter konkretisieren. Hierbei stehen zwei wichtige Aspekte im Mittelpunkt:

- *Identifikation relevanter Analyseszenarios von BPI-Systemen*
  Bei einem szenariobasierten Ansatz geht es darum, den Informationsbedarf aus den für die Anwender relevanten Analyseszenarios abzuleiten. Angesichts der Herausforderungen des Untersuchungsbereichs sollten dabei insb. solche Analyseszenarios identifiziert werden, die den Anwendern unbekannt sind und die nicht-artikulierten Informationsbedarf enthalten.
- *Prototypische Realisierung und Darstellung potenzieller Analyseszenarios*
  Die Technik des Prototypings wird hier eingesetzt, um die Identifikation von Analyseszenarios zu unterstützen. Sie zielt darauf ab, das zu entwickelnde BPI-System durch Prototypen zu realisieren und mithilfe einer Visualisierung von potentiellen Anwendungen die Kommunikation zwischen den Analysten und den Anwendern zu erleichtern, sodass existierende Analyseszenarios vertieft disku-

[648] Eigene Darstellung.

tiert und neue, den Anwendern noch nicht unbekannte Szenarios, sukzessiv identifiziert werden können.

Für die Realisierung von Prototypen für BPI-Systeme ist es erforderlich, eine geeignete Datenbasis zu schaffen, die von den Prototypen zum Zweck der Prozessanalyse angewendet werden kann. So eine Datenbasis hat für den Untersuchungsbereich mit dem szenario- und prototypingbasierten Ansatz eine zentrale Bedeutung, da nur auf deren Basis für die Anwender verständliche Prototypen realisiert und Analyseszenarios dargestellt werden können. Diese Datenbasis kann entweder von Realdaten extrahiert oder künstlich erzeugt werden. Im Kontext der Business Process Intelligence hat der Einsatz von Realdaten den Nachteil, dass die Verfügbarkeit der Daten oft eingeschränkt ist oder der Zugang zu den Daten aufgrund der Vertraulichkeit häuft nicht gewährleistet werden kann. Aus diesem Grund wird im Rahmen dieser Arbeit ein Werkzeug entwickelt, das den zu untersuchenden Geschäftsprozess abstrahiert abbildet und Beispieldaten zum Prozessablauf (Prozessablaufdaten) generiert. Die hier zu generierenden Prozessablaufdaten gelten als Datenbasis zur Realisierung der erforderlichen Prototypen von BPI-Systemen. Das Werkzeug, das Prozessablaufdaten generiert, wird im Rahmen dieser Arbeit als *ProDIA-Werkzeug (Werkzeug für die Generierung von ProzessablaufDaten für eine InformationsbedarfsAnalyse)* bezeichnet und ist eine zentrale Gestaltungskomponente des hier zu entwickelnden Konzepts. Hiermit sollten flexible Prozessablaufdaten für Geschäftsprozesse in unterschiedlichen Anwendungskontexten erzeugt werden können. Anhand dieser Datenbasis können Prototypen je nach Anwendungsfall individuell realisiert werden.[649]

Außerdem wird ein Vorgehensmodell im Rahmen dieser Arbeit entwickelt. Die kombinierten Methoden zur Informationsbedarfsanalyse sind in aller Regel mit einem Vorgehensmodell verknüpft, das ein strukturiertes Vorgehen besitzt.[650] Gerade für den nicht-artikulierten Informationsbedarf werden iterative Verfahren gewählt (z.B. das Spiralmodell von Inmon, der situative Ansatz von Stroh oder der prozessorientierte Ansatz von Böhnlein), die eine schrittweise Detaillierung der Spezifikation auf

[649] Die Realisierung von konkreten Prototypen ist vom Anwendungsfall sowie den gewählten Werkzeugen (z.B. Cognos BI oder SAP BW) oder Techniken (z.B. OLAP-Analyse oder Process Mining) abhängig und ist deshalb nicht der Bestandteil dieses Konzepts. Weiteres wird in Kapitel 7 erörtert.
[650] Vgl. Abschnitt 4.4.

Basis von Zwischenergebnissen vorsehen.[651] Dem wird hier gefolgt, indem ein *iteratives Vorgehensmodell*, das für eine szenario- und prototypingbasierte Informationsbedarfsanalyse geeignet ist, für das hierzu entwickelnde Konzept vorgeschlagen wird.

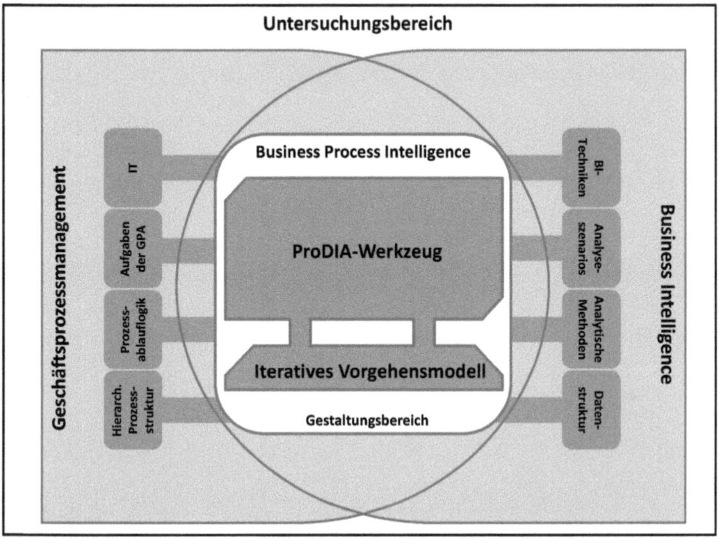

Abb. 22: Konkretisierung des Gestaltungsbereiches[652]

Wie Abb. 22 zeigt, decken diese beiden Gestaltungskomponenten für die Informationsbedarfsanalyse – das ProDIA-Werkzeug und das iterative Vorgehensmodell – zusammen die Lücken im Gestaltungsbereich dieser Arbeit ab. Mit den beiden Komponenten unterstützt das Konzept die Szenario-Methode und das Prototyping für die Erhebung der notwendigen Informationen bei der Entwicklung eines BPI-Systems.

[651] Vgl. Abschnitt 4.4.
[652] Eigene Darstellung.

6 Durchführung der Anforderungserhebung

Im vorangegangenen Kapitel wurden die Rahmenbedingungen zur Informationsbedarfsanalyse für BPI-Systeme diskutiert und eine Kombination von Basismethoden für das in dieser Arbeit zu entwickelnde Konzept ausgewählt. Hierbei wurde argumentiert, dass es sinnvoll ist, den Informationsbedarf über relevante Analyseszenarios abzuleiten, deren Identifikation durch eine prototypische Realisierung eines BPI-Systems unterstützt wird.[653] Diese beiden Methoden stecken den Grundansatz des zu entwickelnden Konzepts ab. Schließlich wurde argumentiert, dass zwei Gestaltungskomponenten im Rahmen dieser Arbeit entwickelt werden – ein iteratives Vorgehensmodell und das ProDIA-Werkzeug. Hierbei generiert das ProDIA-Werkzeug mithilfe eines strukturierten Vorgehens Beispieldaten zu Abläufen eines zu untersuchenden Geschäftsprozesses (Prozessablaufdaten). Auf Basis der erzeugten Prozessablaufdaten können ein zu entwickelndes BPI-System prototypisch realisiert und potenzielle Analyseszenarios des BPI-Systems dargestellt werden.[654] In diesem Kapitel wird die Erhebung von Anforderungen für die Entwicklung des ProDIA-Werkzeugs behandelt.[655] Die Herausforderung des ProDIA-Werkzeugs besteht hauptsächlich darin, Prozessablaufdaten so zu generieren, dass diese als Datenbasis dienen, um realistische und sinnvolle Analyseszenarios für das zu entwickelnde BPI-System prototypisch darzustellen.

Aufgrund der Relevanz von Analyseszenarios werden diese für die Anforderungserhebung untersucht, um wichtige Aspekte für die Entwicklung des ProDIA-Werkzeugs zu identifizieren. Die Untersuchung basiert sowohl auf bereits veröffentlichten Publikationen (Abschnitt 6.1) als auch auf drei Fallstudien (Abschnitt 6.2), die am Lehrstuhl für Wirtschaftsinformatik I der Universität Stuttgart durchgeführt wurden. Aus dieser Untersuchung sowie aus den theoretischen Grundlagen des Untersuchungsbereichs erfolgt eine systematische Ableitung der Anforderungen, die in Abschnitt 6.3 zusammengefasst sind.

---

[653] Vgl. Abschnitt 5.5.

[654] Vgl. Abschnitt 5.6.

[655] Aufgrund der zentralen Bedeutung des ProDIA-Werkzeugs werden in diesem Kapitel Anforderungen für dessen Entwicklung behandelt. Die zweite Gestaltungskomponente – das iterative Vorgehensmodell – ist eine Unterstützungskomponente. Dies soll einen szenario- und prototypingbasierten Ansatz zur Informationsbedarfsanalyse unterstützen, die mithilfe des ProDIA-Werkzeugs durchgeführt wird. Die Entwicklung des Vorgehensmodells wird in Kapitel 7 vorgestellt.

Abb. 23 zeigt das Forschungsdesign bezüglich des Teilziels 2, das in diesem Kapitel behandelt wird.

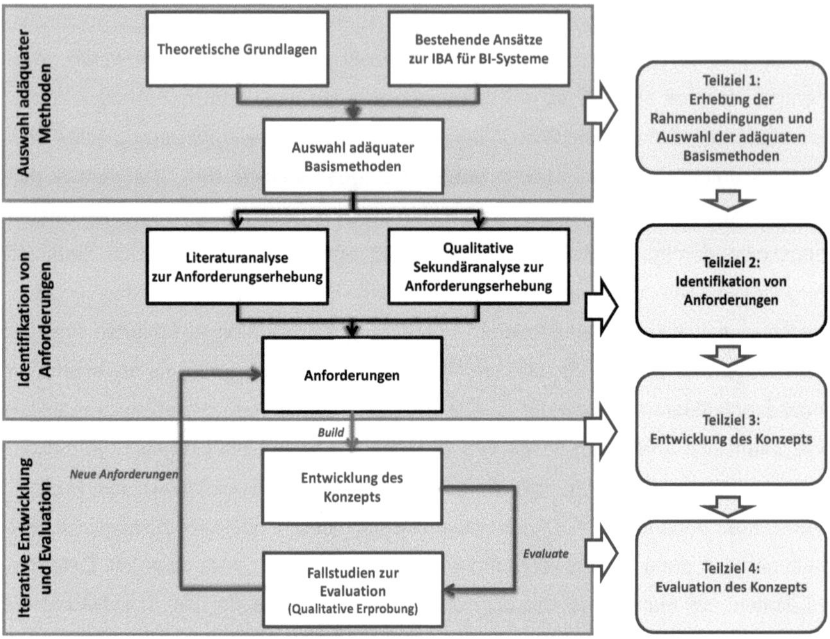

Abb. 23: Teilziel 2 im Forschungsdesign

6.1 Literaturanalyse auf Basis von Veröffentlichungen zu BPI-Systemen

Der nachfolgende Abschnitt widmet sich akademischen Publikationen, die BPI-Systeme sowie deren Anwendungen in ihre Betrachtung miteinbezogen haben. Bei der Literaturanalyse werden Publikationen im Zeitraum von 2001 und 2011 untersucht, welche die Anwendungsmöglichkeiten von BPI-Systemen bzw. prozessorientierten BI-Lösungen diskutiert haben.[656] Ziel dabei war es, aus bestehenden Untersuchungen Analyseszenarios von BPI-Systemen zu extrahieren und daraufhin wichtige Aspekte für die Entwicklung des ProDIA-Werkzeugs abzuleiten.

Die untersuchten Veröffentlichungen lassen sich thematisch grundsätzlich in folgende drei Kategorien unterteilen: Ableitung von Anforderungen an BPI-Systeme ohne

[656] Die Literaturanalyse zur Anforderungserhebung fand zwischen 2009 und 2011 statt.

spezifische Anwendungsdomäne, aus dem Workflow-Management sowie aus dem Kontext des Supply Chain Management. Dieser Unterteilung folgt auch die Gliederung der kommenden Abschnitte.

6.1.1 Untersuchungen zu BPI-Systemen ohne spezifische Anwendungsdomäne

In diesem Abschnitt werden zwei Untersuchungen vorgestellt, bei denen Analyseszenarios bzw. die Konsequenzen für die Entwicklung des ProDIA-Werkzeugs aus allgemeinen BPI-Anwendungen extrahiert werden konnten.

6.1.1.1 Untersuchung von Hall 2004 (a)[657]

Hall hat in seiner Untersuchung Herausforderungen und Anwendungsmöglichkeiten von BPI-Systemen mit dem Schwerpunkt „Operational BI“ und “Real-/Near-Time BI“ diskutiert. Folgende drei Merkmale von BPI-Anwendungen wurden als relevant aufgeführt:[658]

a. *Organisationsübergreifende Anwendungen.*
   Geschäftsprozesse werden oft durch verschiedene Organisationseinheiten in Teilprozesse, Prozessschritte und Aktivitäten unterteilt.[659] Diese werden häufig von unterschiedlichen IT-Systemen unterstützt. Das führt dazu, dass Messgrößen zu einzelnen Prozessen in verschiedenen Detaillierungsgraden vorliegen oder mit unterschiedlichen Formaten gekennzeichnet werden, sodass ein Vergleich verschiedener Teilprozesse erschwert wird. Mithilfe von BPI-Systemen kann eine integrierte Datenstruktur entlang der Geschäftsprozesse geschaffen werden, mit der eine organisations-/unternehmensübergreifende Analyse ermöglicht werden kann.
b. *Rollenbasierter Zugriff auf Informationen.*
   Informationen von BPI-Systemen lassen sich in verschiedenen Detaillierungsebenen darstellen. So kann bspw. ein Prozessmanager über den Ablauf einzelner Aktivitäten informieren und einem Geschäftsführer Informationen auf einer höheren Ebene in einer aggregierten Form darstellen lassen. Hall konstatiert, dass dabei ein Rollenkonzept existieren sollte, um Zugriffsrechte zu verwalten.

---

[657] Vgl. Hall, C. (2004a), S. 1-11.
[658] Vgl. Hall, C. (2004a), S. 1-11.
[659] Vgl. Abschnitt 2.2.2.1.

c. *Analyse von aktuellen Informationen.*[660]

Bei diesem Typ von Analyse werden Daten über den aktuellen Zustand eines Prozesses zur Verfügung gestellt. Diese Informationen können zeitnah aus mehreren Quellsystemen extrahiert und für die Entscheidungsunterstützung integriert angeboten werden.[661]

Die oben vorgestellten Merkmale von BPI-Anwendungen zeichnen sich v.a. dadurch aus, dass die Ausführung von Prozessaktivitäten und Prozessschritten durch unterschiedliche Organisationseinheiten erfolgen und die entsprechenden Prozessinstanzen für eine organisationsübergreifende Prozessanalyse in einem BPI-System integriert gespeichert werden sollen. Eine solche Analyse basiert oft auf der hierarchischen Struktur des zu untersuchenden Prozesses. Außerdem können auch aktuelle Informationen für die Prozessanalyse in einem BPI-System zur Verfügung gestellt werden. Um solche Szenarios abbilden zu können, sollte das ProDIA-Werkzeug Prozessablaufdaten, u.a. über den aktuellen Zustand eines Prozesses, generieren können, in denen die Prozessinstanzen mit den für die Ausführung zuständigen Organisationseinheiten verknüpft abgebildet werden können. Außerdem sollten diese Prozessablaufdaten eine Datenstruktur besitzen, welche die hierarchische Struktur eines Prozesses abbilden kann.

6.1.1.2 Untersuchung von Schiefer u.a. 2004[662]

Schiefer u.a. haben in ihrer Arbeit Near/Real-Time-BPI-Anwendungen für das Monitoring und die Optimierung von Geschäftsprozessen untersucht. Die Arbeit konzentriert sich auf die technische Realisierung einer Architektur zur Integration der Prozessdaten.[663]

In der Arbeit werden prozessorientierte Daten von in konventionellen BI-Systemen gehaltenen Geschäftsdaten unterschieden. Schiefer u.a. stellen fest, dass prozessorientierte Daten von BPI-Systemen in bestehende Geschäftsdaten integriert werden

[660] In der Arbeit von Hall wird dies als „real-time Information“ bezeichnet. Ausgehend von der Diskussion in Abschnitt 3.3.1 wird diese Art von Information hier unter der Überschrift „aktuelle Informationen“ diskutiert. Das Gegenteil wären „historische Informationen“.

[661] Vgl. Hall, C. (2004a), S. 3.

[662] Vgl. Schiefer, J. u.a. (2004), S. 162-169.

[663] Vgl. Schiefer, J. u.a. (2004), S. 165 ff.

sollten. Dabei wird den folgenden zwei technischen Aspekten bei der Datenintegration für BPI-Systeme besondere Aufmerksamkeit gewidmet:[664]

a. *Integration des Prozesskontexts in bestehende Fakten des DWHs.*
   In einem konventionellen, relationalen DWH werden Fakten über das betriebliche Geschehen, wie z.B. über den Transport oder über den Verkauf, üblicherweise in Faktentabellen festgehalten. Hierbei fehlt jedoch in der Datenstruktur häufig der Prozesskontext. So können bspw. keine Analysen zur Reihenfolge von Vorgängen durchgeführt werden. In BPI-Systemen sollte der Prozesskontext jedoch berücksichtigt werden.
b. *Ergänzung von prozessorientierten Kennzahlen.*
   Als typische Beispiele für solche Kennzahlen werden genannt: Prozessdurchlaufzeit, Wartezeit, Abweichungen von den definierten Zielen sowie Kosten von Prozessen.[665]

Aus dieser Untersuchung lässt sich ableiten, dass das hierbei zu entwickelnde ProDIA-Werkzeug Prozessablaufdaten generieren sollte, deren Datenstruktur einerseits dem Prozesskontext entsprechen und andererseits prozessorientierte Kennzahlen beinhalten sollen.

6.1.2 Untersuchungen zu Analysen von Workflow-Daten

Die ersten Untersuchungen zu BPI-Systemen konzentrierten sich auf Daten aus Workflow-Management-Systemen[666]. In diesem Teil der Arbeit werden drei dieser Untersuchungen vorgestellt.[667]

6.1.2.1 Untersuchungen der HP-Labs sowie von HP-Partnern[668]

Seit dem Jahr 2001 haben die HP-Labs sowie deren Partner eine Reihe von Publikationen über die Unterstützung von Geschäftsprozessen durch BI-Techniken veröf-

[664] Vgl. Schiefer, J. u.a. (2004), S. 164 f.
[665] Vgl. Schiefer, J. u.a. (2004), S. 164.
[666] Vgl. Abschnitt 2.4.2.1 (Workflow und Workflow-Management-System).
[667] Von diesen drei Untersuchungen werden informationelle Prozesse über Versicherungstransaktionen bei der dritten Untersuchung von zur Muehlen behandelt. Bei den anderen zwei Untersuchungen wird die Art der untersuchten Prozesse, bezogen auf die darin zu bearbeitende Art der Objekte (physische oder informationelle Objekte), nicht explizit dargestellt. Aus dem Kontext der Arbeiten ist jedoch davon auszugehen, dass sowohl physische als auch informationelle Prozesse von den vorgestellten Lösungskonzepten unterstützt werden können.
[668] Grigori, D. u.a. (2001), S. 1-10, Grigori, D. u.a. (2004), S. 321-343, Casati, F. u.a. (2002), S. 1-13, Casati, F. u.a. (2007), S. 1128-1138, Dayal, U. u.a. (2001), S. 1-11, Bonifati, A. u.a. (2001a), S. 649-652 sowie Sayal, M. u.a. (2002), S. 1-4.

fentlicht, welche letztendlich die Etablierung des Begriffs *Business Process Intelligence* maßgeblich geprägt haben. Bei den Untersuchungen ging es insbesondere um die technische Realisierung von BPI-Systemen. Dabei wurden auch die Herausforderungen für die Systementwicklung sowie entsprechende Anwendungsbeispiele diskutiert.

Folgende zwei Herausforderungen werden im Rahmen des Data Warehousing im prozessorientierten Kontext genannt:[669]

- *Prozesskontext in multidimensionalen Strukturen.*
  Prozessabläufe lassen sich auch in multidimensionalen Strukturen darstellen. Zuerst sind die Fakten, die das Geschehen von Geschäftsprozessen dokumentieren, mit verschiedenen Dimensionen aus dem Prozess, wie z.B. Aktivitäten, Ressourcen etc., verknüpft. Zudem sind die Fakten voneinander abhängig. Beispielsweise kann eine Aktivität „Verpacken" nur ausgeführt werden, wenn die zu verpackenden Objekte sowie das Verpackungsmaterial geliefert wurden. Mit anderen Worten: Die vorherige Aktivität „Lieferung" muss erfolgreich abgeschlossen sein. Diese Abhängigkeiten sollten beim Data Warehousing betrachtet werden.
- *Komplexe Aggregation.*
  Die Aggregation prozessorientierter Daten stellt aufgrund der Abhängigkeiten der Prozessaktivitäten ein Problem dar. Hier muss insb. die Prozessablauflogik bei der Aggregation berücksichtigt werden.

Der Schwerpunkt der Untersuchungsreihe lag auf der Analyse und der Prognose von Ausreißern in Workflows auf Basis von Daten aus Workflow-Management-Systemen. Dabei werden insb. drei Arten von Messgrößen für die Prozessanalyse unterschieden:[670]

a. *Messgrößen aus Prozesssicht.*
   Folgende Arten von Messgrößen werden genannt: Basis-Messgrößen für eine Prozess-Statistik (z.B. Dauer, Menge etc.), Messgrößen, die den Ablauf sowie den Endpunkt des Prozesses dokumentieren.[671]

[669] Vgl. Bonifati, A. u.a. (2001a), S. 649 f.
[670] Vgl. Casati, F. u.a. (2007), S. 1130 sowie Grigori, D. u.a. (2001), S. 6.
[671] Mithilfe dieser Art von Messgrößen können bspw. folgende Fragen beantwortet werden: Wie oft wird eine Schleife wiederholt? Wie oft endet der Prozess bei einem bestimmten Endpunkt?

b. *Messgrößen aus Ressourcensicht.*

   Bei dieser Art von Messgrößen handelt es sich um Performancefaktoren bezüglich Ressourcen wie z.B. Personal oder Sachmittel.

c. *Messgrößen aus Geschäftssicht.*

   In diesem Fall werden die Zusammenhänge zwischen Geschäftsdaten (z.B. Informationen über Güter oder Lieferanten) und Prozessdaten[672] sowie zwischen Geschäftsdaten und Ressourcen behandelt.[673]

Aus dieser Untersuchung ergeben sich ebenfalls einige Aspekte, die für die Entwicklung des ProDIA-Werkzeugs relevant sind. Zuerst sollten die verschiedenen Arten von Messgrößen für die Generierung von Prozessablaufdaten berücksichtigt werden. Solche Messgrößen sollten anhand der Prozessaufbaustruktur aggregiert werden können. Außerdem können Prozessablaufdaten in einer multidimensionalen Struktur gespeichert werden, bei der die Zusammenhänge zwischen Fakten und verschiedenen Dimensionen berücksichtigt werden.

6.1.2.2 Untersuchung von Eder u.a. 2001[674]

Eder u.a. stellen in ihrer Arbeit eine Untersuchung vor, die darauf abzielt, Data-Warehouse- und OLAP-Technologien für die Aggregation, die Analyse und die Präsentation von Prozessablaufdaten aus WfMS-Logdateien zu nutzen.[675] Auf Basis eines Workflow-Metamodells[676] sowie des Informationsbedarfs von Entscheidungsträgern wurde ein multidimensionales Datenmodell mit insgesamt sechs Dimensionen[677] entwickelt. Anschließend wurde das Datenmodell durch eine Fallstudie validiert. Für das Design des Datenmodells wurden folgende Abfragen bzw. Analyseszenarios betrachtet:[678]

a. *Wie oft werden bestimmte Workflows ausgeführt?*[679]
b. *Welche Aktivitäten innerhalb dieser Workflows werden ausgeführt?*[680]

---

672 Z.B. Analyse der durchschnittlichen Prozessdauer im Vergleich verschiedener Güter.
673 Z.B. Anzahl der von einem Mitarbeiter überarbeiteten Güter.
674 Vgl. Eder, J. u.a. (2001), S. 1-15.
675 Vgl. Eder, J. u.a. (2001), S. 1.
676 In der Literatur sind verschiedene Referenz-Meta-Modelle für Workflow-Management-Systeme zu finden. (Vgl. u.a. Rosemann, M. und zur Muehlen, M. (1997), S. 3) Eder u.a. haben ein Meta-Modell aus folgender Arbeit angewendet: Eder, J. u.a. (2002), S. 326-339.
677 Die sechs Dimensionen sind „workflows", „participants", „organisation", „servers", „time" und „measures". Die Dimension „servers" wurde aus technischen Gründen eingeführt. Vgl. Eder, J. u.a. (2001), S. 7 f.
678 Vgl. Eder, J. u.a. (2001), S. 5 f.
679 Diese Information kann genutzt werden, um einen Kernprozess zu identifizieren.

c. *Die Ausführung welcher Workflows hat zum Verpassen von Fristen geführt?*
d. *Die Ausführung welcher Aktivitäten hat zum Verpassen von Fristen geführt?*
e. *Analyse über die Anzahl der verpassten Fristen.*
f. *Wie oft werden die Workflows ausgeführt, die zum Verpassen von Fristen geführt haben?*
g. *Wie viele Nutzer sind an der Ausführung bestimmter Workflows beteiligt?*
h. *Welche Nutzer sind für die Aktivitäten zuständig, die oft zum Verpassen von Fristen geführt haben?*
i. *Welche Nutzer sind in der Regel überlastet und welche Nutzer haben oft freie Kapazitäten?*
j. *Welche Nutzer sind an welchen Workflows beteiligt?*
k. *Vergleich der Kennzahlen von unterschiedlichen Versionen von Prozessen, z.B. Soll- und Ist-Prozess.*
l. *Vergleich der Kennzahlen von unterschiedlichen Versionen von Prozessen über verschiedene Zeiträume.*
m. *Analyse der Ausführung von einer Aktivität in verschiedenen Prozessen.*
n. *Analyse der Ausführung einer Aktivität bei verschiedenen Nutzern.*
o. *Monitoring der Performance von Nutzern für verschiedene Zeiträume.*

Das nach Eder u.a. entwickelte DWH-Konzept wurde durch ein Workflow-System mit realen Daten prototypisch validiert. Außer den oben diskutierten Abfragen wurden folgende Analyseszenarios dargestellt:[681]

p. *Identifikation der Typen von abgeschlossenen Aktivitäten („cancelled“, „finished“ oder „compensated“) in absoluten und relativen Zahlen.*
q. *Analyse über die Dauer einer Aktivität.*
r. *Analyse über die durchschnittliche Dauer mehrerer Aktivitäten.*
s. *Identifikation, wie lange die Aktivitäten von verschiedenen Nutzern bearbeitet wurden.*
t. *Monitoring der Anzahl von Instanzen in verschiedenen Aktivitäten.*
u. *Identifikation der Anzahl von Instanzen, die von verschiedenen Nutzern erzeugt wurden.*

---

[680] Die Navigationspfade entlang des Workflows können identifiziert werden.
[681] Vgl. Eder, J. u.a. (2001), S. 9 ff.

Diese Untersuchung enthält zahlreiche Aspekte, die in den oben vorgestellten Untersuchungen bereits diskutiert wurden. Für die Entwicklung des ProDIA-Werkzeugs ist es hier besonders wichtig, dass zum einen verschiedene Status der Aktivitätsinstanzen in den zu generierenden Prozessablaufdaten abgebildet (Szenario p) und zum anderen Soll- und Ist-Werte in der Datenbasis für die entsprechende Prozessanalyse unterschieden werden sollten (Szenario k).

6.1.2.3 Untersuchung von zur Muehlen 2001[682]

Ähnlich wie in der oben vorgestellten Untersuchung zielt zur Muehlen in seiner Arbeit darauf ab, ein Framework für DWH-Systeme zur Integration von Workflow-Logdateien zu entwickeln. Es werden verschiedene Aspekte für das Design eines prozessorientierten DWH diskutiert sowie ein Phasenmodell für die Systementwicklung vorgestellt.[683] Abschließend werden die Mehrwerte von einem prozessorientierten DWH anhand einer Fallstudie in einem Versicherungsunternehmen dargestellt. In dieser Fallstudie werden die WfMS-gestützten Prozesse für die Bearbeitung von Versicherungstransaktionen, z.B. die Genehmigung oder die Kündigung einer Autoversicherung, untersucht. Die in diesen Prozessen zu bearbeitenden Objekte sind informationelle Objekte[684] (Versicherungen), die während der Versicherungsabläufe in digitaler Form behandelt werden.[685] Folgende Anforderungen sowie Analyseszenarios können als relevant für die Informationsbedarfsanalyse betrachtet werden:[686]

a. *Analyse aus der Perspektive von Prozessen.*

   In Workflow-Logdateien wird ein Prozess durch die Aktivitäten sowie deren Zeitstempel und Status dokumentiert. Folgende Zeitstempel wurden genannt: Zeit zum Beginn eines Prozesses, Zeit innerhalb einer Aktivität (Erstellungszeit, Aktivierungszeit und Zeit der Fertigstellung[687]) und Zeit der Fertigstellung des Prozesses. Von diesen Zeitstempeln können zeitorientierte Kennzahlen, wie Durchlaufzeit eines Prozesses, berechnet werden.

---

[682] Vgl. zur Mühlen, M. (2001), S. 550-566.
[683] Das in der Arbeit vorgestellte Phasenmodell beinhaltet die Extraktion, Transformation, Evaluation und Präsentation der Daten aus Workflows. Vgl. zur Mühlen, M. (2001), S. 552 ff.
[684] Vgl. Abschnitt 2.2.3.2.
[685] Vgl. zur Mühlen, M. (2001), S. 560 ff.
[686] Vgl. zur Mühlen, M. (2001), S. 561 f.
[687] Die *Erstellungszeit* ist der Zeitpunkt, wenn die Aktivität für die Ausführung bereit ist. Die *Aktivierungszeit* beschreibt den Zeitpunkt, zu dem die Aktivität z.B. bei einem Nutzer aktiviert ist. Vgl. zur Mühlen, M. (2001), S. 561.

b. *Analyse aus der Perspektive von Ressourcen.*

In diesem Fall können z.B. die Performance oder die Kostenfaktoren von Ressourcen (z.B. personelle Ressourcen) analysiert werden. Bei einer prozessorientierten Analyse werden Ressourcen im Prozesskontext, wie im obigen Szenario dargestellt, betrachtet.

Um die hier vorgestellten Analyseszenarios prototypisch darstellen zu können, sollten die vom ProDIA-Werkzeug zu generierenden Prozessablaufdaten neben den physischen Objekten auch informationelle Objekte abbilden und entsprechende Prozessablaufdaten erzeugen können. Dabei sollten die hierbei relevanten Eigenschaften dieses Objekttyps bei der Datengenerierung berücksichtigt werden.[688] Ein weiterer wichtiger Aspekt sind die Zeitstempel, mit deren Hilfe die Ablauflogik in den Prozessablaufdaten festgehalten werden kann. Außerdem ist es sinnvoll, relevante zeit- und ressourcenbezogene Kennzahlen in den Prozessablaufdaten abzubilden.

6.1.3 Untersuchungen im Kontext eines BI-gestützten Supply Chain Management

Eine Supply Chain (auch Lieferkette genannt)[689] erstreckt sich von Rohstofflieferanten bis zum Endverbraucher. Alle Unternehmen, die an der Entwicklung, Erstellung und Lieferung sowie an der Entsorgung und Recycling eines Objekts (z.B. Material, Information etc.) beteiligt sind, gehören zu einer Supply Chain.[690] Der Fluss von den Objekten durch ein Netzwerk der beteiligten Unternehmen in der Supply Chain wird durch eine prozessorientierte Sichtweise betrachtet.[691]In der Praxis werden Aufgaben wie Planung und Ausführung von Lieferkette seit Jahren durch sogenannte Supply-Chain-Management-Systeme (SCM-Systeme) unterstützt. Von diesen werden Prozessablaufdaten dokumentiert und zum Teil schon jetzt für organisationsübergreifende Planungen und Analysen genutzt.[692] Aus diesem Grund wird die

[688] Vgl. Abschnitt 2.2.3.2.

[689] In vorliegender Arbeit werden die Begriffe „Lieferkette“ und „Supply Chain“ als deutsche Übersetzung gleichbedeutend behandelt. Vgl. Werner, H. (2010), S. 6 f. und S.12 sowie Bretzke, W.-R. (2010), S. 18.

[690] Vgl. Schmelzer, H. J. und Sesselmann, W. (2013), S. 24 sowie Werner, H. (2010), S. 6.

[691] Vgl. Beckmann, H. (2003), S. 1 f. sowie Werner, H. (2010), S. 3 ff.

[692] Größtenteils werden diese Arten von Anwendungen unter dem Begriff Advanced Planing and Scheduling (APS) diskutiert. Das APS-System unterstützt das Supply Chain Management durch fortgeschrittene Methoden der Planung und Terminierung von unternehmensübergreifenden Produktionsprozessen. Weiteres zum APS findet sich in Abschnitt 2.4.2.3 sowie Betge, D. (2006), S. 1 ff. sowie Stadtler, H. (2005), S. 575 ff.

Supply Chain auch als eine bedeutende Anwendungsdomäne für die BPI-Systeme angesehen.

Hall und Vogt haben in ihren Untersuchungen die Anwendungspotenzielle von BPI-Systemen sowie dementsprechende Anforderungen diskutiert. Die beiden Untersuchungen dieser Autoren werden im folgenden Teil vorgestellt.

6.1.3.1 Untersuchung von Hall 2004 (b)[693]

Hall bezeichnet die Analyse und die Optimierung von Supply Chains mithilfe von Business Intelligence als „Supply Chain Intelligence".[694] Ziel dabei ist es, durch BI-Techniken Transparenz für die Produkte quer durch die gesamte Supply Chain zu schaffen und somit ein integriertes und effizientes Supply Chain Management zu erreichen.[695] Einige anhand des SCOR-Modells[696] strukturierte Analyseszenarios werden in der Arbeit dargestellt:[697]

- Planung
  a. *Unterstützung für die Kapazitäts- und Materialplanung*
     Folgende Kennzahlen werden in diesem Bereich häufig verwendet: Gesamte Kosten der Supply Chain, Ressourcenauslastung und Lagerbestände.
- Beschaffung
  b. *Analyse der Lagerbestände, der Warenflüsse und der Kosten der Lagerbestände.*
  c. *Analyse der Produktqualität im Lauf der Zeit.*
  d. *Analyse der Lieferzeit.*
  e. *Analyse von leistungsbezogenen und qualitätsbezogenen Faktoren, wie z.B. Effizienz oder Qualität der Lieferanten.*
  f. *Vergleich der Performance von Lieferanten.*

---

[693] Vgl. Hall, C. (2004b), S. 1-11.
[694] Vgl. Hall, C. (2004b), S. 1.
[695] Vgl. Hall, C. (2004b), S. 4.
[696] Das Supply Chain Operations Reference Model (SCOR-Modell), entwickelt im Jahre 1996 von dem Supply Chain Council (SCC), ist eines der bekanntesten Referenzmodelle für das Management der Supply Chain. Das SCOR-Modell stellt einen Ansatz dar, um unternehmensübergreifende Prozesse zu standardisieren. Vgl. Poluha, R. G. (2010), S. 81 ff., Sürie, C. und Wagner, M. (2008), S. 41 sowie Supply Chain Council (SCC) (2013), URL siehe Literaturverzeichnis. Das SCOR-Modell wird auf vier Ebenen hierarchisch aufgebaut und geht von einer integrierten Supply Chain (von den Lieferanten bis zu den Kunden) aus. Auf der höchsten Ebene werden fünf Kernprozesse definiert: Planung (plan), Beschaffung (source), Produktion (make), Lieferung (deliver) und Rückgabe (return). Vgl. Supply Chain Council (SCC) (2012), S. 11 ff.
[697] Vgl. Hall, C. (2004b), S. 4 ff.

- Produktion
  - g. *Identifikation von unplanmäßigen Ausfallzeiten und von Qualitätsproblemen.*
  - h. *Analyse und Vergleich von Ist-Daten der Produktion mit den Plan-Werten für einen bestimmten Zeitraum.*
- Lieferung
  - i. *Analyse des Schwunds im Lager oder während der Lieferung.*
  - j. *Analyse der Lagerbestände und Liefermenge.*
  - k. *Analyse der Auftragsabwicklung.*
- Rückgabe
  - l. *Analyse und Identifikation der Gründe für die Rückgabe.*
  - m. *Analyse von Garantiekosten.*

In dieser Untersuchung werden verschiedene Arten von Kennzahlen genannt, die v.a. im Bereich des SCM für die Generierung von Prozessablaufdaten zu berücksichtigen sind. Außerdem sollten die zu generierenden Prozessablaufdaten den Vergleich zwischen Ist- und Soll-Werten ermöglichen können (Szenario h). Für die Abbildung von Szenarios wie i ist es sinnvoll, die Status von Aktivitätsinstanzen wie „Schwund“ abzubilden. Diese sind auch wichtige Kennzahlen für Analysen der Gründen von Rückläufen sowie Garantiekosten (Szenario l und m).

6.1.3.2 Untersuchung von Vogt 2011[698]

Vogt nutzt ebenfalls den Begriff „Supply Chain Intelligence“. Er sieht diesen als Ergänzung zu Business Intelligence: *„Ein integrierter, unternehmensübergreifender IT Gesamtansatz zur Entscheidungsunterstützung in einer End-to-End Lieferkette“.*[699] Als die Kernziele einer Supply Chain Intelligence werden die Datenintegration und die Analysemöglichkeiten unternehmensübergreifender Supply Chains sowie benutzerfreundliche Oberflächen mit relevanten Kennzahlen genannt.[700]

Folgende drei Punkte werden als Anforderungen an die Analyse der Supply Chain dargestellt:

---

[698] Vgl. Vogt, J.-O. (2011), S. 265-283.
[699] Vogt, J.-O. (2011), S. 269.
[700] Vgl. Vogt, J.-O. (2011), S. 270.

a. *Für die Analyse werden aussagekräftige Kennzahlen benötigt.*
   Damit die Leistungen verschiedener Prozesse vergleichbar gemacht werden können, hat der Autor auf die Relevanz von Kennzahlenstandards hingewiesen. Dahingehend verweist der Autor auf das SCOR-Modell.[701]
b. *Analysen sollten über die Zeit möglich sein.*
   Kennzahlen müssen in einem BI-System über die Zeit dargestellt werden können. Dabei können bspw. Zeitstempel angewendet werden.
c. *Der Vergleich verschiedener Versionen von Prozessen muss möglich sein.*
   Hier werden konkret Soll/Ist-Analysen genannt.

Die aus dieser Untersuchung abzuleitenden Aspekte für die Abbildung der drei oben genannten Analyseszenarios sind von der bisherigen Diskussion abgedeckt: Die Relevanz prozessorientierter Kennzahlen, die Bedeutung des Zeitbezugs sowie der Vergleich zwischen Soll- und Ist-Daten.

6.2 Sekundäranalyse auf Basis von drei Fallstudien

Neben der Literaturanalyse wird für die Anforderungserhebung eine qualitative Sekundäranalyse aus dem Zeitraum von 2007 bis 2009 durchgeführt. Wie bereits in Kapitel 5 erörtert wurde, wird hierfür auf drei Fallstudien des Lehrstuhls für Wirtschaftsinformatik I der Universität Stuttgart zurückgegriffen. Im Hinblick auf die Thematik *„prozessorientierte Analyse mithilfe von BI-Techniken"* hat sich der Verfasser dieser Arbeit an der Konzeption und Durchführung der Fallstudien beteiligt und konnte für die Analyse die gewonnenen Datenmaterialien einsehen.[702] Die aus den Datenmaterialien abgeleiteten Analyseszenarios für BPI-Systeme sowie die entsprechenden Konsequenzen für die Anforderungserhebung an das ProDIA-Werkzeug werden in diesem Teil der Arbeit erörtert.

Alle drei Fallstudien beziehen sich auf die Anwendungsdomäne der Logistik und haben unterschiedliche Schwerpunkte. Die Konzeptionalisierung und die Durchführung folgte einem übergeordneten Bezugsrahmen und wurde im Kontext des Lehrstuhl-Schwerpunkts *„Prozessorientierte Business Intelligence"* übergreifend koordi-

[701] Das SCOR-Modell liefert standardisierte Kennzahlen und Best Practices. Mithilfe standardisierter Kennzahlen, wie Liefertreue, Auftragsabwicklungszeit, Supply Chain Kosten etc., lassen sich unternehmerische Prozesse miteinander vergleichen, sodass sogar branchenübergreifendes Benchmarking durchgeführt werden kann. Vgl. Supply Chain Council (SCC) (2012), S. 17 ff., Poluha, R. G. (2010), S. 145 f., Werner, H. (2010), S. 58 sowie Corsten, H. und Gössinger, R. (2008), S. 158.

[702] Vgl. Abschnitt 5.2.

niert. Hierbei wurde u.a. auch darauf geachtet, dass eine systematische und konsistente Erhebung von Analyseszenarios berücksichtigt wurde. Beim ersten Fallbeispiel ging es um die Analyse einer Supply Chain,[703] während sich die zweite[704] und dritte Fallstudie [705] auf Teile davon fokussierten: Produktionslogistik, Lagerlogistik und Distributionslogistik. Der Ausgangspunkt der Untersuchungsreihe war der Einsatz der Auto-ID-Technologie (insb. RFID-Technologie) in der Lieferkette.[706] Mithilfe von RFID können Objekte automatisch identifiziert und deren Bewegungen dokumentiert werden. Dies erhöht nicht nur die Effizienz und die Datenqualität für die Datenerhebung im operativen Kontext.[707] Da diese Technik eine durchgängige Dokumentation von Prozessabläufen erleichtert und mit Standards zur Objektidentifikation auf Instanzebene einhergeht, liefert sie aus Sicht der Datenintegration auch eine wichtige Grundlage sowohl für das prozessorientierte und organisationsübergreifende Supply Chain Management als auch für prozessorientierte BI-Analysen.[708]

Da sich diese Arbeit auf BPI-Systeme konzentriert, ist darauf hinzuweisen, dass die erhobenen Analyseszenarios auch ohne RFID als relevant betrachtet werden können, solange eine funktional gleichwertige Ersatztechnik für die Datenerhebung existiert, z.B. zweidimensionale Barcodes.

6.2.1 Fallstudie 1 – RFID-basierte Supply Chain bei einem Handelsunternehmen

6.2.1.1 Ausgangssituation der Untersuchung

Das Untersuchungsobjekt der Fallstudie 1 ist einer der größten internationalen agierenden Handelskonzerne weltweit. Die Untersuchung wurde in 2007 mit den Metho-

[703] Die Ergebnisse wurden zum Teil aus anderen Perspektiven untersucht und in folgenden Publikationen veröffentlicht: Siegel, M. (2007), S. 1 ff., Baars, H. u.a. (2008a), S. 73-83 sowie Baars, H. und Sun, X. (2009), S. 1-10.

[704] In der zweiten Fallstudie geht es um die Produktionslogistik von Lebensmittelherstellern. Teile der Ergebnisse wurden veröffentlich in: Reiter, A. (2007), S. 1 ff. sowie Baars, H. u.a. (2008b), S. 1-8.

[705] In der dritten Fallstudie wurden die Produktionslogistik und die Distributionslogistik eines Automobilherstellers untersucht. Die Ergebnisse wurden zum Teil in folgenden Artikeln veröffentlicht: Hannich, M. (2008), S. 1 f., Kemper, H.-G. u.a. (2008), S. 1 ff. sowie Baars, H. und Sun, X. (2009), S. 1-10.

[706] RFID ist die Abkürzung von Radio Frequency Identification. Die größten Vorteile der RFID-Technik gegenüber den konventionellen Identifikationstechniken (wie z.B. Barcode) bestehen in der berührungslosen und automatisierten Datenerfassung ohne Sichtkontakt. Außerdem erleichtern es RFID und entsprechende Standards, einzelne Objekte (Item-Level) zu identifizieren, was die Möglichkeit zur Gestaltung neuartiger Anwendungen im Logistikmanagement ermöglicht, etwa durch Pulkerfassung. Vgl. Finkenzeller, K. (2012), S. 6 ff. sowie Gaukler, G. M. u.a. (2007), S. 65 ff.

[707] Vgl. Knebel, U. u.a. (2007), S. 1774 sowie Agarwal, V. (2001), S. 12 ff.

[708] Vgl. Baars, H. und Sun, X. (2009), S. 1 ff. sowie Beier, S. u.a. (2006), S. 1 ff.

den des Interviews, des Workshops, der Dokumentenanalyse und der Beobachtung durchgeführt. Befragt wurden ein Projektmanager über Strategie und Architektur, ein Projektmanager über das RFID-Projekt sowie ein Warehousemanager und der Direktor der Global Supply Chain des Unternehmens. Die Durchführung dieser Fallstudie erfolgte teilweise im Rahmen einer Diplomarbeit von Herrn Siegel.[709] Die Interviewleitfäden sowie Gesprächsprotokolle lagen dem Verfasser für die weitere Aufbereitung vor. Zusätzlich wurden die hierbei abgeleiteten Analyseszenarios mithilfe des im Rahmen dieser Arbeit entwickelten Konzepts prototypisch realisiert[710] und mit den beteiligten Personen diskutiert.[711]

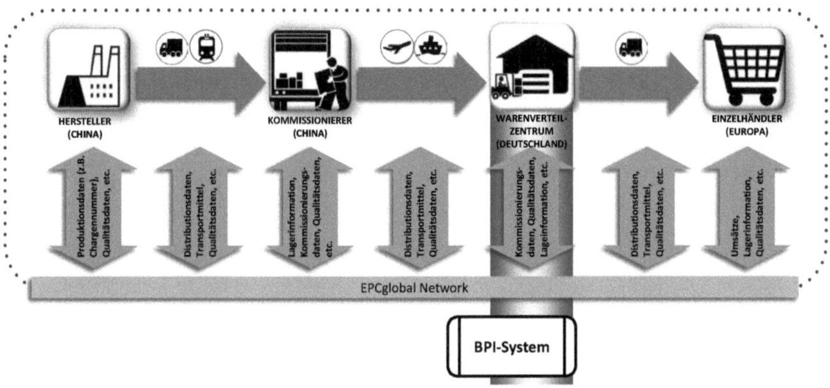

Abb. 24: RFID-basierte Supply Chain in Fallstudie 1[712]

Das Unternehmen war zum Zeitpunkt der Untersuchung mit seiner hohen Innovationsbereitschaft die treibende Kraft für die Umsetzung der RFID-Technik. Bei der Fallstudie sollten mithilfe der Standards von EPCglobal[713] die automatische Datenerfassung durch die RIFD-Technik sowie die Datenhaltung und der Datenaustausch

---

[709] Vgl. Siegel, M. (2007), S. 1 ff.

[710] Das szenario- und prototypingbasierte Konzept wurde iterativ entwickelt. Hierfür wurden alle in diesem Teil vorgestellten Analyseszenarios prototypisch realisiert.

[711] Die Aufbereitung des Datenmaterials sowie die prototypische Realisierung fanden zwischen 2007 und 2008 statt.

[712] Verändert und ergänzt übernommen von Baars, H. u.a. (2008a), S. 74.

[713] EPCglobal ist ein Joint Venture zwischen GS1 (auch bekannt unter der älteren Bezeichnung „EAN International") und GS1 US (vormals „Uniform Code Council Inc."). Es zielt darauf ab, Standards rund um den sog. Electronic Product Code (EPC) zu entwickeln, um RFID-Daten durch das „EPCglobal Network" austauschbar zu machen. Die EPC-Informationsservices (EPCIS) gehören hierin zu den wichtigeren Standards und sind die Grundlage für die Erfassung und die Abfrage von EPC-Daten zu Gütern und Waren. Das EPCglobal-Netzwerk soll relevante EPC-Informationen mithilfe des Internets jederzeit verfügbar machen. Vgl. GS1 Germany (2013), URL siehe Literaturverzeichnis sowie EPCglobal (2013), URL siehe Literaturverzeichnis.

mittels EPCIS und EPCglobal-Network erforscht werden.[714] Diese galten als technischer Enabler für die Datenintegration eines BPI-Systems. Die Ergebnisse dieser Fallstudie wurden für diese Arbeit unter Fokussierung auf prozessorientierten Analysen neu ausgewertet. Dabei wurden relevante BPI-Analyseszenarios identifiziert und Aspekte für die Entwicklung des ProdDIA-Werkzeugs extrahiert. Diese Ergebnisse werden im folgenden Teil detailliert eingegangen.

Wie Abb. 24 zeigt, beginnt die betrachtete Lieferkette mit Herstellern in China, die für die Produktion von (nicht verderblichen) Konsumgütern zuständig sind. Anschließend werden diese für den Transport bereitgestellt und zum Kommissionierer (ebenfalls in China) transportiert, bei dem die Produkte zu größeren Transporteinheiten, z.B. Containern, gebündelt und zum Verschiffen nach Europa vorbereitet werden. Alle Waren werden zentral in ein Warenverteilzentrum in Deutschland geliefert und dort in kleinere Einheiten umgepackt. Das Warenverteilzentrum organisiert den Distributionsprozess in Europa und liefert Waren zu Einzelhändlern, die für den Absatz zuständig sind. Aus diesem realen Ist-Prozess wurde zusammen mit den Beteiligten ein Soll-Prozess abgeleitet, in dem u.a. organisationsübergreifende, prozessorientierte Analysen möglich sind, wofür davon ausgegangen wurde, dass in Zukunft alle prozessorientierte Informationen, wie z.B. Produktionsdaten, Transportdaten, Qualitätsdaten etc., durch Techniken wie RFID-, GPS- und Sensor-Techniken erfasst und über das EPCglobal-Network ausgetauscht werden können.

Aufgrund der gegebenen Struktur und der dominierenden Rolle des betrachteten Unternehmens in der gesamten Supply Chain wurde gemeinsam mit den Vertretern des Unternehmens eine weitere Annahme als realistisch angesehen: Die Einführung des Verfahrens Vendor Managed Inventory (VMI) in der Lieferkette. Unter VMI versteht man die Übernahme der Bestandsverantwortung von den Industriepartnern zur Verbesserung der Performance in der Lieferkette. Dabei werden die Absatz- und Bestandsdaten vom Handel an den Partner übermittelt und daraus Lieferzeitpunkte und -menge errechnet.[715] Diese Annahme vereinfacht die Untersuchung sowohl aus organisatorischer als auch aus technischer Sicht. So kann ein (logisch) zentrales BPI-System beim Warenverteilzentrum platziert werden, von dem aus nahezu die

[714] Die Aspekte der Datenerfassung, des Datenaustauschs und der Datenhaltung werden in dieser Arbeit nicht tiefer diskutiert. Für näheres hierzu vgl. Baars, H. u.a. (2008a), S. 73-83.
[715] Vgl. Mau, M. (2003), S. 93.

vollständige Supply Chain, von der Produktion bei den Herstellern bis zum Verkauf an den Kunden, überwacht und analysiert werden kann.

6.2.1.2 Ergebnisse zu den Analyseszenarios

In diesem Abschnitt werden die aus dieser Fallstudie extrahierten BPI-Analyseszenarios vorgestellt. Anschließend werden für jedes Analyseszenario die Konsequenzen für die Anforderungserhebung an das zu entwickelnde ProDIA-Werkzeug bei dem jeweiligen Analyseszenario erörtert.

a. Aufdecken von (potenziellen) Engpässen im Warenfluss sowie die entsprechende Analyse.

Beschreibung des Analyseszenarios:

Durch die Erfassung von Produktinstanzen auf der Aktivitätsebene mithilfe der RFID-Technik sowie der integrierten Datenhaltung eines BPI-Systems ist es möglich, die Durchlaufzeit einzelner Transportstrecken sowie die Durchlaufzeit im Lager (z.B. beim Kommissionierer oder im Warenverteilzentrum) zu überwachen und in Bezug zum gesamten Prozess zu analysieren. Zuerst können Engpässe auf Basis von historischen Daten aufgedeckt und anschließend die Gründe dafür analysiert werden. Die Ergebnisse einer Prozessanalyse können dazu führen, die bestehende Prozessstruktur anzupassen oder die Rahmenbedingungen, wie z.B. Verteilung von Ressourcen, zu optimieren. Die Entlastung von Engpässen erhöht einerseits die Liefertreue und kann andererseits die Lagerkosten reduzieren. Beispielsweise können gegen die Engpässe vom Transport die Transportkapazität erhöht oder schnellere Transportmittel (z.B. Flugzeug statt Schiff) eingesetzt werden. Außerdem können auf Basis von aktuellen Daten Engpässe entdeckt werden, um rechtzeitig darauf reagieren zu können.

Konsequenzen für die Anforderungserhebung an das ProDIA-Werkzeug:

Das oben dargestellte Analyseszenario zeichnet sich v.a. dadurch aus, dass historische Informationen über verschiedene Aktivitäten analysiert werden. Im Mittelpunkt steht v.a. die Betrachtung von Durchlaufzeiten, z.B. mit Bezug auf eine Transportstrecke oder ein Lager. Zum Aufdecken von Engpässen können Ressourcen relevant sein, die bei der Ausführung der Aktivitäten eingesetzt werden. Außerdem sind bei diesem Szenario auch aktuelle Informationen zentral. Um vergleichbare Analyseszenarios abbilden zu können, sollte deshalb das ProDIA-Werkzeug Prozessablaufdaten für die Analyse sowohl historischer als auch aktueller Prozessinstanzen generieren können, bei denen die Durchlaufzeit der Prozessaktivitäten dokumentiert wird. Außerdem sollten die für die Ausführung der Aktivitäten relevanten Ressourcen in die zu generierenden Prozessablaufdaten mit den Prozessinstanzen verknüpft werden.

b. Reduktion der Lagerbestände aller Beteiligten und gleichzeitige Senkung des Out-of-Stock-Risikos

Beschreibung des Analyseszenarios:

In diesem Analyseszenario sollen aus Kostengründen Lagerbestände (Lagerraum beim Einzelhändler, Warenverteilzentrum und Lager beim Kommissionierer) reduziert werden. Dies setzt die Transparenz der gesamten Lieferkette voraus und Informationen zu Lagerbeständen, Liefermengen, Bestellmengen etc., die rechtzeitig zwischen den verschiedenen Beteiligten ausgetauscht werden müssen (insb. auch für das BPI-System beim Warenverteilzentrum).

Durch die Analyse historischer Daten aller Beteiligten können Prognosen zu Bestellmengen, Lieferzeiten etc. erstellt werden. Kombiniert mit den aktuellen Informationen zu den Lagerbeständen, Liefermengen etc. können Maßnahmen für den gesamten Logistikprozess entwickelt werden, sodass einerseits die Lagerbestände auf das Nötigste beschränkt und diese andererseits über dem Mindestwert gehalten werden können. Für dieses Analyseszenario sind Eigenschaften von den in der Lieferkette zu bearbeitenden Waren etwa Größe und Gewichts erforderlich. Diese haben Einfluss auf die Kosten und Dauer des Transport- und Lagerprozesses und sind deshalb für die Analyse der Liefermenge und Lagerbestände relevant.

Konsequenzen für die Anforderungserhebung an das ProDIA-Werkzeug:

Für die Abbildung dieses Analyseszenarios sollte das ProDIA-Werkzeug Prozessablaufdaten generieren können, die sowohl historische als auch aktuelle Informationen über die Instanzen aller Transport- und Lageraktivitäten beinhalten. Dabei sollten für solche Analyseszenarios relevante Kennzahlen wie Lagerbestand, Liefermenge, Lieferzeit etc. in die zu generierenden Prozessablaufdaten abgebildet werden. Außerdem sollten relevante Eigenschaften von Objekte, die den Ablauf von Prozessen beeinflussen, bei der Datengenerierung berücksichtigt werden.

c. Identifikation der Ursache von Warendefekten

Beschreibung des Analyseszenarios:

Hier werden etwaige Defekte von Waren betrachtet. Defekte können u.a. auf Produktionsfehler zurückgeführt oder bei einem Transport verursacht sein. Da die Kosten zur Beseitigung der Defekte beim Schadensverursacher anfallen, ist es wichtig, die Ursache genau zu identifizieren. Mithilfe von RFID-Technik lassen sich die Aktivitätsinstanzen während der Produktion, der Kommissionierung und des Transports dokumentieren. Diese Informationen, kombiniert mit Sensordaten etwa zu Temperatur, Feuchtigkeitsfaktor, können Indizien für die Ursache eines Defekts sowie den Standort und die Zuständigkeit sein. Wenn es beispielsweise eine hohe Zahl an Kundenreklamationen zu einem bestimmten Artikel gibt und diese eine identische Chargennummer besitzen, liegt die Vermutung nahe, dass es bei der Produktion einer bestimmten Charge zu Problemen gekommen ist.

Ein weiteres Beispiel wäre eine Häufung defekter Waren, die bei einem Transport zusammen in einem Container verpackt waren. Hier ist eine mögliche Ursache eine Beschädigung während des Transports. Auch die Eigenschaften der zu bearbeitenden Waren können für solche Analyse relevant sein. Beispielsweise kann eine besondere Form eines Objekts der Grund für die Häufung von Transportbeschädigung sein.

Konsequenzen für die Anforderungserhebung an das ProDIA-Werkzeug:

Dieses Szenario zeichnet sich v.a. dadurch aus, dass alle Aktivitätsinstanzen mit entsprechenden Bearbeitungsstatus (z.B. Defekt) und Messdaten (z.B. Temperatur) durch Sensoren über den gesamten Prozess durchgehend in einem BPI-System zu dokumentieren sind.

Um dieses Analyseszenario von den durch das ProDIA-Werkzeug zu generierenden Prozessablaufdaten abbilden zu können, sollten die Sensordaten sowie die Bearbeitungsstatus aller Aktivitätsinstanzen berücksichtigt werden. Um die mögliche Ursache von Defekten zurückzuverfolgen zu können, ist es sinnvoll, in den Prozessablaufdaten die Prozesslogik, beispielsweise durch Zeitstempel, festzuhalten. Ein weiterer Aspekt, der ebenfalls in den Prozessablaufdaten repräsentiert werden sollte, ist die Möglichkeit, einzelne Objekte zu bündeln (z.B. in einem Container verpackte Waren). Verschiedene Objekte in einer Bündelung besitzen i.d.R. bei der Ausführung einer Aktivität die gleichen Messdaten. Dies ist für die Analyse von Defekten von

Bedeutung. Außerdem sollten Eigenschaften von den im Prozess zu bearbeitenden Objekten, die für die Prozessanalyse relevant sind, bei der Datengenerierung berücksichtigt werden.

d. Analyse alternativer Transportmittel

Beschreibung des Analyseszenarios:

In diesem Analyseszenario werden die für den Transport einzusetzenden Transportmittel analysiert. Der Warentransport über dieselbe Strecke kann durch verschiedene Transportmittel erfolgen. Die Auswahl der Transportmittel kann zu unterschiedlichen Lieferzeiten, Lieferkosten und CO2-Ausstößen führen. Aus Kostengründen sowie der Einhaltung der Liefertermine ist es für den untersuchten Prozess besonders wichtig, die Transportmittel für den Überseetransport von China nach Deutschland zu analysieren. Standardmäßig werden Waren per Schiff transportiert. Der Warentransport kann jedoch aus Termingründen auf den Flugzeugtransport umgestellt werden, wodurch zwar die Lieferzeit verkürzt werden kann, jedoch die Transportkosten im Vergleich zur Standardlieferung erheblich erhöht werden.

Hierbei können verschiedene Kennzahlen wie Lieferzeit oder Lieferkosten je Transportmittel anhand der historischen Informationen analysiert werden, um bspw. eine optimale Kombination verschiedener Transportmittel zu finden – unter Berücksichtigung des kompletten Lieferweges der betroffenen Objekte sowie der summarischen Konsequenzen.

Konsequenzen für die Anforderungserhebung an das ProDIA-Werkzeug:

In diesem Szenario stehen die Transportmittel als Ressourcen für die Ausführung von Transportaktivitäten im Mittelpunkt. Dabei sollen v.a. Faktoren wie Lieferzeit, Lieferkosten und CO2-Ausstoß für den Transport mit jeweiligen Transportmitteln analysiert werden.

Zur Abbildung dieses Analyseszenarios ist es sinnvoll, Transportmittel als Ressourcen in den zu generierenden Prozessablaufdaten mit den jeweiligen Aktivitätsinstanzen zu verknüpfen. Außerdem sollten diese Prozessablaufdaten die für die Analyse relevanten Kennzahlen enthalten.

e. Analyse alternativer Transportrouten

Beschreibung des Analyseszenarios:

In diesem Analyseszenario wird die Routenplanung für Transportprozesse behandelt.[716] Mithilfe von RFID- und GPS-Techniken können sowohl historische als auch aktuelle Transport- und Verkehrsdaten zur Verfügung gestellt werden. Diese können dann durch gezielte Analysen mit Berücksichtigung der Lieferzeit und -kosten (z.B. beim Feierabendverkehr), kombiniert mit z.B. Stau- und Wetterinformationen, eine alternative Route vorschlagen.

Konsequenzen für die Anforderungserhebung an das ProDIA-Werkzeug:

Hervorzuheben ist bei diesem Analyseszenario die Dokumentation aller Aktivitätsinstanzen des Transportprozesses. Hierbei werden sowohl historische als auch aktuelle Informationen benutzt, um Transportrouten mit Berücksichtigung von Faktoren wie Zeit und Kosten zu analysieren. Zur Abbildung solcher Analyseszenarios sollte das ProDIA-Werkzeug Prozessablaufdaten erzeugen können, die den Ablauf des Transportprozesses für die Analyse von Transportrouten abbilden können. Außerdem sollten sowohl aktuelle als auch historische Informationen mit der Berücksichtigung der Zeit- und Kostenfaktoren vom ProDIA-Werkzeug generiert werden können.

6.2.2 Fallstudie 2 – Produktionslogistik bei Lebensmittelhersteller

6.2.2.1 Ausgangssituation der Untersuchung

In der ersten Fallstudie steht ein Handelsunternehmen im Zentrum, das in der Supply Chain eine dominierende Rolle übernimmt. Allerdings sind lieferkettenumspannende Systeme sowie die Einführung von grundlegenden Technologien wie RFID auch von anderen Beteiligten abhängig. Vor diesem Hintergrund wurden die Anwendungsmöglichkeiten von BPI-Systemen aus Sicht der Hersteller in der RFID-basierten Handelslieferkette untersucht.

Im Rahmen einer Interviewreihe zwischen 2007 und 2008 wurden hierbei fünf Lebensmittelhersteller befragt. Die konkrete Durchführung erfolgte teilweise durch eine

[716] Die Routenplanung ist ein altbekanntes Standardproblem der Operations Research. Das hier vorgestellte Analyseszenario zielt jedoch nicht darauf ab, Transportnetzwerke durch quantitative Modelle zu optimieren. Das Ziel liegt darin, Prozessablaufdaten unter Berücksichtigung einer Vielzahl von möglichen Einflussgrößen zu analysieren, wofür die Routenplanung um etliche Faktoren angereichert werden muss.

Diplomarbeit von Herrn Reiter.[717] Der Verfasser war sowohl bei der Konzeption der Fallstudien als auch bei der Durchführung eines Interviews beteiligt.[718] Der Schwerpunkt der Untersuchung lag in der Produktionslogistik. Hierfür wurden die Produktionsmanager und Logistikplaner der betrachteten Unternehmen befragt.

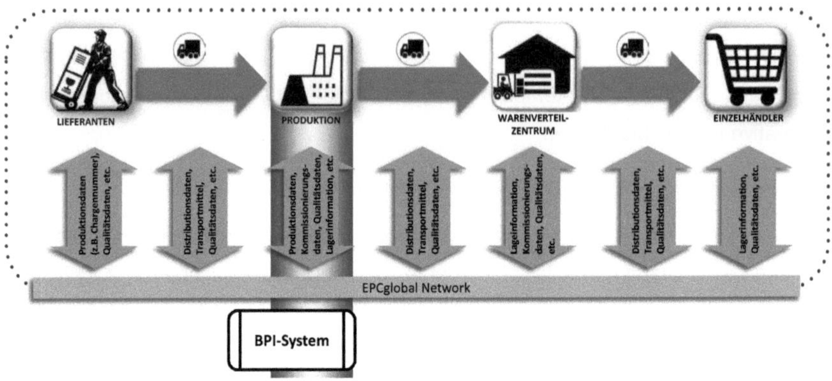

Abb. 25: RFID-basierte Supply Chain in Fallstudie 2 (aus Sicht der Hersteller)[719]

Abb. 25 zeigt die Darstellung der RFID-basierten Supply Chain, in der die Produktionslogistik der Lebensmittelhersteller hervorgehoben ist. Die folgenden Bereiche der Produktionslogistik werden dabei betrachtet: Wareneingang, Lager, Produktion und Warenausgang (siehe Abb. 26). Beim Wareneingang werden die eingetroffenen Lebensmittel sowie die Verpackungsmaterialien eingecheckt und dabei eine Qualitätsprüfung durchgeführt. Größtenteils findet dieser Prozess manuell statt. Manche Waren werden von den Lieferanten mit EAN128 Barcode geliefert und können automatisch erfasst werden. Die verpackten Lebensmittel sowie die Verpackungsmaterialien werden zuerst ins Lager gebracht und später für die Produktion kommissioniert. Frische Lebensmittel, wie z.B. Gemüse und Obst, werden direkt zur Produktion an die Fertigungslinie geliefert. Die Produktion ist weitgehend automatisiert. Zustände, z.B. die Temperatur während des Produktionsprozesses, werden automatisch oder manuell erfasst. Nach der Produktion werden die Waren verpackt, palettisiert und ins Warenausgangslager gebracht. Aufgrund der häufig noch fehlenden Möglichkeiten,

[717] Vgl. Reiter, A. (2007), S. 1 ff.

[718] Die Auswertung des Datenmaterials sowie die prototypische Realisierung fanden zwischen 2008 und 2009 statt.

[719] Eigene Darstellung. Inhaltliche Anlehnung an Baars, H. u.a. (2008b), S. 1 ff.

RFID-Transponder direkt auf die Waren anzubringen, werden die RFID-Chips erst beim Warenausgang und nur auf Palettenebene angebracht.

Bei der Diskussion des Soll-Zustands wurde angenommen, dass ein Informationsaustausch in der Supply Chain wie in Fallbeispiel 1 existiert (siehe Abb. 25).

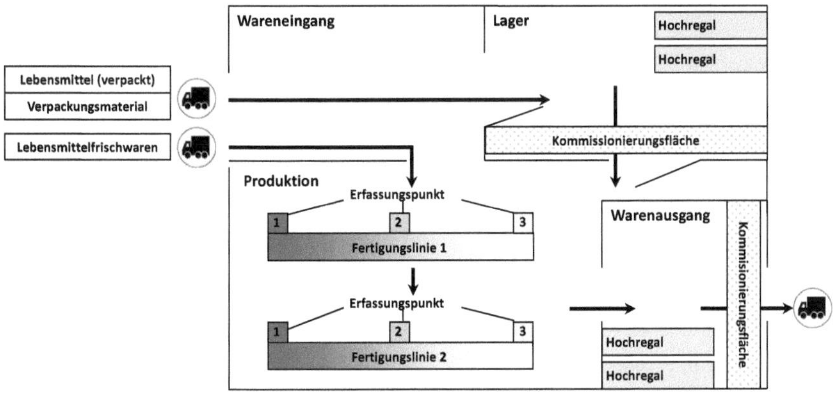

Abb. 26: Schematische Darstellung der Produktionslogistik in Fallstudie 2[720]

6.2.2.2 Ergebnisse zu den Analyseszenarios

Nach der Auswertung der Ergebnisse wurden folgende prozessorientierte Analyseszenarios sowie Konsequenzen für die Anforderungserhebung an das ProDIA-Werkzeug als relevant identifiziert:

a. Lieferantenbewertung

Beschreibung des Analyseszenarios:

In diesem Analyseszenario werden Lieferanten der untersuchten Unternehmen anhand der Kennzahlen Liefertreue und Lieferqualität analysiert. Die Liefertreue wird in der Untersuchung durch die Lieferzeit sowie die vereinbarten Liefertermine bewertet. Neben der Liefertreue spielt die Qualität der gelieferten Lebensmittel für alle untersuchten Unternehmen eine wichtige Rolle. Dabei wird die Lebensmittelqualität teilweise im Labor geprüft.

Bei einer prozessorientierten Analyse muss die Lieferantenbewertung nicht nur auf die Kennzahlen am Wareneingang fixiert sein. Durch die Analyse historischer Daten

[720] Verändert übernommen von Baars, H. u.a. (2008b), S. 3.

über die Dauer der Lieferungen oder qualitätsrelevante Faktoren wie Temperatur, gemessen von Sensor-Technik, können die Abläufe der Lieferprozesse von Lieferanten genau analysiert werden. Mithilfe dieser Informationen können ggf. Ursachen für eine Verletzung von Liefertreue oder Qualitätsprobleme identifiziert werden. Somit kann eine Lieferantbewertung bezogen auf die Ursachen zielgerichtet durchgeführt werden.

Konsequenzen für die Anforderungserhebung an das ProDIA-Werkzeug:

Dieses Analyseszenario zeichnet sich v.a. dadurch aus, dass historische Informationen über qualitäts- und zeitbezogene Kriterien für den Lieferprozess analysiert werden. Für die Realisierung dieser Art von Szenarios sollte das ProDIA-Werkzeug historische Prozessablaufdaten generieren können, wodurch insb. qualitäts- und zeitbezogene Analysen ermöglicht werden können.

b. Produktionsplanung auf Basis von Lagerbeständen und dem Absatz bei den Einzelhändlern

Beschreibung des Analyseszenarios:

In diesem Analyseszenario werden aktuelle Informationen zu den Lagerbeständen und dem Absatz der Waren bei den Einzelhändlern an die Lebensmittelhersteller übermittelt. Da die Warenlieferung oft nicht direkt bei den Einzelhändlern getroffen wird, ist es sinnvoll, die entsprechenden Informationen von Zwischenhändlern oder, wie Abb. 25 zeigt, von dem WVZ ebenfalls für dieses Szenario einzubeziehen. Diese Informationen, kombiniert mit der Analyse über historische Daten bezüglich der Liefermenge, Produktionsmenge etc., unterstützen die Prognose der Warenbestellung und somit die Verbesserung der Produktionsplanung.

Konsequenzen für die Anforderungserhebung an das ProDIA-Werkzeug:

Dieses Analyseszenario setzt v.a. transparente Lagerbestände in der gesamten Lieferkette voraus. Zur Abbildung solcher Szenarios sollten aktuelle Informationen über die Lagerbestände von den Einzelhändlern und von den Zwischenhändlern sowie der Absatz bei den Einzelhändlern vom ProDIA-Werkzeug generiert werden können. Außerdem sollten historische Informationen zu den Liefermengen, Produktionsmengen etc. für die Prognose der Warenbestellung in den zu generierenden Prozessablaufdaten enthalten.

c. Produktionsplanung auf Basis von Position und Menge der Rohmaterialien

Beschreibung des Analyseszenarios:

Bei der Produktion von frischen Lebensmitteln hängt die Produktionsplanung sehr stark von den aktuell eingelieferten Waren ab. Da die Lagerung von frischen Lebensmitteln kostenintensiv ist, besitzen viele Unternehmen kein Wareneingangslager. Die eingelieferten Waren werden i.d.R. direkt zur Produktion gebracht. Der Nachteil besteht darin, dass es durch zeitliche Verzögerungen auf einer Lieferung, bspw. aufgrund eines Staus, zu einer Produktionsunterbrechung führen kann. Mithilfe eines BPI-Systems können geschätzte Lieferzeiten basierend auf historischen Lieferinformationen mit Berücksichtigung von Staus prognostiziert werden. Die aktuellen Informationen bezüglich der Positionen und der Menge können in Echtzeit ausgetauscht und analysiert werden und schließlich die Produktionsplanung unterstützen. Diese Informationen können weiteren für die Produktionsplanung relevanten Daten, wie der Produktionskapazität, dem Lagerbestand, der Bestellmenge sowie den Lieferterminen, gegenüber gestellt werden, um die Produktionsplanung evtl. anzupassen.

Eine weitere Möglichkeit zur Unterstützung der Produktionsplanung kann durch das Durchspielen verschiedener Planungsszenarios mithilfe von Soll-Prozessen realisiert werden. Hierbei können die für die Produktionsplanung relevanten Soll-Werte mit denen vom Ist-Prozess abgeglichen werden, um eine möglichst optimale Planung zu erreichen.

Konsequenzen für die Anforderungserhebung an das ProDIA-Werkzeug:

Besonders in diesem Analyseszenario sind die Dokumentation und die Analyse von Positionen und Mengen von Objekten, die entlang des Prozessablaufs durch verschiedene Aktivitäten bearbeitet werden. Für die Realisierung solcher Analyseszenarios sollte das ProDIA-Werkzeug Prozessablaufdaten generieren können, die sowohl historische als auch aktuelle Informationen über die Durchlaufzeiten, Positionen und Mengen von Warenlieferungen beinhalten. Außerdem sollten die Soll-Werte eines Prozesses in den zu generierenden Prozessablaufdaten beinhaltet werden.

d. Analyse der Ursachen von Warenbeschädigungen

Beschreibung des Analyseszenarios:

Ähnlich wie das Analyseszenario 6.2.1.2 c geht es auch hier darum, die Ursache von Warenbeschädigungen während der Produktion, der Lieferung oder der Lagerung zu identifizieren. Dafür werden RFID- und Sensor-Techniken benutzt, um die Positionen sowie Informationen wie Temperatur etc. der in diesem Prozess zu verarbeitenden Lebensmittel zu messen. Mithilfe dieser Informationen kann im Fall einer Warenbeschädigung analysiert werden, ob z.B. eine Temperaturschwankung während eines Transports die Ursache ist. Auch in dieser Fallstudie sollte eine Bündelung von verschiedenen Waren, die gemeinsam bearbeitet werden, bei der Analyse berücksichtigt werden.

Konsequenzen für die Anforderungserhebung an das ProDIA-Werkzeug:

Die Konsequenzen für die Entwicklung des ProDIA-Werkzeugs entsprechen denen aus Analyseszenario 6.2.1.2 c.

6.2.3 Fallstudie 3 – Produktionslogistik und Überseetransport bei einem Automobilhersteller

6.2.3.1 Ausgangssituation der Untersuchung

In der dritten Fallstudie wurden die Produktionslogistik und die Distributionslogistik von Überseetransporten in der Motorenproduktion von einem deutschen Automobilhersteller untersucht. Die Untersuchung hat zwischen 2007 und 2008 stattgefunden. In der Fallstudie kamen Erhebungsmethoden wie Interviews, Workshops, Dokumentenanalyse und Beobachtungen zum Einsatz. Befragt wurden die Produktionsmanager und die Logistikmanager der jeweiligen zuständigen Bereiche. Die konkrete Durchführung erfolgte durch eine Abschlussarbeit von Frau Hannich.[721] Auch für diese Fallstudie lagen dem Verfasser alle Unterlagen für die Aufbereitung der Ergebnisse vor.[722] Abb. 27 zeigt eine Übersicht des untersuchten Prozesses.

Der Produktionsprozess beim betrachteten Unternehmen wird in zwei Abschnitte aufgeteilt: Zuerst werden die Motoren in Deutschland produziert und anschließend in die USA geliefert, um in der Motorenmontage weiter verarbeitet zu werden. Die Produktion in Deutschland erfolgt in mehreren Produktionsschritten. Innerhalb des Produktionsprozesses wird die Funktionsfähigkeit der Motoren einer Qualitätsprüfung unterzogen. Außerdem befinden sich Puffer bzw. Zwischenlager zwischen den Produktionsschritten. Innerhalb des Produktionsprozesses werden die Motoren auf

[721] Vgl. Hannich, M. (2008), S. 1 ff.

[722] Die Sekundäranalyse dieser Fallstudie sowie eine prototypische Realisierung fanden zwischen 2008 und 2009 statt.

Ladungsträgern transportiert und eingelagert. Die Motoren werden entweder durch Ladungsträger oder direkt identifiziert und dokumentiert.

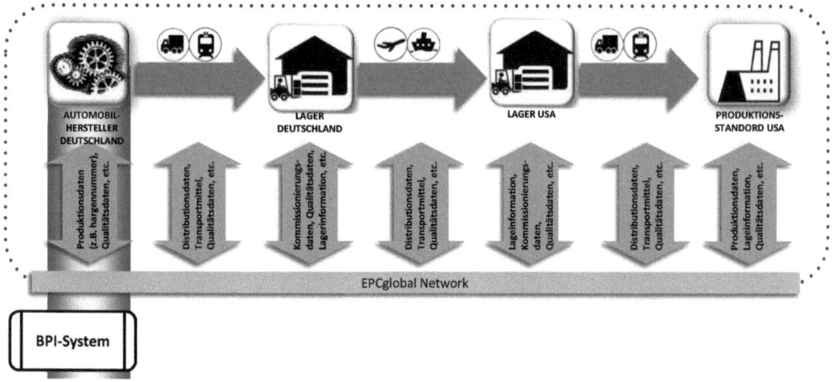

Abb. 27: RFID-basierte Produktionslogistik und Überseetransport von einem Automobilhersteller (Fallstudie 3)[723]

Nach der Fertigung am Produktionsstandort Deutschland werden die Motoren per LKW oder Zug für den Überseetransport in die Zentralversandlager gebracht. Anschließend erfolgt der Schifftransport in die USA. Bei einem drohenden Engpass lassen sich die benötigten Teile per Flugzeug verschicken. Der Transport zum Produktionsstandort in den USA erfolgt je nach Dringlichkeit entweder mit einer kostengünstigen Kombination aus Zug und LKW oder nur per LKW. Im Wareneingang des Produktionsstandorts USA findet erneut eine Qualitätskontrolle statt. Die hier beanstandeten Motoren werden zurück nach Deutschland geschickt. Sonstige Teile werden in einen mehrstufigen Produktionsprozess verbaut.

Der Schwerpunkt der Untersuchung lag auf der Produktionslogistik in Deutschland sowie dem gesamten Distributionsprozess. Das Ziel für einen möglichen Einsatz eines BPI-Systems war es, Transparenz zu schaffen, um einerseits den gesamten Prozess zu beschleunigen und anderseits die Defekte und den Schwund zu identifizieren und zu verfolgen, um die Kosten zu reduzieren.

[723] Eigene Darstellung. Inhaltliche Anlehnung an Baars, H. und Sun, X. (2009), S. 1 ff.

6.2.3.2 Ergebnisse zu den Analyseszenarios

In diesem Abschnitt werden die Analyseszenarios sowie die relevanten Aspekte für die Entwicklung des ProDIA-Werkzeugs vorgestellt, die bei der Auswertung der Ergebnisse aus der Fallstudie abgeleitet wurden.

a. Analyse des Ausschussverhaltens

Beschreibung des Analyseszenarios:

Am Produktionsstandort Deutschland finden Qualitätskontrollen zwischen verschiedenen Produktionsschritten statt. Qualitativ minderwertige Produkte werden entweder nachbearbeitet oder zur Verschrottung aussortiert. Die Ursache eines Ausschusses kann in der eigenen Produktion oder in den Bauteilen der Zulieferer liegen. Das Verfolgen und Dokumentieren jedes Bauteils sowie jedes Produktionsschrittes kann die Analyse der Ursachen erleichtern. Außerdem können die Ausschussmenge, die Ausschussquote und die Nachbearbeitungsmenge in Kombination mit der Zeit und dem Ort analysiert werden. Wenn z.B. ein erhöhter Ausschuss in einem bestimmten Zeitraum festzustellen ist, muss eine höhere Menge in Auftrag gegeben werden, um den evtl. erhöhten Ausschuss auszugleichen.

Konsequenzen für die Anforderungserhebung an das ProDIA-Werkzeug:

Hervorzuheben sind bei diesem Analyseszenario die Dokumentation sowie die Analyse der Aktivitätsinstanzen der Bauteile mit Informationen wie den Messwerten der Bearbeitung (z.B. die Druckwerte beim Pressen), der Zeit und dem Ort der Bearbeitung sowie den Ergebnissen der Qualitätskontrolle. Um solche Analyseszenarios abbilden zu können, sollte das ProDIA-Werkzeug Prozessablaufdaten generieren können, die historischen Informationen über die Aktivitätsinstanzen einzelner Bauteile unter Berücksichtigung der Bearbeitungszeiten, den Orten sowie weiterer Messdaten für die Qualitätskontrolle beinhalten.

b. Analyse der Abwicklungszeit im Wareneingang und Warenausgang

Beschreibung des Analyseszenarios:

Ähnlich wie das Analyseszenario *Lieferantenbewertung* in der zweiten Fallstudie[724] zielt dieses Szenario darauf ab, die Leistung der externen Dienstleister zu bewerten. Da in vielen Unternehmen der Abwicklungsprozess im Lager sowie im Wareneingang

[724] Vgl. Analyseszenario 6.2.2.2 a.

und Warenausgang an externe Dienstleister ausgelagert wird, können solche Analysen für die Bewertung der Dienstleistung angewendet werden. Hierbei können die Abläufe des Abwicklungsprozesses dokumentiert und analysiert werden. Durch die Analyse lassen sich einerseits die potenziellen Engpässe des Abwicklungsprozesses identifizieren und ggf. optimieren. Andererseits können die Leistungen verschiedener Dienstleistungsunternehmen miteinander verglichen werden.

Konsequenzen für die Anforderungserhebung an das ProDIA-Werkzeug:

Im betrachteten Analyseszenario steht insb. die Abwicklungszeit im Mittelpunkt. Zusätzlich sollen die für die Ausführung des Abwicklungsprozesses zuständigen Dienstleister im BPI-System mit den Aktivitätsinstanzen verknüpft werden. Zur Realisierung dieses Analyseszenarios sollten die zu generierenden Prozessablaufdaten Aktivitätsinstanzen mit historischen Informationen abbilden können, bei denen die Bearbeitungszeit sowie die zuständigen Dienstleister für die Bearbeitung dokumentiert werden.

c. Analyse der Durchlaufzeit und Aufdecken von (potenziellen) Engpässen

Beschreibung des Analyseszenarios:

Hierbei werden sowohl die Durchlaufzeit der einzelnen Prozessschritte in der Produktionslogistik als auch in der gesamten Lieferkette auf Basis von historischen Informationen analysiert. Ziel dabei ist es, Transparenz zu schaffen, um z.B. einen Engpass oder eine Ineffizienz im Prozess zu identifizieren, um so die Produktions- und Logistikplanung zu optimieren. Für eine Analyse über die Durchlaufzeit für den gesamten Prozess ist es oft sinnvoll, die Kennzahl über die hierarchische Struktur des Prozesses aggregieren zu können. So können Engpässe bei einem Teilprozess schnell bei einer aggregierten Form identifiziert werden. Eine detaillierte Analyse kann dann gezielt innerhalb des Teilprozesses durchgeführt werden.

Konsequenzen für die Anforderungserhebung an das ProDIA-Werkzeug:

Dieses Analyseszenario zeichnet sich v.a. dadurch aus, dass Kennzahlen für BPI-Analyse entlang der hierarchischen Struktur eines Prozesses aggregiert oder detailliert dargestellt werden können. Um solche Analyseszenarios zu realisieren, sollten die vom ProDIA-Werkzeug generierten Prozessablaufdaten auf Datenstrukturen basieren, die Analysen über verschiedene Aggregationsebene eines Prozesses ermöglichen.

d. Alternative Transportmittel und alternative Transportrouten

Beschreibung des Analyseszenarios:

Diese beiden Analyseszenarios wurden bereits in der ersten Fallstudie[725] diskutiert. Diese haben auch in dieser Fallstudie eine zentrale Bedeutung. Dabei betrifft die Analyse sowohl den Überseetransport per Schiff oder Flugzeug als auch den Inlandtransport in den USA durch Zug und LKW.

Konsequenzen für die Anforderungserhebung an das ProDIA-Werkzeug:

Die entsprechenden Konsequenzen entsprechen denen aus Fallstudie 1.

6.3 Identifikation der Anforderungen an das zu entwickelnde ProDIA-Werkzeug

In den vorangegangen zwei Abschnitten wurden Analyseszenarios von BPI-Systemen sowie die daraus abgeleiteten Konsequenzen für die Entwicklung des ProDIA-Werkzeugs diskutiert. Auf Basis dieser Analyseszenarios sowie der theoretischen Grundlagen werden Anforderungen für die Entwicklung des ProDIA-Werkzeugs zusammengefasst.[726] Auf Basis der bisherigen Diskussion sollen folgende Aspekte bei der Erhebung der Anforderungen besonders betrachtet werden:

- *Die theoretischen Grundlagen aus dem Untersuchungsbereich*
  Die Ablauflogik und die Charakteristika von Geschäftsprozessen sowie die Besonderheit von BPI-Systemen stellen die Grundlage für die Analyseszenarios und somit die Voraussetzung für die Entwicklung des ProDIA-Werkzeugs dar.
- *Die Szenario-Methode und das Prototyping*
  Wie bereits in Abschnitt 5.6 diskutiert, dienen alle Anforderungen dazu, ein Werkzeug zu entwickeln, das Beispieldaten zum Ablauf von Geschäftsprozessen generiert, worauf basierend Prototypen von BPI-Systemen realisiert werden und schließlich die für den zu untersuchenden Prozess relevanten Analyseszenarios dargestellt werden können. Das Ziel des in dieser Arbeit zu entwickelnden Konzepts ist es, mithilfe der Szenario-Methode und des Prototypings insb. den nicht-artikulierten Informationsbedarf für BPI-Systeme zu identifizieren.

[725] Vgl. Abschnitt 6.2.1.2 d und e.

[726] Die in diesem Teil abgeleiteten Anforderungen wurden in mehreren Iterationsschritten entwickelt. Die Anforderungen wurden im Lauf der Forschungsarbeit immer wieder ergänzt und konkretisiert.

- *Die identifizierten Analyseszenarios*
  Die in diesem Kapitel identifizierten Analyseszenarios liefern Anforderungen aus praktischen Beispielen und werden für die Entwicklung des Konzepts berücksichtigt.

Basierend auf den theoretischen Grundlagen werden die Anforderungen in drei Blöcken klassifiziert: Aus der Ablauflogik von Prozessen, aus den Charakteristika von Geschäftsprozessen und aus dem BI-Kontext.

6.3.1 Anforderungen aus der Prozessablauflogik

In Abschnitt 3.3.1 wurden bereits die Bedeutung des logischen Ablaufs eines Geschäftsprozesses sowie die Abhängigkeiten zwischen den Aktivitäten als besondere Eigenschaften von BPI-Systemen hervorgehoben. Über diese lassen sich BPI-Systeme von konventionellen BI-Lösungen unterscheiden. Das im Rahmen dieser Arbeit zu entwickelnde ProDIA-Werkzeug sollte Beispieldaten zum Ablauf des zu untersuchenden Geschäftsprozesses generieren. Dazu muss das Werkzeug die logische Abfolge eines Prozesses abbilden können.

Die Ablauflogik eines Geschäftsprozesses, die durch die Abhängigkeiten zwischen den Prozessaktivitäten ausgezeichnet ist, werden in der Coordination Theory diskutiert, bei der drei Grundtypen von Abhängigkeiten definiert werden. [727] Daraus werden die ersten drei Anforderungen abgeleitet.

Anforderung 1: Das ProDIA-Werkzeug sollte Prozessablaufdaten generieren können, die Flow Dependencies abbilden können.

Wenn eine Aktivität ein Objekt produziert oder eine Leistung erbringt und anschließend dieses Objekt oder diese Leistung von einer anderen Aktivität verwendet wird, wird das als „Flow Dependencies" bezeichnet. Dieser Abhängigkeitstyp ist in nahezu allen betrachteten Beispielen zu finden. Von Flow Dependencies abhängige Szenarios sind z.B. die Analyse der Durchlaufzeit (vgl. Szenarios 6.2.1.2 a, 6.2.3.2 b und c, 6.1.2.2 q und r, 6.1.3.1 d), die Analyse alternativer Transportrouten auf Basis von Dauer- und Kostenfaktoren (vgl. 6.2.1.2 e und 6.2.3.2 d), die Identifikation der Ursa-

[727] Vgl. Abschnitt 2.2.2.2.

chen defekter Artikel (vgl. 6.2.1.2 c, 6.2.2.2 d und 6.2.3.2 a) sowie die Analyse der Lagerbestände unter Berücksichtigung der Warenflüsse (vgl. 6.2.1.2 b und 6.1.3.1 b).

> Anforderung 2: Das ProDIA-Werkzeug sollte Prozessablaufdaten generieren können, die Sharing Dependencies abbilden können.

Bei „Sharing Dependencies" teilen sich mehrere Prozessaktivitäten eine Ressource. Die entsprechenden Analysen dienen häufig dazu, potenzielle Ressourcenengpässe aufzudecken und ggf. zusätzliche Ressourcen zur Verfügung zu stellen. In der ersten und dritten Fallstudie (vgl. 6.2.1.2 a und 6.2.3.2 c) werden potenzielle Engpässe analysiert, um die gesamte Durchlaufzeit zu reduzieren. Bspw. können beim Überseetransport Transportmittel einen Engpass bilden. Zur Reduktion der Durchlaufzeit könnten weitere Transportmittel als Ressourcen zur Verfügung gestellt oder alte durch neue Arten von Ressourcen ersetzt werden. Auch für die Szenarios über die Analyse alternativer Transportmittel (vgl. 6.2.1.2 d und 6.2.3.2 d) sind Sharing Dependencies abzubilden, bei denen die Transportmittel als die zu teilenden Ressourcen betrachtet werden.

> Anforderung 3: Das ProDIA-Werkzeug sollte Prozessablaufdaten generieren können, die Fit Dependencies abbilden können.

Produzieren mehrere Aktivitäten zusammen ein Objekt, spricht man von „Fit Dependencies". Basierend auf den Fit Dependencies ergeben sich BPI-Analysen, die oft durch die Synchronisation und die Planung von mehreren Ressourcen und Aktivitäten entstanden sind. Beispielsweise kann das Verpacken einer Palette bei einem Kommissionierungsprozess nicht abgeschlossen werden, solange nicht alle in Auftrag gegebene Objekte zur Verfügung stehen und nicht eingepackt worden sind (vgl. 6.2.1.2 c und 6.2.2.2 d). Der in diesem Beispiel entstandene Engpass wird nicht durch fehlende Ressourcen verursacht, sondern durch die mangelnde Synchronisation von verschiedenen Ressourcen und Aktivitäten.

> Anforderung 4: Die vom ProDIA-Werkzeug zu generierenden Prozessablaufdaten sollten Aktivitätsinstanzen beinhalten, die durch Zeitstempel dokumentiert sind.

Die Dokumentation der zeitlichen und logischen Abfolge von Geschäftsprozessen kann u.a. mithilfe von Zeitstempeln realisiert werden (vgl. 6.1.2.3 a). Außerdem wird es dadurch möglich, die zeitbezogenen Kennzahlen im Rahmen der Prozessanalyse zu berechnen. Typische Beispiele sind die gesamte Dauer oder die durchschnittliche Dauer eines Prozesses bzw. Teilprozesses (vgl. 6.1.2.2 q und r, 6.1.2.3 a, 6.2.3.2 b und c, 6.1.2.2 q und r, 6.1.3.1 d) oder das Verpassen von Fristen (vgl. 6.1.2.2 c, d und e). Eine durchgehende Dokumentation von Geschäftsprozessen schafft Transparenz und ist die Grundvoraussetzung für viele prozessorientierte Analysen. Beispielsweise sind die Analyseszenarios über die Identifikation der Ursachen von Warenbeschädigung (vgl. 6.2.1.2 c, 6.2.2.2 d und 6.2.3.2 a) nur realisierbar, wenn alle Aktivitätsinstanzen der Objekte in der Supply Chain in der richtigen Reihenfolge dokumentiert werden. Weitere Analyseszenarios dazu sind z.B. *„Analyse alternativer Transportrouten“* (vgl. 6.2.1.2 e und 6.2.3.2 d) oder *„Analyse der Durchlaufzeit und Aufdecken von (potenziellen) Engpässen* (vgl. 6.2.1.2 a und 6.2.3.2 c).

6.3.2 Anforderungen aus den Prozesscharakteristika

In diesem Teil werden die Anforderungen abgeleitet, die durch die Eigenschaften der Objekte und Ressourcen sowie der Prozessstruktur bestimmt sind.[728] Derartige Charakteristika haben einen bestimmten Einfluss auf die Analyseszenarios und sollten deshalb von den durch das ProDIA-Werkzeug zu generierenden Prozessablaufdaten abgebildet werden können.

> Anforderung 5: Es sollten physische und informationelle Objekte in den zu generierenden Prozessablaufdaten unterschieden werden.

Physische und informationelle Objekte besitzen jeweils besondere Eigenschaften, die sich stark voneinander unterscheiden.[729] Beispielsweise können die Zustände eines physischen Objekts oft durch physikalisch messbare Kennzahlen, wie Temperatur, Feuchtigkeit, Druck etc., dokumentiert werden (vgl. 6.2.1.2 c und 6.2.2.2 d). Außerdem kann ein physisches Objekt zu einem Zeitpunkt nur von einer Aktivität bearbeitet werden. Typische Beispiele findet man in der Distributionslogistik, wo ein Objekt von einem Ort zu einem anderen transportiert wird. Hingegen können informationelle Objekte vervielfältigt und gleichzeitig von mehreren Aktivitäten bearbeitet werden. Solche Beispiele sind oft in Verwaltungsprozessen zu finden, wie bspw. die

[728] Die Grundlagen dieser Eigenschaften werden in den Abschnitten 2.1 und 2.2 vorgestellt.
[729] Vgl. Abschnitt 2.2.3.2.

Untersuchung über Versicherungstransaktionen von zur Muehlen zeigt (vgl. 6.1.2.3). Hierzu können Dokumente oder Anträge, für die mehrere Organisationseinheiten zuständig sind, kopiert und gleichzeitig überarbeitet werden.

Anforderung 6: Das ProDIA-Werkzeug sollte durch die zu generierenden Prozessablaufdaten Szenarios abbilden können, bei denen mehrere Objekte zu einem neuen Objekt gebündelt werden können.

Beispiele hierfür gibt es sowohl in der Produktionslogistik, in der bspw. ein Maschinenteil aus verschiedenen Bauteilen zusammengebaut wird (Fallstudie 3), als auch in der Distributionslogistik, in der Waren auf Paletten oder in Containern, z.B. für den Transport, verpackt werden (Fallstudie 1 und 2). Des Weiteren kann auch ein Informationsobjekt aus mehreren Objekten bestehen. Beispielsweise besteht ein Informationsobjekt „Versicherung“ aus diversen Unterlagen, die gemeinsam eine Versicherung abbildet (vgl. 6.1.2.3). Für den Analysezweck soll jedes einzelne Objekt separat verfolgt und dokumentiert werden, sodass z.B. die Ursache von Defekten eines einzelnen Objekts vom Prozessbeginn bis zu Prozessende untersucht werden kann (vgl. 6.2.1.2 c, 6.2.2.2 d und 6.2.3.2 a). Darüber hinaus soll die Möglichkeit bestehen, aggregierte Informationen von den übergeordneten Objekten analysieren zu können.

Anforderung 7: Das ProDIA-Werkzeug sollte Prozessablaufdaten generieren können, die relevante Eigenschaften von Objekten beinhalten, die Einfluss auf die Prozessabläufe haben.

Sowohl physische als auch informationelle Objekte besitzen Eigenschaften, die Einfluss auf die Prozessabläufe sowie auf die Prozessanalyse haben. Insbesondere sind Eigenschaften interessant, die aufgrund ihrer Wechselwirkung mit der Prozessablauflogik zu hohen Kosten, langen Lieferzeiten oder mehr Defekten führen können (vgl. 6.2.1.2 b und c).

Anforderung 8: Das ProDIA-Werkzeug sollte Prozessablaufdaten generieren können, die Bearbeitungsstatus von Objekten beinhalten.

Die Unterscheidung verschiedener Bearbeitungsstatus von Objekten ist für BPI-Analysen von Bedeutung. Aus der Literaturanalyse und der Sekundäranalyse können einige relevante Bearbeitungsstatus identifiziert werden. Zunächst kann der Status eines Objekts bei der Ausführung einer Aktivität in *laufend* oder in *abgeschlossen* differenziert werden. Beim Status *laufend* wird ein Objekt noch im Anschluss an den betrachteten Zeitpunkt in dem betrachteten Prozessabschnitt bearbeitet. Der Status *abgeschlossen* kann für den weiteren Prozessablauf mehrere Bedeutungen besitzen: Bei der Ausführung einer Aktivität kann eine Objekt bspw. aufgrund der Qualitätsmängel zurückgewiesen (*abgelehnt*) werden und somit wird der Prozessablauf für dieses Objekt abgebrochen (vgl. 6.1.2.2 p). Eine abgeschlossene Aktivität kann auch durch den *Schwund* eines Objekts zustande kommen (vgl. 6.1.3.1 i). Außerdem kann eine Aktivität *erfolgreich abgeschlossen* und das Objekt in die nächste Aktivität überführt werden (vgl. 6.1.2.2 p).

So kann der Status *laufend* bei einer BPI-Analyse verwendet werden, um die aktuellen Informationen über die Anzahl von Objekten zu berechnen. Auf diese Weise lassen sich zahlreiche mengenorientierte Kennzahlen, wie der Lagerbestand, die Liefermenge, die Bestellungsmenge etc., berechnen (vgl. 6.2.1.2 b, 6.2.2.2 b und c). In diesem Fall entspricht der Lagerbestand der Anzahl aller Objekte, deren Status als *laufend* im Lager bezeichnet werden. Die Status *abgelehnt* und *verschwunden* sind relevant, um die Ursachen von Defekten oder Schwund zu analysieren (vgl. 6.2.1.2 c, 6.2.2.2 d, 6.2.3.2 a). Bei den erfolgreich abgeschlossenen Aktivitäten mit dem Status *abgeschlossen* können die Analysen auf Basis von historischen Daten, wie z.B. Durchlaufzeit, Kosten etc., durchgeführt werden (vgl. 6.2.1.2 a, 6.2.3.2 b und c).

Anforderung 9: Das ProDIA-Werkzeug sollte Prozessablaufdaten generieren können, welche die für die Ausführung von Prozessaktivitäten zuständigen Organisationseinheiten beinhalten.

Jede Aktivität wird durch eine oder mehrere zuständige Organisationseinheiten ausgeführt. Diese kann je nach betrachtetem Detaillierungsgrad eines Geschäftsprozesses ein Rollenträger, eine Abteilung oder ein Unternehmen sein. Bei Analysen, welche die Zuständigkeit oder Verantwortlichkeit betrachten, wird die Organisationseinheit berücksichtigt. Eder u.a. haben einige dieser Analyseszenarios vorgestellt: Welche Nutzer sind für die Ausführung eines Workflows zuständig (vgl. 6.1.2.2 g und h)? Welche Nutzer sind oft überlastet und welche Nutzer haben freie Kapazität (vgl. 6.1.2.2 i)? Wie lange wird eine Aktivität von verschiedenen Nutzern bearbeitet (vgl. 6.1.2.2 s)?

In den oben vorgestellten Fallstudien spielt die Organisationseinheit bei der Lieferantenbewertung (vgl. 6.2.2.2 a und 6.2.3.2 d), bei der Identifikation von Defekten (vgl. 6.2.1.2 c, 6.2.2.2 d und 6.2.3.2 a) und bei der Analyse der Abwicklungszeit (vgl. 6.2.3.2 b) eine bedeutende Rolle. Außerdem wird sie bei fast allen organisationsübergreifenden Analysen benötigt, um die Zuständigkeit für die Ausführung von Prozessen abzugrenzen (vgl. 6.1.1.1 a).

Anforderung 10: Das ProDIA-Werkzeug sollte Prozessablaufdaten generieren können, welche die für die Ausführung von Prozessaktivitäten relevanten Ressourcen beinhalten.

Ressourcen sind die erforderlichen Einsatzmittel, die für die Ausführung der Aktivitäten relevant sind.[730] Ressourcenbezogene Analysen beziehen sich oft auf Kapazitäts- oder Performance-Fragen (vgl. 6.1.2.3 b, 6.1.2.2 o, 6.1.3.1 a). Zum Beispiel wird das Lager als Ressource in den Analyseszenarios zur Reduktion der Lagerbestände berücksichtigt (vgl. 6.2.1.2 b und 6.2.2.2 b). Hierbei werden in der Analyse Faktoren, wie Lagerkapazität, Lagerkosten etc., verwendet. Im Beispiel der Analyse alternativer Transportmittel sind die Transportmittel Ressourcen (vgl. 6.2.1.2 d und 6.2.3.2 d).

Anforderung 11: Das ProDIA-Werkzeug sollte Prozessablaufdaten generieren können, welche die für die Prozessanalyse relevanten Prozesskennzahlen beinhalten.

Aussagekräftige Kennzahlen ermöglichen die Analyse sowie den Vergleich der Leistung von Geschäftsprozessen. In einem DWH-System werden Kennzahlen i.d.R. als Fakten verwaltet und mit verschiedenen Dimensionen (aus dem Prozess wie z.B. Ressourcen, Organisationseinheit, Objekt etc.) verknüpft (vgl. 6.1.1.2 b, 6.1.2.1 a, b und c, 6.1.3.2 a). In Abschnitt 2.3.5 wurden fünf Kennzahlentypen für das Management von Geschäftsprozessen genannt: Kostenbezogene, mengenbezogene, zeitbezogene, leistungsbezogene und qualitätsbezogene Kennzahlen.

Kostenbezogene Kennzahlen dokumentieren bewertete Ressourcenverbräuche etwa im Lager oder bei Transportmitteln (vgl. 6.1.2.3 b, 6.1.3.1 a und b). Auch andere Arten von Kosten, wie Garantiekosten (vgl. 6.1.3.1 m), gehören zu dieser Kategorie.

[730] Vgl. Abschnitt 2.2.1.

Beispiele für mengenbezogene Kennzahlen sind Lagerbestände, Liefermenge (vgl. 6.1.3.1 j, 6.2.1.2 b, 6.2.2.2 b und c), Anzahl der Nutzer (vgl. 6.1.2.2 g, h und j) oder Anzahl der Prozessausführungen (vgl. 6.1.2.2 a und f).

Prozessabläufe werden durch Zeitstempel dokumentiert und mit zeitbezogenen Kennzahlen analysiert. Zu diesem Kennzahlentyp gehören bspw. Durchlauf- oder Warte- (vgl. 6.1.1.2 b, 6.1.2.2 q und r, 6.1.2.3 a, 6.2.1.2 a und 6.2.3.2 c), Liefer- (vgl. 6.1.3.1 d, 6.2.1.2 d und e, 6.2.3.2 d) oder Auftragsabwicklungszeiten (vgl. 6.2.3.2 b).

Leistungsbezogene Kennzahlen dokumentieren Prozessleistungen, die für die Steigerung der Produktivität und der Effektivität relevant sind (vgl. 6.1.2.1 b und 6.1.3.1 e). Dabei können sie genutzt werden, um z.B. die Performance von Lieferanten miteinander zu vergleichen (vgl. 6.1.3.1 f).

Die Qualität erbrachter Leistung wird durch qualitätsbezogene Kennzahlen dokumentiert. Beispiele sind die Analyse der Lieferqualität, Liefertreue (vgl. 6.2.2.2 a und 6.1.1.2 b) und der Produktqualität (vgl. 6.1.3.1 c) und die Analyse über die Sensor- (vgl. 6.2.1.2 c und 6.2.2.2 d) oder andere Messdaten (vgl. 6.2.3.2 a).

Anforderung 12: Die hierarchische Struktur von Geschäftsprozessen sollte in der Datenstruktur der zu generierenden Prozessablaufdaten abgebildet werden können.

Die Struktur eines Geschäftsprozesses wird hierarchisch aufgebaut und verwaltet. So kann ein Prozess z.B. in Teilprozesse, Prozessschritte, Arbeitsschritte und bis auf Aktivitäten unterteilt werden.[731] In einem BPI-System sollen sich die Kennzahlen je nach Zuständigkeit und Bedarf in verschiedenen Aggregationsgraden darstellen lassen (vgl. 6.1.1.1 b, 6.1.2.3 a) können. Zum Beispiel kann die Durchlaufzeit sowohl für eine Supply Chain als auch für eine Lieferstrecke dieser Supply Chain dargestellt werden (vgl. 6.2.3.2 c). Auch die Analyseszenarios über die Optimierung der Lagerbestände (vgl. 6.2.1.2 b) sowie die Aufdeckung von Engpässen (vgl. 6.2.1.2 a) benötigen Analysen auf verschiedenen Detaillierungsebenen.

Ein weiterer Aspekt dieser Anforderung betrifft organisationsübergreifende Analysen, da ein Geschäftsprozess oft von mehreren Organisationseinheiten oder Unternehmen zusammen durchgeführt wird (vgl. 6.1.1.1 a, 6.1.1.2 a).

[731] Vgl. Abschnitt 2.2.2.1.

Anforderung 13: Das ProDIA-Werkzeug sollte Prozessablaufdaten generieren können, die unterschiedliche Versionen von Geschäftsprozessen beinhalten.

Hierbei spielt insb. der Soll-/Ist-Vergleich für die Analyse der erbrachten Leistungen im Vergleich zu der Erwartung eine wichtige Rolle (vgl. 6.1.2.2 k, 6.1.3.1 h, 6.1.3.2 c). In den vorgestellten Fallstudien werden v.a. die Lagerbestände (vgl. 6.2.1.2 b) und die Durchlaufzeit (vgl. 6.2.3.2 b und c) bei den Analysen mit den Soll-Werten verglichen. Außerdem können mithilfe der Soll-Prozesse verschiedene Planungsszenarios durchgespielt werden, um bspw. die Produktionsplanung zu unterstützen (vgl. 6.2.2.2 c).

Anforderung 14: Das ProDIA-Werkzeug sollte Prozessablaufdaten generieren können, die verschiedene, miteinander verknüpfte Dimensionen im Prozesskontext beinhalten.

Im Prozesskontext existieren verschiedene, miteinander verknüpfte Dimensionen, die für eine prozessorientierte Analyse relevant sind (vgl. 6.1.1.2 a und 6.1.2.1): Zum Beispiel werden für das Analyseszenario *„Identifikation der Ursache von Warendefekten“* (vgl. 6.2.1.2 c) die für die Ausführung zuständigen Organisationseinheiten, die bearbeiteten Objekte und ggf. die genutzten Transportmittel sowie die verwendeten Verarbeitungsmaschine als Dimensionen benötigt. Dabei wird der Prozess ebenfalls als eine Dimension für die Analyse betrachtet. Ein weiteres Beispiel zeigt die Analyse alternativer Transportmittel, bei der die Transportmittel, die zuständige Organisation sowie die zu bearbeitenden Objekte als Dimensionen genutzt werden (vgl. 6.2.1.2 d und 6.2.3.2 d). Das in dieser Arbeit zu entwickelnde ProDIA-Werkzeug sollte Prozessablaufdaten generieren können, in denen für BPI-Analyse relevante Dimensionen in den Aktivitätsinstanzen miteinander verknüpft abgebildet werden können.

6.3.3 Anforderungen aus dem BI-Kontext

Wie bei der Literaturanalyse schon teilweise dargestellt, werden Anforderungen aus dem BI-Kontext hauptsächlich aus Sicht der Analyse abgeleitet. Einige davon sind in den letzten 14 Anforderungen bereits enthalten. Beispielsweise wird der Aspekt der Aggregation von Daten im BI-System in Anforderung 12 behandelt. Zusätzlich wird die folgende Anforderung konkretisiert:

> Anforderung 15: Das ProDIA-Werkzeug sollte Prozessablaufdaten generieren können, die sowohl historische als auch aktuelle Daten für die Abbildung von Analyseszenarios beinhaltet.

Analysen auf Basis von historischen Daten sind z.B. die Analyse der Abwicklungszeit (vgl. 6.2.3.2 b), die Identifikation von Warendefekten (vgl. 6.2.1.2 c, 6.2.2.2 d, 6.2.3.2 a) sowie die Lieferantenbewertung (vgl. 6.2.2.2 a). Aktuelle Informationen spielen bei den prozessorientierten Analysen ebenfalls eine wichtige Rolle (vgl. 6.1.1.1 c, 6.1.2.2 o und t). Beispiele in den Fallstudien sind das Aufdecken von Engpässen (vgl. 6.2.1.2 a), Analyse der Lagerbestände (vgl. 6.2.1.2 b) sowie die Produktions- (vgl. 6.2.2.2 b und c) und Routenplanung (vgl. 6.2.1.2 e und 6.2.3.2 d), bei denen sowohl historische als auch aktuelle Daten benötigt werden.

6.3.4 Zusammenfassung der Anforderungserhebung

Bei der Ableitung der Anforderungen ist zu erkennen, dass das ProDIA-Werkzeug verschiedene Aspekte berücksichtigen sollte, um ein Analyseszenario durch die zu generierenden Prozessablaufdaten darstellen zu können. Beispielsweise müssen für die Analyseszenarios *„Identifikation der Ursache von Warendefekten“* (vgl. 6.2.1.2 c, 6.2.2.2 d, 6.2.3.2 a) zunächst alle Aktivitätsinstanzen mit Zeitstempeln dokumentiert werden (vgl. Anforderung 4). Wenn die Waren verpackt bzw. in Verpackungen geliefert werden, sollten sowohl die Waren als auch die Verpackungen verfolgt werden können (vgl. Anforderung 6). Für physische Objekte (vgl. Anforderung 5) können Eigenschaften wie die maximal erlaubte Feuchtigkeit oder Temperaturwerte (vgl. Anforderung 7) eine Rolle bei der Ursachensuche eines Defekts, etwa wenn die gemessenen Werte die erlaubten maximalen Werte überschritten haben. Außerdem sollten Zustände wie *defekt* für die Analyse dokumentiert werden (vgl. Anforderung 8). Für weitere Analysen können relevante Kennzahlen (vgl. Anforderung 11) aus Sicht der Organisationseinheit (vgl. Anforderung 9) und der Ressourcen (vgl. Anforderung 10) multidimensional ausgewertet werden (Anforderung 14).

In Tab. 7 wird eine Übersicht anhand der in Abschnitt 6.2 vorgestellten Analyseszenarios der drei Fallstudien dargestellt, welche Aspekte von den 15 Anforderungen benötigt werden, um eine prototypische Darstellung jedes einzeln Analyseszenarios durch die zu generierenden Prozessablaufdaten des ProDIA-Werkzeugs zu ermöglichen.

Tab. 7: Abdeckung der Analyseszenarios durch die identifizierten Anforderungen

Analyseszenarios	Anforderungen														
	1	2	3	4	5	6	7	8	9	10	11	12	13	14	15
6.2.1.2 a: Aufdecken von (potenziellen) Engpässen im Warenfluss sowie die entsprechende Analyse	x	x	x	x				x	x	x	x	x	x	x	x
6.2.1.2 b: Reduktion der Lagerbestände aller Beteiligten und gleichzeitige Senkung des Out-of-Stock-Risikos	x	x	x	x			x	x	x	x	x	x	x	x	x
6.2.1.2 c: Identifikation der Ursache von Warendefekten	x	x	x	x	x	x	x	x	x	x	x	x		x	x
6.2.1.2 d: Analyse alternativer Transportmittel	x	x	x	x			x	x	x	x	x			x	x
6.2.1.2 e: Analyse alternativer Transportrouten	x	x	x	x			x	x	x	x	x		x	x	x
6.2.2.2 a: Lieferantenbewertung	x	x	x	x			x	x	x		x	x		x	
6.2.2.2 b: Produktionsplanung auf Basis von Lagerbeständen und dem Absatz bei den Einzelhändlern	x	x	x	x				x	x	x	x	x		x	x
6.2.2.2 c: Produktionsplanung auf Basis von Position und Menge der Rohmaterialien	x	x	x	x				x	x	x	x	x	x	x	x
6.2.2.2 d: Analyse der Ursachen von Warenbeschädigungen	x	x	x	x	x	x	x	x	x	x	x	x		x	x
6.2.3.2 a: Analyse des Ausschussverhaltens	x	x	x	x	x		x	x	x	x	x		x	x	x
6.2.3.2 b: Analyse der Abwicklungszeit im Wareneingang und Warenausgang	x	x	x	x				x	x	x	x	x	x	x	
6.2.3.2 c: Analyse der Durchlaufzeit und Aufdecken von (potenziellen) Engpässen	x	x	x	x			x	x		x	x	x	x	x	x
6.2.3.2 d: Alternative Transportmittel und alternative Transportrouten	x	x	x	x			x	x	x	x	x		x	x	x

Wie beim Forschungsdesign bereits dargestellt wurde, erfolgten die Erhebung dieser 15 Anforderungen sowie die Entwicklung des ProDIA-Werkzeugs durch mehrere Iterationen.[732] Alle in Abschnitt 6.2 vorgestellten Analyseszenarios wurden mithilfe des ProDIA-Werkzeugs prototypisch realisiert. Dadurch haben sich diese 15 Anforderungen mit einer hinreichenden Stabilität ergeben. Somit ist das Teilziel 2 dieser Arbeit eingegangen (siehe Abb. 28).

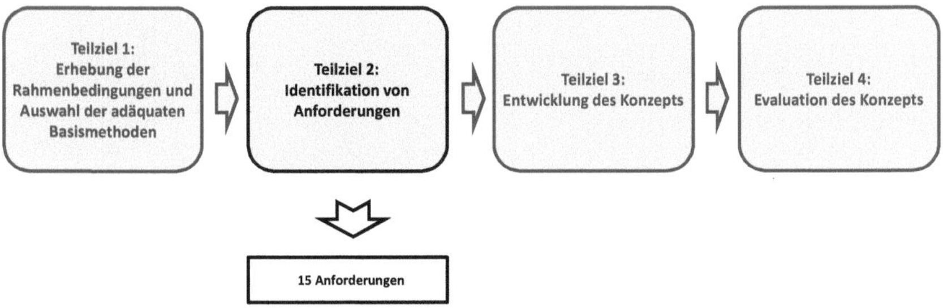

Abb. 28: Ergebnisse des Teilziels 2[733]

[732] Vgl. Abschnitt 5.1.
[733] Eigene Darstellung.

7 Entwicklung des szenario- und prototypingbasierten Konzepts

In den vorangegangen zwei Kapiteln wurde die Notwendigkeit der Entwicklung eines geeigneten Konzepts zur Informationsbedarfsanalyse für BPI-Systeme diskutiert. Anschließend wurden die Szenario-Methode und das Prototyping als adäquate Basismethoden für dieses Konzept festgelegt.[734] Demzufolge wurde argumentiert, dass zwei Gestaltungskomponenten im Rahmen dieser Arbeit entwickelt werden – ein iteratives Vorgehensmodell und ein Datengeneratorwerkzeug zur Unterstützung der Prototypenerstellung, das als ProDIA-Werkzeug bezeichnet wird.

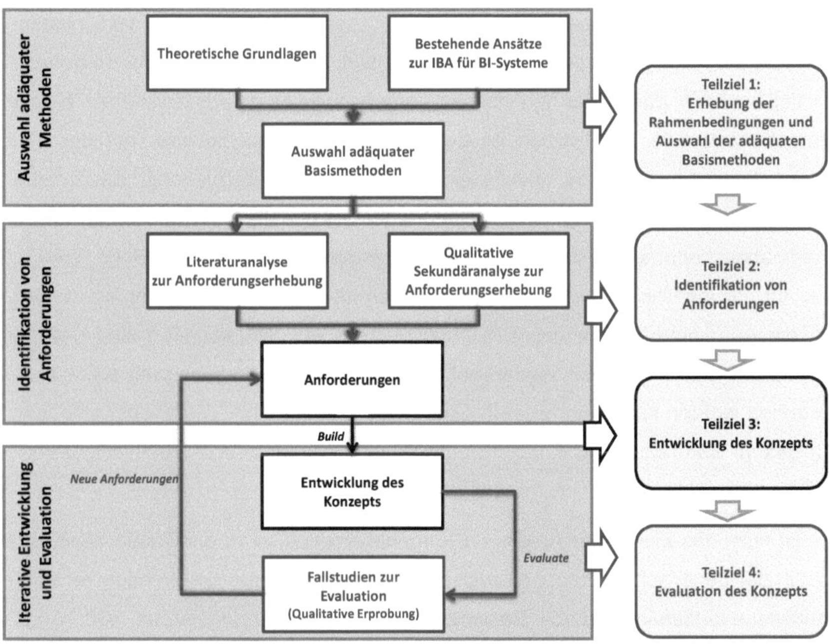

Abb. 29: Teilziel 3 im Forschungsdesign[735]

Das iterative Vorgehensmodell soll ein strukturiertes Vorgehen definieren, das für eine szenario- und prototypingbasierte Informationsbedarfsanalyse geeignet ist und die Nutzung des ProDIA-Werkzeugs berücksichtigt. Das ProDIA-Werkzeug, das die

[734] Vgl. Abschnitt 5.3.
[735] Eigene Darstellung.

Kernkomponente des zu entwickelnden Konzepts ist, soll Beispieldaten generieren können, mit denen Prototypen von BPI-Systemen realisiert und schließlich potenzielle Analyseszenarios dargestellt werden können.[736] Darüber hinaus wurden 15 Anforderungen identifiziert, die für die Entwicklung dieses ProDIA-Werkzeugs relevant sind.[737] In diesem Kapitel wird das Teilziel 3 zur Entwicklung des szenario- und prototypingbasierten Konzepts behandelt (siehe Abb. 29). Die Entwicklung der beiden Gestaltungskomponenten wird in Abschnitt 7.1 und Abschnitt 7.2 vorgestellt.

7.1 Das iterative Vorgehensmodell

In Abschnitt 4.4.1 wurde eine generische Vorgehensweise zur Informationsbedarfsanalyse für die Entwicklung von BI-Systemen vorgestellt, die drei Phasen enthält: Initialisierung, Ist-Analyse und Soll-Analyse.[738] Anschließend wurden verschiedene Ansätze zur Informationsbedarfsanalyse diskutiert, die in der Regel ein Vorgehensmodell besitzen, das dieser generischen Vorgehensweise grundsätzlich folgt. Solche Vorgehensmodelle beschreiben eine strukturierte Vorgehensweise, mit der eine Informationsbedarfsanalyse mithilfe einer Kombination verschiedener Basismethoden durchgeführt wird.[739] Oft werden die Vorgehensmodelle so entwickelt, dass eine Informationsbedarfsanalyse durch mehrere Iterationen schrittweise erfolgt. Dies ist v.a. für die Identifikation vom nicht-artikulierten Informationsbedarf empfehlenswert, da die Aufgabenträger in den Erhebungsprozess eng eingebunden sind und der nicht-artikulierte Informationsbedarf auf Basis von Zwischenergebnissen schrittweise detailliert werden kann. Aus diesem Grund wird eine iterative Vorgehensweise auch für das im Rahmen dieser Arbeit zu entwickelnde szenario- und prototypingbasierte Konzept gewählt.

Es ist nicht das Ziel dieser Arbeit, ein Vorgehensmodell so zu entwickeln, dass jede der in der generischen Vorgehensweise zusammengefassten drei Phasen zur Informationsbedarfsanalyse durch Basismethoden umfassend unterstützt wird. Angesichts der Herausforderungen des Untersuchungsbereichs[740] soll sich diese Arbeit vielmehr auf das Wesentliche konzentrieren: Die Identifikation des nicht-artikulierten

[736] Vgl. Abschnitt 5.6.
[737] Vgl. Abschnitt 6.3.
[738] Vgl. Abschnitt 4.4.1.
[739] Vgl. Abschnitt 4.4.
[740] Vgl. Abschnitt 1.1.

Informationsbedarfs für die Entwicklung von BPI-Systemen.[741] Dabei liegt der Schwerpunkt v.a. auf der Soll-Analyse, die in dem zu entwickelnden Konzept durch die Szenario-Methode und das Prototyping unterstützt wird. Die in der Literatur vorgestellten Basismethoden für die weiteren Schritte, wie z.B. die Identifikation der Zielgruppe bei der Initialisierung, können auch für den in dieser Arbeit betrachteten Untersuchungsbereich angewendet werden. Aus diesem Grund werden solche Methoden im Rahmen dieser Arbeit nicht vertieft.

Abb. 30 zeigt das iterative Vorgehensmodell, das aus drei Phasen besteht:

- Phase 1: Abgrenzung des zu untersuchenden Prozesses und Identifikation potenzieller Analyseszenarios
- Phase 2: Abbildung des Prozesses und der identifizierten Analyseszenarios
- Phase 3: Prototypbasierte Evaluation

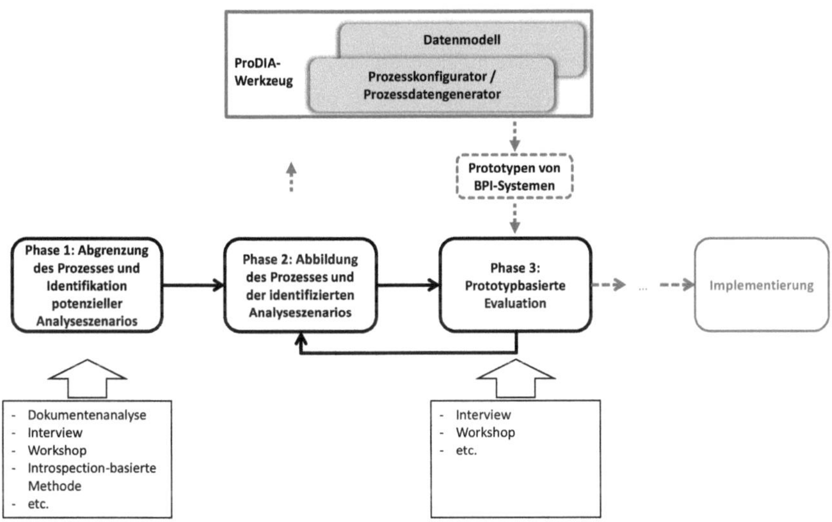

Abb. 30: Das iterative Vorgehensmodell (mit der Anwendung des ProDIA-Werkzeugs)[742]

Sowohl Phase 1 als auch Phase 3 werden durch Basismethoden der Informationsbedarfsanalyse, wie z.B. Interview, Workshop etc., unterstützt.[743] Phase 2 und Phase 3 werden iterativ durchgeführt. Hierbei wird das ProDIA-Werkzeug angewendet. Das

[741] Vgl. Abschnitt 5.4.
[742] Eigene Darstellung.
[743] Vgl. Abschnitt 4.3.

Vorgehensmodell wurde auf Basis der in Abschnitt 4.4.1 vorgestellten generischen Vorgehensweise sowie der in Abschnitt 5.5.2 gewählten Kombination aus der Szenario-Methode und dem Prototyping entwickelt. In den folgenden Abschnitten werden diese drei Phasen näher erläutert.

7.1.1 Phase 1: Abgrenzung des Prozesses und Identifikation potenzieller Analyseszenarios

Die Phase 1 des iterativen Vorgehensmodells umfasst mehrere in der generischen Vorgehensweise zusammengefasste Schritte. Diese sind die Initialisierung (Phase 1.1), die Ist-Analyse (Phase 1.2) und ein Teil der Soll-Analyse (Phase 1.3).

Bei der Initialisierung (Phase 1.1) werden die Rahmenbedingungen des zu untersuchenden Geschäftsprozesses bestimmt.[744] Zunächst ist es notwendig, den Geschäftsprozess, für dessen Prozessanalyse ein BPI-System entwickelt werden soll, klar abzugrenzen. Dabei werden u.a. auch die Teilprozesse sowie die Aufgaben des hier zu entwickelnden BPI-Systems definiert. Da einerseits ein von einem BPI-System zu unterstützender Geschäftsprozess in aller Regel organisationsübergreifend ist und bezüglich der zu betrachtenden Tätigkeiten sehr umfangreich werden kann, andererseits ein Anwendungssystem nur begrenzte Aspekte abdecken kann, ist es oft sinnvoll, die von einem BPI-System zu unterstützenden Aufgabenbereiche frühzeitig einzuschränken. Beispielsweise zeigt die Fallstudie 2 in Abschnitt 6.2.2, dass die Untersuchung auf den Bereich der Produktionslogistik eingeschränkt wurde. Dadurch konnte einerseits die Analyse verstärkt auf die Logistik fokussieren und andererseits konnte so die Komplexität der Analysen reduziert werden.

Zu der Initialisierung gehört auch die Identifikation weiterer Rahmenbedingungen. Dazu gehört die Bestimmung der Grundstruktur des zu untersuchenden Geschäftsprozesses. Es gilt allgemein, dass Prozesse bei strategischen und taktischen Entscheidungsaufgaben auf höherer Ebene und bei operativen Aufgaben auf der Ebene der Prozessschritte oder Aktivitäten betrachtet werden.[745] Diese Information determiniert darüber hinaus, welche Zielgruppen bei der Informationsbedarfsanalyse zu welchen Aufgaben befragt werden sollen. Außerdem sind die für eine Prozessanalyse relevante Ressourcen, Organisationseinheiten und im Prozess zu bearbeitende

[744] Vgl. Abschnitt 4.4.1.
[745] Vgl. Abschnitt 2.2.2.1.

Objekte Gegenstand der Initialisierungsphase. Die erhobenen Rahmenbedingungen werden in aller Regel während einer Untersuchung schrittweise konkretisiert.

Der Ist-Zustand der Informationsversorgung für die definierten Aufgaben wird in der Phase der Ist-Analyse (Phase 1.2) näher untersucht.[746] Dabei können eine Dokumentenanalyse oder Gespräche durchgeführt werden, um die tatsächlichen Abläufe sowie die Zuständigkeit des zu untersuchenden Geschäftsprozesses zu identifizieren. Idealerweise führt die Ist-Analyse außerdem dazu, dass bereits Probleme identifiziert werden, die möglicherweise mithilfe des BPI-Systems gelöst werden können. Die Lösungen solcher Probleme können in Form von Analyseszenarios dargestellt werden.

Bei der Phase 1.3 handelt es sich um die Identifikation potenzieller Analyseszenarios von BPI-Systemen. Sie ist ein Teil der Soll-Analyse. Basierend auf den letzten zwei Schritten sollten hier Analyseszenarios identifiziert werden, die mit einem BPI-System unterstützt werden. Bei der erstmaligen Einführung eines BPI-Systems ist die Identifikation solcher Szenarios, aufgrund der fehlenden Erfahrung von den Anwendern, häufig auf das Wissen der Analysten angewiesen. Deshalb ist es oft sinnvoll, in dieser Phase eine Introspection-basierte Methode durchzuführen,[747] um die ersten Analyseszenarios zu erheben. Diese dienen als Ausgangspunkt eines iterativen Vorgehens, in dem die Analyseszenarios in Phase 2 und Phase 3 überprüft und schließlich weiterentwickelt werden können.

7.1.2 Phase 2: Abbildung des Prozesses und der identifizierten Analyseszenarios

Die Phase 2 und die Phase 3 bilden zusammen den zweiten Teil der Soll-Analyse und werden mithilfe des ProDIA-Werkzeugs durchgeführt. In der Phase 2 wird der in der letzten Phase definierte Prozess durch das ProDIA-Werkzeug abstrahiert abgebildet. Dabei fließen die identifizierten Rahmenbedingungen als Input in das ProDIA-Werkzeug ein. Mit diesem Werkzeug werden anhand der Rahmenbedingungen und der bereits erhobenen Analyseszenarios Prozessablaufdaten generiert, sodass es möglich wird, darauf basierend Prototypen eines BPI-Systems zu realisieren, um so die Unterstützung für die potenziellen Analyseszenarios prototypisch darzustellen

[746] Vgl. Abschnitt 4.4.1.
[747] Vgl. Abschnitt 4.3.5.

und in der Phase 3 evaluieren zu können. Das Design sowie die Komponenten des ProDIA-Werkzeugs wird in Abschnitt 7.2 erläutert.

7.1.3 Phase 3: Prototypbasierte Evaluation

Die in Phase 2 generierten Beispieldaten werden in einem Datenhaltungssystem gespeichert. Hierbei können Prototypen von verschiedenen Analysesystemen (z.B. OLAP-Systeme, Process-Mining-Systeme oder freie Datenrecherchen) realisiert werden, um die aus der Anwendersicht als relevant erachteten Analyseszenarios darzustellen und zu evaluieren. Die Evaluation kann in Form von Workshops oder Interviews durchgeführt werden. Eine prototypbasierte Evaluation hat den Vorteil, dass die Analyseszenarios visuell dargestellt und während eines Workshops / Interviews diskutierbar sind und somit eine Kommunikationsplattform angeboten werden kann.[748] Die prototypisch dargestellten Analyseszenarios können während der Evaluation angepasst werden, z.B. wenn bei einer Routenplanung zusätzlich die Art der Transportmittel einbezogen werden soll oder wenn bei einer Analyse von Versicherungsanträgen die zuständigen Organisationseinheiten zusätzlich als relevant erachtet werden sollen. Deshalb können die in Phase 2 abgebildeten Analyseszenarios durch die Evaluation bestätigt, erweitert oder als nicht notwendig abgelehnt werden. Durch die Nutzung der Prototypen sowie die Diskussion der bereits erhobenen Analyseszenarios können darüber hinaus auch gänzlich neue Analyseszenarios entdeckt werden.[749] Die erweiterten bzw. die neuen Szenarios lassen sich in Phase 2 mit neuen oder angepassten Beispieldaten unterlegen. Hierbei ist zu erwarten, dass mehrere Iterationen zwischen Phase 2 und Phase 3 durchgeführt werden, bis eine gewisse Stabilität von den Analyseszenarios erreicht wird. Danach kann der Informationsbedarf, der für die Entwicklung des BPI-Systems relevant ist, aus den erhobenen Analyseszenarios abgeleitet werden.

Basierend auf diesen Ergebnissen können in den nächsten Schritten die Erhebung von weiteren Anforderungen, bspw. aus Datenstrukturen und Funktionsperspektiven, sowie die Implementierung des Systems folgen.[750] Man kann jedoch nach der Infor-

[748] Im Requirements Engineering werden Prototypen oft als Medium zur Unterstützung der Kommunikation zwischen verschiedenen Stakeholdern benutzt, wie es bspw. in der Boundary Object Theory gezeigt wird. Vgl. Vranesic, I. u.a. (2010), S. 9 ff. sowie Fong, A. u.a. (2007), S. 10 ff.

[749] Vgl. Abschnitt 5.6.

[750] Dies ist nicht Gegenstand der Informationsbedarfsanalyse und wird deshalb im Rahmen dieser Arbeit nicht weiter vertieft. Vgl. Abschnitt 4.1.

mationsbedarfsanalyse auch zu der Entscheidung gelangen, den Entwicklungsprozess abzubrechen, z.B. wenn die Kosten zur Beschaffung neuer Datenquellen zu hoch sind. In diesem Fall kann es sinnvoll sein, auf die weiteren Schritte für die Implementierung des BPI-Systems zu verzichten und ggf. eine andere Art von Systemen zu entwickeln.

7.2 Entwicklung des ProDIA-Werkzeugs

Die Entwicklung der zweiten Gestaltungskomponente – das ProDIA-Werkzeug – wird in diesem Abschnitt vorgestellt. Dabei soll das ProDIA-Werkzeug den zu untersuchenden Geschäftsprozess mit den in dem Vorgehen in Phase 1 erhobenen Rahmenbedingungen konfigurieren können und die entsprechenden Beispieldaten für die Realisierung von BPI-Prototypen zur Darstellung von Analyseszenarios generieren können. Hierfür soll das ProDIA-Werkzeug eine Datenstruktur besitzen, in der die zu generierenden Prozessablaufdaten gespeichert und mit der Prototypen zur Prozessanalyse realisiert werden können. Daraus ergeben sich zwei Komponenten: ein *Datenmodell* und ein *Prozesskonfigurator/Prozessdatengenerator.* Die Entwicklung der beiden Komponenten basiert auf den im letzten Kapitel identifizierten 15 Anforderungen. Diese wird im folgenden Abschnitt detailliert erläutert.

7.2.1 Datenmodell

Angesichts der Anforderungen an das zu entwickelnde ProDIA-Werkzeug soll das hierbei zu entwickelnde Datenmodell eine Datenstruktur für dispositive Daten abbilden können, in der einerseits die zu generierenden Prozessablaufdaten gespeichert werden können und mit der andererseits die Bedürfnisse prozessorientierter Analysen der Aufgabenträger abgedeckt werden sollen. Als Datenbasis für Analysesysteme gibt es grundsätzlich keine Einschränkungen bei der Wahl eines Datenmodells. Der Verfasser dieser Arbeit hat sich für die Modellierung eines multidimensionalen Datenmodells entschieden. Diese Entscheidung wird dadurch begründet, dass sich zum einen ein multidimensionales Datenmodell für flexible Analysen und eine schnellen Ausführung von verschiedenartigen Anfragen ausgelegt ist.[751] Somit lassen sich Prototypen auf Basis eines multidimensionalen Datenmodells für flexible Analysen über die Analyseszenarios leicht realisieren. Zum anderen entspricht die Multidimensionalität den Anforderungen aus dem Prozesskontext, dass die für eine Pro-

[751] Vgl. Abschnitt 3.2.1.3.

zessanalyse relevanten Dimensionen und Fakten abgebildet werden sollen.[752] Außerdem werden multidimensionale Datenmodelle häufig in der Literatur als Datenstruktur für ein Process Warehouse gewählt, weil auf diese relativ einfach sowohl OLAP-Systeme als auch Process-Mining-Systeme für die Prozessanalyse aufgesetzt werden können.[753]

Wie oben dargestellt, werden in der Literatur verschiedene multidimensionale Datenmodelle für prozessorientierte dispositive Systeme vorgestellt. Diese Datenmodelle sind jedoch teilweise für einen konkreten Anwendungskontext, z.B. auf Basis von Log-Dateien eines WfMS, entwickelt, sodass diese schwer auf andere Anwendungskontexte übertragen werden können.[754] Einige andere Datenmodelle sind sehr allgemein modelliert, sodass nicht alle der im letzten Kapitel identifizierten Anforderungen, z.B. die Bündelung von Objekten oder die Abbildung der hierarchischen Struktur von Prozessen, erfüllt werden können.[755] Aus diesem Grund wird ein eigenes multidimensionales Datenmodell im Rahmen dieser Arbeit modelliert. Die Modellierung des Datenmodells basiert auf den im letzten Kapitel identifizierten 15 Anforderungen. Außerdem werden die in der Literatur veröffentlichten Datenmodelle untersucht und die Erkenntnisse werden für die Modellierung berücksichtigt.

Die Modellierung dieses multidimensionalen Datenmodells erfolgt durch zwei Schritte: Die semantische Modellierung mit ADAPT und die logische Modellierung mit dem Star-Schema für relationale Datenhaltungssysteme:[756] Mithilfe von ADAPT[757] wird ein konzeptionelles Datenmodell (semantisches Datenmodell) entworfen. Darauf basierend wird ein Star-Schema (logisches Datenmodell) abgeleitet, das bei dem Prozesskonfigurator/Prozessdatengenerator für die Datenhaltung eingesetzt wird.

7.2.1.1 Semantische Modellierung mit ADAPT

Anhand der identifizierten Anforderungen wird mit ADAPT ein semantisches Datenmodell mit einem Cube-Objekt („*Object Transfer*") und neun Dimensionen modelliert.

---

[752] Vgl. Anforderung 9, Anforderung 10, Anforderung 11 und Anforderung 14 in Abschnitt 6.3.
[753] Vgl. Becker, M. und Chamoni, P. (2006), S. 24 ff., Stähler, D. u.a. (2009), S. 254 ff. sowie Grigori, D. u.a. (2004), S. 321 ff.
[754] Vgl. Bonifati, A. u.a. (2001a), S. 649 ff. sowie Eder, J. u.a. (2001), S. 1 ff.
[755] Vgl. Schiefer, J. u.a. (2004), S. 162 ff. sowie Becker, M. und Chamoni, P. (2006), S. 24 ff.
[756] Vgl. Abschnitt 3.2.1.3.
[757] Vgl. Abschnitt 3.2.1.2.

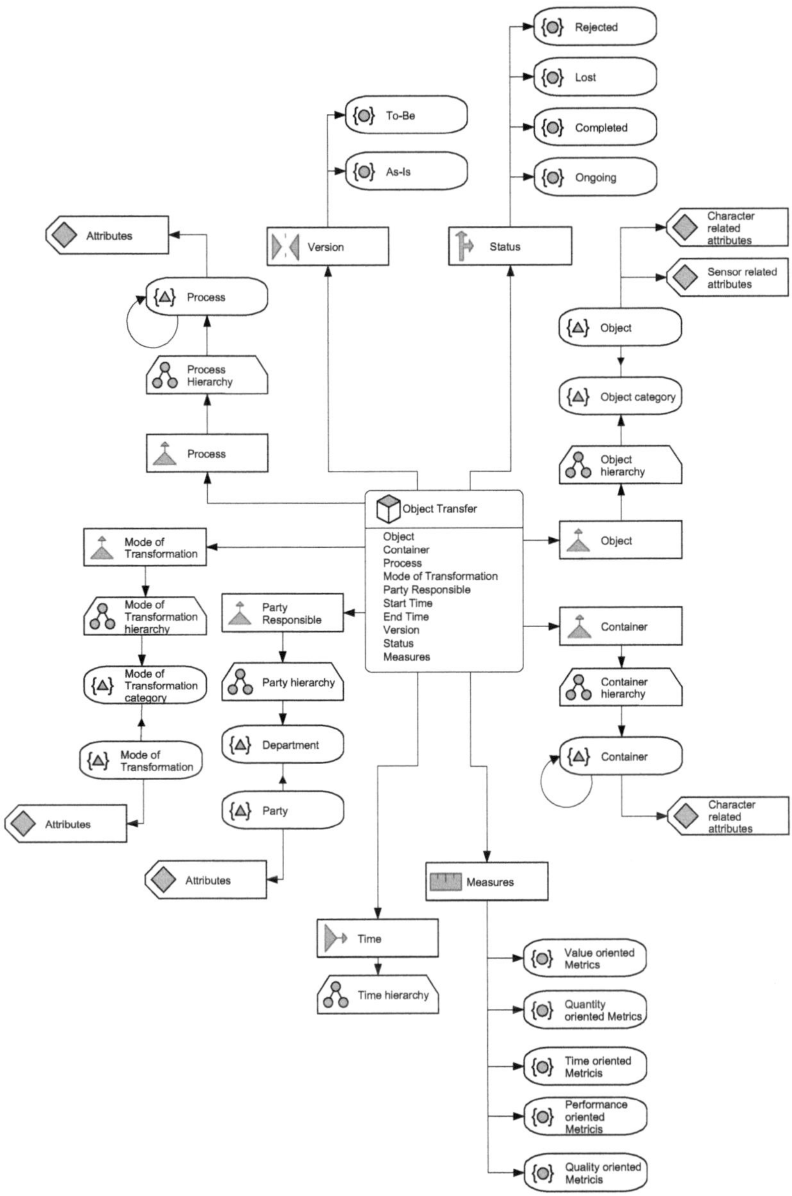

Abb. 31: Das semantische Datenmodell[758]

[758] Eigene Darstellung.

Die neun Dimensionen sind *„Object"*, *„Container"*, *„Mode of Transformation"*, *„Party Responsible"*, *„Process"*, *„Time"*, *„Version"*, *„Status"* und *„Measures"*. Das Datenmodell wird in Abb. 31 dargestellt.[759]

Da das in dieser Arbeit zu entwickelnde Konzept darauf abzielt, Geschäftsprozesse in verschiedenen Anwendungsbereichen (z.B. in der Logistik oder in der Verwaltung) zu unterstützen, in denen die Anforderungen für die Modellierung eines konkreten Datenmodells unterschiedlich sind, wird das konzeptionelle Datenmodell generischen ausgelegt. So wird bspw. keine konkrete hierarchische Struktur für die Dimension *„Object"* modelliert und keine genaue Bezeichnung der Attribute für die Eigenschaften der Objekte definiert. Für den konkreten Einsatz dieses ProDIA-Werkzeugs wird das Datenmodell anhand des jeweiligen Anwendungsbereichs erweitert und konkretisiert.[760]

Über das Cube-Objekt *„Object Transfer"* (Objekttransfer) werden die neun Dimensionen miteinander verknüpft. Jeder Objekttransfer repräsentiert eine Aktivitätsinstanz. Im folgenden Teil werden die neun Dimensionen vorgestellt.

Zunächst werden die ressourcenbezogenen Dimensionen kurz erläutert, da sie für die Modellierung des Datenmodells eine bedeutende Rolle spielen. Als *„Ressourcen"* werden hier Einsatzmittel verstanden, die für die Durchführung von Aktivitäten relevant sind.[761] Diese sollen gemäß Anforderung 10 mit den zu generierenden Prozessablaufdaten verknüpft sein. Die diesbezüglich relevanten Analyseszenarios sind oft Performance- oder Kapazitätsfragen, bspw. zur Räumlichkeit (z.B. Lagerkapazität), zur Person (z.B. Personalkapazität zur Bearbeitung von Versicherungsanträgen) oder zur Sachmittelressource (z.B. Maschinenauslastung). Da einerseits verschiedene Arten von Ressourcen unterschiedliche Eigenschaften besitzen und andererseits oft mehrere Ressourcen für eine Analyse gleichzeitig benötigt werden,[762] werden diese bei der Modellierung in verschiedenen Dimensionen behandelt.[763] So werden auf Räumlichkeiten oder Arbeitsschritte bezogene Ressourcen mithilfe der Dimension *„Process"* dokumentiert. Die materialbezogenen Ressourcen

[759] Bei der Modellierung des Datenmodells sowie der Entwicklung des Prozesskonfigurators/Prozessdatengenerators werden englische Begriffe verwendet.
[760] In Kapitel 8 wird die Konkretisierung des Datenmodells anhand von zwei Fallstudien demonstriert.
[761] Vgl. Abschnitt 2.2.1.
[762] Beispielsweise werden sowohl die Lagerräume als auch das Personal bei einer Analyse zur Reduktion von Lagerkosten benötigt.
[763] Vgl. Abschnitt 3.3.3.

werden durch die Objekt- und Containerdimension berücksichtigt. Die personen- und organisationsbezogenen Ressourcen werden in der Dimension *„Party Responsible“* behandelt. Und für die Sachmittelressourcen kommt die Dimension *„Mode of Transformation“* zum Einsatz.

Dimension „Process“

Zu der Prozessstruktur gehört sowohl die hierarchische als auch die sequenzielle Struktur.[764] Die hierarchische Struktur von Geschäftsprozessen wird in der Dimension *„Process“* (Prozessdimension) festgehalten (vgl. Anforderung 12). Da die Anzahl der Detaillierungsebenen eines Geschäftsprozesses je nach Anwendung sehr unterschiedlich sein kann und deshalb bei einer generischen Modellierung nicht festzuhalten ist, wird die hierarchische Ebene rekursiv modelliert. Dabei repräsentiert die unterste Ebene eine einzelne Aktivität, die mithilfe von Kennzahlen dokumentiert werden kann.[765] Von der Aktivitätsebene heraus können die entsprechenden Kennzahlen dann entlang der hierarchischen Struktur über die unterschiedlichen Prozessebenen aggregiert werden.

Die sequenzielle Struktur von Geschäftsprozessen, welche die Prozessabläufe auf Basis von Zusammenhängen zwischen den Prozessaktivitäten dokumentiert, wird durch die Verknüpfung der Prozessdimension mit dem Cube-Objekt und der Zeitdimension mit den Attributen *„Start Time“* und *„End Time“* realisiert (vgl. Anforderung 4).

Dimension „Object“

Objekte, die in einem Geschäftsprozess bearbeitet werden, werden in der Dimension *„Object“* (Objektdimension) dokumentiert. Damit die Analyse über die Prozessinstanzen jedes einzelnen Objekts ermöglicht werden kann,[766] wird statt Objekttypen jedes einzelne Objekt in dieser Dimension festgehalten. Außerdem sollen nach Anforderung 5 physische Objekte von informationellen Objekten unterschieden werden können. Die Unterscheidung lässt sich durch Anpassung der Attribute der Objekteigenschaften (*„character related attributes“*) für beide Objekttypen sowie der sensor-

---

[764] Vgl. Abschnitt 2.2.2 und Abschnitt 3.3.3.

[765] Eine Aktivität kann bspw. eine Transportstrecke von A nach B oder die Lagerung in einem Lagerraum sein.

[766] Vgl. Anforderung 6 in Abschnitt 6.3.2.

basierten Attribute (*„sensor related attributes“*)[767] für physische Objekte ermöglichen. So können bspw. Eigenschaften wie Gewicht und Volumen für ein physisches Objekt und Versicherungslaufzeit für ein informationelles Objekt modelliert werden. Hiermit wird auch Anforderung 7 zu den Eigenschaften von Objekten behandelt.

Eine weitere wichtige Unterscheidung zwischen diesen beiden Objekttypen liegt darin, dass informationelle Objekte kopiert und gleichzeitig in mehreren Aktivitäten bearbeitet werden können. Diese Situation lässt sich auch durch das Datenmodell realisieren, indem ein informationelles Objekt durch das Cube-Objekt mit mehreren Aktivitäten verknüpft wird, die unabhängig voneinander das Objekt parallel bearbeiten können.

Außerdem lässt sich die hierarchische Struktur dieser Dimension bei einer konkreten Anwendung anpassen. Bspw. können Hierarchien, wie z.B. Hersteller oder Produktionsort, für physische Objekte hinzugefügt werden.

Dimension „Container“

Gemäß Anforderung 6 sollten mehrere Objekte zu einem neuen Objekt gebündelt werden können. Dies wird durch die Kombination der Dimensionen *„Container“* (Containerdimension) und *„Object“* ermöglicht. Dabei werden die kleinsten Objekte, die keine weiteren Objekte enthalten können, in der Objektdimension festgehalten. Alle weiteren Objekte, welche die kleinsten Objekte oder andere Objekte enthalten, werden in der Dimension *„Container“* als Containerobjekte dargestellt. Ein Containerobjekt kann sowohl Objekte als auch andere Containerobjekte beinhalten, sodass eine hierarchische Struktur in der Containerdimension entsteht. Da die Tiefe der Hierarchie flexibel sein kann, wird diese rekursiv modelliert.[768]

Dimension „Time“

Anforderung 4 erfordert die Dokumentation der Prozessabläufe durch Zeitstempel. Diese Dokumentation der zeitlichen und logischen Abfolge von Geschäftsprozessen wird mithilfe der Dimension *„Time“* (Zeitdimension) realisiert. Hierbei wird der Start- und Endzeitpunkt jeder Aktivitätsinstanz durch das Cube-Objekt festgehalten. Mithilfe der Zeitstempel können zeitbezogene Kennzahlen, wie z.B. die Durchlaufzeit, be-

[767] Mithilfe dieser Attribute können bspw. Ober- oder Untergrenzen von Messdaten definiert werden, die während der Ausführung von Aktivitäten zulässig sind. (Beispiel: die maximale oder minimale erlaubte Temperatur) Solche Attribute sind für qualitätsbezogene Analysen von Bedeutung.

[768] Vgl. Gluchowski, P. u.a. (2009b), S. 4.

rechnet werden (vgl. Anforderung 11). Die Hierarchie der Zeitdimension kann je nach Situationen unterschiedlich modelliert werden. Im Universitätskontext kann die Hierarchie bspw. gemäß des akademischen Kalenders je Semester modelliert werden und im Fall eines Unternehmens über Geschäftsjahr oder -quartal. Die Zeitdimension ist v.a. die Grundlage für Zeitreihenbetrachtungen, wenn z.B. die Kosten in einem Zeitraum betrachtet werden oder die Entwicklung dieser Kennzahl im Lauf des Jahres analysiert wird.[769]

Dimension „Party Responsible"

Die Organisationseinheiten, die für die Durchführung von Aktivitäten zuständig sind, werden mithilfe der Dimension *„Party Responsible"* (Zuständigkeitsdimension) dokumentiert (vgl. Anforderung 9). Außerdem lässt sich die hierarchische Struktur einer Organisation in dieser Dimension darstellen. Dabei kann die Hierarchie je nach dem zu betrachteten Detaillierungsgrad auf den Ebenen bspw. von Unternehmen, Abteilungen oder auch einzelner Rollenträger modelliert werden. Dies ist insb. auch für die organisationsübergreifende Analyse relevant (vgl. Anforderung 12).

Dimension „Mode of Transformation"

In dieser Dimension (Transformationsdimension) werden Sachmittelressourcen dokumentiert, die bei der Ausführung von Aktivitäten eingesetzt werden, wie z.B. Transportmittel für Transportvorgänge, Verpackungsmaschinen für Verpackungsaktivitäten oder Scanner für Digitalisierungsvorgänge von Dokumenten.

Dimension „Status"

Gemäß Anforderung 8 werden verschiedene Bearbeitungsstatus von den im Geschäftsprozess zu bearbeitenden Objekten durch die Dimension *„Status"* (Statusdimension) dokumentiert. Ausgehend von der Anforderungserhebung in Kapitel 6 werden neben den allgemeinen Status *„ongoing"* (laufend) und *„completed"* (abgeschlossen) noch zwei weitere Bearbeitungsstatus – *„lost"* (verschwunden) und *„rejected"* (abgelehnt) – modelliert.[770] Weitere können je nach Bedarf ergänzt werden.

Durch die Kombination von Statusdimension und Zeitdimension lassen sich Analysen über historische und aktuelle Daten durchführen (vgl. Anforderung 15). Wenn bspw. der Status eines zu untersuchenden Objekts beim Zeitpunkt der Analyse als *„on-*

[769] Vgl. Hahne, M. (2010), S. 244.
[770] Vgl. Anforderung 8 in Abschnitt 6.3.2.

going" bezeichnet wird, bezieht sich die Analyse dieses Objekts auf die aktuelle Situation. Bei der Betrachtung der anderen drei Status werden historischen Daten analysiert.

Dimension „Version"

Die Dimension *„Version"* (Versionsdimension) wird modelliert, um verschiedene Versionen von Geschäftsprozessen gemäß Anforderung 13 vergleichbar zu machen. Im Rahmen dieser Arbeit wird der Soll-/Ist-Vergleich betrachtet.

Dimension „Measures"

Die für die Analyse relevanten Kennzahlen werden in der Dimension *„Measures"* (Kennzahlendimension) festgehalten (vgl. Anforderung 11). Für das generische Datenmodell wird keine konkrete Kennzahl modelliert. Alle der bei Anforderung 11 beschriebenen fünf Kennzahlentypen können hierfür eingesetzt werden und werden deshalb im Datenmodell aufgelistet: kostenbezogene, mengenbezogene, zeitbezogene, leistungsbezogene und qualitätsbezogene Kennzahlen.

Anhand der obigen Vorstellung ist ersichtlich, dass auch die Anforderung 14 bezüglich des mehrdimensionalen Aspekts aus dem Prozesskontext durch das vorgestellte multidimensionale Datenmodell berücksichtigt wird. Das Datenmodell erfüllt die in Kapitel 6 abgeleiteten Anforderungen aus der Sicht der Datenstruktur für die Datenhaltung der zu generierenden Prozessablaufdaten und aus der Sicht der Darstellung von Analyseszenarios. Die Erfüllung dieser Anforderungen aus der Sicht der Generierung von Prozessablaufdaten wird bei der Entwicklung des Prozesskonfigurators/Prozessdatengenerators erreicht. Dabei liegt die Herausforderung v.a. darin, Prozessablaufdaten logisch zu generieren, die insb. die ersten drei Anforderungen erfüllen.[771] Diese werden in Abschnitt 7.2.2 näher diskutiert.

[771] Die Abbildung der Aktivitätsabhängigkeiten aus den ersten drei Anforderungen bezüglich der Ablauflogik von Prozessen wird primär beim Prozesskonfigurator/Prozessdatengenerator behandelt. Trotzdem können deren Konsequenzen mithilfe des hier vorgestellten multidimensionalen Datenmodells dargestellt werden. Bei Flow Dependencies wird ein Objekt, das von einer Aktivität bearbeitet wird, von einer anderen Aktivität verwendet. Die Reihenfolge der Durchführung von Aktivitäten sowie das zu bearbeitende Objekt werden in dem Datenmodell mithilfe von Zeitstempeln dokumentiert. Bei Share Dependencies teilen mehrere Aktivitäten eine Ressource. Diese lassen sich darstellen, indem mehrere Aktivitäten durch das Cube-Objekt mit einer Ressource verknüpft sind (z.B. ein Transportmittel in der Dimension *„Mode of Transformation"* oder eine Person in der Dimension *„Party Responsible"*). Im Fall der Fit Dependencies werden mehrere Aktivitäten benötigt, um ein Objekt zu produzieren. Die Konsequenzen von Fit Dependencies lassen sich auch mithilfe des Datenmodells darstellen,

7.2.1.2 Logische Modellierung mit dem Star-Schema

Für die Umsetzung des oben entwickelten Fachkonzepts in ein DV-Konzept wird ein logisches Datenmodell mit dem Star-Schema modelliert, das für die Datenhaltung und die Bereitstellung der Prozessablaufdaten mit relationalen Systemen eingesetzt wird.[772] Das logische Datenmodell (Star-Schema) wird dabei ebenfalls auf einer generischen Ebene modelliert (vgl. Abb. 32).[773]

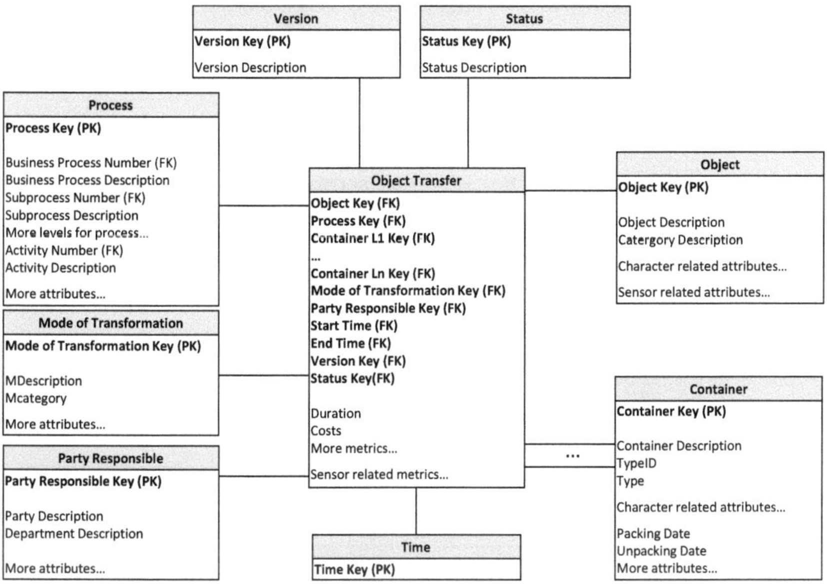

Abb. 32: Das logische Datenmodell – Ein Star-Schema[774]

Wie ersichtlich, wird das Star-Schema aus acht Dimensionstabellen und einer Faktentabelle zusammengesetzt. Bei der Modellierung der Dimensionstabellen wird bewusst darauf verzichtet, diese in die dritte Normalform zu überführen.[775] Im folgenden Teil werden die Dimensionstabellen und die Faktentabelle vorgestellt.

indem ein Objekt mit mehreren nebeneinander stehenden Aktivitäten verknüpft ist, deren Arbeitsvorgänge für die Bearbeitung des Objekts synchronisiert sein müssen.

[772] Vgl. Abschnitt 3.2.1.3.

[773] Vgl. Gluchowski, P. u.a. (2009b), S. 7 ff. sowie Hahne, M. (2010), S. 238 ff.

[774] Eigene Darstellung.

[775] Vgl. Abschnitt 3.2.1.3.

Dimensionstabelle „Object"

Die im Geschäftsprozess zu bearbeitenden Objekte werden in der Dimensionstabelle *„Object"* festgehalten. Dabei werden zwei Attribute für die Beschreibung des Objekts (z.B. „Salzgurken") und der Kategorie (z.B. „Lebensmittel") definiert. Weitere Attribute können bei einer konkreten Anwendung des Datenmodells ergänzt werden. Bei physischen Objekten können bei BPI-Analysen auch sensorbezogene Attribute eine wichtige Rolle spielen, bspw. die erlaubte Höchsttemperatur für gefrorene Ware, die als Produkteigenschaft dokumentiert wird und die während eines Transports oder einer Lagerung mit den gemessenen Temperaturen verglichen werden kann.

Dimensionstabelle „Process"

Die hierarchischen Strukturen der Prozessdimension und der Containerdimension werden im semantischen Datenmodell mit rekursiven Beziehungen modelliert. Häufig wird dies durch ein zusätzliches „Level-Attribute" (auch „recursive parent key" genannt) in den betroffenen Dimensionstabellen realisiert.[776] Wie in Abb. 33 dargestellt, wird die Parent-Child-Relation für die Prozessdimension durch den Primärschlüssel *„Process Key"* und den Fremdschlüssel *„Process in higher level"* umgesetzt. Ähnlich kann auch die Containerdimension modelliert werden.

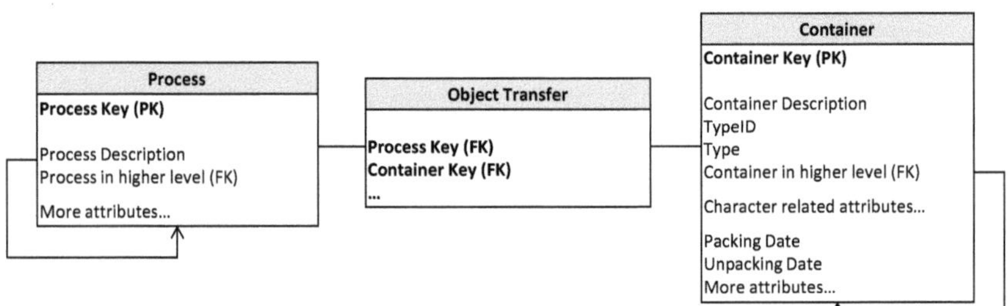

Abb. 33: Alternative Modellierungsmöglichkeit der rekursiven Beziehungen[777]

Diese Form der Modellierung ist zwar flexibel handhabbar, jedoch ist sie bei der Implementierung oft sehr komplex und ineffizient.[778] Dies betrifft insb. die Abfragen mit den Aggregationsfunktionen. Bspw. kann die SQL-Funktion „GROUP BY" diese rekursive Struktur nicht verfolgen, um Fakten zusammenzufassen. Einige Daten-

[776] Vgl. Hahne, M. (2005), S. 125 f. sowie Kimball, R. und Ross, M. (2013), S. 215 f.
[777] Eigene Darstellung.
[778] Vgl. Kimball, R. und Ross, M. (2013), S. 216 f. sowie Hahne, M. (2005), S. 125.

bankhersteller bieten zwar spezielle Lösungen an, diese sind allerdings mit weiteren Einschränkungen verbunden.[779]

Eine einfache Alternative wäre, die Hierarchien in der Dimension manuell zu pflegen (d.h. für jede Ebene eigene Attribute einzubinden), was jedoch bei der Abbildung von Hierarchien unflexibel und für ein laufendes System i.d.R. ungeeignet ist. [780] Im gegebenen Fall sollen jedoch mithilfe des Datenmodells Beispieldaten zum Prozessablauf generiert werden können und dabei Analyseszenarios möglichst schnell und flexibel durch Prototypen abgebildet und dargestellt werden können. Insofern wird nicht auf den Betrieb eines DWH-Systems abgezielt, weshalb die aufgeführten Nachteile bei der Abbildung von Hierarchien durch das manuelle Hinzufügen von Hierarchieebenen vernachlässigt werden können und diese beiden Dimensionen durch ein manuelles Pflegen der Ebenen modelliert werden.

Für die Dimensionstabelle *„Process"* wird die rekursive Beziehung der hierarchischen Struktur deshalb durch mehrere „Level-Attribute" realisiert (siehe *„Business Process Number"*, *„Subprocess Number"* und *„Activity Number"* in Abb. 32). Jedes Attribut repräsentiert eine Ebene der Hierarchie. Die Tiefe der Hierarchie wird manuell gepflegt. Der *„Business Process"* wird als die höchste Ebene definiert und bezeichnet den gesamten Geschäftsprozess, der bei einer Informationsbedarfsanalyse zu untersuchen ist. Die unterste Ebene sind Aktivitäten, bei deren Ausführung die Aktivitätsinstanzen erzeugt und dokumentiert werden. Zwischen diese zwei Ebenen können beliebig viele weitere Ebenen einbezogen werden (z.B. *„Subprocess"*). In der Dimensionstabelle wird nur die Entität der *„Activity"* mit der Faktentabelle verknüpft. Weitere Entitäten, wie z.B. *„Business Process"* und *„Subprocess"*, stellen die hierarchische Struktur dar, innerhalb derer Kennzahlen aggregiert werden können.

Tab. 8 zeigt am Beispiel eines Transportprozesses, wie diese Struktur auf drei Ebenen aufgebaut ist. Hierbei wird zuerst der Prozess des Transports bei der Untersuchung betrachtet. Das Warenverteilzentrum (WVZ) ist ein Teil des gesamten Prozesses und wird auf der zweiten hierarchischen Ebene platziert. Darunter ist die Aktivi-

[779] Vgl. Kimball, R. und Ross, M. (2013), S. 216 f.
[780] Vgl. Hahne, M. (2005), S. 125.

tätsebene, in der Wareneingang und Lager als zwei Aktivitäten von WVZ modelliert werden.[781]

Tab. 8: Beispiel der Dimensionstabelle "Process"

Process Key	Business Process Number	Business Process Description	Subprocess Number	Subprocess Description	Activity Number	Activity Description	...
1	1	Transport	NULL	NULL	NULL	NULL	...
2	1	Transport	2	WVZ	NULL	NULL	...
3	1	Transport	2	WVZ	3	Wareneingang	...
4	1	Transport	2	WVZ	4	Lager	...
...	...	...	...	...	...	...	...

Dimensionstabelle „Container“

In der Dimensionstabelle *„Container“* werden Containerobjekte dokumentiert, die Objekte oder andere Containerobjekte enthalten. Diese Beziehung wird durch die Verknüpfung zwischen den Dimensionstabellen *„Objekt“*, *„Container“* und der Faktentabelle hergestellt. Anders als die Dimensionstabelle *„Process“*, stellen die Entitäten der Containerobjekte nicht nur die hierarchische Struktur dar, sondern dokumentieren auch Ereignisse, wie z.B. ein Verpackungsdatum, die bei der Prozessanalyse relevant sind. Aus diesem Grund wird jede Entität dieser Dimensionstabelle mit den Fakten in der Faktentabelle verknüpft.

Ein Containerobjekt kann bei verschiedenen Aktivtäten unterschiedlichen Ebenen zugeordnet werden. Im Beispiel der Distributionslogistik können verschiedene Waren in Boxen verpackt und die Boxen in einer Palette aufgeladen werden. In diesem Fall befindet sich die Palette auf der dritten Ebene. Diese Palette kann in den nächsten Schritten entladen und später mit Waren ohne Verpackungen beladen werden. In diesem Moment befindet sich diese Palette in der zweiten Ebene.

Da die hierarchische Struktur der Dimensionstabelle *„Container“*, wie oben beschrieben, nicht statisch, sondern von den Instanzen der jeweiligen Aktivitäten abhängig ist, wird die Hierarchie der Containerobjekte durch die Faktentabelle realisiert (siehe Abb. 32). Hierbei werden in die Faktentabelle mehrere *„Container Keys“* als Fremdschlüs-

[781] Ein Nachteil dieser Modellierung besteht darin, dass unbalancierte Strukturen (vgl. u.a. Hahne, M. (2005), S. 125 sowie Kemper, H. G. u.a. (2010), S. 77) nicht dargestellt werden kann. Allerdings hat sich bei den Untersuchungen gezeigt, dass die meisten untersuchten Teilprozesse eine ähnliche Tiefe besitzen, sodass die Modellierung einer unbalancierten Struktur für die Untersuchung im Rahmen dieser Arbeit als nicht relevant erscheint.

sel zur Hierarchiebildung eingefügt.[782] Wenn ein Objekt in keinem Containerobjekt enthalten ist, werden alle Container-Schlüssel als Faktdaten mit „NULL“ gekennzeichnet. Ansonsten werden die entsprechenden Schlüssel der Containerobjekte in der Faktentabelle dokumentiert.

Tab. 9: Beispiel der Faktentabelle „Object Transfer“ zur Bildung von Objektbündelung

...	Object Key	Process Key	Container L1 Key	Container L2 Key	Container L3 Key	...
...	111	18	NULL	NULL	NULL	...
...	111	19	1	NULL	NULL	...
...	111	20	1	2	NULL	...
...	111	21	1	2	3	...
...	...	...	...	...	...	...

Tab. 9 zeigt ein Beispiel in der Faktentabelle, wie ein Objekt (mit dem Objekt Key „111“) durch drei Bündelungsvorgänge (jeweils mit den Process Keys „19“, „20“ und „21“) sukzessive in drei ineinander verschachtelte Containerobjekte (jeweils mit den Schlüsseln 1, 2 und 3) eingeordnet wird.[783]

Dimensionstabelle „Time“

Die Dimensionstabelle *„Time“* wird genutzt, um den Start- und Endzeitpunkt einer Aktivitätsinstanz, die hier *„Objekt Transfer“* (Objekttransfer) genannt wird, zu dokumentieren. Wie im semantischen Datenmodell wird diese Dimensionstabelle zunächst generisch ohne konkrete Hierarchie und Attribute modelliert. Diese können bei der Anwendung konkretisiert werden.

Dimensionstabellen „Party Responsible“ und „Mode of Transformation“

Die hierarchische Struktur für die Dimensionstabellen *„Party Responsible“* und *„Mode of Transformation“* lassen sich analog abbilden. Für die Analyse eines unternehmensübergreifenden Geschäftsprozesses werden oft mehrere Unternehmen als höchste Ebene in der Dimensionstabelle *„Party Responsible“* modelliert. Von dieser Ebene aus kann auf verschiedene zuständige Bereichen / Abteilungen bis hin zu

[782] Die Anzahl der Ebenen ist bei der Nutzung des Datenmodells festzuhalten.

[783] Ein konkretes Containerobjekt kann im Lauf des Prozesses in mehreren Aktivitäten und auf unterschiedlichen Ebenen eingesetzt werden. Beispielweise kann das Containerobjekt mit der Schlüsselnummer „3“ durch eine Aufhebung von Bündelungen freigegeben werden und bei einer neuen Aktivität auf der ersten Ebene als Containerobjekt benutzt werden. Außerdem kann die Hierarchie relativ flexibel aufgebaut werden. Somit kann hier auch ohne weiteres eine unbalancierte Struktur dargestellt werden kann.

einem Rollenträger herunter gebrochen werden. Für die Dimensionstabelle *„Mode of Transformation“* können verschiedene Kategorien von Transformationsarten modelliert werden, wie z.B. Transportmittel und Verpackungsmaschinen. Diese lassen sich dann auf weiteren hierarchischen Ebenen, wie z.B. LKW → Containersattelzug → MAN TGX, in der Kategorie „Transportmittel“ detailliert darstellen.

Dimensionstabellen „Version“ und „Status“

Diese beiden Dimensionstabellen werden wie im semantischen Datenmodell ohne Hierarchie modelliert. Die Dimensionstabelle *„Version“* hat zwei Werte und ist für die Unterscheidung und den Vergleich der Prozesse zwischen SOLL (*„TO-BE“*) und IST (*„AS-IS“*) zuständig. In der Dimensionstabelle *„Status“* werden zunächst vier Bearbeitungsstatus für die im Prozess zu bearbeitenden Objekte unterschieden: laufend (*„ongoing“*), abgeschlossen (*„completed“*), abgelehnt (*„rejected“*) und verschwunden (*„lost“*). Je nach Bedarf können weitere Bearbeitungsstatus ergänzt werden.

Faktentabelle „Object Transfer“

Ein *„Object Transfer“* (Objekttransfer) dokumentiert die konkrete Instanz der Ausführung einer Aktivität an einem Objekt (eine Aktivitätsinstanz). Die Verbindung zwischen den oben vorgestellten acht Dimensionstabellen und der Faktentabelle *„Object Transfer“* erfolgt über die Schlüssel. Die Gesamtheit der Fremdschlüssel der acht Dimensionstabellen bildet zusammen den Primärschlüssel der Faktentabelle.[784]

Die Kennzahlen, die beim semantischen Datenmodell in der Dimension *„Measures“* abgebildet sind, werden in diesem Star-Schema in der Faktentabelle als Fakten verwaltet.[785] Für die prozessorientierte Analyse werden häufig die zeitbezogene Kennzahl *„Dauer“* und die kostenbezogene Kennzahl *„Kosten“* benötigt. Deshalb werden die Dauer einer Aktivitätsinstanz, vom Start bis zum Ende, sowie die dadurch entstehenden Kosten in der Faktentabelle modelliert. Zusätzlich können Sensordaten für qualitätsbezogene Analysen in der Faktentabelle dokumentiert werden.

Für die organisationsübergreifende Analyse, wie z.B. zur Lieferzeit in einem Gesamtprozess, können die Daten aus den Instanzen verschiedener Aktivitäten aggregiert werden. Da in der Faktentabelle die kleinste Aktionseinheit eines Objekts (Ob-

[784] Vgl. Kimball, R. und Ross, M. (2013), S. 16 f. sowie Behme, W. u.a. (2000), S. 224.
[785] Vgl. Bauer, A. und Günzel, H. (2009), S. 203 f. sowie Behme, W. u.a. (2000), S. 224.

jekttransfer) dokumentiert wird, lassen sich die mengenbezogenen Kennzahlen oft mithilfe der Status des Objekttransfers berechnen. Bei einem Logistikprozess etwa kann der aktuelle Lagerstand durch die Berechnung der Anzahl von Objekten, die sich gerade (Status ist *„ongoing"*) in diesem Lager (eine Aktivität in der Prozessdimension) befinden, ermittelt werden.[786]

Außerdem lassen sich viele leistungsbezogene Kennzahlen (z.B. Performance von Lieferanten) und qualitätsbezogene Kennzahlen (z.B. Fehlerquote von Lieferanten) auch mithilfe der o.g. Informationen berechnen. Deshalb wird in diesem generischen Datenmodell keine konkrete Kennzahl aus diesen zwei Kennzahlentypen modelliert.[787]

7.2.2 Prozesskonfigurator/Prozessdatengenerator

In diesem Abschnitt wird der Prozesskonfigurator/Prozessdatengenerator vorgestellt, der für die Abbildung eines zu untersuchenden Geschäftsprozesses sowie die Generierung von Prozessablaufdaten zuständig ist. Das Ziel dabei ist es, schnell und flexibel Prozessablaufdaten für verschiedene Anwendungsdomänen zu generieren.

Der Kern der Generierung von Prozessablaufdaten basiert auf einer Prozesssimulation.[788] Die Simulation von Geschäftsprozessen wird nach Neumann et al. als *„die zielgerichtete, experimentelle computergestützte Ausführung von Prozessmodellen"* verstanden.[789] Außerdem ergänzen Neumann et al., dass die Prozesssimulation *„ein Instrument zur Bewertung einer vorgegebenen Prozessdefinition mit einer bestimmten Kombination von Parametern"* ist.[790] Dabei werden Simulationsmodelle angewendet, bei denen die Wahrscheinlichkeitsverteilung, die Ablaufalternativen etc. für die Prozesssimulation modelliert werden können.[791] Das Ziel einer Prozesssimulation muss es nicht sein, eine optimale Lösung für die Gestaltung einer Prozessstruktur durch Algorithmen zu ermitteln. Vielmehr sollen durch das Durchspielen alternativer Lösungen in verschiedenen Szenarios Erkenntnisse über die Prozesscharakteristika und die Variation von Parametern gewonnen werden.[792]

---

[786] Konkrete Beispiele werden in Kapitel 8 vorgestellt.
[787] Beispiele hierfür befinden sich ebenfalls in Kapitel 8.
[788] Vgl. Abschnitt 2.4.3.2.
[789] Neumann, S. u.a. (2012), S. 401.
[790] Neumann, S. u.a. (2012), S. 401.
[791] Vgl. Neumann, S. u.a. (2012), S. 401 f.
[792] Vgl. Neumann, S. u.a. (2012), S. 401 ff. sowie Schuler, H. (1995), S. X.

Dieses Prinzip wird auch hier für den Prozesskonfigurator/Prozessdatengenerator genutzt, um Beispieldaten zu generieren, die verschiedenen Analyseszenarios der BPI-Systeme abbilden. Durch mehrere Iterationen sollen Erkenntnisse darüber gewonnen werden, welche Analyseszenarios für die Anwender relevant sind. Hierbei werden zwei Komponenten verwendet. Die erste Komponente ist ein *Prozesskonfigurator*, der die Rahmenbedingungen eines Prozesses inkl. der Prozessstruktur sowie die Einflussfaktoren für die Datengenerierung konfiguriert. Hierbei fungieren die Prozessstruktur und die Parameter der (Prozess-)Simulationsmodelle als Input für die Datengenerierung. Durch die Anpassung der Parameter oder durch neue Simulationsmodelle wird die Generierung von Prozessablaufdaten beeinflusst, sodass verschiedene Analyseszenarios dargestellt werden können. [793] Die zweite Komponente ist ein *Prozessdatengenerator*, der anhand des Inputs des Konfigurators die Beispieldaten zum Prozessablauf generiert.

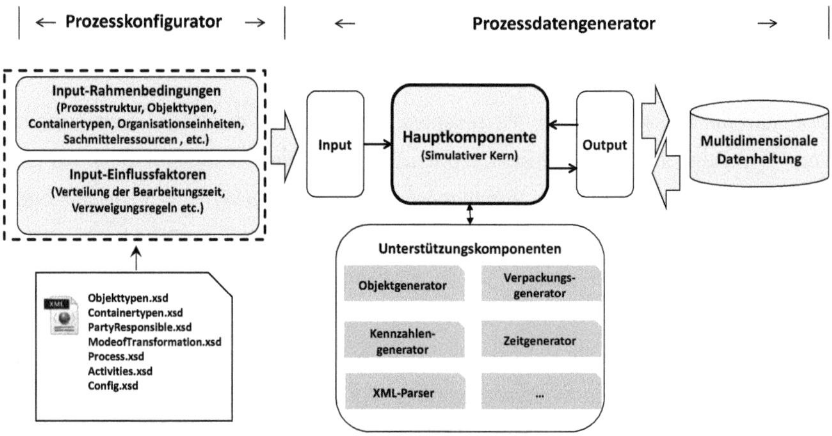

Abb. 34: Struktur des Prozesskonfigurators/Prozessdatengenerators [794]

Die generierten Prozessablaufdaten werden in einem multidimensionalen Datenhaltungssystem, das der Struktur des zuvor vorgestellten logischen Datenmodells folgt, gespeichert und für die Realisierung von Prototypen und anschließend für die prototypbasierte Evaluation (Phase 3 des Vorgehensmodells) bereitgestellt. Damit ist das Datenmodell eine wichtige Grundlage für den Prozesskonfigura-

[793] Der Prozessdatengenerator wird in der Arbeit mit der Programmiersprache Java prototypisch realisiert. Die Prozesskonfigurationen sind als XML-Dateien hinterlegt.
[794] Eigene Darstellung.

tor/Prozessdatengenerator. Abb. 34 zeigt die Struktur des Prozesskonfigurators/Prozessdatengenerators. In den folgenden zwei Abschnitten werden die beiden Komponenten separat vorgestellt.

7.2.2.1 Prozesskonfiguration

Wie in Abschnitt 7.1.1 vorgestellt, sollen in der ersten Phase des Vorgehensmodells die Rahmenbedingungen des zu untersuchenden Geschäftsprozesses identifiziert werden.[795] Zu diesen Rahmenbedingungen gehören die Struktur des zu untersuchenden Geschäftsprozesses (sowohl die hierarchische als auch die sequenzielle Struktur sowie die dazugehörigen Prozessaktivitäten), die Typen der im Prozess zu bearbeitenden Objekte und Containerobjekte, die für einzelne Aktivitäten zuständigen Organisationseinheiten und die für die Ausführung der Aktivitäten notwendigen Ressourcen. Diese Rahmenbedingungen bilden die Grundstruktur für den zu untersuchenden Geschäftsprozess.

Außerdem werden für die Generierung der Prozessablaufdaten Einflussfaktoren benötigt, mit denen die Kennzahlenberechnung erfolgt. Hierbei kann bspw. die Wahrscheinlichkeit für den Eintritt eines bestimmten Szenarios festgelegt werden.

Bei der Implementierung des Prozesskonfigurators wird XML[796] für die Konfiguration und die Dokumentation der Rahmenbedingungen sowie der Einflussfaktoren gewählt.[797] Die Datenstrukturen der im Rahmen dieser Arbeit definierten XML-Schemata (XSD)[798] werden im folgenden Teil erörtert.

Objekttypen

Wie in Abschnitt 7.2.1.1 bereits dargestellt wurde, zielt das ProDIA-Werkzeug darauf ab, Aktivitätsinstanzen für jedes einzelne Objekt und Containerobjekt zu generieren und schließlich für eine BPI-Analyse zur Verfügung zu stellen. Dadurch wird ein großer Datenbestand in den Dimensionstabellen *„Object“* und *„Container“* erzeugt,

[795] Vgl. Abschnitt 7.1.1.

[796] XML ist die Abkürzung von Extensible Markup Language – Eine erweiterbare Auszeichnungssprache. Sie ist ein Dokumentenverarbeitungsstandard, der vom World Wide Web Consortium (W3C) offiziell empfohlen wurde. XML wird oft für den Datenaustausch zwischen Anwendungssystemen eingesetzt. Vgl. Eckstein, R. und Casabianca, M. (2002), S. 5 f. sowie Erlenkötter, H. (2003), S. 1 ff.

[797] Für die Konfiguration und die Dokumentation der Rahmenbedingungen und der Einflussfaktoren sind grundsätzlich alle Datenspeicherungstechniken, wie z.B. relationale Datenbanken, möglich.

[798] XML Schema, abgekürzt XSD (XML Schema Definition), ist eine von W3C empfohlene Metasprache, die zum Definieren von Strukturen für XML-Dateien eingesetzt wird. Ein XML-Schema als Datei besitzt i.d.R. die Endung „.xsd“. Vgl. van der Vlist, E. (2002), S. ixff.

wenn bspw. in einem Anwendungsbeispiel mehrere tausende Objekte benötigt werden. Aus diesem Grund werden diese beiden Dimensionstabellen nicht manuell gepflegt, sondern automatisch mit den vom Prozessdatengenerator erzeugten Datensätzen befüllt. Für deren Generierung werden lediglich die Typen der Objekte und der Containerobjekte benötigt.

Die Objekttypen werden mit entsprechenden Eigenschaften und Hierarchien mithilfe der Datenstruktur *„Objecttypes.xsd“* konfiguriert. Basierend auf der Dimensionstabelle *„Object“* stellt sich die Datenstruktur in Tab. 10 auf einer generischen Ebene dar.

Tab. 10: Datenstruktur der Objecttypes.xsd

```
<xs:schema xmlns:xs="http://www.w3.org/2001/XMLSchema">
  <xs:element name="Object">
  <xs:complexType>
    <xs:sequence>
      <xs:element name="Object Key" type="xs:integer"/>
      <xs:element name="Object Description" type="xs:string"/>
      <xs:element name="Category Description" type="xs:string"/>
      <!--... ... ... (More Attributes) -->
    </xs:sequence>
  </xs:complexType>
  </xs:element>
</xs:schema>
```

Wie bei Anforderung 5 diskutiert, kann ein Objekt entweder ein physisches oder ein informationelles Objekt sein. Je nach Art des Objekts können unterschiedliche Arten von Attributen hinzugefügt werden. Für ein physisches Produkt können bspw. Attribute zum Hersteller ergänzt werden. Hingegen können Attribute wie z.B. das Gültigkeitsdatum für informationelle Objekte im Fall von Versicherungsanträgen relevant sein.

Containertypen

Die Containerobjekte werden ebenfalls vom Prozessdatengenerator generiert. Die Typen der in einem Geschäftsprozess zu verwendenden Container werden mithilfe der in *„Containertypes.xsd“* definierten Datenstruktur konfiguriert (vgl. Anforderung 6). Tab. 11 stellt die Datenstruktur dar.

Tab. 11: Datenstruktur der Containertypes.xsd

```
<xs:schema xmlns:xs="http://www.w3.org/2001/XMLSchema">
  <xs:element name="Container">
  <xs:complexType>
    <xs:sequence>
      <xs:element name="Container Key" type="xs:integer"/>
      <xs:element name="Container Description" type="xs:string"/>
      <xs:element name="Type" type="xs:string"/>
      <xs:element name="Packing Date" type="xs:date"/>
      <xs:element name="Unpacking Date" type="xs:date"/>
      <!--... ... ... (More Attributes) -->
    </xs:sequence>
  </xs:complexType>
  </xs:element>
</xs:schema>
```

Das XML-Element *„Type"* beschreibt den Typ eines Containerobjekts wie z.B. eine Europoolpalette, ein 20-Fuß-Container oder ein Versicherungsantrag, in dem mehrere Dokumente enthalten sind. Die Attribute *„Packing Date"* und *„Unpacking Date"* sind Zeitstempel eines Containerobjekts und dokumentieren den Zeitpunkt eines Bündelungs-/Aufhebungsvorgangs. Außer den hier dargestellten Attributen können auch weitere Attribute, wie z.B. die Masse oder das Gewicht eines Containerobjekts hinzugefügt werden. Für Geschäftsprozesse mit physischen Objekten sind solche Eigenschaften bei manchen Analyseszenarios relevant. So müssen bspw. bei einem Verpackungsvorgang z.T. bestimmte Kriterien bezüglich des Verpackungsmaterials erfüllt werden.[799] Wenn bspw. das maximale Tragegewicht einer Verpackung überschritten wird, kann es beim Transport zur Beschädigung der Objekte kommen.

Party Responsible

Die für die Ausführung der Prozessaktivitäten zuständigen Organisationseinheiten werden anhand der Datenstruktur *„PartyResponsible.xsd"*, die in Tab. 12 dargestellt wird, dokumentiert (vgl. Anforderung 9).

[799] Vgl. Flanderka, F. und Stroetmann, C. (2009), S. 73 ff.

Tab. 12: Datenstruktur der PartyResponsible.xsd

```
<xs:schema xmlns:xs="http://www.w3.org/2001/XMLSchema">
 <xs:element name="Party Responsible">
 <xs:complexType>
  <xs:sequence>
   <xs:element name="Party Responsible Key" type="xs:integer"/>
   <xs:element name="Party Description" type="xs:string"/>
   <xs:element name="Capacity" type="xs:decimal "/>
   <!--... ... ... (More Attributes) -->
  </xs:sequence>
 </xs:complexType>
 </xs:element>
</xs:schema>
```

Hierbei wird die organisatorische Struktur aller Beteiligten, z.B. Rollenträger, Abteilungen und Unternehmen, konfiguriert. Außerdem besitzen Ressourcen, so auch Organisationseinheiten, eine begrenzte Kapazität, die für die Berechnung von Kennzahlen relevant ist. So kann bspw. die Anzahl der verfügbaren Personentage einer Abteilung beschränkt sein. Derartige Restriktionen werden durch das Attribut *„Capacity“* dokumentiert.

Mode of Transformation

Tab. 13: Datenstruktur der ModeofTransformation.xsd

```
<xs:schema xmlns:xs="http://www.w3.org/2001/XMLSchema">
 <xs:element name="Mode of Transformation">
 <xs:complexType>
  <xs:sequence>
   <xs:element name="Mode of Transformation Key" type="xs:integer"/>
   <xs:element name="Description" type="xs:string"/>
   <xs:element name="Category" type="xs:string"/>
   <xs:element name="Capacity" type="xs:decimal"/>
   <!--... ... ... (More Attributes) -->
  </xs:sequence>
 </xs:complexType>
 </xs:element>
</xs:schema>
```

Alle für die Durchführung eines Geschäftsprozesses relevanten Sachmittelressourcen werden anhand der in *„ModeofTransformation.xsd"* definierten Datenstruktur gepflegt (vgl. Anforderung 10). Tab. 13 zeigt die Datenstruktur. Auch hier ist es möglich, durch neue Attribute zusätzliche hierarchische Ebenen zu modellieren. Außerdem kann die Kapazität der Sachmittelressourcen mithilfe des XML-Elements *„Capacity"* dokumentiert werden.

Hierarchische Struktur von Prozessen

Die Struktur von Geschäftsprozessen wird im vorgestellten Datenmodell aus zwei Perspektiven betrachtet. Zum einen wird die hierarchische Struktur (inkl. Prozessaktivitäten, Teilprozesse etc.) in der Prozessdimension modelliert (vgl. Anforderung 12). Zum anderen dokumentiert die Faktentabelle die sequenzielle Struktur der tatsächlichen Prozessabläufe bzw. die Abhängigkeiten zwischen den Aktivitäten (vgl. Anforderung 1, 2 und 3). Dementsprechend werden die hierarchische und die sequenzielle Struktur von Geschäftsprozessen separat konfiguriert.

Tab. 14: Datenstruktur der Process.xsd

```
<xs:schema xmlns:xs="http://www.w3.org/2001/XMLSchema">
 <xs:element name="Process">
 <xs:complexType>
  <xs:sequence>
   <xs:element name="Process Key" type="xs:integer"/>
   <xs:element name="Business Process Number" type="xs:integer"/>
   <xs:element name="Business Process Description" type="xs:string"/>
   <!--... ... ... (More levels for process...) -->
   <xs:element name="Activity Number" type="xs:integer"/>
   <xs:element name="Activity Description" type="xs:string"/>
   <xs:element name="Picking Process" type="xs:string"/>
   <xs:element name="Capacity" type="xs:decimal"/>
   <!--... ... ... (More Attributes) -->
  </xs:sequence>
 </xs:complexType>
 </xs:element>
</xs:schema>
```

Wie in Tab. 14 dargestellt, wird mithilfe der *„Process.xsd"* die hierarchische Struktur eines Geschäftsprozesses aufgebaut. Diese Struktur wird mit der Prozessdimension des in Abschnitt 7.2.1 vorgestellten Datenmodells abgeglichen. Hierbei bezeichnet der „Business Process“ die höchste und die „Activity“ die unterste Ebene der Prozesshierarchie. Weitere Zwischenebenen in der Hierarchie sowie zusätzlich Attribute können hinzugefügt werden. Das XML-Element *„Picking Process“* markiert, ob eine Aktivität ein Bündelungs- oder Aufhebungsvorgang ist. Ein Bündelungs-/Aufhebungsvorgang bestimmt, ob Objekte mithilfe von Containerobjekten gebündelt oder aus einer Bündelung auseinander genommen werden (vgl. Anforderung 6). Für die Generierung der entsprechenden Ablaufdaten müssen diese Vorgänge im Prozessdatengenerator speziell behandelt werden und werden deshalb gesondert gekennzeichnet. Außerdem wird die Kapazität der Aktivitäten, wie z.B. die Lagerkapazität, mithilfe des Attributes *„Capacity“* dokumentiert.

Sequenzielle Struktur von Prozessen

Die Konfiguration der sequenziellen Struktur, welche die Ablauflogik eines Prozesses beschreibt, wird mithilfe der Datenstruktur *„Activities.xsd“* realisiert (siehe Tab. 15).[800]

Tab. 15: Datenstruktur der Activities.xsd

```
<xs:schema xmlns:xs="http://www.w3.org/2001/XMLSchema">
  <xs:element name="Activity">
  <xs:complexType>
    <xs:sequence>
      <xs:element name="Activity Number" type="xs:integer"/>
      <xs:element name="Next Activity" type="xs:integer"/>
      <xs:element name="Last Activity" type="xs:integer"/>
      <xs:element name="Party Responsible Key" type="xs:integer"/>
      <xs:element name="Mode of Transformation Key" type="xs:integer"/>
      <!--... ... ... (More Attributes) -->
    </xs:sequence>
  </xs:complexType>
  </xs:element>
</xs:schema>
```

[800] Einige Prozessmodellierungsnotationen, z.B. BPMN, können die Prozessstruktur mithilfe des standardisierten XML-Schemas abbilden. Vgl. OMG (2010), S. 145 ff. Da das Ziel solcher Schemata die Prozessmodellierung ist, werden einige Aspekte, die in dieser Arbeit für die Generierung von Prozessdaten und Analyseszenarios relevant sind, nicht berücksichtigt. Bspw. können die Generierung der Objekte und der Containerobjekte sowie die Durchführung der Bündelungsvorgänge durch das XML-Schema von BPMN nur schwer für den Prozessdatengenerator abgebildet werden. Aus diesem Grund wird in dieser Arbeit eine eigene Lösung für die prototypische Realisierung erarbeitet.

Außerdem werden hierbei die Verknüpfungen zwischen den Aktivitäten und den für die Ausführung einzelner Aktivitäten relevanten Ressourcen (zuständige Organisationseinheiten und Sachmittelressourcen) für die Generierung von Prozessablaufdaten konfiguriert.

Mithilfe der beiden XML-Elemente *„Next Activity“* und *„Last Activity“* werden vorangehende und nachfolgende Aktivitäten konfiguriert. Dabei können verzweigungsfreie Abläufe eines Prozesses abgebildet werden. Allerdings ist der Ablauf eines Geschäftsprozesses oft durch Verzweigungen gekennzeichnet. Somit kann eine Aktivität mehrere Vorgänger und/oder Nachfolger haben, deren Beziehungen nicht alleine durch diese zwei XML-Elemente realisiert werden können. Dieses Problem wird durch die Einführung von Gateways gelöst. Die Verzweigungen der Abläufe werden in Prozessmodellierungsnotationen oft durch Gateways (Konnektoren) modelliert.[801] Im Rahmen dieser Arbeit werden AND- und XOR-Verzweigungen bei der Prozessmodellierung berücksichtigt (siehe Abb. 35).[802]

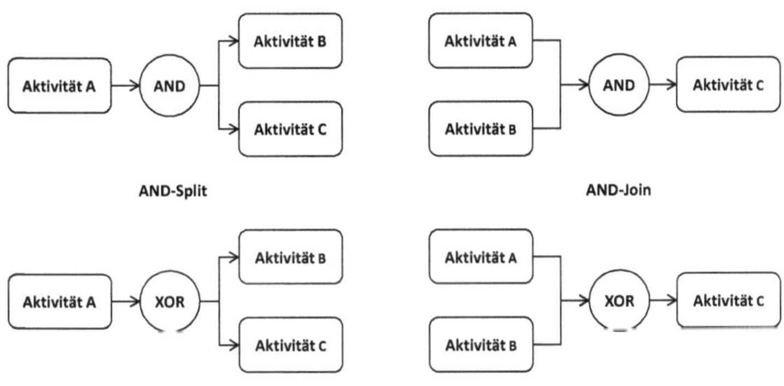

Abb. 35: AND- und XOR-Gateway[803]

Für Geschäftsprozesse mit physischen Objekten ist nur der XOR-Gateway relevant, da ein physisches Objekt nicht von mehr als einer Aktivität gleichzeitig bearbeitet

---

[801] Vgl. Abschnitt 2.4.1. Es gibt zwei Arten von Gateways: einem Split (Fork) und einem Join (Merge). Beim Split wird ein Pfad zu mehreren Pfaden aufgeteilt. Bei einem Join werden mehreren Pfade zu einem einzelnen zusammengeführt. AND-Gateway: Alle Aktivitäten müssen eintreten. XOR-Gateway: Nur eine der Aktivitäten kann eintreten. OR-Gateway: Eine, mehrere oder alle Aktivitäten können eintreten. Vgl. Allweyer, T. (2005), S. 180 ff., Koch, S. (2011), S. 52 ff. sowie Gillot, J.-N. (2008), S. 287 f.

[802] Vgl. Gernert, C. u.a. (2005), S. 59 sowie Kindler, E. (2004), S. 83 ff.

[803] Eigene Darstellung.

werden kann.[804] Für Prozesse mit informationellen Objekten sind Verzweigungen mit beiden Gateways möglich.

Bei der Konfiguration der Gateways wird die gleiche Datenstruktur wie bei den Aktivitäten verwendet (siehe Tab. 15). Sie lassen sich durch das XML-Element *„Activity Description"* mit den Beschreibungen *„AND"* oder *„XOR"* unterscheiden. Nach jedem Split werden *weitere Instanzen* (weitere XML-Dateien) mit der Datenstruktur der *„Acitivities.xsd"* erstellt, in denen die alternativen Pfade dokumentiert werden. Diese enden beim nächsten passenden Join. Durch die Kombination von Gateways und mehreren Instanzen der in *„Activities.xsd"* definierten Datenstruktur, welche die alternativen Pfade durch mehrere Verzweigungsfreie Abläufe abbilden, lassen sich die Prozessabläufe auch mit Verzweigungen konfigurieren.

Die Anforderungen 1, 2 und 3 zu den Abhängigkeiten innerhalb von Geschäftsprozessen sind hiermit erfüllt. Die Flow Dependencies werden durch die sequenziellen Abläufe sowie XOR-Gateways abgebildet. Die Fit Dependencies werden durch das AND-Join ermöglicht, sodass die Durchführung mehrerer Aktivitäten als die Voraussetzung für die Ausführung einer bestimmten Aktivität definiert werden kann. Die Sharing Dependencies werden durch die Verknüpfung der Ressourcen sowie deren Kapazität mit mehreren Aktivitäten realisiert.

Konfiguration weiterer Rahmenbedingungen

Weitere Rahmenbedingungen werden mithilfe der *„Config.xsd"* konfiguriert. Tab. 16 stellt die Datenstruktur beispielhaft dar.

Die Anzahl der im Prozessdatengenerator zu generierenden Objekte wird durch das XML-Element *„Number Objects per Type"* vorgegeben. Ebenfalls kann die Anzahl der in einer Charge zu generierenden Objekte mithilfe des Elements *„Number Objects per Batch"* konfiguriert werden. Die XML-Elemente *„Start Date"* und *„End Date"* definieren den (hypothetischen) Zeitraum, auf den sich die zu generierenden Prozessablaufdaten beziehen sollen.

[804] Vgl. Anforderung 5 in Abschnitt 6.3.2.

Tab. 16: Datenstruktur der Config.xsd

```
<xs:schema xmlns:xs="http://www.w3.org/2001/XMLSchema">
 <xs:element name="Config">
 <xs:complexType>
  <xs:sequence>
   <xs:element name="Number Objects per Type" type="xs:integer"/>
   <xs:element name="Number Objects per Batch" type="xs:integer"/>
   <xs:element name="Start Date" type="xs:date"/>
   <xs:element name="End Date" type="xs:date"/>
   <xs:element name="Version" type="xs:string"/>
   <!--... ... ... (More Attributes) -->
  </xs:sequence>
 </xs:complexType>
 </xs:element>
</xs:schema>
```

Das ProDIA-Werkzeug ermöglicht es, den Vorgang zur Generierung der Prozessablaufdaten mit veränderten Rahmenbedingungen zu wiederholen. Die verschiedenen derart generierten Datensätze können in einem Datenhaltungssystem zusammen gespeichert und evaluiert werden. So ist es bspw. möglich, Soll- und Ist-Prozesse zu vergleichen,[805] verschiedene Objekte in einem Prozess mit unterschiedlichen Anzahlen zu generieren[806] oder relevante Kennzahlen in verschiedenen Zeiträumen zu vergleichen.[807]

Konfiguration der Einflussfaktoren

Als *„Einflussfaktoren"* werden im Folgenden Parameter bezeichnet, die in den Prozesssimulationsmodellen eingesetzt werden, um die Generierung von Prozessablaufdaten zu beeinflussen. Diese Parameter lassen sich konfigurieren, um z.B. die Verteilung der Bearbeitungszeiten, die für die Ausführung einer Aktivität benötigten

[805] Vgl. Anforderung 13 in Abschnitt 6.3.2. In diesem Fall wird das Element *„Version"* jeweils mit *„AS-IS"* und *„TO-BE"* konfiguriert.

[806] In diesem Beispiel können die Objekttypen in der entsprechenden Konfigurationsdatei für die weiteren Generierungsvorgänge geändert werden. Auch die Werte des Elements *„Number Objects per Type"* werden angepasst.

[807] In diesem Fall wird das Datum für die Elemente *„Start Date"* und *„End Date"* für die weiteren Generierungsvorgänge geändert. So können bspw. Umsätze verschiedener Saisons verglichen werden.

Ressourcen, die Verzweigungsregeln etc. zu definieren.[808] Abb. 36 zeigt ein Beispiel, wie diese Parameter auf die Generierung von Prozessablaufdaten wirken.

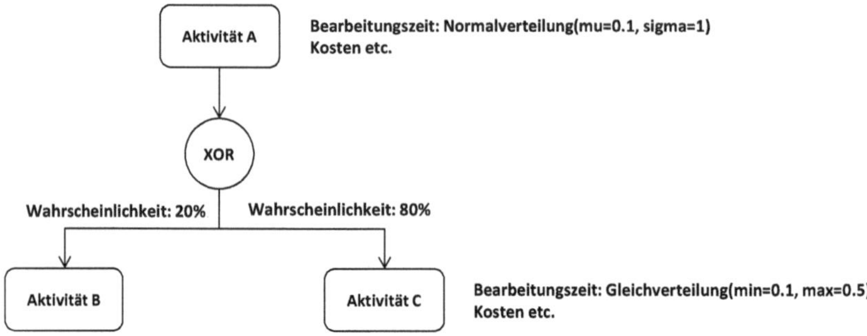

Abb. 36: Beispiel für die zu konfigurierenden Parameter bei einer Prozesssimulation[809]

In dieser Arbeit beruhen die Prozesssimulationen auf Methoden der Wahrscheinlichkeitsrechnung auf Basis der Monte-Carlo-Simulation.[810] Im obigen Beispiel wird eine Situation vorgestellt, bei der ein Objekt bei der Aktivität A zuerst bearbeitet und anschließend entweder von der Aktivität B oder der Aktivität C ausgeführt wird. Zur Generierung der Prozessablaufdaten wird zuerst die Bearbeitungszeit für die Ausführung der Aktivität A berechnet. Das Simulationsmodell stellt sicher, dass die Verteilung über die verschiedenen Objekte hinweg einer Normalverteilung folgt. Weitere relevante Kennzahlen, wie z.B. Kosten, Sensordaten etc., lassen sich ebenfalls mit entsprechenden Modellen generieren. Wenn die Ausführung der Aktivität A abgeschlossen ist, wird randomisiert und unter Berücksichtigung der konfigurierten Wahrscheinlichkeitsverteilung entschieden, ob die Aktivität B oder die Aktivität C ausgeführt wird.

Die Berechnung der Kennzahlen basiert nicht ausschließlich auf Wahrscheinlichkeitsverteilungen, sondern lässt sich durch die auszuführende Aktivität, die zuständige Organisationseinheit, die benötigten Sachmittelressourcen etc. beeinflussen. Im Beispiel eines Transports in der Logistik hängt die Dauer zuerst einmal von der Distanz (in der Prozessdimension) sowie vom Transportmittel (in der Transformationsdimension) ab. Aber auch bei der gleichen Distanz wird die dafür benötigte Zeit variieren, etwa im Vergleich zwischen einer verkehrsruhigen Straße oder einer

[808] Vgl. Neumann, S. u.a. (2012), S. 407-413.
[809] Eigene Darstellung angelehnt an Neumann, S. u.a. (2012), S. 408.
[810] Vgl. Neukomm, M. (2004), S. 64 ff. sowie Braun, L. (2002), S. 57 ff.

Durchgangsstraße in der Innenstadt. Ebenso können verschiedene Arten von Objekten (in der Objektdimension) oder unterschiedliche Transportunternehmen (Zuständigkeitsdimension) Einfluss auf die Zeit nehmen.

Die oben genannten Dimensionen beeinflussen darüber hinaus auch die Generierung von weiteren Kennzahlen, wie z.B. Kosten. Außerdem können entsprechende Parameter auch auf die Generierung der Bearbeitungsstatus einwirken.[811] Zum Beispiel können bestimmte Prozessschritte, auf denen es häufig zu einem Schwund von Dokumenten kommt (Status *„lost“*), mit diesen Parametern konfiguriert werden. Somit können auch qualitätsrelevante Analyseszenarios dargestellt werden.

Abb. 37 zeigt, wie die Einflussfaktoren aus den vier Dimensionen bei der Berechnung der Kennzahlen zusammenwirken. Jede Kennzahl in der Faktentabelle lässt sich anhand eines Simulationsmodells durch die Berücksichtigung der Einflussfaktoren der Dimensionen berechnen. In Abschnitt 7.2.2.2 werden die Berechnungsformeln, die im Rahmen dieser Arbeit angewendet werden, vorgestellt.

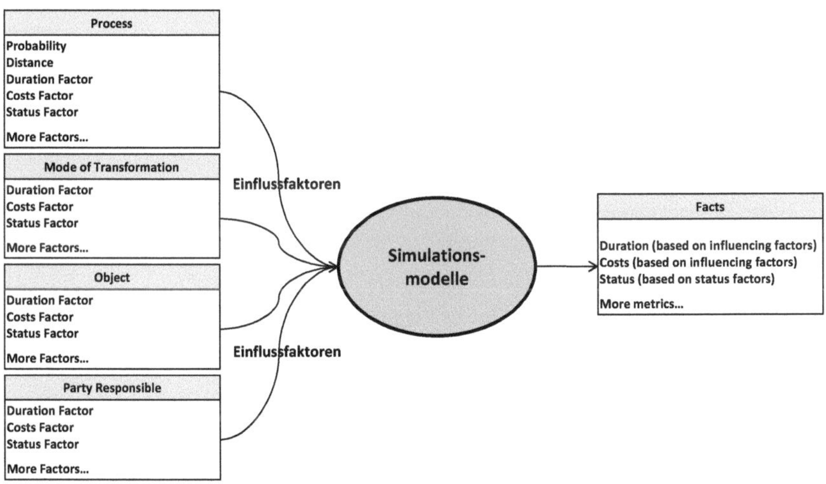

Abb. 37: Einflussfaktoren für die Generierung der Prozessablaufdaten[812]

Für die Prozesskonfiguration werden diese Einflussfaktoren mithilfe der jeweiligen XML-Schemata (*„Objecttypes.xsd“*, *„ModeofTransformation.xsd“*, *„PartyResponsible.xsd“* und *„Activities.xsd“*) gespeichert. Die Konfiguration der Einflussfaktoren wird

[811] Vgl. Anforderung 8 in Abschnitt 6.3.2.
[812] Eigene Darstellung.

anhand der *„Activities.xsd“* in Tab. 17 beispielhaft dargestellt. Mithilfe des XML-Elements *„GPossibility“* wird die Wahrscheinlichkeit der Ausführung einer Aktivität nach einem XOR-Gateway konfiguriert. Auf deren Basis werden Prozessablaufdaten unter Berücksichtigung weiterer Einflussfaktoren generiert. Dies wird im nächsten Abschnitt erörtert.

Tab. 17: Datenstruktur der Activities.xsd (inkl. der Konfiguration der Einflussfaktoren)

```
<xs:schema xmlns:xs="http://www.w3.org/2001/XMLSchema">
 <xs:element name="Activity">
 <xs:complexType>
  <xs:sequence>
   <xs:element name="Activity Number" type="xs:integer"/>
   <xs:element name="Next Activity" type="xs:integer"/>
   <xs:element name="Last Activity" type="xs:integer"/>
   <xs:element name="Party Responsible Key" type="xs:integer"/>
   <xs:element name="Mode of Transformation Key" type="xs:integer"/>
   <xs:element name="GPossibility" type="xs:decimal"/>
   <xs:element name="GStep" type="xs:integer"/>
   <xs:element name="Distance" type="xs:decimal"/>
   <xs:element name="Factor for Duration" type="xs:decimal"/>
   <xs:element name="Factor for Cost" type="xs:decimal"/>
   <xs:element name="Factor for CO2Value" type="xs:decimal"/>
   <xs:element name="Deviation Status Ongoing" type="xs:decimal"/>
   <xs:element name="Deviation Status Lost" type="xs:decimal"/>
   <xs:element name="Deviation Status Rejected" type="xs:decimal"/>
   <xs:element name="Deviation Status Completed" type="xs:decimal"/>
   <!--... ... ... (More Attributes) -->
  </xs:sequence>
 </xs:complexType>
 </xs:element>
</xs:schema>
```

7.2.2.2 Generierung der Prozessablaufdaten

Nachdem die Rahmenbedingungen und die Einflussfaktoren konfiguriert sind, werden diese im Prozessdatengenerator für die Generierung der Prozessablaufdaten importiert. Wie in Abb. 34 bereits dargestellt wurde, bildet eine Prozesssimulation den Kern des Prozessdatengenerators. Dieser *„simulative Kern“* wird von weiteren

Komponenten unterstützt, um bspw. Objekte auf Basis der konfigurierten Objekttypen zu generieren oder Kennzahlen zu berechnen. Abb. 38 stellt den Ablauf des Generierungsprozesses mithilfe eines UML-Aktivitätsdiagramms[813] dar.

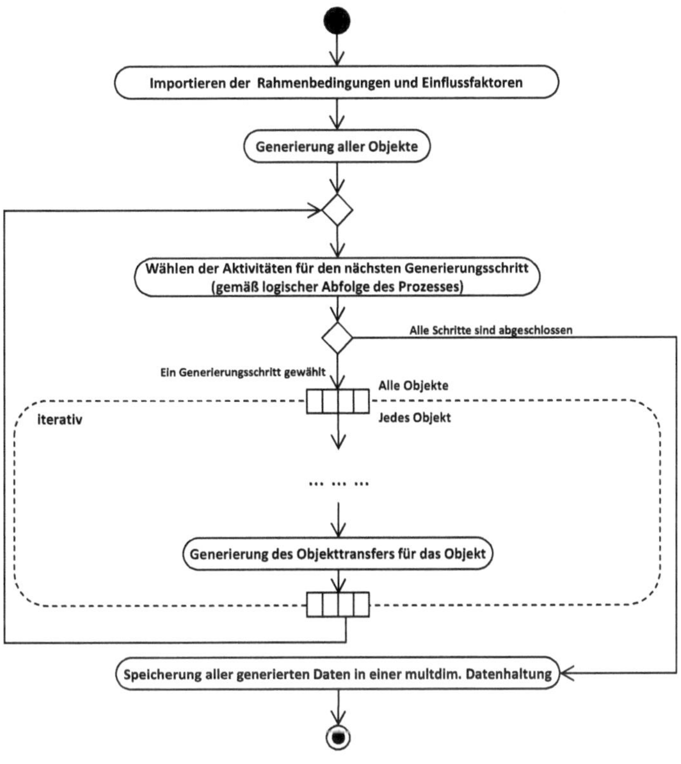

Abb. 38: Ablauf der Generierung von Prozessablaufdaten[814]

Der Ablauf für die Generierung von Prozessablaufdaten lässt sich grob in fünf Schritte aufteilen: 1) Die anhand der vorgestellten XML-Schemata hinterlegten Parameter für die Rahmenbedingungen und die Einflussfaktoren werden in den Prozessdatengenerator importiert. 2) Anhand der Rahmenbedingungen (insb. Objekttypen und Anzahl der Objekte) werden Programmobjekte für die im Prozess zu bearbeitenden Objekte generiert, auf deren Basis in den nächsten Schritten die Aktivitätsinstanzen

[813] Mithilfe des Aktivitätsdiagramms lassen sich Abläufe von Aktionen sowie deren Abhängigkeit grafisch darstellen. Das UML-Aktivitätsdiagramm wird oft für die Modellierung von Abläufen eines Softwareprozesses eingesetzt. In dieser Arbeit wird die Notation von UML 2 verwendet. Vgl. Booch, G. u.a. (2006), S. 313 ff. sowie Störrle, H. (2005), S. 251 ff.
[814] Eigene Darstellung.

erzeugt werden können. 3) Gemäß der logischen Abfolge des Prozessablaufs und unter Berücksichtigung der diversen Wahrscheinlichkeiten werden Aktivitäten für die Ausführung und die Generierung von Prozessablaufdaten gewählt. 4) Zu den in Schritt 3 gewählten Aktivitäten werden für jede Aktivitätsinstanz Faktdaten generiert. Die Faktdaten werden konform zum Datenmodell zu *„Object Transfer"-Tupeln* (Objekttransfers) gebündelt. Ein einzelner Objekttransfer dokumentiert die Aktivitätsinstanz eines Objekts bei der Ausführung einer Aktivität und ist die höchste Granularität der Prozessablaufdaten. Dieser Schritt wird zusammen mit Schritt 3 wiederholt, bis der Prozess beendet ist. 5) Abschließend werden alle generierten Daten in dem multidimensionalen Datenhaltungssystem gespeichert.

Die fünf Schritte sowie die entsprechenden Unterstützungskomponenten werden im folgenden Teil genauer erklärt.

1) Importieren der Rahmenbedingungen und Einflussfaktoren

Mithilfe eines *XML-Parsers*[815] werden die konfigurierten Rahmenbedingungen und Einflussfaktoren anhand der im letzten Abschnitt vorgestellten XML-Schemata im Prozessdatengenerator importiert. Diese Informationen werden im Prozessdatengenerator in entsprechenden (objektorientierten) Datenstrukturen festgehalten und für die weiteren Schritte zur Verfügung gestellt.

2) Generierung aller Objekte

Wie bereits dargestellt wurde, bilden alle Aktivitätsinstanzen des einzelnen Objekts zusammen in diesem Datenmodell den Ablauf eines gesamten Geschäftsprozesses. Deshalb besteht die Aufgabe des Prozessdatengenerators hauptsächlich darin, in der vorgestellten Datenstruktur jede einzelne Aktivitätsinstanz in Form je eines Objekttransfers zu generieren. Hierfür werden zuerst die im Prozess zu bearbeitenden Objekte erzeugt. Basierend auf den bereits konfigurierten Objekttypen sowie der vorgegebenen Anzahl (siehe *„config.xsd"*) für die zu generierenden Objekte werden alle Objekte mit entsprechenden Eigenschaften generiert. Dieser Schritt wird von der Unterstützungskomponente *„Objektgenerator"* unterstützend durchgeführt.

Das Erstellungsdatum der Objekte spielt für viele Prozesse, z.B. bei der Lebensmittelproduktion oder bei der Erstellung von Versicherungsanträgen, eine wichtige Rolle

[815] Ein XML-Parser wird genutzt, um den Zugriff auf XML-Dokumente zu ermöglichen. In dieser Arbeit wird der SAX-Parser in Java für den Prototyp angewendet. Vgl. Erlenkötter, H. (2003), S. 211-229.

und wird deshalb als eine Eigenschaft der Objekte definiert und mithilfe des Objektgenerators generiert. Der Zeitraum für die Generierung der Erstellungsdaten lässt sich in der Konfigurationsdatei (siehe *„config.xsd“*) definieren.[816] Die Komponente *„Zeitgenerator“* erzeugt das Erstellungsdatum der Objekte im angegebenen Zeitraum. Dabei können verschiedene Algorithmen für die Generierung der Daten angewandt werden. Diese können bspw. im vorgegebenen Zeitraum gleichverteilt sein oder mit einer Normalverteilung konfiguriert werden. So lässt es sich bspw. bei einer Produktion steuern, in welchem Zeitraum und in welcher zeitlichen Verteilung die Produkte hergestellt werden sollen.

Außerdem können weitere Komponenten zur Unterstützung der Generierung von Objekten eingesetzt werden. Im Fall einer Lebensmittelproduktion ist bspw. die Chargennummer eine wichtige Eigenschaft, die mithilfe der Komponente *„Chargengenerator“* generiert werden kann.

3) Wählen der Aktivitäten für den nächsten Generierungsschritt

In diesem Schritt werden mögliche auszuführende Aktivitäten nach dem logischen Prozessablauf gewählt. Darauf basierend lassen sich die Objekttransfers im nächsten Schritt generieren.

Die Generierung von Prozessablaufdaten könnte einfach gelöst werden, indem die entsprechenden Objekttransfers jedes einzelnen Objekts unabhängig voneinander vom Anfang bis zum Ende eines Prozessablaufs generiert werden. Diese Lösung ist jedoch durch die Bündelung von Objekten nicht möglich. Gemäß Anforderung 6 wird nicht nur ein einzelnes Objekt für die Analyse gebildet, sondern es werden auch mehrere Objekte als ein Bündel, wie z.B. eine Verpackung mit mehreren einzelnen Artikeln, zusammen bearbeitet. Dementsprechend hängen die Aktivitätsinstanzen der Objekte in einem Bündel voneinander ab. Die Abhängigkeit lässt sich dadurch darstellen, dass diese Objekte zum einen immer bei den gleichen Aktivitäten ausgeführt werden und i.d.R. die gleiche Messgröße, wie Dauer oder gemessene Temperatur, besitzen. Zum anderen müssen die Objekte während eines Bündelungs-/Aufhebungsvorgangs aufeinander warten. Im Beispiel eines Kommissionierungsprozesses in der Logistik wird die Aktivität des Verpackungsvorgangs nur abgeschlos-

[816] Vgl. Abschnitt 7.2.2.1.

sen, wenn eine Palette mit entsprechenden Artikeln komplett aufgeladen ist.[817] Aufgrund dieser Abhängigkeit ist es nicht möglich, Objekttransfers für jedes einzelne Objekt vom Anfang bis zum Ende eines Prozessablaufs zu generieren. Als Lösung für dieses Problem wird hier eine Funktion *„Generierungsschritt" (GStep)* eingeführt, bei der die Objekttransfers aller Objekte schrittweise generiert werden.[818]

Der Generierungsschritt beschreibt die Reihenfolge der nach der Ablauflogik auszuführenden Aktivitäten. Die Aktivitäten und die Generierungsschritte haben eine n:1 Beziehung: Jede Aktivität ist einem Generierungsschritt zuzuordnen und jeder Generierungsschritt kann mehr als eine Aktivität beinhalten. Aktivitäten werden nach der Reihenfolge der zugehörigen Generierungsschritte schrittweise ausgeführt. Die Objekttransfers von Objekten werden nur generiert, wenn alle Aktivitätsinstanzen dieser Objekte im vorherigen Generierungsschritt abgeschlossen sind. Diese Beziehungen zwischen den Aktivitäten und den Generierungsschritten lassen sich bei der Prozesskonfiguration erstellen, indem ein zusätzliches Attribut zu den Aktivitäten hinzugefügt wird.[819] Abb. 39 zeigt ein Beispiel der Generierungsschritte.

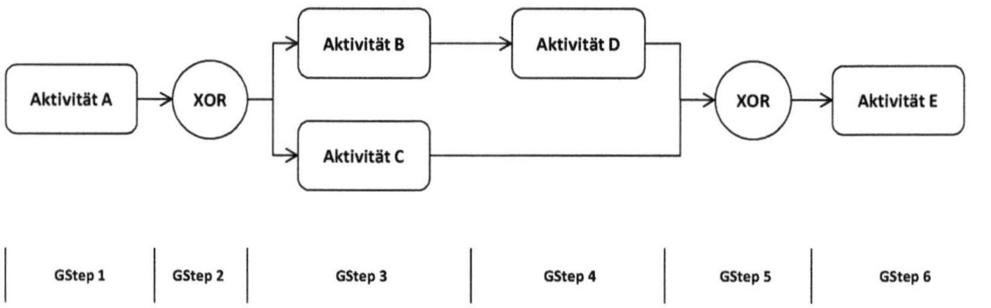

Abb. 39: Beispiel der Generierungsschritte[820]

Im obigen Beispiel werden die Aktivitätsinstanzen in der Reihenfolge vom GStep 1 bis zum GStep 6 schrittweise generiert. Zu jedem Generierungsschritt werden Aktivitätsinstanzen aller Objekte erzeugt, damit die Abhängigkeit von Objekten innerhalb einer Bündelung berücksichtigt wird. Für jeden Generierungsschritt existieren *eine bis mehrere* Aktivitäten, die durchgeführt werden können. Im ersten Generierungsschritt wird die Aktivität A für alle Objekte ausgeführt. Nach einer XOR-Verzweigung

[817] In diesem Fall müssen die zuerst auf die Palette aufgeladenen Objekte auf die späteren Objekte warten, bevor sie weiter bearbeitet werden können.
[818] Vgl. Tab. 17 (das XML-Element *„GStep")*.
[819] Vgl. Tab. 17.
[820] Eigene Darstellung.

gibt es in GStep 3 zwei Aktivitäten, die ausgeführt werden können. Basierend auf den Ergebnissen einer Simulation, die auf diverse Parameter (Wahrscheinlichkeitsverteilungen, Einflussfaktoren für Kennzahlgenerierung etc.) aufsetzt, wird hierbei die Aktivitätsinstanz eines Objekts entweder zu Aktivität B oder zu Aktivität C generiert. Bei der Auswahl der Aktivitäten wird die Abhängigkeit von gebündelten Objekten berücksichtigt.

Es ist ersichtlich, dass Schritt 3 (Wählen der Aktivitäten) und Schritt 4 (Generierung der Aktivitätsinstanzen auf Basis der gewählten Aktivitäten) eng miteinander zusammenhängen und aufgrund des gewählten Vorgehens iterativ durchlaufen werden.[821]

4) Generierung von Objekttransfers für jedes Objekt

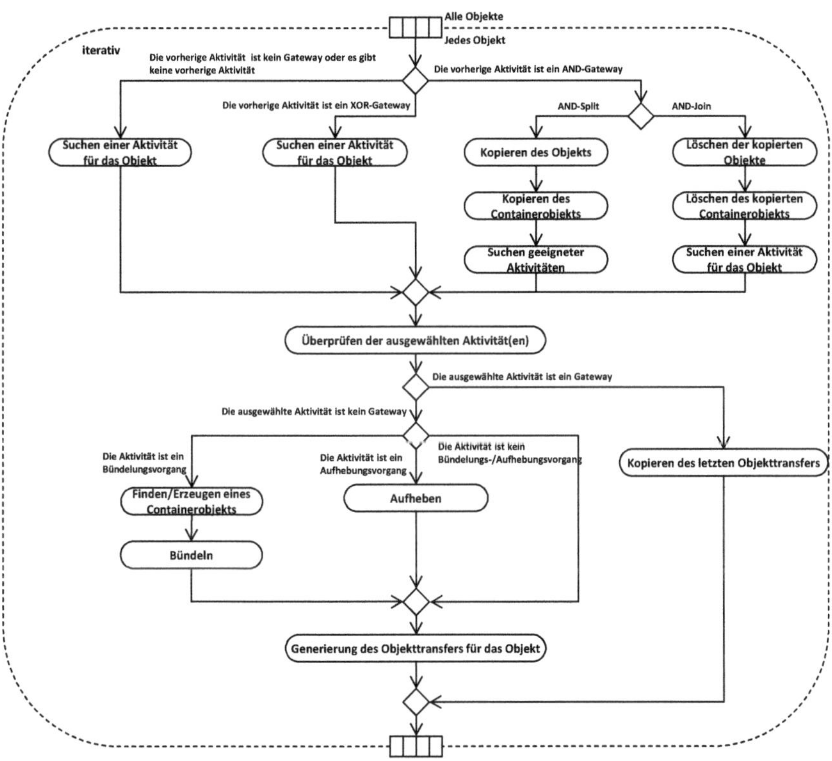

Abb. 40: Detaillierte Darstellung für die Generierung von Objekttransfers[822]

[821] Im Fall einer Schleife, z.B. wenn Waren zurückgesendet werden, werden diese Objekte markiert und bei einem neuen Start der Prozessgenerierung berücksichtigt.

Ein Objekttransfer, der die Aktivitätsinstanz eines Objekts dokumentiert, ist die kleinste Einheit, die den Ablauf von Geschäftsprozessen abbildet. Alle Objekttransfers eines Objekts reflektieren den Durchlauf dieses Objekts durch den Prozess und damit eine Prozessinstanz. In diesem Schritt werden Objekttransfers anhand der in Schritt 3 gewählten Aktivitäten für einzelne Objekte generiert.

Die obige Abbildung zeigt den detaillierten Ablauf für die Generierung von Objekttransfers in einem Generierungsschritt. Iterativ werden Objekttransfers für jedes Objekt auf Basis der ausgewählten Aktivitäten generiert. Zuerst wird die Möglichkeit der Verzweigung durch die Gateways überprüft. Sie entscheiden, wie die auszuführenden Aktivitäten letztendlich ausgewählt werden. Da die Gateways die gleiche Datenstruktur wie eine Aktivität besitzen, wird hierbei überprüft, ob die vorherige ausgeführte Aktivität des Objekts ein Gateway ist. Dabei gibt es vier Möglichkeiten:

a. Die vorherige Aktivität ist kein Gateway oder es gibt keine vorherige Aktivität (die erste auszuführende Aktivität). In diesem Fall existiert für dieses Objekt keine Verzweigung und der Nachfolger der vorherigen Aktivität wird für die Ausführung gewählt.
b. Die vorherige Aktivität ist ein XOR-Gateway. Hierbei wird eine von mehreren Aktivitäten für die Generierung gewählt. Die Wahl erfolgt durch eine Wahrscheinlichkeitsverteilung, die auf einem Simulationsmodell sowie den konfigurierten Einflussfaktoren basiert.
c. Die vorherige Aktivität ist ein AND-Split-Gateway. Ein AND-Split wird nur für Prozesse mit informationellen Objekten eingesetzt. Hierbei werden eine oder mehrere Kopien für das Objekt sowie für das/die entsprechende/n Containerobjekt/e angefertigt (letzteres, sofern das Objekt Teil eines oder mehrerer Containerobjekte ist). Jede dieser Kopien wird der Nachfolgeaktivität des AND-Split-Gateways zugeordnet.
d. Die vorherige Aktivität ist ein AND-Join-Gateway. Ein AND-Join-Gateway folgt nur nach einem AND-Split-Gateway. In diesem Fall werden die beim AND-Split-Gateway kopierten Objekte und Containerobjekte gelöscht. Nach dem AND-Join-Gateway existiert nur eine einzige Aktivität, die für die Datengenerierung gewählt werden kann.

[822] Eigene Darstellung.

Nach dem o.g. Schritt wird die Art der gewählten Aktivitäten überprüft. Wenn eine Aktivität ein Gateway ist, wird der Objekttransfer der vorherigen Aktivität kopiert und für die Generierung von Prozessablaufdaten im nächsten Generierungsschritt vorbereitet. Ansonsten werden Objekttransfers mit entsprechenden Kennzahlen generiert.

Bevor die Objekttransfers generiert werden, müssen einige Aspekte für Bündelungs-/Aufhebungsvorgänge berücksichtigt werden. Bei einem Bündelungsvorgang muss ein passendes Containerobjekt zum Beladen dieses Objekts gewählt werden. Die Wahl kann über verschiedene Kriterien, bspw. über die Maße oder das Gewicht, erfolgen. Wenn ein geeignetes Containerobjekt bereits existiert und noch nicht voll beladen ist, wird das Objekt in dieses Containerobjekt eingeordnet. Ansonsten wird ein neues Containerobjekt erzeugt. Außerdem ist es möglich, weitere Bedingungen für einen Bündelungsvorgang zu definieren. Bspw. kann ein Auftrag erstellt werden, der vorsieht, verschiedene Arten von Objekten mit einer definierten Anzahl zusammen in ein Containerobjekt einzuordnen. Die Beziehungen zwischen den Objekten und den Containerobjekten werden in Objekttransfers bei Bündelungsvorgängen hergestellt und bei Aufhebungsvorgängen entfernt.

Für die Generierung eines Objekttransfers müssen die Beziehungen zwischen den Fakten und allen Dimensionstabellen hergestellt werden. Wie ersichtlich, liegen die Informationen der Dimensionen *„Object“*, *„Container“*, und *„Process“* bereits vor. Die Beziehungen mit den Dimensionen *„Party Responsible“*, *„Mode of Transformation“* und *„Version“* wurden bereits in den Konfigurationsdateien vorgegeben.[823] Jetzt können die Kennzahlen mithilfe eines *„Kennzahlengenerators“* berechnet werden, der auch die Einflussfaktoren berücksichtigt. Für die Berechnung werden drei Typen von Kennzahlen unterschieden:[824]

- Typ A – Additive Kennzahlen, die kontinuierlich für jeden Objekttransfer einer Aktivität dokumentiert werden. Dazu gehören die meisten Kennzahlen, wie z.B. die kostenbezogenen Kennzahlen „Transportkosten“ und „Lagerkosten“ sowie die zeitbezogenen Kennzahlen „Bearbeitungsdauer“ und „Lieferdauer“.
- Typ B – Nichtadditive Kennzahlen, die punktuell festgehalten werden. Dazu zählen vor allem Sensordaten, wie z.B. die gemessene Luftfeuchtigkeit. Sowohl

[823] Vgl. Tab. 15 und Tab. 16.

[824] Da hier Objekttransfer für einzelnes Objekt berücksichtigt wird, werden die mengenbezogenen Kennzahlen nicht direkt generiert. Diese lassen sich jedoch in einem BPI-System aggregieren.

additive als auch nichtadditive Kennzahlen sind dem Skalentyp der kardinalen Merkmale zuzuordnen.[825]

- Typ C – Nominale Kennzahlen, die nominale Sachverhalte messen.[826] Dieser Typ beinhaltet v.a. die möglichen Status eines Objekttransfers, die insb. die vier Zustände *„completed“*, *„ongoing“*, *„lost“* und *„rejected“* umfassen.

Die Berechnung jeder Kennzahl basiert auf individuellen mathematischen Formeln mit den Verknüpfungen der Einflussfaktoren. Sowohl die Einflussfaktoren als auch die Formeln lassen sich je nach Anwendungsfall verändern. Das Vorgehen für die Kennzahlgenerierung wird im folgenden Teil am Beispiel der Dauer (*„Duration“*) im Kontext der Logistik erläutert.

Zunächst ist die Art der Aktivität Grundlage für die Berechnung der Dauer. So unterscheiden sich die mathematischen Formeln zur Kennzahlenberechnung je nachdem, ob z.B. ein Transport- oder ein Lagerprozess betrachtet wird. Bei einem Transport wird die Dauer vom betrachteten Streckenabschnitt (Ort, Distanz etc.), den Verantwortlichen (z.B. Logistikdienstleister) und den Transportmitteln (z.B. Schiff) bestimmt. Hingegen spielen die Distanz oder die Transportmittel bei einem Lagerprozess für die Dauer kaum eine Rolle. Diese wird u.a. von Standorten und Lagerstrategien bestimmt.[827] Außerdem beeinflussen die Einflussfaktoren sowie die Kapazität der Ressourcen die Berechnung. So lassen sich z.B. kapazitätsbedingte Lieferengpässe auf der Lieferkette abbilden.

Folgendes Beispiel zeigt, wie die Dauer bei einer Transportaktivität berechnet wird:

$$\text{Dauer} = (D_A / G_m) * EF_A * EF_O * EF_P * EF_M * KF_A * KF_P * KF_M * X_N$$

Wo:

D_A: Distanz der Transportstrecke

G_m: Geschwindigkeit der Transportmittel

EF_A: Einflussfaktor der Aktivität (Transportstrecke)

EF_O: Einflussfaktoren des zu transportierenden Objekts

EF_P: Einflussfaktoren der zuständigen Organisationseinheit

[825] Vgl. Abschnitt 3.2.1.3.
[826] Vgl. Totok, A. (2000), S. 86.
[827] Vgl. Corbat, P. (2009), S. 173 f.

EF_M: Einflussfaktoren der Transportmittel

KF_A: Kapazitätsfaktor der Aktivität[828]

KF_P: Kapazitätsfaktor der zuständigen Organisationseinheit.

KF_M: Kapazitätsfaktor der Transportmittel

X_N: Eine Zufallszahl, welche nach einer definierbaren Verteilung generiert wird[829]

5) Speicherung der generierten Daten

Im letzten Schritt werden alle Daten in einem multidimensionalen Datenhaltungssystem mit der entwickelten Datenstruktur gespeichert. Dazu gehören sowohl alle generierten Daten inkl. der Objekte, Containerobjekte und Objekttransfers als auch die importierten Rahmenbedingungen, wie z.B. die Prozessstruktur, die zuständige Organisationseinheiten etc. Diese Daten können dann in einen Prototyp importiert und für die weitere prototypbasierte Evaluation genutzt werden.

7.2.3 Zuordnung von Anforderungen zu Entwurfsentscheidungen

Wie bereits in der Arbeit dargestellt wurde, basieren alle Entwurfsentscheidungen auf den in Kapitel 6 erhobenen 15 Anforderungen. Diese werden sowohl vom Design des multidimensionalen Datenmodells als von der Entwicklung des Prozesskonfigurators/Prozessdatengenerators behandelt. Tab. 18 fasst die Zuordnung von den Anforderungen zu den Entwurfsentscheidungen des ProDIA-Werkzeugs zusammen.

Tab. 18: Zuordnung von Anforderungen zu Entwurfsentscheidungen

<table>
<tr><th>Anforderungen</th><th>Entwurfsentscheidungen</th></tr>
<tr><td>Anforderung 1: Das ProDIA-Werkzeug sollte Prozessablaufdaten generieren können, die Flow Dependencies abbilden können.</td><td rowspan="2">- Das multidimensionale Datenmodell, das verschiedene Abhängigkeiten zwischen den Aktivitäten abbilden kann.
- Abbildung der hierarchischen und sequenziellen Prozessstruktur bei der Prozesskonfiguration.
- Generierung von Prozessablaufdaten mit Berücksichtigung der konfigurierten Abhängigkeiten.</td></tr>
<tr><td>Anforderung 2: Das ProDIA-Werkzeug sollte Prozessablaufdaten generieren können, die Sharing Dependencies abbilden können.</td></tr>
</table>

[828] Der Kapazitätsfaktor lässt sich durch die angegebene Kapazität von Ressourcen sowie der Anzahl der zu bearbeitenden Objekte berechnen.
[829] Die Zufallszahl wird mithilfe eines Zufallsgenerators generiert.

Anforderungen	Entwurfsentscheidungen
Anforderung 3: Das ProDIA-Werkzeug sollte Prozessablaufdaten generieren können, die Fit Dependencies abbilden können.	
Anforderung 4: Die vom ProDIA-Werkzeug zu generierenden Prozessablaufdaten sollten Aktivitätsinstanzen beinhalten, die durch Zeitstempel dokumentiert sind.	- Dimension „Time“. - Konfiguration des zu generierenden Zeitraums im Prozesskonfigurator. - Generierung von Start- und Endzeit für jede Aktivitätsinstanz.
Anforderung 5: Es sollten physische und informationelle Objekte in den zu generierenden Prozessablaufdaten unterschieden werden.	- Dimension „Object“. - Dimension „Container“. - Konfiguration der Objekttypen und Containertypen mit entsprechenden Eigenschaften. - Generierung der Objekte und Containerobjekte auf Basis der konfigurierten Typen. - Berücksichtigung der entsprechenden Eigenschaften bezüglich des Prozessablaufs (z.B. kann ein informationelles Objekt mithilfe ein AND-Gateways vermehrt werden) durch Prozesskonfiguration und Prozessgenerierung.
Anforderung 6: Das ProDIA-Werkzeug sollte durch die zu generierenden Prozessablaufdaten Szenarios abbilden können, bei denen mehrere Objekte zu einem neuen Objekt gebündelt werden können.	- Dimension „Object“. - Dimension „Container“. - Konfiguration der Objekttypen sowie Generierung der Objekte. - Konfiguration der Containertypen sowie Generierung der Containerobjekte. - Generierung von Prozessablaufdaten mit Berücksichtigung von Bündelungs-/Aufhebungsvorgängen. - Generierung von Prozessablaufdaten unter Berücksichtigung der gebündelten Objekte.
Anforderung 7: Das ProDIA-Werkzeug sollte Prozessablaufdaten generieren können, die relevante Eigenschaften von Objekten beinhalten, die Einfluss auf die Prozessabläufe haben.	- Dimension „Object“. - Konfiguration der Eigenschaften bei Objekttypen sowie Generierung der Objekte auf Basis dieser Eigenschaften. - Generierung von Kennzahlen auf Basis dieser Eigenschaften.
Anforderung 8: Das ProDIA-Werkzeug sollte Prozessablaufdaten generieren können, die Bearbeitungsstatus von Objekten beinhalten.	- Dimension „Status“. - Konfiguration der entsprechenden Einflussfaktoren. - Generierung von Kennzahl „Status“ auf Basis der entsprechenden Einflussfaktoren.
Anforderung 9: Das ProDIA-Werkzeug sollte Prozessablaufdaten generieren können, welche die für die Ausführung von Prozessaktivitäten zuständigen Organisationseinheiten beinhalten.	- Dimension „Party Responsible“. - Konfiguration der Organisationszuständigkeit für die Ausführung von Aktivitäten. - Generierung von Prozessablaufdaten unter Berücksichtigung der Organisationszuständigkeit sowie deren Einflussfaktoren.

Anforderungen	Entwurfsentscheidungen
Anforderung 10: Das ProDIA-Werkzeug sollte Prozessablaufdaten generieren können, welche die für die Ausführung von Prozessaktivitäten relevanten Ressourcen beinhalten.	- Dimension „Mode of Transformation". - Dimension „Process". - Dimension „Object". - Dimension „Container". - Dimension „Party Responsible". - Konfiguration der Ressourcen mit entsprechenden Einflussfaktoren. - Generierung von Prozessablaufdaten unter Berücksichtigung der entsprechenden Ressourcen sowie deren Einflussfaktoren.
Anforderung 11: Das ProDIA-Werkzeug sollte Prozessablaufdaten generieren können, welche die für die Prozessanalyse relevanten Prozesskennzahlen beinhalten.	- Dimension „Measures". - Dimension „Time" für Berechnung zeitbezogener Kennzahlen. - Konfiguration der Rahmenbedingungen und Einflussfaktoren für die Generierung von Kennzahlen. - Generierung von Kennzahlen auf Basis der konfigurierten Rahmenbedingungen und Einflussfaktoren. - Drei Typen von Kennzahlen für die Kennzahlberechnung. - Anpassbare Berechnungsformel für jede einzelne Kennzahl.
Anforderung 12: Die hierarchische Struktur von Geschäftsprozessen sollte in der Datenstruktur der zu generierenden Prozessablaufdaten abgebildet werden können.	- Dimension „Process". - Dimension „Party Responsible".
Anforderung 13: Das ProDIA-Werkzeug sollte Prozessablaufdaten generieren können, die unterschiedliche Versionen von Geschäftsprozessen beinhalten.	- Dimension „Version". - Verschiedene Konfigurationen auf Basis unterschiedliche Versionen. - Separate Generierung von Prozessablaufdaten für unterschiedliche Versionen.
Anforderung 14: Das ProDIA-Werkzeug sollte Prozessablaufdaten generieren können, die verschiedene, miteinander verknüpfte Dimensionen im Prozesskontext beinhalten.	- Das multidimensionale Datenmodell mit den Dimensionen
Anforderung 15: Das ProDIA-Werkzeug sollte Prozessablaufdaten generieren können, die sowohl historische als auch aktuelle Daten für die Abbildung von Analyseszenarios beinhaltet.	- Dimension „Status". - Dimension „Time". - Konfiguration und Generierung der Prozessablaufdaten unter Berücksichtigung der Status und Zeit.

Wie aus Tab. 18 ersichtlich, werden alle 15 Anforderungen durch die Entwurfsentscheidungen verschiedener Komponenten des ProDIA-Werkzeugs berücksichtigt. Wie im letzten Kapitel erklärt wurde, hat das ProDIA-Werkzeug durch mehrfache prototypische Erprobung eine hinreichende Stabilität erlangt. Auf diese Weise wurde das Teilziel 3 adressiert (siehe Abb. 41).

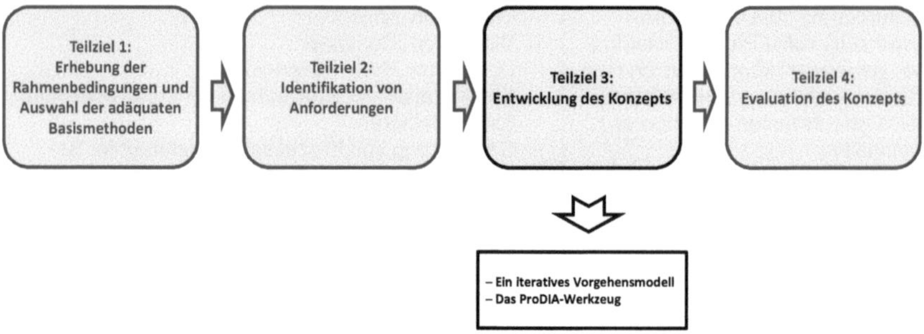

Abb. 41: Ergebnis des Teilziels 3

7.2.4 Eine prototypische Realisierung

Basierend auf den generierten Prozessablaufdaten können Prototypen für verschiedene Analysesysteme implementiert werden. Im Rahmen dieser Arbeit wird ein Prototyp eines OLAP-Systems realisiert. Wie Abb. 42 zeigt, wird für die prototypische Umsetzung des ProDIA-Werkzeugs und des BPI-Systems eine Client-Server-Architektur mit einem Client auf einer Workstation sowie einem BI-Server genutzt. Auf der Workstation wird der zu untersuchende Geschäftsprozess zunächst mithilfe des Prozesskonfigurators konfiguriert. Daraufhin werden Prozessablaufdaten im Prozessdatengenerator generiert. Diese werden in einer relationalen Datenbank gespeichert und lassen sich als Datenbasis in einem Analysesystem zur Evaluation[830] importieren und analysieren.

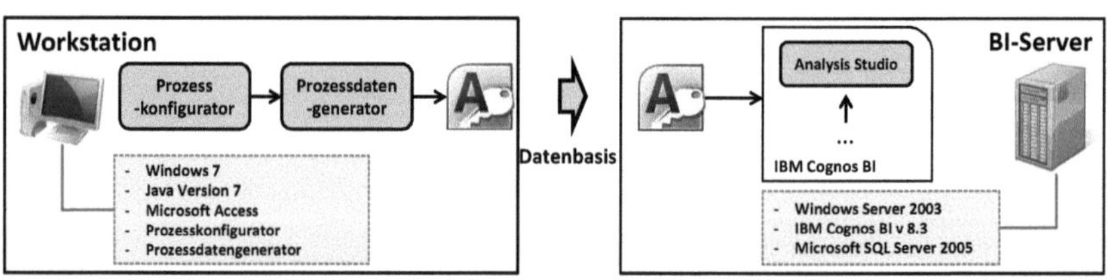

Abb. 42: Prototypische Realisierung[831]

[830] Vgl. Phase 3 des Vorgehensmodells in Abschnitt 7.1.3.
[831] Eigene Darstellung.

Für die prototypische Umsetzung wurde eine Workstation mit dem Betriebssystem Windows 7 und der Java-Laufzeitumgebung Version 7 genutzt.[832] Die zwei Komponenten zur Generierung von Prozessablaufdaten, der Prozesskonfigurator[833] und der Prozessdatengenerator wurden mit der Programmiersprache Java realisiert. Die generierten Daten werden in einer Microsoft Access-Datenbank gespeichert.[834]

Als Analysewerkzeug wurde IBM Cognos Business Intelligence[835] gewählt. Während der Forschungsarbeit wurde darüber hinaus auch erfolgreich ein alternativer Einsatz der Werkzeuge Microsoft Business Intelligence[836] und MicroStrategy[837] getestet. Windows Server 2003 wird als Betriebssystem für den BI-Server verwendet. Als Datenbank für IBM Cognos BI kommt Microsoft SQL Server 2005 zum Einsatz. Die aus der Workstation generierten Daten in der Access-Datenbank lassen sich in IBM Cognos BI importieren und mit den von diesem BI-System unterstützten Technologien analysieren. Unter anderem wird das „IBM Cognos Analysis Studio“ für die OLAP-Analyse verwendet.

Aufgrund der iterativen Vorgehensweise zur Entwicklung des Konzepts wurde diese Realisierung mit den in Abschnitt 6.2 vorgestellten drei Fallstudien getestet. Alle in den Fallstudien identifizierten Analyseszenarios konnten dabei abgebildet werden. Um den Rahmen dieser Arbeit nicht zu sprengen, werden diese nicht vorgestellt. Konkrete Beispiele werden im nächsten Kapitel anhand zweier Fallstudien dargestellt, die im Rahmen der Evaluation des Konzepts durchgeführt wurden.

---

[832] Ein anderes Betriebssystem ist ebenfalls für die Realisierung möglich, solange auf dem System eine Java-Laufzeitumgebung installiert ist.

[833] Wie bereits vorgestellt, besteht der Prozesskonfigurator aus XML-Dateien mit den vorgestellten Schemata. Für die Visualisierung der Konfiguration von der Prozessstruktur wurde im Rahmen einer Masterarbeit des Lehrstuhls Wirtschaftsinformatik I der Universität Stuttgart ein Tool entwickelt. Der Verfasser dieser Arbeit hat auf Basis der Masterarbeit den Prozesskonfigurator vervollständigt. Vgl. Häußermann, D. (2011), S. 1 ff.

[834] Hierbei kann jede relationale Datenbank für die Datenhaltung angewendet werden.

[835] Die Version 8.3 wird für diese Arbeit angewendet.

[836] Die Version Microsoft SQL Server 2008 wurde getestet.

[837] Die getestete Version war MicroStrategy 9.2.

8 Fallstudienbasierte Evaluation

In den vorangegangenen zwei Kapiteln wurden Anforderungen für ein szenario- und prototypingbasiertes Konzept zur Informationsbedarfsanalyse für BPI-Systeme abgeleitet. Darauf basierend wurde das Konzept mit zwei Gestaltungskomponenten (ein iteratives Vorgehensmodell und das ProDIA-Werkzeug) entwickelt. Das Werkzeug wurde darüber hinaus prototypisch realisiert.[838] In diesem Kapitel wird die fallstudienbasierte Evaluation dieses Konzepts vorgestellt (Teilziel 4).[839] Abb. 43 stellt die Einordnung dieses Kapitels in das Forschungsdesign dar.

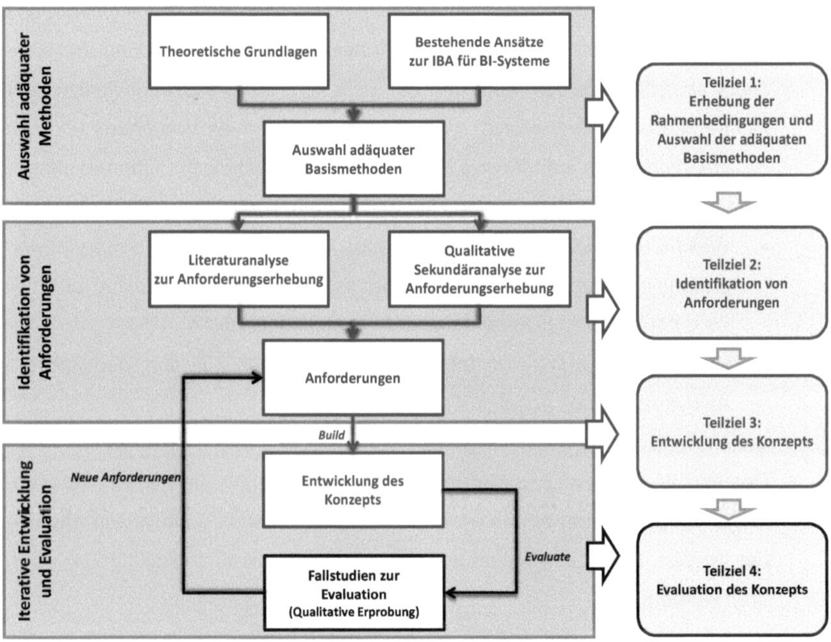

Abb. 43: Teilziel 4 im Forschungsdesign[840]

Das *Evaluationsobjekt* ist das im Rahmen dieser Arbeit entwickelte szenario- und prototypingbasierte Konzept mit seinen zwei Gestaltungskomponenten. *Evaluations-*

[838] Vgl. Kapitel 6 und Kapitel 7.
[839] Vgl. Design Evaluation von Hevner, A. R. u.a. (2004), S. 85 ff.
[840] Eigene Darstellung.

ziele sind die Überprüfung der *Relevanz* und der *Effektivität* des Konzepts. Konkret sollen die folgenden beiden Fragestellungen untersucht werden:

1) *Welche Relevanz hat das entwickelte szenario- und prototypingbasierte Konzept zur Informationsbedarfsanalyse für BPI-Systeme?*
   Die Besonderheiten von BPI-Systemen liegen v.a. in der Analyse der Prozessstruktur bzw. den Abhängigkeiten zwischen verschiedenen Aktivitäten.[841] Die darauf ausgerichteten BPI-Analysen zeichnen sich oft durch hohe Komplexität aus. Deshalb ist v.a. der nicht-artikulierte Informationsbedarf schwer zu identifizieren.[842] Hier soll die Relevanz des Konzepts in der Evaluation dahingehend überprüft werden, *ob die Kommunikation des Informationsbedarfs zwischen den Analysten und den Anwendern durch die Anwendung des Konzepts erleichtert werden kann* und *ob zusätzliche Analyseszenarios bzw. der nicht-artikulierte Informationsbedarf mithilfe des iterativen Vorgehens und des ProDIA-Werkzeugs schrittweise erhoben werden können.* Zur Operationalisierung dieser Fragestellung werden folgende Evaluationskriterien definiert:
   - *Welche und wie viele Analyseszenarios können mithilfe des szenario- und prototypingbasierten Konzepts konkretisiert werden* bzw. *welche und wie viele neue Analyseszenarios werden dabei identifiziert?*
   - *Welcher nicht-artikulierte Informationsbedarf kann aus den identifizierten Analyseszenarios abgeleitet werden?*
2) *Kann das Konzept effektiv eingesetzt werden?*
   Das ProDIA-Werkzeug wurde dafür entwickelt, Beispieldaten von Prozessabläufen zu generieren, auf deren Basis Analyseszenarios prototypisch abgebildet werden. In der Evaluation soll deshalb dieses Evaluationskriterium überprüft werden:
   - *Können die in den Fallstudien erhobenen Analyseszenarios mithilfe des ProDIA-Werkzeugs abgebildet werden?*

Bei der Auswahl der Fallstudien wurde darauf geachtet, einen möglichst breiten Ausschnitt der Möglichkeiten des intendierten Anwendungsbereichs des entwickelten Konzepts abzudecken. So wurde in der Fallstudie A ein Prozess von Ersatzteillogistik in der Industrie gewählt (Abschnitt 8.1), bei dem physische Objekte behandelt wer-

[841] Vgl. Abschnitt 3.3.1.
[842] Vgl. Abschnitt 5.4.

den. Gegenstand der Fallstudie B ist ein Verwaltungsprozess, der sich mit dem Bewerbungs- und Zulassungsprozess einer deutschen Universität befasst (Abschnitt 8.2). Hierbei sind sowohl physische als auch informationelle Objekte bei der Ausführung des Prozesses relevant. Beide Fallstudien wurden anhand des in Abschnitt 7.1 vorgestellten Vorgehensmodells durchgeführt. Hierbei konnten potenzielle Analyseszenarios für die in den beiden Fallstudien zu entwickelnden BPI-Systeme mithilfe des ProDIA-Werkzeugs schrittweise identifiziert werden. Aus diesen Analyseszenarios konnte der Informationsbedarf abgeleitet werden.

8.1 Fallstudie A – Ersatzteillogistik für elektronische Produkte

Das Untersuchungsobjekt der Fallstudie A ist ein international führender Technologiekonzern mit Hauptsitz in Deutschland. Mit mehr als 10.000 Mitarbeitern, davon 87 Prozent außerhalb Deutschlands, ist das Unternehmen international ausgerichtet. Der Umsatz betrug im Geschäftsjahr 2011 mehr als eine Milliarde Euro. Einer der Kernbereiche des Unternehmens ist die Herstellung und die Reparatur anwendungsspezifischer elektronischer Maschinen. Für die Untersuchung wird der Prozess der Ersatzteilversorgung betrachtet. Abb. 44 zeigt das Vorgehen der Fallstudie sowie die verwendeten Methoden anhand des in Abschnitt 7.1 vorgestellten Vorgehensmodells.

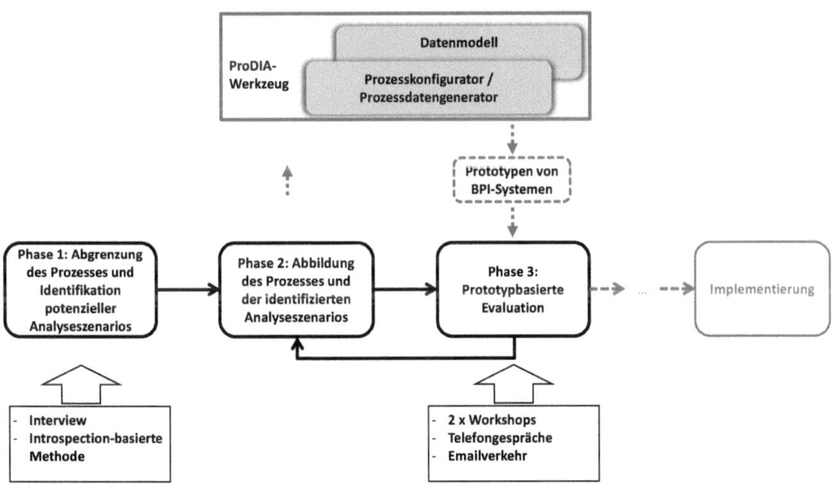

Abb. 44: Das Vorgehen der Fallstudie A

Die Fallstudie wurde zwischen Ende 2010 und Anfang 2012 durchgeführt. In Phase 1 wurde der zu untersuchende Prozess mit seinen Rahmenbedingungen in einem ca.

zweistündigen Interview abgegrenzt. Teilnehmer des Interviews war ein Manager für die strategische Logistik. Das Interview wurde protokolliert, transkribiert und ausgewertet. Basierend auf den dadurch gewonnenen Erkenntnissen wurden die Rahmenbedingungen des Prozesses sowie erste potenzielle Analyseszenarios für BPI-Systeme identifiziert. Diese basierten auf bestehenden Problemstellungen sowie den Wünschen des Interviewpartners und wurden nur sehr allgemein formuliert.

In Phase 2 wurden für die Szenarios Prozessablaufdaten mit dem ProDIA-Werkzeug generiert und auf dieser Grundlage ein Prototyp realisiert. Die Ergebnisse wurden in Phase 3 mit Experten des Unternehmens in einem ca. dreistündigen Workshop evaluiert. Teilnehmer waren neben dem Manager für die strategische Logistik eine Mitarbeiterin aus der Logistikplanung. Durch die prototypische Demonstration und die Diskussion der Analyseszenarios konnten die in Phase 1 identifizierten Szenarios konkretisiert werden. Außerdem wurden weitere potenzielle Analyseszenarios diskutiert. Die Ergebnisse aus dem ersten Workshop wurden danach ausgewertet. Daraufhin wurden die bereits identifizierten Analyseszenarios angepasst bzw. neue Analyseszenarios mithilfe des ProDIA-Werkzeugs abgebildet. Diese wurden dann zu einer abschließenden Evaluation im zweiten Workshop vorgestellt, der ca. 4 Stunden dauerte. Außer den beiden Teilnehmern aus dem ersten Workshop war noch eine Mitarbeiterin aus der operativen Logistik beteiligt. Zusätzlich hat zwischen dem ersten Interview und dem letzten Workshop eine kontinuierliche Kommunikation mit der Abteilung für strategische Logistik stattgefunden (Telefongespräche, Emailverkehr). In den Workshops wurden insb. die Relevanz und die Effektivität des szenario- und prototypingbasierten Konzepts thematisiert und damit auch die Evaluationsziele dieser Arbeit.

Das Vorgehen der Untersuchung wird im nächsten Abschnitt genauer erörtert.

8.1.1 Durchführung der Informationsbedarfsanalyse

Wie im letzten Abschnitt dargestellt, erfolgte die Informationsbedarfsanalyse in einem iterativen Prozess. So konnten aus zunächst allgemeinen Anforderungen schrittweise konkrete und komplexe Analyseszenarios entwickelt werden, aus denen der Informationsbedarf abgeleitet werden konnte. Tab. 19 stellt eine Übersicht zu dieser schrittweisen Entwicklung der Szenarios dar. In diesem Abschnitt wird die Durchführung der Untersuchung vorgestellt.

Tab. 19: Die schrittweise identifizierten Analyseszenarios[843]

Interview (Phase 1)	1. Workshop (Phase 2 und 3)	2. Workshop (Phase 2 und 3)
Analysen zu Transportdauer und -kosten	*Analysen zu Dauer und Aufdecken von Engpässen*	Analysen zu Dauer und Aufdecken von Engpässen
	Analysen zu Kosten des Logistikprozesses	Analysen zu Kosten des Logistikprozesses
		Analysen zu CO2-Emissionen
Analysen zu Lagerbeständen	*Analysen aktueller Lagerbestände aller Lagerhäuser*	Analysen aktueller Lagerbestände aller Lagerhäuser
	Umverteilung von Waren zwischen den verschiedenen Depots und Analysen von Lieferungen	Umverteilung von Waren zwischen verschiedenen Depots und Analysen von Lieferungen
		Analyse der Lagerkosten und -dauer auf Basis historischer Daten
Analysen zur Produktqualität	*Analysen von Zuständigkeiten bei der Ausführung von Prozessaktivitäten*	*Lieferantenbewertung*
Vergleich verschiedener Liefermodi	Vergleich verschiedener Liefermodi	Vergleich verschiedener Liefermodi
		Analysen zu Lieferungen von Objekten, die an einen Standort geliefert wurden

[843] Jeweils neu entwickelte oder angepasste Analyseszenarios sind kursiv markiert.

8.1.1.1 Durchführung der Phase 1 – Ein Interview

Beim ersten Interview wurden die Rahmenbedingungen des Untersuchungsobjekts erhoben. Hierbei wurde auch entschieden, sich auf den Prozess der Ersatzteillogistik zu fokussieren. Hierfür sprachen die große Anzahl der in diesem Prozess zu bearbeitenden Objekte, die komplexe Lieferstruktur und der Bedarf an einer prozessorientierten BI-Analyse. Nach dem Interview wurden die Ergebnisse ausgewertet.

Zunächst wird der erfasste Ist-Stand des zu untersuchenden Prozesses erläutert. In diesem Prozess werden Ersatzteile für eine mögliche Reparatur in Deutschland produziert. Dabei werden wichtige Materialien und Komponenten von Lieferanten durch Logistikdienstleister geliefert und beim Unternehmen A[844] verarbeitet. Nach der Verarbeitung werden alle Teile in einem zentralen Warenverteilzentrum (hier World Distribution Center – WDC genannt) gelagert, dessen Sitz ebenfalls in Deutschland ist. Die Produkte aus dem WDC werden in die regionalen Distributionszentren (RDC) sowie weitere kleinere Lagerhäuser geliefert.[845] Bei einer Reparatur werden Ersatzteile direkt aus den lokalen Lagern geliefert. Die Komplexität des Logistikprozesses ist aufgrund der hohen Anzahl der beteiligten Unternehmen sowie der internationalen Ausrichtung als hoch einzustufen. Abb. 45 zeigt eine Übersicht des Prozesses.

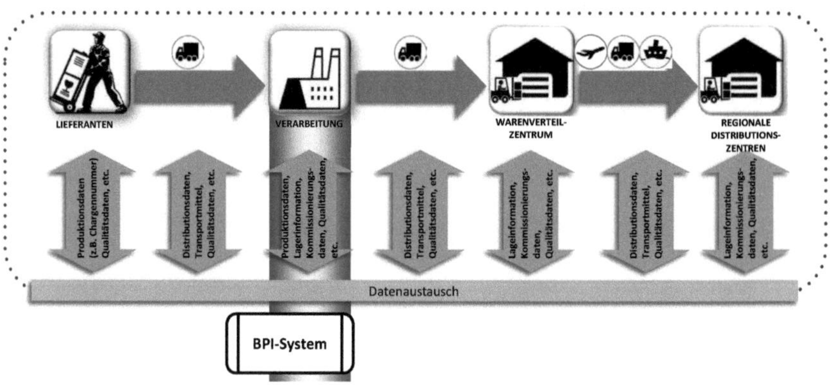

Abb. 45: Der Prozess der Ersatzteillogistik in Fallstudie A

In diesem Prozess kommen verschiedene Anwendungssysteme sowie Techniken zur Datenerfassung zum Einsatz. Für die Zuordnung der Produkte sowie einzelner

[844] Das Unternehmen wird in dieser Arbeit anonym „Unternehmen A" genannt.
[845] Zwei Drittel der Produkte werden außerhalb von Europa ausgeliefert.

Lieferungen werden 2-D Barcodes verwendet. Relevante Informationen des Unternehmens werden in einem ERP-System des Herstellers SAP gespeichert und verarbeitet. Außerdem werden Berichte im Geschäftsbereich der Logistik monatlich mithilfe eines SAP BW-Systems erstellt. Für strategische Analysen kommt das Tabellenkalkulationswerkzeug Excel zum Einsatz. Hierbei werden auch externe Daten genutzt. Diese werden in aller Regel von den Logistikdienstleistern, den Lieferanten sowie weiteren Geschäftspartnern nach einer Aufforderung geliefert. In den meisten Fällen werden Excel-Dateien verschickt, deren Datensätze i.d.R. voraggregiert sind.

Die größten Probleme bei den bisherigen Analysen des Prozesses liegen in der Qualität und der Granularität der Daten. Dies betrifft sowohl die unternehmensinternen als auch die externen Daten. Zum einen *„fehlt es für die Analysen teilweise an ganzen Datensätzen“* und zum anderen *„sind die Daten zu generisch“*,[846] sodass der für bestimmte Analysen benötigte Detaillierungsgrad nicht erreicht werden kann. Außerdem sind viele Informationen, bspw. eine Lieferung mit entsprechender Lieferscheinnummer und Transportmittel, nicht miteinander verknüpft. Dies beschränkt zusätzlich die Möglichkeiten für die entsprechenden Prozessanalysen.

Ein integriertes BPI-System könnte eine Teillösung für die oben genannten Probleme bereitstellen.[847] Einerseits lassen sich organisations-/unternehmensübergreifende Informationen entlang des Logistikprozesses durch eine einheitliche Datenstruktur dokumentieren und somit die Datenqualität verbessern. Andererseits können Informationen in einem integrierten Datenhaltungssystem für die Prozessanalysen miteinander verknüpft werden, um so prozessorientierte Analysen zu ermöglichen.

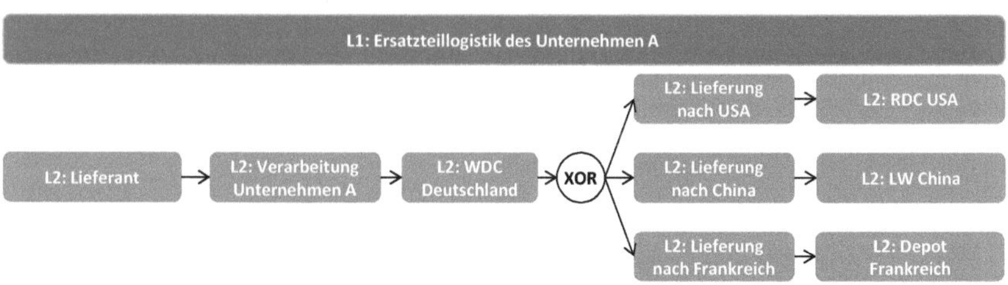

Abb. 46: Die abgebildete Prozessstruktur in Phase 1 (Fallstudie A)

[846] Aussage des Managers für strategische Logistik am 27.05.2010 beim ersten Interview.
[847] Neben einem integrierten Anwendungssystem sollte auch an einer Verbesserung der Datenerfassung gearbeitet werden.

Nach der Ist-Analyse konnte der Soll-Stand des Prozesses für die Informationsbedarfsanalyse eines BPI-Systems bestimmt werden. Dabei wurde der gesamte Logistikprozess von der Lieferung der Ersatzteile durch die Lieferanten bis zu der Verarbeitung im Unternehmen A sowie der Lagerung in WDC und in einzelnen Ländern betrachtet.

Abb. 46 zeigt den groben Ablauf des Logistikprozesses.[848] Hierbei werden 9 Prozessschritte in der zweiten Prozessebene definiert. Für die Ausführung der jeweiligen Prozessschritte sind verschiedene Organisationseinheiten verantwortlich. Darunter befindet sich auch ein Lieferant, der für die Herstellung und die Lieferungen von Ersatzteilen zuständig ist. Die gelieferten Ersatzteile werden beim Wareneingang des Unternehmens A qualitativ kontrolliert und weiter verarbeitet. Nach der Verarbeitung werden alle Ersatzteile im zentralen Distributionszentrum (WDC) für die Lieferung in verschiedene Regionen eingelagert. Die Ersatzteillogistik besitzt eine dreistufige Lagerstruktur. In den Regionen mit starkem Umsatz, wie z.B. in den USA, werden sogenannte regionale Distributionszentren (RDC) eingerichtet. Etwas kleiner als die RDC sind die lokalen Warehouses (LW), die für die Lieferung innerhalb eines Landes verantwortlich sind. Sowohl die RDC als auch die LW[849] werden direkt von dem WDC[850] beliefert. Die dritte Stufe der Lagerstruktur bilden zahlreiche Depots, über welche die Lieferung von Ersatzteilen an die Kunden erfolgt. Die Depots können von einem RDC, einem LW und auch direkt vom WDC beliefert werden. Die Depots sind i.d.R. kleine Lagerräume, die nur wenige Quadratmeter klein sein können und möglichst nah am Kunden eingerichtet werden. Bei der Untersuchung wurden verschiedenen Varianten dieser Lagerstruktur in drei Kontinenten abgebildet.

Anhand der erhobenen Prozessstruktur sowie der im Interview geäußerten Probleme konnten in Phase 1 folgende Analyseszenarios identifiziert werden:

- *Analysen zu Transportdauer und -kosten*

  Die Analysen des Unternehmens sind bislang primär kostenorientiert. Die Kosten des Transports sind überdies oft von der Lieferdauer abhängig, die auch eine eigenständige Zielgröße darstellt. Idealerweise werden Transportdauer und

[848] Für die Informationsbedarfsanalyse ist es nicht notwendig, den Prozessablauf detailgetreu auf Einzelaktivitätsebene abzubilden. Vielmehr zielt das szenario- und prototypingbasierte Konzept darauf ab, einen *abstrahierten* Prozess abzubilden, um schrittweise Analyseszenarios zu erheben.

[849] Beide gehören zu der zweiten Stufe der Lagerstruktur.

[850] Das WDC ist die erste Stufe der Lagerstruktur.

-kosten entlang des Logistikprozesses auf Basis der integrierten Datenhaltung eines BPI-Systems analysiert.

- *Analysen zu Lagerbeständen*
  Dieses Szenario zielt darauf ab, die Lagerbestände bei den Distributionszentren und Depots zu analysieren und hat das Ziel, die Kapitalbindung zu minimieren.
- *Analysen zur Produktqualität*
  In diesem Szenario werden qualitätsbezogene Kennzahlen betrachtet. Dabei wird die Qualität von Produkten insb. durch die Anzahl von Defekten gemessen. Die Produktqualität sollte anhand der für die Ausführung der Prozessaktivitäten zuständigen Organisationseinheiten analysiert werden können.
- *Vergleich verschiedener Liefermodi*
  Beim Überseetransport, z.B. in die USA, werden die Waren standardmäßig mit Schiffen transportiert (Standardservice).[851] Allerdings müssen Produkte manchmal aus Termingründen per Flugzeug geliefert werden (Expressservice). Der Flugtransport spart zwar Zeit, kostet jedoch ein Vielfaches mehr als der Schifftransport. In diesem Analyseszenario soll Transparenz darüber geschaffen werden, welche Liefermodi in welchem Umfang eingesetzt werden.

Wie ersichtlich, sind die oben genannten Analyseszenarios allgemeiner Natur und beschreiben eher vorhandene Probleme oder Verbesserungswünsche aus Sicht der Anwender. Sie sind nicht detailliert genug, um daraus einen konkreten Informationsbedarf ableiten zu können. Nichtdestotrotz waren diese „allgemeinen“ Analyseszenarios der Ausgangspunkt für weitere Schritte, in denen konkrete bzw. neue Analyseszenarios identifiziert werden konnten.

8.1.1.2 Durchführung der Phase 2 und Phase 3 – Zwei Workshops

Nach Phase 1 wurden Prozessablaufdaten vom ProDIA-Werkzeug generiert, welche die oben dargestellten Prozessstruktur und Rahmenbedingungen wiederspiegeln (Phase 2). Anschließend wurde ein Prototyp eines BPI-Systems realisiert,[852] das die identifizierten Analyseszenarios abbildet. Diese wurden in einem Workshop prototypisch evaluiert (Phase 3). Durch intensive Diskussion während des Workshops konnten die in Phase 1 identifizierten Analyseszenarios konkretisiert werden. Darüber hinaus wurden neue, komplexere Analyseszenarios entwickelt. Beispielsweise

[851] Vgl. Abb. 47.
[852] Vgl. Abschnitt 7.2.4.

wurde aus dem allgemeinen Wunsch *„Analysen zu Transportdauer und -kosten"* zwei detaillierte Analyseszenarios abgeleitet: *„Analysen zu Dauer und Aufdecken von Engpässen"* und *„Analysen zu Kosten des Logistikprozesses"*. Außerdem konnte auf Grundlage der Diskussion ein zusätzliches Analyseszenario identifiziert werden: *„Analysen zu CO2-Emissionen"*. Für dieses Szenario wurde eine neue Kennzahl *„CO2Value"* im Datenmodell hinzugefügt. Anschließend wurden neue Prozessablaufdaten vom ProDIA-Werkzeug generiert, auf deren Basis dieses Analyseszenario im zweiten Workshop evaluiert wurde.

Die Betrachtung von *„Analyse zu Lagerbeständen"* illustriert, wie eine allgemeine Formulierung der Art *„Analyse aktueller Lagerbestände aller Lagerhäuser"* konkretisiert werden kann.[853] Darüber hinaus wurde ein neues Analyseszenario *„Umverteilung von Waren zwischen verschiedenen Depots und Analysen von Lieferungen"* entwickelt. Die Schritte, wie diese Analyseszenarios konkretisiert und neu entwickelt wurden, werden in Tab. 19 dargestellt. Die konkrete Beschreibung der Analyseszenarios wird in Abschnitt 8.1.2 erörtert.

Mit den Erkenntnissen aus dem ersten Workshop wurden die Konfiguration des ProDIA-Werkzeugs angepasst und neue Prozessablaufdaten generiert. Hierbei wurden auf Basis der Diskussion im ersten Workshop auch einige neue Analyseszenarios für den zweiten Workshop vorbereitet. Beispielsweise wurde in der Diskussion zur Produktqualität festgestellt, dass die Lieferqualität zwischen verschiedenen Lieferanten und bei unterschiedlichen Lieferobjekten stark variiert. Hierbei wurde ein neues Analyseszenario entwickelt, bei dem die Lieferqualität dreier Lieferanten, die zwei Arten von Ersatzteilen am Unternehmen A liefern, miteinander verglichen werden kann. Dabei wurden die Beispieldaten so generiert, dass das (hypothetische) Ersatzteil 1 sowohl von Lieferant A als auch von Lieferant B hergestellt wird. Hingegen wird Ersatzteil 2 nur von Lieferant C geliefert.

Die dadurch angepassten bzw. neu abgebildeten Analyseszenarios wurden beim zweiten Workshop abschließend evaluiert. Abb. 47 zeigt die finale Prozessstruktur auf der dritten Prozessebene.

[853] Die Beschreibung des Analyseszenarios siehe Abschnitt 8.1.2.2.

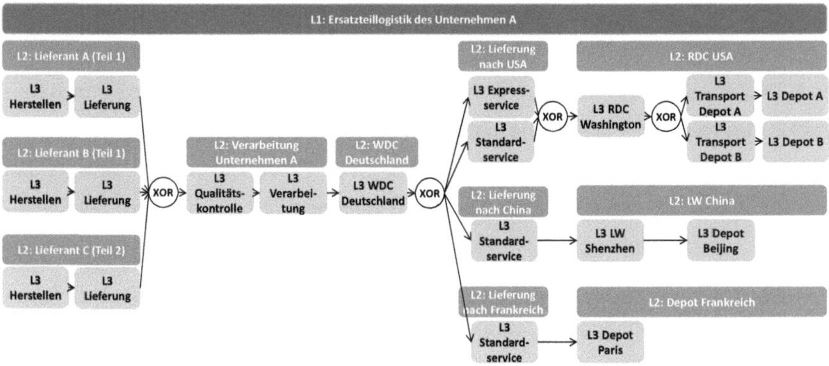

Abb. 47: Die finale Prozessstruktur der Fallstudie A

Für die Durchführung der beiden Workshops wurde das ProDIA-Werkzeug mehrfach rekonfiguriert. Die Änderungen der Prozesskonfiguration und somit auch die Anpassung der Analyseszenarios erfolgten sowohl bei beiden Workshops als auch bei der Kommunikation per Email und Telefon, die zwischen dem ersten Interview und dem zweiten Workshop stattgefunden hat. Um den Rahmen dieser Arbeit nicht zu sprengen wird hier nur die finale Konfiguration des ProDIA-Werkzeugs vorgestellt.

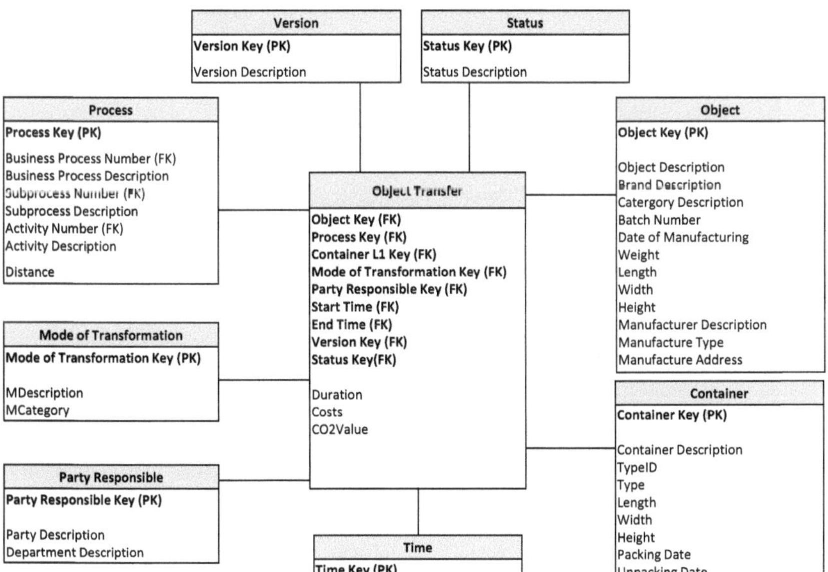

Abb. 48: Das angepasste Datenmodell in Fallstudie A

Zunächst wird das angepasste logische Datenmodell in Abb. 48 dargestellt. In der Faktentabelle werden Dauer, Kosten und CO2-Emissionen[854] als Kennzahlen modelliert. Weitere Kennzahlen, wie z.B. mengenbezogene und qualitätsbezogene Kennzahlen, lassen sich mithilfe des prototypisch realisierten BPI-Systems abbilden[855] und werden vom ProDIA-Werkzeug generiert. Die Prozessdimension wird in drei hierarchischen Ebenen modelliert. Für den gegebenen Fall wird für die Containerdimension nur eine hierarchische Ebene benötigt und modelliert.

Basierend auf der Struktur des Datenmodells erfolgte die Abbildung des Prozesses durch den Prozesskonfigurator und die Generierung von Prozessablaufdaten durch den Prozessdatengenerator, bei dem sowohl der Soll- als auch der Ist-Stand des Prozesses für die Untersuchung erzeugt wurden. Hierbei wurden die Rahmenbedingungen und die Einflussfaktoren der beiden Versionen in separaten Dateien konfiguriert, sodass ein Vergleich (z.B. zwischen Soll- und Ist-Werten von Lagerbeständen) ermöglicht wird.[856] Alle generierten Prozessablaufdaten wurden in einer Access-Datenbank gespeichert. Die Datenstrukturen der gesamten Prozesskonfiguration dieser Fallstudie werden in Abhang A dargestellt. Tab. 20 zeigt beispielhaft die Konfigurationsdatei *„Config.xml"* für den Ist-Prozess.[857]

Tab. 20: Konfiguration der Fallstudie A (Config.xml)

```
<Config>
  <Number GStep>13</Number GStep>
  <Number Objects per Type>2000</Number Objects per Type>
  <Number Objects per Batch>10</Number Objects per Batch>
  <Start Date>2010-01-01</Start Date>
  <End Date>2010-06-30</End Date>
  <Version>AS IS</Version>
  <Start Object Key>1</ Start Object Key>
  <Start Container Key>1</ Start Container Key>
</Config>
```

Als Objekte werden zwei Typen von Ersatzteilen (Ersatzteil1 und Ersatzteil2) definiert. Dabei werden je 2.000 Stück (10 Stück pro Charge) von Ersatzteil 1 von Lieferant A

[854] Die Kennzahl „CO2-Emissionen" wurde für den zweiten Workshop als relevant abgebildet.
[855] Vgl. Abschnitt 7.2.2.2.
[856] Die Prozessablaufdaten der beiden Versionen wurden separat generiert.
[857] Das Attribut *„Number GStep"* liefert dem Prozessdatengenerator die gesamte Anzahl der Generierungsschritte. Vgl. Abschnitt 7.2.2.2.

und Lieferant B hergestellt. Lieferant C ist für die Herstellung des Ersatzteils 2 (insg. 4.000 Stück) verantwortlich.[858] Die Typen der Objekte werden anhand der Datenstruktur *„Objecttypes.xsd"* konfiguriert.[859] Hierbei sind die Eigenschaften der Objekte sowie die Herstellerinformation dokumentiert. Außerdem wurde ein Containertyp *„Verpackung"* mithilfe der in *„Containertypes.xsd"* dokumentierten Datenstruktur konfiguriert. Eine *„Verpackung"* wird benötigt, wenn ein Ersatzteil bei der Verarbeitung in Unternehmen A verpackt wird.

Ebenfalls wurde die hierarchische und sequenzielle Prozessstruktur (vgl. Abb. 47) angelegt.[860] Als für die Ausführung von Prozessaktivitäten zuständige Organisationseinheiten wurden für die weitere Untersuchung beispielhaft drei Lieferanten, das Unternehmen A mit zwei Abteilungen und ein Logistikdienstleister abgebildet. Zusätzlich werden diverse Transportmittel und Maschinen als Sachmittelressourcen konfiguriert. Außerdem wurden mithilfe der jeweiligen XML-Schemata Einflussfaktoren bestimmt, anhand derer die Generierung von Prozessablaufdaten beeinflusst wird.[861]

Auf Basis der Konfiguration wurden Prozessablaufdaten durch den Prozessdatengenerator erzeugt. Insgesamt wurden 16.000 Ersatzteile (je 4.000 von Ersatzteil 1 und Ersatzteil 2, sowohl für den Ist- als auch für den Sollzustand des Prozesses) für den Zeitraum von Januar 2010 bis Juli 2010 generiert. Es wurden über 63.000 Datensätze erzeugt und in einer Access-Datenbank gespeichert. Hierbei ist zu betonen, dass alle Analyseszenarios, die hier vorgestellt werden, auf Basis dieses in sich geschlossenen Datenbestands realisiert wurden. Das Volumen des Testdatenbestands, der im Anschluss in IBM Cognos BI importiert und dort aufbereitet wurde, betrug ca. 130 MB.[862] Mithilfe des Prototyps konnten die Ergebnisse visualisiert und in der nächsten Phase mit den Anwendern evaluiert werden.

[858] Die Größenordnung der hier konfigurierten Parameter wurde auf Basis der Untersuchung festgelegt. Es handelt sich jedoch nicht um tatsächliche Ist-Werte.

[859] Für die Vereinheitlichung der Datengenerierung werden zwei gleiche Objekttypen für Ersatzteil 2 definiert, sodass insg. 4.000 Stück von Ersatzteil 2 mit dem Attributwert 2.000 *„Number Objects per Type"* generiert werden können. Vgl. Anhang A.

[860] Die Prozessstruktur wird mithilfe der *„Process.xsd"* definiert. Um die Abhängigkeiten von Prozessaktivitäten zu konfigurieren, werden insgesamt sieben XML-Dokumente mit der Struktur der *„Activities.xsd"* erstellt. Vgl. Abschnitt 7.2.2.1 und Anhang A.

[861] Vgl. Abschnitt 7.2.2.1.

[862] Vgl. Abschnitt 7.2.4.

8.1.2 Ergebnisse zu den schrittweise identifizierten Analyseszenarios

In diesem Abschnitt werden die Ergebnisse der Evaluation durch die schrittweise identifizierten Analyseszenarios dargestellt. Bei der Darstellung dieser Ergebnisse werden die Szenarios thematisch in fünf Abschnitte gruppiert. Jedes Szenario wird zunächst beschrieben. Anschließend werden die drei Evaluationskriterien zur Relevanz der Erhebung von Analyseszenarios und der Ableitung des Informationsbedarfs sowie zur Effektivität des ProDIA-Werkzeugs erläutert. Alle hier dargestellten Szenarios wurden von den Teilnehmern des zweiten Workshops als relevant eingestuft.[863] Für die Demonstration der Analyseszenarios werden hier Screenshots von Cognos Analysis Studio verwendet.

8.1.2.1 Analysen zu Dauer, Kosten und CO2-Emissionen

In diesem Abschnitt werden Szenarios vorgestellt, die aus dem in Phase 1 identifizierten allgemeinen Szenario *„Analysen zu Transportdauer und -kosten“* abgeleitet wurden. Zunächst wurden lediglich Analysen zu Dauer verschiedener Prozessschritte durchgeführt. Dabei hat es sich herausgestellt, dass mithilfe einer integrierten Datenstruktur besonders Engpässe effizient analysiert werden können. Außerdem wurden kostenbezogene Analysen durchgeführt. Während des ersten Workshops wurde kommuniziert, dass Analysen zu CO2-Emissionen eine wichtige Rolle spielten. Ähnliche BPI-Analysen wie zu Dauer und Kosten sind demnach auch für CO2-Emissionen von Bedeutung. Aus diesem Grund wurde für den zweiten Workshop ein entsprechendes Analyseszenario abgebildet. Alle drei Kennzahlen werden auch für weitere Analyseszenarios, die in folgenden Abschnitten vorgestellt werden, genutzt.

a. Analysen zu Dauer und Aufdecken von Engpässen

Beschreibung des Analyseszenarios:

Beim ersten Analyseszenario wurde die Kennzahl *„Dauer“* betrachtet. Nach der Demonstration des Prototyps wurde schnell festgestellt, dass prozessorientierte Analysen mithilfe einer integrierten Datenstruktur nicht auf einzelne Transportvorgänge beschränkt, sondern auf den gesamten Logistikprozess erweitert werden

[863] Alle Szenarios ließen sich mit dem gewählten einfachen OLAP-Werkzeug hinreichend visualisieren und waren hier für die Bestimmung des Informationsbedarfs ausreichend. Für die Erhebung weiterer Anforderungen wären zudem alternative Umsetzungen mit anderen Analysewerkzeugen sinnvoll (z.B. Process-Mining-Werkzeuge), die aber auf denselben Datensätzen aufsetzen können.

sollten. Dabei kann neben der Transportdauer auch die Dauer für weitere Aktivitäten einbezogen werden, um insb. Engpässe des gesamten Prozesses aufzudecken.

Die Kennzahl *„Dauer“* lässt sich mithilfe der bei den Aktivitätsinstanzen dokumentierten Zeitstempel berechnen.[864] Dabei werden oft die gesamte Dauer oder die durchschnittliche Dauer betrachtet. Die *durchschnittliche* Dauer gibt die mittlere Zeitspanne für die Ausführung der jeweils zu untersuchenden Aktivitätsinstanzen einer Aktivität oder eines Teilprozesses in einem definierten Zeitraum an. Hingegen ist die *gesamte* Dauer die Summe der benötigten Zeiten aller einzelnen Aktivitätsinstanzen einer Aktivität oder eines Teilprozesses während einer Periode.

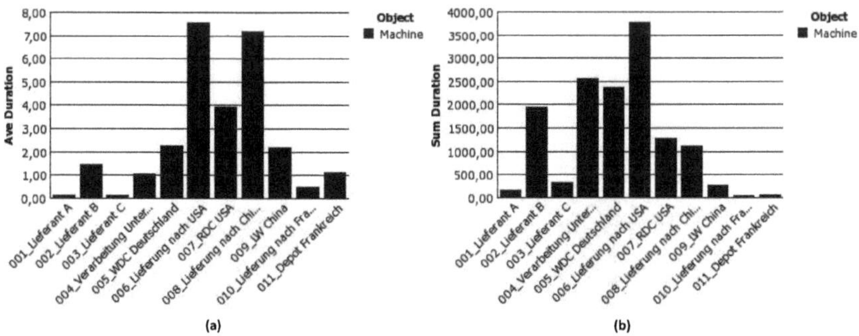

Abb. 49: Fallstudie A – Die durchschnittliche und gesamte Dauer auf der zweiten Prozessebene (Version: Ist-Zustand, Status: completed)

Abb. 49 stellt eine Analyse über historische Daten der beiden Kennzahlen auf der zweiten Ebene des Prozesses graphisch mit zwei Dimensionen (*„Process“* und *„Object“*) dar. Dabei zeigt die Y-Achse die entsprechende Kennzahl im Balkendiagramm. Die X-Achse markiert die Teilprozesse auf der zweiten Prozessebene. Verschiedene Arten von Objekten können hierbei in Form verschiedenfarbiger Balken dargestellt werden. In diesem Beispiel werden alle Objekte auf die höchste Ebene *„Maschine“* aggregiert.[865]

[864] Vgl. Abschnitt 7.2.2.2.

[865] Da die klassischen OLAP-Systeme nicht für die Analyse prozessorientierter Strukturen ausgelegt sind, können die Prozessabläufe, insb. mit Verzweigungen, nicht wie in Abb. 47 dargestellt werden. Aus diesem Grund wurden lediglich Balkendiagramme genutzt, bei denen die Anordnung der Balken dem zeitlichen Ablauf im Prozess folgt. Diese Anordnung erfolgte durch die Bezeichnung der Prozessschritte bzw. Aktivitäten. Für eine nachvollziehbare Darstellung wurde ein Prototyp entwickelt, der durch MDX-Abfragen den Zugriff auf einen OLAP-Cube ermöglicht und die Ergebnisse in Google-Maps darstellen lässt. Details dazu werden in Kapitel 9 erläutert.

Das Ziel bei der Identifikation von Prozessengpässen liegt darin, ineffiziente Prozessaktivitäten anhand von langen Bearbeitungszeiten zu identifizieren und ggf. die Ursache dafür zu erkennen. Abb. 49 (a) liefert eine Übersicht über die durchschnittliche Dauer des gesamten Logistikprozesses auf Basis von historisierten Daten. Hierbei ist klar zu erkennen, dass die Beispieldaten so generiert wurden, dass die Transportstrecken in die USA und nach China die meiste Lieferzeit beanspruchen. Dies liegt v.a. an den langen Seetransportwegen. Aus diesem Grund kann die Lieferzeit für diese zwei Strecken ohne Kostensteigerung (z.B. Transport durch schnellere Transportmitteln) nur schwer reduziert werden.

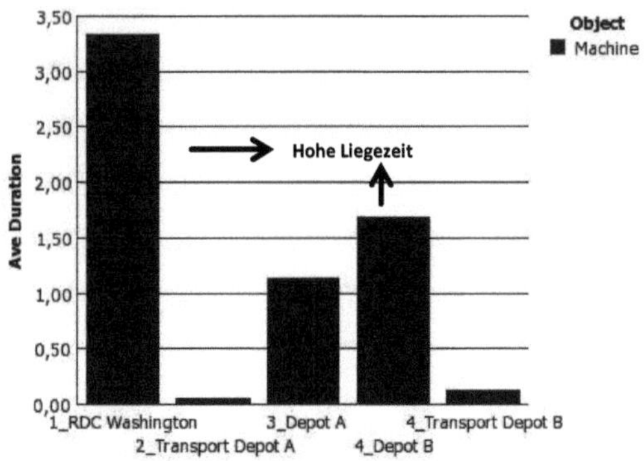

Abb. 50: Fallstudie A – Durchschnittliche Dauer in der Region USA auf der dritten Prozessebene (Version: Ist-Zustand, Status: completed)

Außerdem ist zu beobachten, dass die durchschnittliche Dauer in der Region USA mit ca. 4 Tagen fast doppelt so hoch ist als in anderen Regionen. Mithilfe der Drill-Down-Funktion des Prototyps lässt sich diese Kennzahl in der Region USA genauer darstellen. Abb. 50 stellt deutlich dar, dass in den Demonstrationsdaten die lange Lieferzeit in dieser Region v.a. auf die langen Liegezeiten im RDC Washington und im Depot B zurückgeführt werden kann. Sollten derartige Fälle in Realdaten sichtbar werden, könnten so Verbesserungspotentiale hervorgehoben werden.

Relevanz für die Evaluation:

Es ist ersichtlich, dass die allgemeine Formulierung eines Bedarfs für Analyse zu Transportdauer auf Basis des prototypingbasierten Ansatzes konkretisiert werden konnte. Dabei wurden die Analysen auf den gesamten Prozess bzw. zu detaillierten Analysen, z.B. über die Liegezeit im Lager, erweitert.

Aus diesem Szenario konnte der (nicht-artikulierte) Informationsbedarf abgeleitet werden. Damit die durchschnittliche und die gesamte Dauer, wie in diesem Analyseszenario dargestellt, flexibel in verschiedene Ebenen des Prozesses analysiert werden können, müsste jede Aktivitätsinstanz mit Zeitstempeln dokumentiert werden. Außerdem sollten die Bearbeitungsstatus der Aktivitätsinstanzen berücksichtigt werden, damit sowohl Analysen zu abgeschlossenen als auch nicht abgeschlossenen Instanzen betrachtet werden können. Der letztere Fall erfordert aber eine zeitnahe Datenbereitstellung und führt somit zu verschärften Anforderungen an das Informationsqualitätskriterium *„Datenaktualität"*.

Zur Effektivität des ProDIA-Werkzeugs stellt folgende Übersicht die relevante Konfiguration für die Abbildung dieses Analyseszenarios dar:

- Konfiguration der hierarchischen und sequenziellen Prozessstruktur.
- Konfiguration der Einflussfaktoren für die Berechnung der Kennzahl *„Dauer"* für jede Aktivität.[866] U.a. werden die langen Transportzeiten der Aktivitäten *„Lieferung nach USA"* und *„Lieferung nach China"* dadurch generiert, dass lange Distanzen bei den Transportwegen angegeben werden. Außerdem werden die Geschwindigkeiten der jeweiligen Transportmittel für die Berechnung der Transportdauer konfiguriert. Die hohen Liegezeiten in den Lagern *„RDC Washington"* und *„Depot B"* in der Region USA werden so realisiert, dass die Einflussfaktoren für die Berechnung der Dauer jeweils vierfach und zweifach konfiguriert wurden, wie die Dauer der Aktivität *„Depot A"*.
- Konfiguration der Wahrscheinlichkeitsfaktoren für jede Aktivität für die Berechnung der Kennzahl „Status" (insb. *„completed"*).

b. Analysen zu Kosten des Logistikprozesses

Beschreibung des Analyseszenarios:

Eine weitere Kennzahl *„Kosten"* wird in diesem Analyseszenario betrachtet. Da im letzten Szenario die Engpässe in der Region USA auf Basis der generierten Demonstrationsdaten aufgedeckt wurden, konzentriert sich dieses Analyseszenario auf Analysen der Kostenfaktoren dieser Region. Ähnlich wie bei der Kennzahl *„Dau-*

[866] Das Berechnungsmodell der Kennzahl *„Dauer"* basiert auf der Distanz der Transportwege, der Geschwindigkeit der Transportmittel oder der durchschnittlichen Liegezeit in den Lagern. Vgl. Abschnitt 7.2.2.2.

er" können bei den *„Kosten"* auch grob die durchschnittlichen und gesamten Kosten unterschieden werden.

Abb. 51 (a) und (b) zeigen diese beiden Werte für alle Aktivitäten in der Region USA.[867] Bei den durchschnittlichen Kosten werden die Durchschnittswerte je bearbeitetem Objekt einer Aktivität oder eines Teilprozesses berechnet. Die gesamten Kosten werden hingegen berechnet, indem für eine Aktivität oder einen Teilprozess die Kosten aller bearbeiteten Objekte aufsummiert werden.

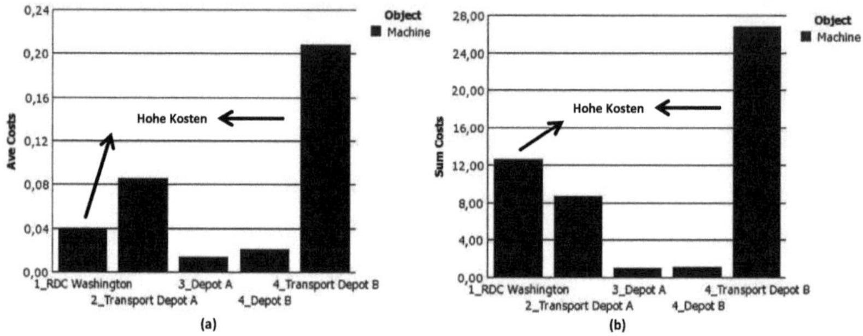

Abb. 51: Fallstudie A – Die durchschnittlichen und gesamten Kosten in der Region USA auf der dritten Prozessebene (Version: Ist-Zustand, Status: completed)

Das Beispiel zeigt, dass in den Demonstrationsdaten des Prototyps der Transport aus dem RDC Washington ins Depot B im Vergleich zum Transport ins Depot A deutlich teuer war. Die Ursachen dafür könnten der längere Transportweg oder teurere Transportmittel sein. Auch die zuständigen Logistikdienstleister könnten die Ursache für die hohen Kosten sein. Außerdem hatte RDC Washington vergleichsweise hohe Lagerkosten. Die durchschnittlichen Lagerkosten von RDC Washington waren mehr als doppelt so hoch wie die Kosten beider Depots in der gleichen Region. Sollten solche Fälle in Realdaten auftreten, sollte die genaue Ursache durch weitere Analysen untersucht werden.

Relevanz für die Evaluation:

Dieses Beispiel zeigt die Relevanz des szenario- und prototypingbasierten Konzepts bei der Kommunikation und Identifikation von potenziellen Analyseszenarios. Basie-

[867] Die in diesem Beispiel dargestellten Kosten beziehen sich nicht auf eine bestimmte Währung. Es handelt sich nur um Spieldaten, um Analysenmöglichkeiten darzustellen. Bei Bedarf können aber reale Werte approximiert werden.

rend auf den Analysen des letzten Szenarios war es möglich, mithilfe des Prototyps effektiv Analysen zu relevanten Kosteneinflussfaktoren in der Region USA zu diskutieren, wo auch kostenbezogene Probleme bestanden.

Auch für dieses Analyseszenario konnte relevanter Informationsbedarf identifiziert werden. Um die Kostenfaktoren auf jeder Prozessebene darzustellen, sollten die Kosten der Aktivitätsinstanzen für jedes Objekt erfasst und dokumentiert werden.[868] Die Berechnung der durchschnittlichen oder gesamten Werte erfolgt i.d.R. durch die entsprechenden BPI-Systeme.

Ergänzend zum letzten Analyseszenario ist insb. folgende Konfiguration für die Datengenerierung von Bedeutung:

- Konfiguration der Wahrscheinlichkeit bei den Verzweigungen: Die Waren aus dem RDC Washington werden je 50% zu Depot A und Depot B geliefert.
- Konfiguration der Einflussfaktoren für die Berechnung der Kennzahl *„Kosten"* für jede Aktivität.[869] U.a. wird als Transportweg zu Depot A bei der Prozesskonfiguration 80 Kilometer angegeben und der zu Depot B 200 Kilometer. Der lange Transportweg zu Depot B führt zur Berechnung von hohen Kosten. Die hohen Kosten beim RDC Washington wird durch dessen hohe Liegezeit berechnet.

c. Analysen zu CO2-Emissionen

Beschreibung des Analyseszenarios:

Aufgrund des Klimawandels und des steigenden Bewusstseins der Verbraucher zu diesem Thema sind Unternehmen in zunehmendem Maße gefordert, Treibhausgasemissionen (insb. CO2) für Ihre Produkte zu dokumentieren und die gesamten Ausstöße zu reduzieren.[870] Dabei wird häufig der sogenannte CO2-Fußabdruck (Carbon Footprint) verwendet. Der CO2-Fußabdruck von Produkten bezeichnet den Gesamtbetrag von Kohlendioxid-Emissionen, der entlang des gesamten Lebenszyk-

[868] Im Anwendungsbereich des Supply Chain Management gibt es Ansätze, bei denen Kosten auf Artikelebene berechnet werden. Vgl. Hertel, J. u.a. (2011), S. 340, Heßmann, S. (2010), S. 111 sowie Strobel, M. und Müller, U. (2012), S. 154. Diese Arbeit konzentriert sich auf die Informationsbedarfsanalyse. Wie die entsprechenden Informationen zur Verfügung gestellt werden können wird im Rahmen dieser Arbeit nicht diskutiert.

[869] Die Berechnung basiert auf die Kennzahl *„Dauer"*.

[870] Vgl. Hasenmüller, P. (2009), S. 1 ff. sowie Nill, M. (2009), S. 219 ff.

lus eines Produkts entsteht.[871] Während der Diskussion über Analyseszenarios der Kennzahlen Dauer und Kosten wurde festgestellt, dass die CO2-Emissionen auch für das zu untersuchende Unternehmen eine wichtige Rolle spielen. In Abb. 52 werden die durchschnittlichen (a) und die summierten (b) Werte der CO2-Emissionen des gesamten Prozesses dargestellt.[872]

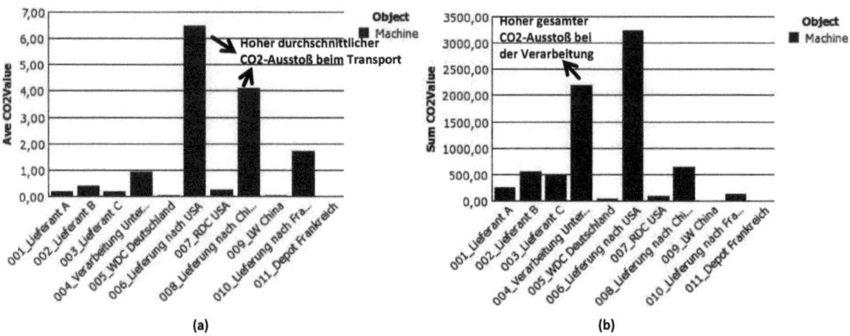

Abb. 52: Fallstudie A – Die durchschnittlichen und gesamten CO2-Emissionen auf der zweiten Prozessebene (Version: Ist-Zustand, Status: completed)

In den Beispieldaten lassen sich die CO2-Austöße aller Produkte von den Lieferanten, bis zur Verarbeitung, zum Transport und zur Lagerung für das Unternehmen differenziert darstellen. Aus Abb. 52 (a) ist zu erkennen, dass die entstandenen CO2-Emissionen pro bearbeitete Einheit in den Beispieldaten vor allem beim Transport sehr hoch sind. Wenn man die gesamten CO2-Emissionen betrachtet (siehe Abb. 52 (b)), sind diese Werte bei der Verarbeitung im Unternehmen A besonders hoch. Dies liegt jedoch daran, dass alle Produkte an dieser Stelle zentral verarbeitet werden.

Relevanz für die Evaluation:

Dieses Szenario zeigt insb., wie ein neues Analyseszenario identifiziert werden konnte. Obwohl beim ersten Interview erfragt wurde, welche Faktoren für die Prozessanalyse relevant sind, wurde die CO2-Emission nicht artikuliert. Diese konnte während des ersten Workshops, bei dem die Anwendungsmöglichkeit eines BPI-Systems durch die Demonstration des Prototyps für die Anwender deutlicher wurde,

[871] Vgl. BMU u.a. (2011), S. 1 ff., Wiedmann, T. und Minx, J. (2007), S. 1-9 sowie Matthews, H. S. u.a. (2008), S. 5839.
[872] Wie die Kennzahl *„Kosten"* sind die Werte der CO2-Emissionen auch Spieldaten, mit denen die Analysemöglichkeiten von BPI-Systemen demonstriert werden sollen.

als relevant identifiziert werden. Komplexere Analyseszenarios, die auch mithilfe des Konzepts erhoben wurden, werden in weiteren Teilen der Arbeit vorgestellt.

Zur Realisierung dieses Analyseszenarios in einem Produktivsystem sollten, ähnlich wie bei den Analysen mit der Kennzahl *„Kosten“*, die CO2-Emissionen der Aktivitätsinstanzen jedes Objekts erfasst und dokumentiert werden. Des Weiteren ist auch hier eine prozessual integrierte Datenbasis erforderlich, die anhand der Prozesse strukturierte Drill-Down- bzw. Roll-Up-Vorgänge erlaubt.

Relevante Konfigurationsparameter zur Abbildung des Szenarios umfassen insb.:

- Konfiguration der Einflussfaktoren für die Berechnung der CO2-Emissionen für jede Aktivität.[873] Hierbei werden v.a. die Transportmittel, die für die jeweiligen Transportaktivitäten zuständig sind, mit hohen Faktoren zu CO2-Emissionen konfiguriert. Die Lager werden im Vergleich mit den Transportaktivitäten mit niedrigen Faktoren konfiguriert.

8.1.2.2 Analysen zu Lagerbeständen und Transporten

In diesem Abschnitt werden Lagerbestände sowie Transporte für die Warenlieferung betrachtet. Ursprünglich bestand das Ziel dieses Szenarios darin, einfache, summarische Analysen zu Lagerbeständen darzustellen. Während des ersten Workshops konnten mithilfe des Prototyps konkrete Analysen unter Berücksichtigung verschiedener Faktoren identifiziert werden. Beim Durchspielen der Beispieldaten konnten darüber hinaus auch die Relevanz prozessualer Beziehungen zwischen den Lagerhäusern sowie den Transportwegen erkannt werden. So wurde ein weiteres Analyseszenario zur Umverteilung von Waren zwischen benachbarten Depots abgeleitet. Außerdem wurde ein neues Analyseszenario entwickelt, das die Kosten und Dauer in Lagerhäusern auf Basis von historischen Daten betrachtet.

a. Analysen aktueller Lagerbestände aller Lagerhäuser

Beschreibung des Analyseszenarios:

In diesem Szenario wird mithilfe des Prototyps aufgezeigt, wie die aktuellen Lagerbestände aller Distributionszentren und Depots analysiert werden können.[874] Bei der

[873] Berechnung der CO2-Emissionen basierte ebenfalls auf die Kennzahl „Dauer“.

[874] Wie in Abschnitt 7.2 erklärt wurde: Wenn der Status als *„ongoing“* bezeichnet wird, bezieht sich die Analyse auf den aktuellen Stand des zu untersuchenden Prozesses. Da die Ablaufdaten in einem

bisherigen Lösung des Unternehmens werden Lagerbestände einzelner Lager summarisch an das Management geliefert. Mithilfe eines BPI-Systems ist es möglich, Aktivitätsinstanzen jedes einzelnen Objekts mit einem entsprechenden Bearbeitungsstatus zu dokumentieren. So lassen sich die aktuellen Lagerbestände aus allen Objekten in der Lieferkette (Status: *„ongoing“*) mit mengenbezogenen Kennzahlen abbilden.[875]

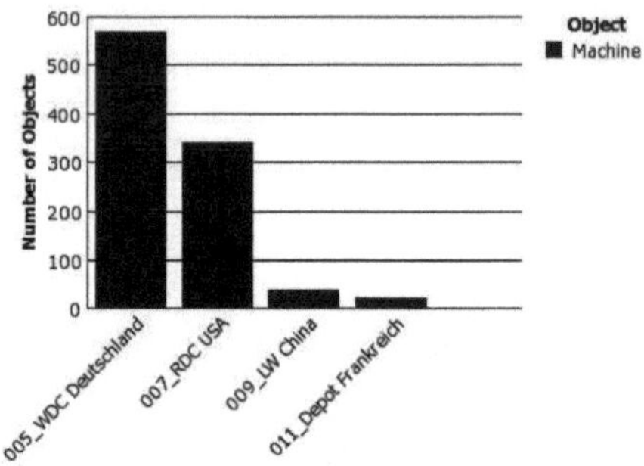

Number of Objects	005_WDC Deutschland	007_RDC USA	009_LW China	011_Depot Frankreich
Machine	570	341	36	20

Abb. 53: Fallstudie A – Aktuelle Lagerbestände aller Lagerhäuser auf der zweiten Prozessebene (Version: Ist-Zustand, Status: ongoing)

Auf Basis der generierten Demonstrationsdaten werden in Abb. 53 die aktuellen Lagerbestände der in Abschnitt 8.1.1.1 vorgestellten Distributionszentren und Depots auf der zweiten Prozessebene sowohl tabellarisch als auch graphisch dargestellt. Für diese Analyse wird der Ist-Zustand in der Dimension *„Version“* gewählt. Außerdem wird *„ongoing“* in der Dimension *„Status“* markiert, sodass nur die Objekte bei dieser Analyse betrachtet werden, die sich zum Betrachtungszeitpunkt noch in den jeweiligen Lagern befinden.[876]

In dieser Darstellung wird die aktuelle Lagersituation in verschiedenen Regionen, vom WDC Deutschland bis zu den regionalen Distributionszentren und Depots in den USA, China und Frankreich, zusammengefasst dargestellt. Dabei zeigt sich, dass das zentrale Distributionszentrum in Deutschland, das die regionalen Lager mit

definierten Zeitraum generiert werden, ist der Zeitpunkt für die „aktuelle“ Analyse nicht die reale Zeit, sondern ein definierter Stichtag. Das Datum des letzten generierten Datensatzes ist der Stichtag für die Analyse des aktuellen Stands. In diesem Beispiel liegt der Stichtag im dritten Quartal 2010.

[875] Vgl. Abschnitt 2.3.5 und 7.2.1.2.

[876] Vgl. Abschnitt 7.2.

Waren beliefert, den größten Lagerbestand besitzt. Außerdem stehen im Vergleich zu anderen Regionen deutlich mehr Ersatzteile in den USA zur Verfügung. Die Analyse beschränkt sich zunächst auf die zweite Prozessebene. Das entspricht der Anforderung der strategischen Logistik, dass Kennzahlen zuerst in aggregierter Form analysiert werden und bei Auffälligkeiten, z.B. zu niedrigen Lagerbeständen in einer Region, werden detaillierte Informationen abgerufen.

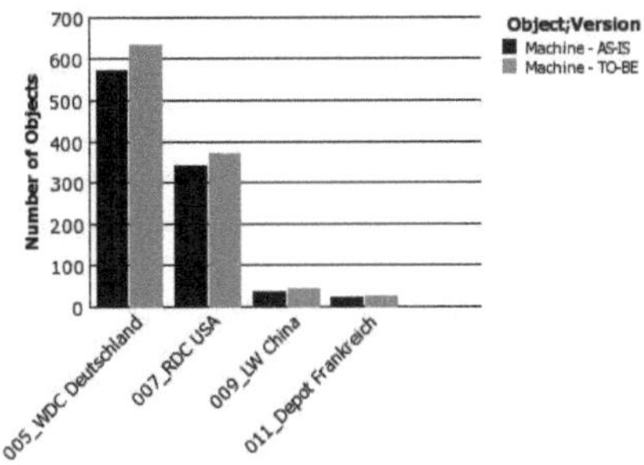

Number of Objects		005_WDC Deutschland	007_RDC USA	009_LW China	011_Depot Frankreich
Machine	AS-IS	570	341	36	20
	TO-BE	633	370	43	25

Abb. 54: Fallstudie A – Aktuelle Lagerbestände auf der zweiten Prozessebene mit dem Vergleich der Soll- und Ist-Daten (Version: Soll- und Ist-Zustand, Status: ongoing)

Um die Lagerbestände zu beurteilen, werden die Soll-Werte benötigt. Abb. 54 zeigt eine weitere Analyse, in der die Soll- und Ist-Lagerbestände derselben Regionen nebeneinandergestellt werden. Wie zu erkennen ist, liegen die Lagerbestände in den Beispieldaten in allen vier Regionen leicht unter den Soll-Werten. Da diese Daten auf relativ hoher Ebene aggregiert sind, könnten weitere detaillierte Analysen für die Entscheidungsträger sinnvoll sein, bevor neue Waren bestellt werden.

Number of Objects		005_WDC Deutschland	007_RDC USA	009_LW China	011_Depot Frankreich
Teil 1	AS-IS	271	157	11	9
	TO-BE	314	189	22	13
Teil 2	AS-IS	299	184	25	11
	TO-BE	319	181	21	12

Abb. 55: Fallstudie A – Aktuelle Lagerbestände der zwei Ersatzteile auf der zweiten Prozessebene (Version: Soll- und Ist-Zustand, Status: ongoing)

Die Darstellung in Abb. 55 zeigt die Drill-Down-Funktion bei der Objektdimension. Aus den Beispieldaten ist hier deutlich zu erkennen, dass nicht alle Ist-Werte unter dem Soll-Stand sind. Beispielsweise liegen in der Region USA die Bestände des Ersatzteils 1 unter dem Soll-Bestand, während die des Ersatzteils 2 sogar leicht über den Soll-Werten liegen.

Bislang werden nur Analysen dargestellt, bei denen die Kennzahlen in einzelnen Regionen auf der zweiten Prozessebene aggregiert werden. Allerdings existieren in einer Region in aller Regel mehrere Lagerhäuser, bspw. in der Region USA. Hierfür ist es sinnvoll, die Lagerbestände einzelner Lager sowie deren Zusammenhänge genauer zu betrachten. Bei einer weiteren Analyse lassen sich die Lagerbestände in der Aktivitätsebene untersuchen.

Number of Objects		1_RDC Washington	3_Depot A	4_Depot B
Teil 1	AS-IS	77	22	17
	TO-BE	92	18	22
Teil 2	AS-IS	97	9	24
	TO-BE	83	20	17

Abb. 56: Fallstudie A – Aktuelle Lagerbestände in der Region USA auf der dritten Prozessebene (Version: Soll- und Ist-Zustand, Status: ongoing)

Abb. 56 zeigt eine Darstellung der aktuellen Lagerbestände der zwei Ersatzteile in RDC Washington, Depot A und Depot B von der Region USA. In diesem Beispiel ist zu erkennen, dass der gesamte Lagerbestand des Ersatzteils 2 in der Region USA zwar über dem Soll-Wert liegt,[877] der Ist-Bestand dieses Ersatzteils im Depot A hingegen deutlich unter dem Soll-Wert. Da in RDC Washington noch genug von Ersatzteil 2 im Lager ist, könnten Waren aus dem RDC Washington ins Depot A geliefert werden.

Des Weiteren kann anhand der Demonstrationsdaten die Liegezeit der Waren in den Lagern analysiert werden. Hierbei wurde bei der Datengenerierung für das Lagermanagement ein FIFO-Prinzip (first-in – first-out)[878] nachgebildet: Die zuerst eingegangen Produkte sollten damit auch zuerst geliefert werden. Mit einer solchen Strategie soll die Liegezeit der einzelnen Objekte minimiert werden. In diesem Beispiel soll gezeigt werden, dass das FIFO-Prinzip tatsächlich eingehalten wird. Hierfür werden für diese Analyse Zeitstempel genutzt. Für jede Aktivitätsinstanz werden eine Start-

[877] Vgl. Abb. 55.
[878] Vgl. Schönsleben, P. (2011), S. 520.

zeit und eine Endzeit als Zeitstempel dokumentiert. Bei den Instanzen, deren Status als *„ongoing"* markiert sind, existieren nur die Startzeiten, da die Ausführung noch nicht abgeschlossen ist. Mit diesen Startzeiten lässt sich analysieren, in welchen Zeiträumen die Objekte in den Lagerhäusern eingetroffen sind.

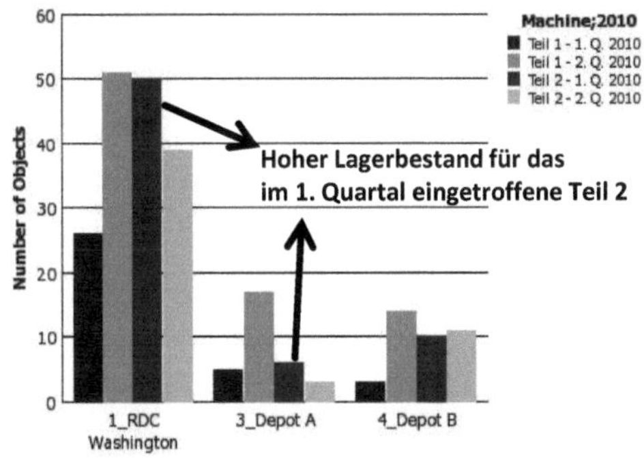

Number of Objects		1_RDC Washington	3_Depot A	4_Depot B
Teil 1	1. Q. 2010	26	5	3
	2. Q. 2010	51	17	14
Teil 2	1. Q. 2010	50	6	10
	2. Q. 2010	39	3	11

Abb. 57: Fallstudie A – Aktuelle Lagerbestände in der Region USA auf der dritten Ebene – Betrachtet durch Wareneingangszeit (Version: Ist-Zustand, Status: ongoing)

Abb. 57 zeigt die aktuellen Lagerbestände des RDC und der zwei Depots in der Region USA. Hierbei werden die Waren unterschieden, die jeweils im ersten und zweiten Quartal in den Lagerhäusern eingetroffen sind. Das Beispiel zeigt, dass die im ersten Quartal im RDC Washington eingetroffenen 50 Stück von Ersatzteil 2 im Betrachtungszeitpunkt (im dritten Quartal) noch nicht versendet wurden. Die gleiche Situation ist auch im Depot A zu beobachten. Würde es sich um reale Daten handeln, sollten die Lagerung und evtl. die Lieferung des Ersatzteils 2 überprüft werden. Solche Erkenntnisse könnten zur Verbesserung des Lagermanagements in einer Region führen.

Relevanz für die Evaluation:

Dieses Analyseszenario zeigt, wie die Analysen schrittweise entwickelt und dabei immer mehr Faktoren / Dimensionen berücksichtigt wurden. Die erste Analyse zu den Lagerbeständen einzelner Lager ist nicht prozessorientiert. Diese diente jedoch als Ausgangspunkt für die Entwicklung weiterer Analysen, sodass die prozessualen Abhängigkeiten zwischen den Lagerhäusern (die Lieferbeziehung zwischen RDC Washington und Depot A und Depot B, Vergleich von Kennzahlen zwischen Depot A und Depot B etc.) mit verschiedenen Faktoren analysiert werden konnten.

Zur Realisierung dieser Analyseszenarios müssten die Aktivitätsinstanzen jedes Objekts in einem BPI-System erfasst werden. Außerdem sollten die entsprechenden Daten zeitnah vom BPI-System aufbereitet und für die Analysen zur Verfügung gestellt werden (Aktualität der Datenbereitstellung). Dabei sollten auch Informationen wie z.B. Bearbeitungsstatus von Objekten (insb. den aktuellen Zustand), Zeitstempel etc. dokumentiert werden. Des Weiteren ist es erforderlich, sowohl die Ist- als auch die Soll-Werte der Lagerbestände für die Analysen zur Verfügung zu stellen.

Die Konfiguration folgender Parameter im ProDIA-Werkzeug ist notwendig, um dieses Analyseszenario abzubilden:

- Konfiguration und Generierung von Beispieldaten für sowohl Ist- als auch Soll-Stand des Prozesses.
- Konfiguration unterschiedlicher Einflussfaktoren zwischen Soll- und Ist-Prozessen.
- Konfiguration der Wahrscheinlichkeit bei den Verzweigungen: Die Warenlieferung aus WDC München zu der USA, China und Frankreich beträgt jeweils 70%, 21% und 9%.
- Konfiguration und Generierung von Objekten der zwei Ersatzteile.
- Konfiguration unterschiedlicher Einflussfaktoren für Ersatzteil 1 und Ersatzteil 2 für die Berechnung der Kennzahl *„Status“* (insb. *„ongoing“).*
- Konfiguration unterschiedlicher Einflussfaktoren für Ersatzteil 1 und Ersatzteil 2 für die Berechnung der Kennzahl *„Dauer“*

b. Umverteilung von Waren zwischen verschiedenen Depots und Analysen von Lieferungen

Beschreibung des Analyseszenarios:

Im vorherigen Analyseszenario wurde eine Analyse dargestellt, bei welcher der Lagerbestand in Depot A als niedrig festgestellt wird (siehe Abb. 56). Als Lösung wurde vorgeschlagen, neue Waren aus dem RDC Washington ins Depot A zu liefern. Allerdings ist eine neue Bestellung nicht die einzige Lösung, um die Verfügbarkeit der Waren zu gewährleisten. Es können auch Waren zwischen benachbarten Lagerhäusern umverteilt werden. Die Umverteilung der Ersatzteile kann auf Basis eines integrierten Systems zwischen verschiedenen Depots gewährleistet werden. Wie Abb. 56 zeigt, besitzt Depot B in den Beispieldaten mit der Stückzahl 24 eine ausreichende Anzahl[879] von Ersatzteil 2. Ein Teil dieser Waren könnte dann ins Depot A geliefert werden.

Number of Objects	1_RDC Washington	2_Transport Depot A	3_Depot A	4_Depot B	4_Transport Depot B
Teil 1	77	20	22	17	21
Teil 2	97	30	9	24	24

Abb. 58: Fallstudie A – Aktuelle Lagerbestände und Liefermengen in der Region USA auf der dritten Prozessebene (Version: Ist-Zustand, Status: ongoing)

Die Warenverfügbarkeit wird nicht nur durch den aktuellen Lagerbestand bestimmt, sondern lässt sich auch durch die noch anstehenden Lieferungen beeinflussen. So zeigt Abb. 58, dass sich (in den Beispieldaten) 30 Stück von Ersatzteil 2 auf dem Transportweg zwischen dem RDC Washington und dem Depot A befinden. Wenn man einen Blick auf die historischen Daten wirft, liegt die durchschnittliche Dauer eines Transports zwischen dem RDC Washington und dem Depot A bei ca. 0,05 Tagen (siehe Abb. 59). Derartige Informationen könnten den Anwendern helfen zu entscheiden, ob eine neue Bestellung oder eine Umverteilung durchgeführt werden soll.

Ave Duration	1_RDC Washington	2_Transport Depot A	3_Depot A	4_Depot B	4_Transport Depot B
Teil 1	3,26	0,05	1,12	1,62	0,12
Teil 2	3,42	0,05	1,14	1,79	0,12

Abb. 59: Fallstudie A – Durchschnittliche Dauer auf Basis historischer Daten in der Region USA auf der dritten Prozessebene (Version: Ist-Zustand, Status: completed)

Relevanz für die Evaluation:

Dieses Beispiel illustriert, wie eine alternative Lösung bzw. ein neues Analyseszenario durch die Anwendung des szenario- und prototypingbasierten Konzepts identifiziert werden konnte.

---

879 Der Soll-Wert beträgt 17.

Auch aus diesem Analyseszenario können Rückschlüsse auf den Informationsbedarf gezogen werden. Wie im letzten Analyseszenario, müssten die Aktivitätsinstanzen jedes Objekts für alle Lagerungen und Transporte dokumentiert werden. Dabei spielt insb. die Aktualität der Daten eine wichtige Rolle. Relevante Informationen sollten zeitnah erfasst und zentral für die Koordination der Aufgaben zur Verfügung gestellt werden. Außer den aktuellen Daten werden auch historische Informationen benötigt. Dabei wird die Kennzahl *„Durchschnittliche Dauer“* durch die Zeitstempel der abgeschlossen Aktivitätsinstanzen berechnet. Dafür sollten Zeitstempel und Bearbeitungsstatus dokumentiert werden.

Die Konfiguration für die Abbildung dieses Analyseszenarios entspricht der des letzten Szenarios. Hierbei ist insb. die Konfiguration der Einflussfaktoren für die Transportwege relevant.

c. Analyse der Lagerkosten und -dauer auf Basis historischer Daten

Beschreibung des Analyseszenarios:

In diesem Analyseszenario werden einige Analysen auf Basis von historischen Daten vorgestellt. Solche Analysen können dabei helfen, Probleme und evtl. Fehlplanungen in einem Prozess aufzudecken und liefern damit relevante Informationen zur Verbesserung von Geschäftsprozessen.

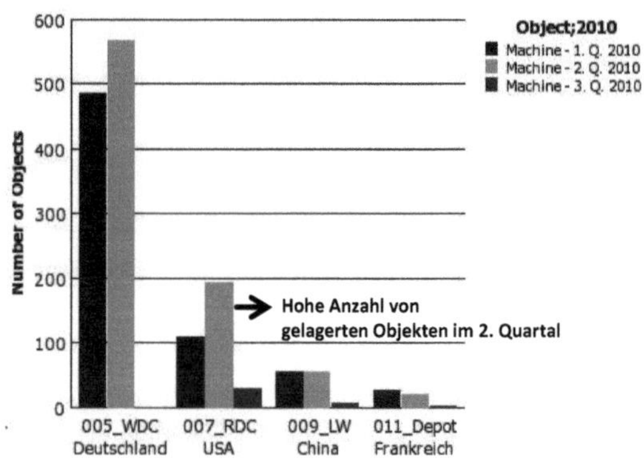

Number of Objects		005_WDC Deutschland	007_RDC USA	009_LW China	011_Depot Frankreich
Machine	1. Q. 2010	485	109	56	27
	2. Q. 2010	568	193	56	21
	3. Q. 2010	0	31	6	3

Abb. 60: Fallstudie A – Verarbeitete Waren auf Basis historischer Daten in den ersten drei Quartalen auf der zweiten Prozessebene (Version: Ist-Zustand, Status: completed)

Die obige Abbildung stellt die Anzahl der in den ersten drei Quartalen gelagerten Objekte auf der zweiten Prozessebene dar. Hierbei ist zu erkennen, dass in den generierten Beispieldaten die Anzahl der Objekte in der Region RDC USA im zweiten Quartal im Vergleich mit anderen Regionen hoch war. Es wurden fast doppelt so viele Waren wie im ersten Quartal gelagert. Dies kann eine hohe gesamte Lagerdauer sowie Lagerkosten zur Folge haben, wie in Abb. 61 dargestellt.

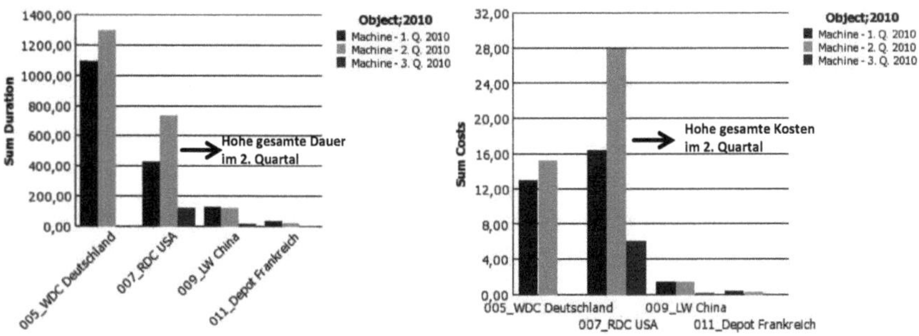

Abb. 61: Fallstudie A – Gesamte Dauer und gesamte Kosten aller Lagerhäuser in den ersten drei Quartalen auf der zweiten Prozessebene (Version: Ist-Zustand, Status: completed)

Anhand der Demonstrationsdaten ist zu erkennen, dass auch die Kosten und die Dauer im zweiten Quartal beim RDC USA vergleichsweise hoch waren. Die Ursache könnten saisonale Schwankungen oder eine Fehlplanung sein. Im Beispiel wären weitere detaillierte Analysen erforderlich, um die genaue Ursache zu identifizieren – hierfür könnten in weiteren Workshops ergänzende Einflussfaktoren und somit Informationsbedarfe identifiziert werden.[880]

Relevanz für die Evaluation:

Auch dieses Analyseszenario ist erst während der Diskussion im ersten Workshop entstanden. Nach einer Anpassung der Prozesskonfiguration wurde dieses Szenario im zweiten Workshop evaluiert und bestätigt.

Zur Realisierung des Analyseszenarios müssten die Aktivitätsinstanzen jedes Objekts ebenfalls dokumentiert und aufbereitet werden. Für die Analysen in definierten

[880] In solchen Workshops könnten Faktoren diskutiert werden, die im Rahmen dieser Untersuchung noch nicht berücksichtigt wurden. Diese sind bspw. die Absatzzahlen aus dem Vertrieb oder die Planungsdaten für das Lagermanagement.

Zeiträumen wird eine Erfassung der Zeitstempel benötigt. Außerdem sollten Zeit- und Kostenfaktoren berücksichtigt werden.

Folgende Konfiguration des ProDIA-Werkzeugs ist für die Abbildung dieses Szenario von Bedeutung:

- Konfiguration der Einflussfaktoren für die Berechnung der Kennzahl *„Dauer"* für insb. die Aktivität in der Region RDC USA.

8.1.2.3 Analysen von Zuständigkeiten und die Lieferantenbewertung

Die folgende Gruppe von Analyseszenarios wurde aus der in Phase 1 identifizierten *„Analyse zur Produktqualität"* abgeleitet. Da die qualitätsbezogenen Analysen im zu untersuchenden Unternehmen stark von den für die Ausführung von Prozessaktivitäten zuständigen Organisationseinheiten abhängig sind, wurde im ersten Workshop ausgiebig über die Analysen von Zuständigkeiten diskutiert. Auf dieser Grundlage konnte das erste Analyseszenario konkretisiert werden. Außerdem wurde darüber festgestellt, dass für das Unternehmen die Lieferqualität von den Lieferanten eine wichtige Rolle spielt. Demzufolge wurde die Prozessstruktur angepasst und ein neues Analyseszenario der Lieferantenbewertung entwickelt. Dieses Szenario wurde im zweiten Workshop evaluiert.

a. Analysen von Zuständigkeiten bei der Ausführung von Prozessaktivitäten

Beschreibung des Analyseszenarios:

Auf Basis des multidimensionalen Datenmodells lassen sich die Zuständigkeiten für die Ausführung von Aktivitäten in verschiedenen Organisationshierarchien, von einem Unternehmen, einer Abteilung bis hin zu einer konkreten Stelle, bei den Aktivitätsinstanzen zuordnen. So ist es möglich, die von den verantwortlichen Organisationseinheiten erbrachten Leistungen zu messen und untereinander zu vergleichen.

Auf Basis der Beispieldaten zeigt Abb. 62 eine Analyse, in der zu den beiden Dimensionen *„Object"* und *„Process"* noch die Zuständigkeitsdimension hinzugefügt wird. Hierbei wird ein Teil des Logistikprozesses – von den Lieferanten bis zum WDC Deutschland – betrachtet. Bei dieser Darstellung werden die bei den jeweiligen Prozessschritten bearbeiteten Objekte mithilfe der Zuständigkeitsdimension in zwei Kategorien differenziert: *„Manufacturer"* und *„Supplier"*. Dabei sind die Zuständigkeiten der drei Lieferprozesse den Lieferanten zuzuordnen. Für die Verarbeitung und die Lagerung in Deutschland ist das produzierende Unternehmen zuständig. In diesem Beispiel wird die Anzahl der von der jeweiligen zuständigen Organisationseinheit bearbeiteten Objekte dargestellt. Außerdem können weitere Analysen über die noch nicht abgeschlossenen Aktivitätsinstanzen durchgeführt werden. Hierbei ist es zu erkennen, dass in den Demonstrationsdaten insg. 5.547 Ersatzteile[881] von drei Lieferanten an das Unternehmen A geliefert wurden. Davon wurden 2.407 Stück bereits verarbeitet. Die Verarbeitung weiterer Ersatzteile ist noch offen.

Number of Objects		001_Lieferant A	002_Lieferant B	003_Lieferant C	004_Verarbeitung Unternehmen A	005_WDC Deutschland
Machine	Manufacturer	0	0	0	2407	1053
	Supplier	1413	1348	2786	0	0

Abb. 62: Fallstudie A – Die Anzahl der bearbeiteten Objekte, differenziert durch die Zuständigkeitsdimension (Version: Ist-Zustand, Status: completed)

Außerdem können weitere detaillierte Analysen anhand der hierarchischen Struktur der Zuständigkeitsdimension durchgeführt werden. Ein Beispiel für die Drill-Down-Funktion bei der Kategorie *„Supplier“* wird im nächsten Analyseszenario vorgestellt.

Relevanz für die Evaluation:

Dieses Analyseszenario ist der erste Schritt, um das in Phase 1 identifizierte Analyseszenario zu konkretisieren. Dieses ist zwar immer noch sehr allgemein, dient jedoch als Ausgangspunkt für die Konkretisierung des nächsten Analyseszenarios.

Für die Realisierung dieses Analyseszenarios mit einem Produktivsystem sollten die Verantwortlichen für jede ausgeführte Aktivität dokumentiert werden. Verantwortlich kann ein Unternehmen, eine Abteilung oder ein Aufgabenträger sein. Die entsprechende hierarchische Struktur sollte in der Zuständigkeitsdimension modelliert werden.

Folgende Prozesskonfiguration ist relevant für die Abbildung dieses Szenarios:

- Konfiguration und Zuordnung verschiedener Organisationseinheiten zu den jeweiligen Aktivitäten.

[881] Die Summe aller abgeschlossenen Aktivitätsinstanzen von drei Lieferanten.

b. Lieferantenbewertung

Beschreibung des Analyseszenarios:

In diesem Analyseszenario werden verschiedene Analysen vorgestellt, die aus Sicht des Unternehmens A für die Bewertung der Lieferanten relevant sind.

Bei der ersten Analyse werden die Qualitäten der Lieferungen überprüft. In Abschnitt 8.1.1.1 wurde bereits darauf hingewiesen, dass eine Qualitätskontrolle im Unternehmen A unmittelbar beim Eintreffen einer Lieferung stattfindet. Alle Produkte, die bei der Qualitätskontrolle als fehlerhaft identifiziert werden, werden zurückgeschickt. In den Beispieldaten des BPI-Prototyps wird der Status der gelieferten Produkte als *„rejected"* markiert. Mit einem solchen Ansatz lässt sich die Lieferqualität anhand des Indikators „Ablehnungsquote" analysieren.[882] Abb. 63 zeigt die Anzahl der durch die Qualitätskontrolle erfolgreich abgeschlossenen und der abgelehnten Produkte. Hierbei ist zu erkennen, dass die Ablehnungsquote des Ersatzteils 1 im Testdatenset (73 von 1215 → ca. 6,0%) höher ist als die Ablehnungsquote des Ersatzteils 2 (62 von 1327→ ca. 4.7%).

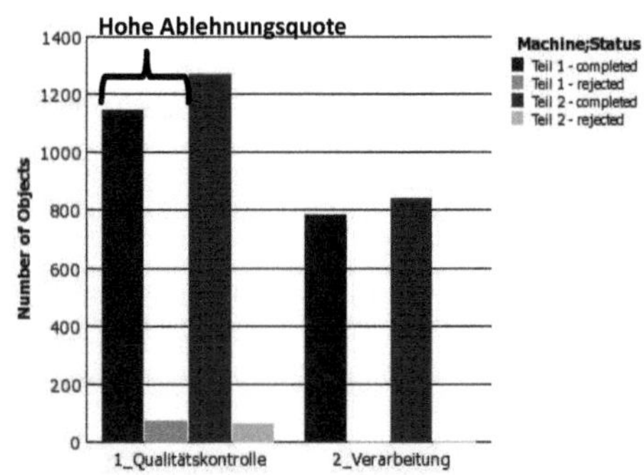

Number of Objects		1_Qualitätskontrolle	2_Verarbeitung
Teil 1	completed	1142	781
	rejected	73	0
Teil 2	completed	1265	842
	rejected	62	0

Abb. 63: Fallstudie A – Abgeschlossene und abgelehnte Produkte durch die Qualitätskontrolle (Version: Ist-Zustand, Status: completed und rejected)

[882] Vgl. Seeck, S. (2010), S. 7 f sowie Doch, S. A. (2009), S. 73.

Da das Ersatzteil 1 von zwei verschiedenen Lieferanten zugeliefert wird, sollten die Lieferungen für weitere Analysen nach den Lieferanten differenziert werden können. Ein solches Vorgehen wird in Abb. 64 dokumentiert. Dabei ist die Ablehnungsquote des Ersatzteils 1 bei Lieferant A in den Beispieldaten mit ca. 4,8% (30 von 619) mit der des Ersatzteils 2 (ca. 4.7%) vergleichbar. Mit einem solchen Analyseergebnis ließe sich aufzeigen, dass das Qualitätsproblem des Ersatzteils 1 v.a. beim Lieferant B liegt, der eine Ablehnungsquote von ca. 7,2% (43 von 596) aufweist.

Number of Objects		1_Qualitätskontrolle	2_Verarbeitung
Lieferent A	completed	589	405
	rejected	30	0
Lieferent B	completed	553	376
	rejected	43	0

Abb. 64: Fallstudie A – Erfolgreich abgeschlossene und abgelehnte Objekte des Ersatzteils 1 von den jeweiligen Lieferanten (Version: Ist-Zustand, Status: completed und rejected)

Außer den Qualitätsfaktoren können Lieferanten auch über die Dauer und Kosten des Zulieferprozesses bewertet werden. Abb. 65 zeigt eine weitere Analyse, in der sowohl die durchschnittliche Lieferdauer, als auch die durchschnittlichen Lieferkosten des Lieferanten B deutlich über den Werten der Konkurrenten liegen.

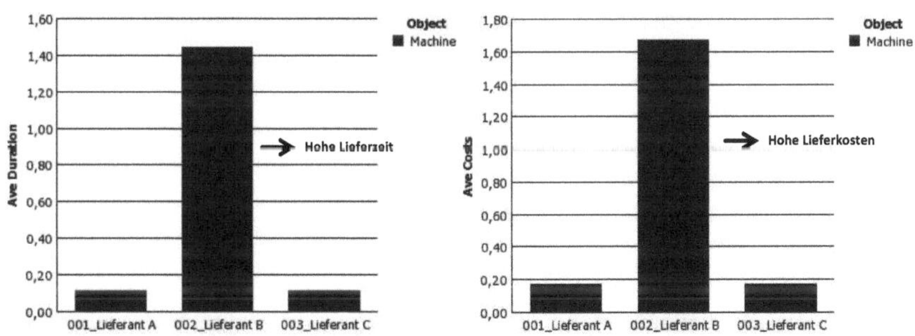

Abb. 65: Fallstudie A – Die durchschnittliche Dauer und die durchschnittlichen Kosten der drei Lieferanten (Version: Ist-Zustand, Status: completed)

Relevanz für die Evaluation:

Bei der Lieferantenbewertung handelt es sich um ein relativ komplexes Szenario, das bis zum letzten Workshop konkretisiert werden konnte. Dieses Beispiel unterstreicht erneut die Relevanz eines iterativen Vorgehens. Auf Basis der allgemeinen Beschreibung des Analyseszenarios wurden Beispieldaten für den ersten Workshop generiert. Da nicht alle notwendigen Faktoren für die Datengenerierung berücksichtigt werden konnten, konnten die entsprechenden Analysen im ersten Workshop noch nicht ausreichend dargestellt werden. Beispielsweise wurden Analysen mit verschiedenen Lieferanten nicht im BPI-Prototyp des ersten Workshops realisiert. Trotzdem konnten solche Analysewünsche der Anwender durch die Diskussion beschrieben werden. Somit konnten Prozessablaufdaten neu generiert werden und das hier vorgestellte Analyseszenario wurde im zweiten Workshop abschließend evaluiert.

Auch aus diesem Analyseszenario kann ein konkreter Informationsbedarf abgeleitet werden. Für die Bewertung der Qualitätsfaktoren ist es erforderlich, die Bearbeitungsstatus und die Zuständigkeiten für die Durchführung von Aktivitäten zu dokumentieren. Außerdem sollten relevante Kennzahlen wie *„Dauer“* und *„Kosten“* ebenfalls berücksichtigt werden.

Folgende Parameter sind für die Konfiguration dieses Szenarios relevant:

- Die Programmobjekte des Ersatzteils 1 von Lieferant A und Lieferant B werden separat generiert.
- Konfiguration der Einflussfaktoren für die Berechnung der Kennzahl *„Status“* (insb. *„rejected“*) bei der Aktivität *„Qualitätskontrolle“*: Die Ablehnungswahrscheinlichkeit des Ersatzteils 1 vom Lieferant B wird höher konfiguriert als die vom Lieferant A.
- Konfiguration der Einflussfaktoren für die Berechnung der Kennzahlen *„Dauer“* und *„Kosten“*: Die Einflussfaktoren zu den Kennzahlen werden beim Lieferant B höher konfiguriert als bei Lieferant A und Lieferant C.

8.1.2.4 Vergleich verschiedener Liefermodi

Beschreibung des Analyseszenarios:

Dieses Analyseszenario wurde bereits im ersten Workshop konkret beschrieben und dann im zweiten Workshop noch einmal zur Evaluation dargestellt. Mithilfe der Dimension *„Mode of Transformation“* werden Transportmittel und Maschinen, die bei der Bearbeitung von Objekten verwendet werden, dokumentiert. Dabei können Faktoren, wie z.B. Qualität, Effizienz oder Kosten, verschiedener Transformationsarten (hier: Transporte mit unterschiedlichen Transportmitteln) miteinander verglichen werden. Abb. 66 stellt eine Übersicht dar, in der die Anzahl der bearbeiteten Objekte der jeweiligen Transformationsart zugeordnet wird.[883]

Number of Objects		001_Lieferant A	002_Lieferant B	003_Lieferant C	004_Verarbeitung Unternehmen A	006_Lieferung nach USA	007_RDC USA	008_Lieferung nach China	010_Lieferung nach Frankreich
Machine	Ship	0	0	0	0	349	0	154	0
	Production Machine	1413	1348	2786	2407	0	0	0	0
	Airplane	0	0	0	0	151	0	0	0
	Truck	933	905	1889	0	0	231	0	71

Abb. 66: Fallstudie A – Die Anzahl der bearbeiteten Objekte jeder Transformationsart (Version: Ist-Zustand, Status: completed)

In dieser Fallstudie werden drei Transportmittel abgebildet: Schiff, Flugzeug und LKW. Außerdem werden Produktionsmaschinen für die Produktion und die Verarbeitung modelliert. Nach der Herstellung von den Lieferanten werden alle Ersatzteile auf LKWs geladen und ins Unternehmen A geliefert. Die Objekte werden beim Unternehmen A weiter verarbeitet und je nach Region entweder per Schiff, LKW oder Flugzeug transportiert. Hierbei spielt insb. der Überseetransport für das Unternehmen eine wichtige Rolle. Wie bereits in Abschnitt 8.1.1.1 vorgestellt wurde, wird bei Überseetransport zwischen *„Express Service"* und *„Standard Service"* unterschieden. Beim *„Standard Service"* wird der Schifftransport genutzt, um die Kosten niedrig zu halten. Allerdings müssen manche Aufträge aus Termingründen mit dem Flugzeug per *„Express Service"* durchgeführt werden. Dies ist zwar für einige Situationen unverzichtbar und spart enorm Zeit, verursacht aber hohe Kosten. Deshalb ist es wichtig, eine Übersicht der wichtigen Kennzahlen dieser zwei Liefermodi zu behalten.

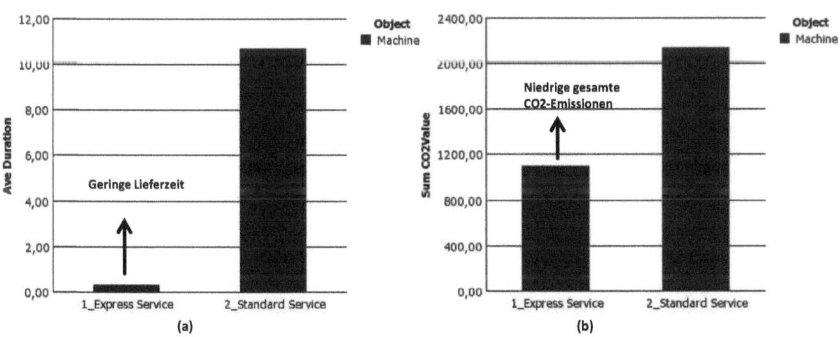

Abb. 67: Fallstudie A – Vergleich durchschnittlicher Dauer und gesamter CO2-Emissionen zwischen Express Service und Standard Service (Version: Ist-Zustand, Status: completed)

[883] Da keine Transformationsart für die Distributionszentren und Depots existiert, werden diese bei der Darstellung ausgeblendet.

Abb. 66 zeigt, dass in den Demonstrationsdaten ca. 30% (151 von 500) der gesamten Lieferungen in die USA per Flugtransport erfolgt sind. Bezüglich der (durchschnittlichen) Lieferzeit hat der *„Express Service"*, wie Abb. 67 (a) zeigt, einen deutlichen Vorteil. Auch die gesamten CO2-Emissionen vom *„Express Service"* sind niedriger als die des *„Standard Service"* (siehe Abb. 67 (b)). Dies liegt jedoch an der geringen Liefermenge des Flugtransports.

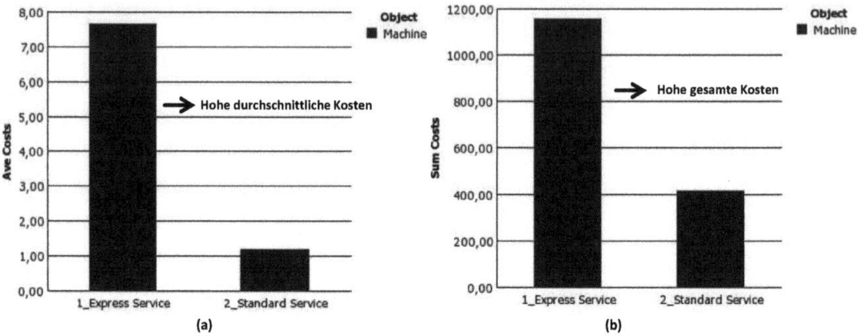

Abb. 68: Fallstudie A – Vergleich durchschnittlicher und gesamter Kosten zwischen Express Service und Standard Service (Version: Ist-Zustand, Status: completed)

Wenn man hingegen die Kostenfaktoren betrachtet, wird der Nachteil des *„Express Service"* deutlich. Wie Abb. 68 zeigt, sind dessen gesamte Kosten mit ca. 30% der Liefermengen aufgrund der sehr hohen durchschnittlichen Kosten des *„Express Service"* fast dreimal so hoch wie die gesamten Kosten des *„Standard Service"*.

Durch diese Analysen sollte ein BPI-System dabei unterstützen, die Kosten- und Zeitfaktoren verschiedener Liefermodi zu vergleichen und zu kontrollieren, um ggf. Fehlplanungen zu identifizieren oder neue Lösungsvorschläge zu entwickeln.

Relevanz für die Evaluation:

Dieses Analyseszenario wurde bereits beim ersten Interview relativ detailliert identifiziert. Trotzdem wurden inhaltliche Fehler abgebildet (fehlerhafte Anteile der Transportmodi), die jedoch von den Anwendern im ersten Workshop in den Visualisierungen des Prototyps sofort erkannt wurden. Die Fehler konnten korrigiert werden und das Analyseszenario wurde mit einigen weiteren Anpassungen im zweiten Workshop noch einmal geprüft.

Für dieses Analyseszenario ist es erforderlich, verschiedene Transportmodi für die Durchführung von Aktivitäten zu dokumentieren. Die entsprechenden Kennzahlen wie Kosten, Dauer und CO2-Emissionen, sollten ebenfalls berücksichtigt werden.

Die relevante Prozesskonfiguration für die Abbildung dieses Szenarios wird in folgenden Punkten dargestellt:

- Konfiguration der Wahrscheinlichkeit bei den Verzweigungen: Die Warenlieferung durch „Express Service“ und „Standard Service“ beträgt jeweils 30% und 70%.
- Konfiguration der Distanzen der beiden Transportwege.
- Konfiguration der Einflussfaktoren für die Berechnung der Kosten, Dauer und CO2-Emissionen bei den jeweiligen Transportmitteln.

8.1.2.5 Analysen zu Lieferungen von Objekten, die an einen Standort geliefert wurden

Beschreibung des Analyseszenarios:

Basierend auf den Ergebnissen aus dem ersten Workshop sowie der Erfahrung der Beteiligten wurde ein neues Analyseszenario entwickelt, das anschließend im zweiten Workshop evaluiert wurde.

Bei den bisher vorgestellten Analyseszenarios werden in den Analysen jeweils alle Objekte, die in einer Aktivität oder in einem Teilprozess bearbeitet werden, berücksichtigt. Allerdings ist es für manche Analysen sinnvoll, die Objekte, die für einen bestimmten Zweck geliefert werden, von anderen Objekten zu unterscheiden. Dadurch kann man bspw. überprüfen, ob die für einen Kunden bestimmten Lieferungen schneller als sonstige Lieferungen erfolgen. Da in dieser Fallstudie die Aktivitätsinstanzen jedes einzelnen Objekts individuell dokumentiert werden, ist es möglich, solche Instanzen für die Analysen zu extrahieren. Dies ist auch eine typische BPI-Analyse, die einen Rückgriff auf die Prozesslogik (konkret: Flow Dependencies) zwingend erforderlich werden lässt.

In der mit dem Prototyp umgesetzten Beispielausprägung des Analyseszenarios werden alle Ersatzteile 1 betrachtet, die ins Depot A in der Region USA geliefert wurden.[884] Abb. 69 zeigt verschiedene Analysen, bei denen nur die Lieferungen dieser Ersatzteile berücksichtigt werden.

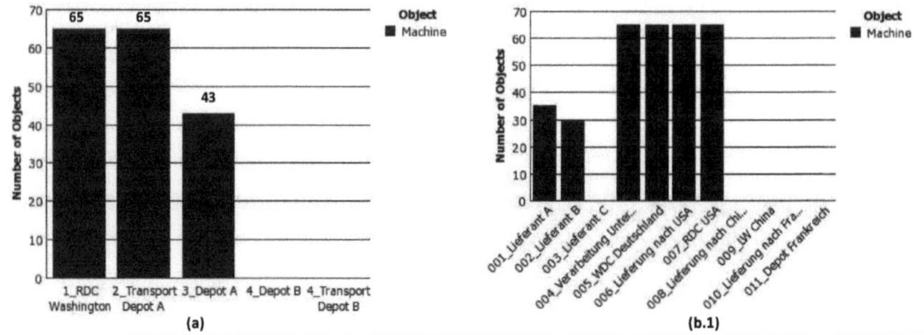

Number of Objects	001_Lieferant A	002_Lieferant B	003_Lieferant C	004_Verarbeitung Unternehmen A	005_WDC Deutschland	006_Lieferung nach USA	007_RDC USA
Machine	35	30	0	65	65	65	65

(b.2)

Abb. 69: Fallstudie A – Die Anzahl der Ersatzteile 1, die ins Depot A in der Region USA geliefert wurden (Version: Ist-Zustand, Status: completed)

Abb. 69 (a) zeigt, dass in den Beispieldaten insgesamt 65 Ersatzteile 1 aus RDC Washington ins Depot A geliefert wurden und davon 43 bereits an Kunden abgegeben wurden. Die Abb. 69 (b.1) und (b.2) zeigen die Anzahl dieser Objekte im gesamten Prozess. Hierbei lassen sich die Informationen zur Herstellung dieser Objekte (35 Stück vom Lieferant A und 30 Stück vom Lieferant B) sowie zum Transport verfolgen.

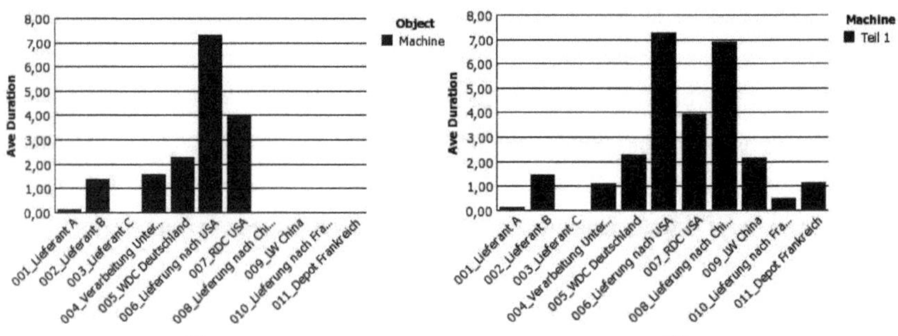

Abb. 70: Fallstudie A – Vergleich der durchschnittlichen Dauer von Ersatzteil 1 zwischen den Lieferungen ins Depot A (a) und den gesamten Lieferungen (b) (Version: Ist-Zustand, Status: completed)

[884] Für diese Analyseszenarios wurde eine Filterfunktion in Cognos 8 so konfiguriert, dass nur die Objekte, die nach der Herstellung und der Lieferung das Depot A erreicht haben, in den Analysen betrachtet werden.

Des Weiteren ist es auch möglich, die Lieferungen dieser Objekte anhand der Dauer- und Kostenfaktoren mit denen vom gesamten Prozess zu vergleichen. Abb. 70 stellt ein Beispiel solcher Analysen dar. Hierbei werden die durchschnittliche Dauer der Lieferungen vom Ersatzteil 1 ins Depot A und die durchschnittliche Dauer des gesamten Prozesses vom Ersatzteil 1 nebeneinander gestellt.

Relevanz für die Evaluation:

Die Erkenntnis aus diesen Analyseszenarios liegt v.a. darin, dass das Vorgehen des szenario- und prototypingbasierten Konzepts dabei hilft, einerseits das Verständnis über den zu untersuchenden Geschäftsprozess und andererseits die Anwendungsmöglichkeit eines BPI-Systems zu durchdringen. So können schrittweise neue Analyseszenarios entwickelt werden.

Um dieses Analyseszenario in einem Produktivsystem zu realisieren, müssten die Aktivitätsinstanzen jedes Objekts für den gesamten Geschäftsprozess dokumentiert werden. Dadurch lassen sich die Objekte nicht nur zurückverfolgen, sondern auch für einen bestimmten Zweck gruppieren, sodass die vorgestellten Analysen mithilfe von Kennzahlen ermöglicht werden können.

Die bisher dargestellte Prozesskonfiguration ist ausreichend für die Abbildung dieses Analyseszenarios.

8.1.3 Zusammenfassung der Erkenntnisse aus der Fallstudie

In diesem Abschnitt werden die für die Evaluation des Konzepts relevanten zwei Fragestellungen bezüglich der Relevanz und der Effektivität zusammengefasst überprüft. Aus der obigen Vorstellung wird ersichtlich, dass die Analyseszenarios und v.a. der nicht-artikulierte Informationsbedarf mithilfe des Konzepts schrittweise bestimmt werden konnte. Außerdem haben die Anwender mit Nachdruck artikuliert, dass die Kommunikation über potenzielle Analysenmöglichkeiten mithilfe des prototypingbasierten Ansatzes erheblich erleichtert wurde. Die schrittweise Erhebung der Szenarios kann durch folgende Übersicht dargestellt werden:

- Erstes Interview: 4 allgemein formulierte Analyseszenarios.
- Erster Workshop: 6 Analyseszenarios, die aus den ersten vier Szenarios konkretisiert wurden.

- Zweiter Workshop: 9 Analyseszenarios. Davon waren 3 Analyseszenarios, die ganz neu entwickelt wurden. Teilweise besitzen die Analyseszenarios hohe Komplexität.

Hervorzuheben ist dabei, dass gerade in den ergänzten und konkretisierten Szenarios relevante Anforderungen an die Informationsbereitstellung gewonnen werden konnten – hinsichtlich Aktualität (z.B. bei Szenario 8.1.2.2 a und b), Qualität (Szenario 8.1.2.1 a), Detailliertheit (Szenario 8.1.2.3 a, b und Szenario 8.1.2.5) und Informationsart (bei allen Szenarios).

Außerdem bestätigten die Anwender, dass es kaum möglich gewesen wäre, den größten Teil der Analyseszenarios ohne den prototypingbasierten Ansatz auf der dargestellten Detaillierungsebene miteinander zu kommunizieren und schließlich zu identifizieren. Dies gilt v.a. für Analysen wie *„Lieferantenbewerbung“* und *„Analysen zu Lieferungen an einen bestimmten Standort“*, die eine hohe inhärente Komplexität aufweisen.

Ein Indikator für die Effektivität des Konzepts ist darüber hinaus, dass alle identifizierten Analyseszenarios auf Basis der vom ProDIA-Werkzeug generierten Prozessdaten prototypisch abgebildet und so interaktiv kommunizierbar gemacht werden konnten. Dies wurde teilweise anhand von Screenshots im letzten Abschnitt dargestellt.

Außerdem ist noch zu ergänzen, dass bei einer Informationsbedarfsanalyse nach dem vorgeschlagenen Vorgehen gleichermaßen das Fachwissen der Anwender und jenes der Analysten erforderlich ist. Das im Rahmen dieser Arbeit entwickelte Konzept dient als Unterstützung zur Erhebung von Informationsbedarf. Je mehr die Beteiligten mit dem zu untersuchenden Geschäftsprozessen einerseits sowie mit dem zu entwickelten BPI-System andererseits vertraut sind, desto detaillierter können gemeinsam Analyseszenarios detailliert und neue Szenarios entwickelt werden. Beispielsweise konnte das zuletzt vorgestellte Szenario (Szenario 8.1.2.5) nur durch eine Zusammenführung der Prozesskenntnisse mit Wissen um die Möglichkeiten von BPI-Systemen gewonnen werden.

Dieses Wissen kann mithilfe des Konzepts im Laufe einer Untersuchung aufgrund der Kommunikationsmöglichkeit mit Prototypen verbessert werden. Somit hilft das szenario- und prototypingbaserte Konzept auch den nicht-artikulierten Informationsbedarf schrittweise zu erheben.

8.2 Fallstudie B – Bewerbungs- und Zulassungsprozess an einer deutschen Universität

Das Untersuchungsobjekt der Fallstudie B ist eine große deutsche Universität mit mehr als 20.000 Studierenden. Für die Untersuchung wurde der Bewerbungs- und Zulassungsprozess dieser Universität betrachtet. Auch diese Fallstudie wurde anhand des in Abschnitt 7.1 dargestellten Vorgehensmodells durchgeführt. Abb. 71 zeigt das Vorgehen der Untersuchung sowie die angewendeten Methoden.

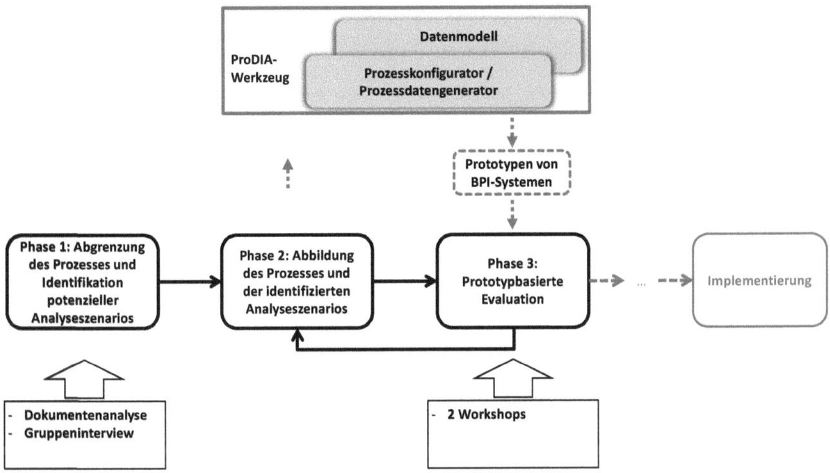

Abb. 71: Das Vorgehen der Fallstudie B

Die Durchführung der Fallstudie B hat zwischen Ende 2010 und Mitte 2011 stattgefunden. In Phase 1 wurde zunächst eine Dokumentenanalyse durchgeführt, bei der die Dokumentationen und Berichte zu Zulassungsverfahren, die Prozessdokumentationen zur Zulassung und Bewerbung sowie die Systemdokumentationen der in diesem Prozess eingesetzten Anwendungssysteme untersucht wurden. Die Dokumentenanalyse diente v.a. dazu, den Ist-Stand des zu untersuchenden Prozesses zu identifizieren. Außerdem wurde ein Gruppeninterview mit fünf Teilnehmern durchgeführt. An diesem ca. zweistündigen Interview waren die Mitarbeiter des Dezernats für Studium und Promotion sowie die Studiengangsmanager zweier Studiengänge beteiligt. Neben der Diskussion über die Prozessstruktur wurden die vorhandenen Probleme sowie die allgemeinen Wünsche der Teilnehmer dokumentiert. So konnten die ersten allgemeinen Analyseszenarios identifiziert werden.

Basierend auf den Ergebnissen aus Phase 1 wurden in Phase 2 Prozessablaufdaten anhand des ProDIA-Werkzeugs generiert und ein BPI-Prototyp wurde realisiert, mit dem die Szenarios evaluiert wurden. Zu der prototypbasierten Evaluation wurden insg. zwei Workshops durchgeführt, die jeweils im März und Juni 2011 stattfanden und zwischen 2 und 3 Stunden dauerten. Der Teilnehmer des ersten Workshops war ein Prozessmanager, der für die Planung und Durchführung des gesamten Bewerbungs- und Zulassungsprozesses zuständig war. Außerdem besaß er umfassende Kenntnisse zu den in diesem Prozess angewendeten Anwendungssystemen und hat diese teilweise mitentwickelt. Während des ersten Workshops konnten die allgemeinen Wünsche aus der ersten Phase zu detaillierten Analysen konkretisiert werden. Außerdem wurden neue Analyseszenarios entwickelt. Die Erkenntnisse dieses Workshops wurden danach ausgewertet und neue Prozessablaufdaten generiert, die im zweiten Workshop zum Einsatz kamen. Hieran haben zwei Mitglieder aus einem Zulassungsausschuss und ein Student teilgenommen. Dabei wurden die identifizierten Analyseszenarios demonstriert und diskutiert. Es konnten zwei weitere neue Analyseszenarios identifiziert werden. Auch in dieser Fallstudie wurden in den Workshops die Relevanz und die Effektivität des szenario- und prototypingbasierten Konzepts thematisiert.

Im folgenden Teil dieser Arbeit wird das Vorgehen dieser Untersuchung detailliert erörtert.

8.2.1 Durchführung der Informationsbedarfsanalyse

Wie oben bereits dargestellt wurde, erfolgte die Erhebung der Analyseszenarios in mehreren Schritten. Tab. 21 stellt eine Übersicht dar, wie aus zwei allgemeinen Beschreibungen von potentiellen Anwendungsmöglichkeiten eines BPI-Systems Analyseszenarios entwickelt wurden, die in den zwei Workshops konkretisiert werden konnten.

Tab. 21: Fallstudie B – Die schrittweise identifizierten Analyseszenarios[885]

Dokumentenanalyse und Gruppeninterview (Phase 1)	1. Workshop (Phase 2 und 3)	2. Workshop (Phase 2 und 3)
Analysen zu der Anzahl der Bewerbungsanträge	*Analysen zur Anzahl der bearbeiteten Anträge*	Analysen zur Anzahl der bearbeiteten Anträge
	Analysen zur Anzahl der laufenden Anträge	Analysen zur Anzahl der laufenden Anträge
		Analysen zur Anzahl der Einschreibungen
		Analysen zu Anträgen durch die Differenzierung mit Frauen- und Ausländerquoten
		Analysen zu Anträgen durch die Differenzierung der Studiengänge
Analysen zu Engpässen	*Analysen zur durchschnittlichen Dauer des Bewerbungs- und Zulassungsprozesses*	Analysen zur durchschnittlichen Dauer des Bewerbungs- und Zulassungsprozesses
		Vergleich zweier Überprüfungsstellen

8.2.1.1 Durchführung der Phase 1 – Dokumentenanalyse und Gruppeninterview

Der Ausgangspunkt dieser Fallstudie war ein Universitätsprojekt, das auf die Einführung eines Campus Management Systems (CM-System) abzielt. Ein CM-System wird als ein integriertes Anwendungssystem verstanden, das die Gesamtheit der im akademischen Zyklus dargestellten Bereiche abdecken soll. Diese Bereiche reichen von der Darstellung der Informationen für Studieninteressierte, der Bewerbung, der Zulassung und der Immatrikulation über die Veranstaltungsplanung und die Prüfungsorganisation bis zur Alumniverwaltung und dem Berichtswesen.[886] Im Rahmen dieses Projekts wurden verschiedene Prozesse der Universität untersucht, um einerseits den Ist-Stand dieser Prozesse zu identifizieren und andererseits die Anforderungen für das zu entwickelnde CM-System zu erheben. Der Verfasser dieser Arbeit

[885] Jeweils neu entwickelte oder angepasste Analyseszenarios sind kursiv markiert. Teilweise wurden die hier dargestellten Analyseszenarios im ersten Workshop identifiziert und im zweiten Workshop auf Basis der neuen generierten Beispieldaten evaluiert.

[886] Das übergeordnete Ziel bei der Einführung eines integrierten CM-Systems ist die Verbesserung der Qualität von Lehre und Studium, indem die gesamte Studienorganisation effizienter gestaltet wird. Hierbei zählen die Bologna-Reform sowie der zunehmende Wettbewerb zwischen den Hochschulen als zusätzliche Treiber. Vgl. Alt, R. und Auth, G. (2010), S. 185 ff. sowie Janneck, M. u.a. (2009), S. 453 ff.

war an der Umsetzung des Projekts beteiligt. Während der Untersuchung hat sich herausgestellt, dass einige dieser Universitätsprozesse von einem BPI-System bei der Prozessanalyse profitieren könnten. Somit wurde einer dieser Prozesse – der Bewerbungs- und Zulassungsprozess – für die Evaluation des szenario- und prototypingbasierten Konzepts gewählt. Der Grund für die Auswahl dieses Prozesses lag einerseits darin, dass der Bewerbungs- und Zulassungsprozess zu den am besten strukturierten und dokumentierten Prozessen der Universität gehörte und somit die Voraussetzungen für die Einführung eines BPI-Systems erfüllte.[887] Andererseits war er von erheblicher Relevanz für die Universität, da sich diese (wie andere Hochschulen auch) gezwungen sah, das Verfahren für die Bewerbung und Zulassung effizienter zu gestalten, um so im zunehmenden Wettbewerbs um Studierende zu bestehen.[888]

Die Phase 1 zur Abgrenzung des Prozesses und zur Identifikation potenzieller Analyseszenarios hat zwischen Ende 2010 und Anfang 2011 stattgefunden. Zuerst wurde eine Dokumentenanalyse durchgeführt. Aufgrund der Relevanz des Zulassungsprozesses hat sich die Universität seit Jahren bemüht, diesen zu optimieren. Zahlreiche Dokumente bezüglich der Prozessstruktur, Berichte über Zulassungsverfahren sowie Dokumentationen der eingesetzten Anwendungssysteme lagen bereits vor, sodass der Ist-Stand des Prozesses umfassend ermittelt werden konnte. Die dadurch erhobenen Rahmenbedingungen wurden im Rahmen eines Gruppeninterviews konkretisiert. Anschließend wurden potenzielle Analyseszenarios identifiziert.[889] Der in der Untersuchung abgebildete Prozess wird in Abb. 72 – zuerst auf der zweiten Prozessebene – dargestellt.

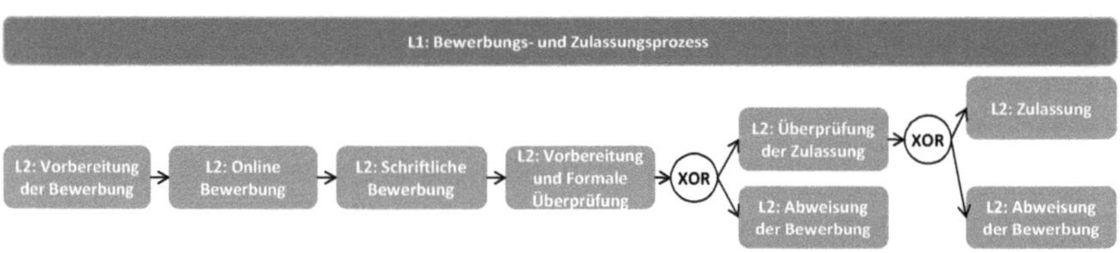

Abb. 72: Die abgebildete Prozessstruktur in Phase 1 (Fallstudie B)

[887] Vgl. Abschnitt 5.4.
[888] Vgl. Alt, R. und Auth, G. (2010), S. 185 sowie Lischka, I. (2004), S. 144.
[889] Das Gruppeninterview wurde im Rahmen des Universitätsprojekts durchgeführt. Die für diese Untersuchung relevanten Ergebnisse wurden extrahiert.

Der Prozess lässt sich grob in Bewerbungsprozess und Zulassungsprozess aufteilen. Der Bewerbungsprozess wird durch ein Online-Portal unterstützt, in dem die Stammdaten der Bewerber aufgenommen werden. Die Bewerbungsanträge mit diversen Bewerbungsunterlagen werden dann postalisch an die Universität versendet. Die schriftlichen Dokumente werden bei der Universität eingescannt. Anschließend werden die digitalisierten Dokumente an den jeweiligen Zulassungsausschuss weitergeleitet, der für die Zulassungsentscheidung zuständig ist. Zur Unterstützung des Prozesses werden verschiedene Systeme eingesetzt, z.B. ein Bewerbungsportal oder ein System für den Scan von Dokumenten. Teilweise werden Daten, wie das Eingangsdatum einer Bewerbung, manuell eingepflegt. Dadurch ist der Ablauf des Prozesses zwar teilweise dokumentiert, es gibt jedoch keine einheitliche Datenbasis, in welcher die Ablaufdaten des gesamten Prozesses integriert gespeichert werden. Zur Thematik der Auswertung dieser Daten sagte ein Prozessverantwortlicher: *„Ich muss jedes Mal selbst Daten sammeln und diese mühsam in Excel eintragen, wenn ich die Bewerbungsanträge auswerten will.“*[890] Dies betrifft eine große Menge von Anträgen, die in jeder Bewerbungsperiode erzeugt wird. Beispielsweise waren im Wintersemester 2009/2010 über 12.000 Bewerbungen eingegangen. Davon wurden etwa 8.700 Bewerber zugelassen worden. In wenigen Tagen mussten mehr als 40.000 Dokumente bearbeitet werden.[891] Außerdem ist der Prozess durch eine komplexe Struktur gekennzeichnet, sodass die bisherige IT-Lösung für die Prozessanalyse nicht genügt. Die Komplexität ergibt sich v.a. aus den vielfältigen Zuständigkeiten für die Ausführung der Prozessaktivitäten. Verschiedene Aufgaben zur Durchführung der Bewerbung und Zulassung werden in der Universität zentral beim Prüfungsamt (z.B. formale Überprüfung von Bewerbungsunterlagen) oder dezentral in verschiedenen Institutionen (z.B. Begutachtung von Bewerbungsanträgen) verteilt. Für eine Prozessanalyse sollten alle Beteiligten sowie deren Beziehungen berücksichtigt werden.

Im Gruppeninterview wurden einige Probleme sowie allgemeine Wünsche bezüglich der IT-Unterstützung des zu untersuchenden Prozesses geäußert. Zu den Problemen gehören *„uneinheitliche Systemunterstützung“* oder *„teilweise schlechte Datenqualität der Studierendendaten“*. Als Wünsche wurden v.a. *„ein schnelles Zulas-*

[890] Aussage des Prozessmanagers am 27.05.2010 beim ersten Workshop.
[891] Bauknecht, H. und Fischer, U. (2010), S. 3 ff.

sungsverfahren" und *„eine Verbesserung der technischen Unterstützung"* genannt. Darauf basierend und v.a. durch die Analysen der bestehenden Berichte über den Zulassungsverfahren konnten in Phase 1 zwei allgemeine Analyseszenarios identifiziert werden:

- *Analysen zur Anzahl der Bewerbungsanträge*
  Die Anzahl der Bewerbungen ist eine relevante Kennzahl für eine Hochschule, die unter anderem genutzt wird, um die Kapazität für die Bearbeitung von Bewerbungsunterlagen in der Bewerbungsperiode zu planen. Dieses Analyseszenario sollte zeigen, welche Analysemöglichkeiten sich aus der integrierten Datenstruktur eines BPI-Systems ergeben.
- *Analysen zu Engpässen*
  Bei diesem Analyseszenario sollte die Dauer verschiedener Prozessschritte und Aktivitäten analysiert werden, um mögliche Engpässe zu identifizieren.

Wie oben beschrieben, konnten die Analyseszenarios auch in dieser Fallstudie zuerst nicht detailliert identifiziert werden, sodass daraus noch nicht unmittelbar ein konkreter Informationsbedarf abgeleitet werden konnte.

8.2.1.2 Durchführung der Phase 2 und Phase 3 – Zwei Workshops

Mit den Ergebnissen der ersten Phase wurden unter Einsatz des ProDIA-Werkzeugs Prozessablaufdaten generiert (Phase 2). Anschließend wurde ein BPI-Prototyp realisiert, mit dessen Hilfe in zwei Workshops potenzielle Analyseszenarios diskutiert wurden (Phase 3). Im ersten Workshop wurde die bereits identifizierte Prozessstruktur durch die Demonstration des Prototyps und die Diskussion mit dem Prozessmanager auf einer dritten Ebene detailliert (siehe Abb. 73). Hierbei wurden viele Prozessaktivitäten konkretisiert, die für eine detaillierte Analyse des Prozesses relevant sind. Außerdem wurden aus den beiden eher allgemeinen Szenarios aus Phase 1 konkrete Analyseszenarios abgeleitet. Beispielsweise wurden aus dem Szenario *„Analysen zur Anzahl der Bewerbungsanträge"* zwei konkrete Analyseszenarios entwickelt: *„Analysen zur Anzahl der bearbeiteten Anträge"* und *„Analysen zur Anzahl der laufenden Anträge".* Außerdem hat sich während der Diskussion herausgestellt, dass neben den Analysen zu den Anträgen und den Zulassungen auch Analysen zur Anzahl der Einschreibungen sowie der Verhältnisse zwischen der Anzahl der Bewerbung, der Zulassung und der Einschreibung (z.B. Zulassungsquote, Annahmequote etc.) relevant sind. Dementsprechend wurde die Prozessstruktur um einen neuen

Prozessabschritt *„Einschreibung"* ergänzt und ein neues Analyseszenario *„Analysen zur Anzahl der Einschreibungen"* entwickelt. Auch das Analyseszenario zu den Engpässen konnte konkretisiert werden. Dabei wurde im realisierten Prototyp anhand der generierten Beispieldaten die Dauer aller relevanten Prozessabschritte dargestellt, um zu demonstrieren, wie mit einem solchen System mögliche Engpässe erkannt werden können. Auch die Abhängigkeiten von mehreren parallel durchzuführenden Aktivitäten wurden in einem Analyseszenario behandelt.[892] Hierbei war insbesondere zu beobachten, dass die identifizierten Analyseszenarios, im Vergleich zu den vorhandenen Analysen der Universität, den Prozesskontext durch die Berücksichtigung der Prozessabhängigkeiten betrachten. Mithilfe des prototypingbasierten Ansatzes wurde die Transparenz zu Prozessabläufen erhöht und es konnten schrittweise die komplexen Abhängigkeiten der prozessorientierten Analysen offengelegt werden. Aus den so identifizierten Analyseszenarios wurde schließlich nicht-artikulierter Informationsbedarf abgeleitet.

Ein weiteres Beispiel zeigt die Relevanz des iterativen Vorgehens: Während verschiedene Analysen zu den Bewerbungsanträgen mithilfe des Prototyps durchgeführt wurden, wurde darüber diskutiert, welche Kriterien bzw. Einschränkungen für die entsprechenden Analysen noch relevant sein könnten. Hier konnten zwei zusätzliche Analyseszenarios für Analysen von Bewerbungsanträgen entwickelt werden, nämlich auf der Grundlage einer Differenzierung mit Frauen- und Ausländerquoten sowie durch den Vergleich verschiedener Studiengänge. Diese beiden Szenarios wurden anschließend für den zweiten Workshop mithilfe des ProDIA-Werkzeugs abgebildet und evaluiert.

Für den zweiten Workshop wurden die Prozessablaufdaten anhand der gewonnen Erkenntnisse neu generiert. Alle bis dahin diskutierten Analyseszenarios wurden angepasst und in diesem Workshop demonstriert. In der Diskussion mit den Mitarbeitern aus dem zuständigen Zulassungsausschuss konnte ein neues Analyseszenario identifiziert werden: Hierbei wurden mögliche Engpässe, die sich durch mehrere Überprüfungsstellen des Zulassungsausschusses ergeben, analysiert. Hierfür wurde die Prozessstruktur angepasst. In den Demonstrationsdaten wurden zwei Überprüfungsstellen bei einem Zulassungsausschuss vorgesehen, bei denen Bewerbungs-

[892] Vgl. Abschnitt 8.2.2.3 das zweite Analyseszenario.

anträge unabhängig voneinander begutachtet werden können. Abb. 73 zeigt die finale Prozessstruktur dieser Fallstudien.

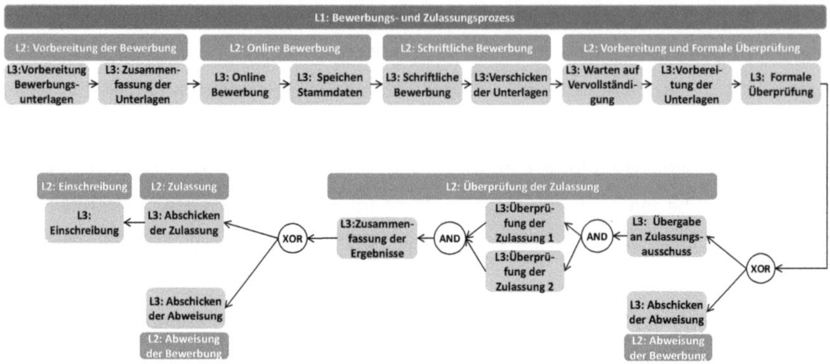

Abb. 73: Die finale Prozessstruktur der Fallstudie B auf der dritten Prozessebene

Wie die obige Abbildung darstellt, wird der Prozess von der Vorbereitung der Bewerbung über die Überprüfung der Bewerbungsunterlagen bis zur Zulassung und Einschreibung abgebildet. Im ersten Prozessschritt werden Bewerbungsanträge von den Bewerbern vorbereitet. Zu einem Bewerbungsantrag gehören mehrere Bewerbungsdokumente. Bei der Untersuchung werden beispielhaft drei Dokumententypen abgebildet: Bewerbungsschreiben, Schulzeugnisse und Empfehlungsschreiben. Anhand der in einem Online-Bewerbungsportal zur Verfügung gestellten Informationen kann der Bewerber die notwendigen Unterlagen vorbereiten und diese als eine Bewerbung zusammenfassen. Danach kann eine Bewerbung formal durch das Online-Bewerbungsportal gestartet werden. Das Online-Bewerbungsportal nimmt die Stammdaten des Bewerbers auf und erzeugt ein Bewerbungsschreiben, das der Bewerber mit weiteren Bewerbungsunterlagen postalisch an die Universität verschickt.[893]

[893] Das Online-Bewerbungsportal der untersuchten Universität wurde vor einigen Jahren neu implementiert. Im Gegensatz zu einer rein schriftlichen Bewerbung hat die Online- und schriftliche Bewerbung den Vorteil, dass die Stammdaten von den Bewerbern automatisch erfasst werden. Dadurch spart die Universität einerseits den Aufwand, diese Daten manuell einzugeben. Andererseits wird die Datenqualität erhöht, indem Tippfehler vermieden werden können. Trotz des Vorteils der Online-Bewerbung wird die schriftliche Bewerbung aus rechtlichen Kriterien nicht vollständig abgeschafft. Zum Zeitpunkt der Untersuchung stand die Umstellung auf eine reine Online-Bewerbung zur Diskussion.

Wenn Bewerbungen an der Universität eingegangen sind, werden sie zentral im Zulassungsbüro bearbeitet. Im Fall von fehlenden Bewerbungsunterlagen wird der Bewerber aufgefordert, diese rechtzeitig nachzureichen. Danach werden alle schriftlichen Dokumente digitalisiert. Die Digitalisierung der Dokumente hat den Vorteil, dass die Mitglieder der Zulassungsausschüsse die Bewerbungsunterlagen schnell erhalten können. Außerdem haben die Mitglieder die Möglichkeit, die Unterlagen unabhängig voneinander separat zu bearbeiten. Dadurch können Zeit und organisatorischer Aufwand gespart werden, da sich Zulassungsausschüsse in aller Regel aus verschiedenen Instituten oder Fakultäten zusammensetzen und deshalb Termine für lange, gemeinsame Zusammenkünfte schwer zu finden sind. Für die Digitalisierung der Bewerbungsunterlagen stehen große Scanner bereit, die halb automatisiert arbeiten. Angesichts der großen Menge an zu digitalisierenden Dokumente ist diese Arbeit dennoch mit hohem Aufwand verbunden.

Nach der Vorbereitung der Unterlagen findet eine formale Überprüfung der Bewerbung im Zulassungsbüro statt. Dabei werden die formalen Kriterien sowie die Echtheit der Unterlagen überprüft. Die Bewerbungen, die diesen Schritt nicht überstanden haben, werden direkt abgewiesen. Weitere Bewerbungen werden in digitaler Form zu den Mitgliedern des jeweiligen Zulassungsausschusses weitergeleitet. Jedes Mitglied hat die Möglichkeit, die Unterlagen herunterzuladen und zu bearbeiten. Als Beispiel werden zwei Aktivitäten aus diesem Prozess abgebildet, die Bewerbungen unabhängig voneinander begutachten und die Ergebnisse danach zusammenfassen.[894] Eine Bewerbung wird durch den Zulassungsausschuss entweder abgewiesen oder zugelassen. In beiden Fällen werden dementsprechende Schreiben an den Bewerber geschickt.

Der Prozess endet erst bei der Einschreibung der Bewerber. Nicht alle zugelassenen Bewerber schreiben sich auch an der Universität ein. In der Regel sendet ein Bewerber Bewerbungsanträge an mehrere Hochschulen und muss sich dann oft zwischen mehreren Zulassungen für eine Hochschule entscheiden. Hierbei spielt die Annah-

[894] Vgl. Abb. 73, L3: Überprüfung der Zulassung 1 und L3: Überprüfung der Zulassung 2. Die Bewerbungsunterlagen werden bei vielen Zulassungsausschüsseln der untersuchten Universität bei einem Treffen gemeinsam begutachtet. In dieser Fallstudie wird ein Beispiel ohne ein gemeinsames Treffen aufgeführt, bei dem der Begutachtungsprozess dadurch flexibler gestaltet und möglichweise beschleunigt werden könnte, da die Suche auf einen gemeinsamen Termin in diesem Fall nicht mehr notwendig ist.

mequote für die Hochschulen eine wichtige Rolle.[895] Da die Hochschulen ein Interesse daran haben, alle verfügbaren Studienplätze zu vergeben, kann anhand der Annahmequote besser eingeschätzt werden, wie viele Bewerber in der nächsten Bewerbungsperiode zugelassen werden sollen.

Wie in Fallstudie A erfolgten hier die Prozesskonfiguration und die Generierung von Prozessablaufdaten ebenfalls in mehreren Iterationen. Die finale Konfiguration wird hier kurz vorgestellt.

Zunächst stellt Abb. 74 das angepasste multidimensionale Datenmodell der Fallstudie dar. In der Faktentabelle werden Dauer und Kosten als Kennzahlen modelliert. Mengenbezogene Kennzahlen, wie die Anzahl der Bewerbungsanträge, können berechnet werden. Die Prozessstruktur wird in der Prozessdimension in drei hierarchischen Ebenen modelliert.

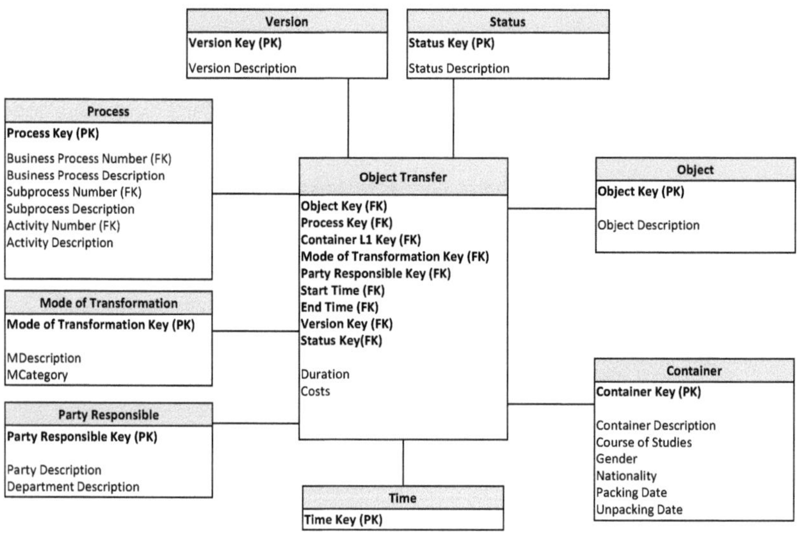

Abb. 74: Das angepasste Datenmodell in Fallstudie B

Damit sich die Komplexität der Untersuchung im Rahmen hält, wurden einige Annahmen getroffen. Zunächst einmal beschränkt sich der zu untersuchende Prozess auf die Bewerbungen in das erste Fachsemester. Für die Bewerber in höhere Fachsemester oder für das Wechseln von Studiengängen wird der Bewerbungspro-

[895] Annahmequote = Anzahl der Einschreibungen / Anzahl der Zulassungen.

zessablauf anders gestaltet. Solche Bewerbungen haben jedoch einen geringen Anteil und wurden aus diesem Grund von der Untersuchung ausgeschlossen.

In dieser Fallstudie wurden sowohl Programmobjekte von Bewerbungen als auch diese von Bewerbungsunterlagen für BPI-Analysen generiert. Dies wird mithilfe der Dimensionen *„Object“* und *„Container“* realisiert. In der Dimensionstabelle *„Object“* wird ein einzelnes Dokument gespeichert. Eine Bewerbung besteht aus mehreren Dokumenten (in diesem Beispiel: Bewerbungsschreiben, Schulzeugnisse und Empfehlungsschreiben). Hierbei werden Bewerbungen als Containerobjekte in der Containerdimension modelliert. Für weitere Analysen werden der Studiengang, die Nationalität und das Geschlecht des Bewerbers als Attribute einer Bewerbung abgebildet. Die Beziehung zwischen einer Bewerbung und den zu dieser Bewerbung gehörenden Dokumenten wird in der Faktentabelle hergestellt.

Es ist darauf hinzuweisen, dass die in dieser Fallstudie abgebildeten Objekte und Containerobjekte sowohl physisch als auch informationell sind. Die Bewerbungen und die Dokumente sind bis zu der Aktivität *„Vorbereitung der Unterlagen“*, bei der die Bewerbungsunterlagen digitalisiert werden, physische Objekte. Durch die Digitalisierung der Dokumente werden sie zu Informationsobjekten mit entsprechenden Eigenschaften. Wie Abb. 73 zeigt, werden Bewerbungen bei den Aktivitäten *„Überprüfung der Zulassung 1“* und *„Überprüfung der Zulassung 2“* gedoppelt und unabhängig voneinander durch die Mitglieder des jeweiligen Zulassungsausschusses bearbeitet. Des Weiteren werden in den generierten Beispieldaten drei Organisationseinheiten für den Prozess abgebildet. Dies sind die Bewerber, die für die ersten drei Prozessschritte und die Einschreibung zuständig sind, das Zulassungsbüro, das die Bewerbungsunterlagen aufbereitet und diese formal überprüft sowie der Zulassungsausschuss, der die Bewerbungen inhaltlich bewertet und über eine Zulassung entscheidet.[896]

Mit dem ProDIA-Werkzeug werden die Rahmenbedingungen und die Einflussfaktoren für den Prozess konfiguriert und schließlich werden Prozessablaufdaten generiert.[897] Für diese Fallstudie wurde nur der Ist-Stand des Prozesses abgebildet.

---

[896] Für jeden Studiengang existiert ein Zulassungsausschuss, bei dem mehrere zuständige Personen arbeiten. Diese Beziehung kann in der Zuständigkeitsdimension für die Kategorie *„Zulassungsausschuss“* abgebildet werden.

[897] Für die Untersuchung wird nur der Ist-Stand des Prozesses generiert.

Tab. 22: Konfiguration der Fallstudie B (Config.xml)

```
<Config>
  <Number GStep>18</Number GStep>
  <Number Objects per Type>3000</Number Objects per Type>
  <Number Objects per Batch>1</Number Objects per Batch>
  <Start Date>2009-06-01</Start Date>
  <End Date>2009-06-30</End Date>
  <Version>AS IS</Version>
  <Start Object Key>1</ Start Object Key>
  <Start Container Key>1</ Start Container Key>
</Config>
```

Tab. 22 zeigt die Konfiguration der Datei *„Config.xml"*. Insg. wurden Daten zu 3.000 Bewerbungsanträgen mit 9.000 Dokumenten erzeugt.[898] Mehr als 90.000 Datensätze wurden generiert und in einer Access-Datenbank gespeichert. Das Datenvolumen betrug über 200 MB. Diese Daten wurden in IBM Cognos importiert und für die prototypbasierte Evaluation in der nächsten Phase vorbereitet.

8.2.2 Ergebnisse zu den schrittweise identifizierten Analyseszenarios

In diesem Abschnitt werden die Ergebnisse zu den identifizierten Analyseszenarios vorgestellt. Dabei wird auf die drei Evaluationskritisieren eingegangen.

8.2.2.1 Analysen zur Anzahl von Bewerbungsanträgen

Im ersten Workshop zur prototypbasierten Evaluation wurde der vorbereitete Prototyp demonstriert. Durch die Diskussion der Analysemöglichkeiten wurden aus der allgemeinen Beschreibung der in Phase 1 identifizierten Szenarios zuerst zwei Analyseszenarios konkretisiert: Analysen zu den bereits abgeschlossen Anträgen und Analysen zu den noch laufenden Anträgen. Bei beiden konnten schrittweise detaillierte Analysen abgeleitet werden. Beispielsweise wurde neben der Anzahl der Bewerbungsanträge auch die Anzahl der Bewerbungsdokumente berücksichtigt, was u.a. für die Planung der Kapazität relevant ist. Des Weiteren wurde eine weitere Analyse zur Anzahl der Anträge im Laufe des Bewerbungszeitraums diskutiert.

[898] Die Zahl der zu generierenden Datensätze ist eine Einschätzung, die auf die Bewerberzahl einiger Studiengänge im Wintersemester 2009/2010 für den definierten Zeitraum basiert.

Schließlich wurde ein neues Analyseszenario entwickelt, in dem die Anzahl der Einschreibungen behandelt wird.

a. Analysen zur Anzahl der bearbeiteten Anträge

Beschreibung des Analyseszenarios:

In diesem Analyseszenario werden die Analysemöglichkeiten zur Anzahl der in einzelnen Prozessschritten jeweils bearbeiteten Bewerbungsanträge diskutiert. Abb. 75 (a) zeigt eine Übersicht über die Anzahl der in den einzelnen Aktivitäten bereits bearbeiteten Anträge auf der zweiten Prozessebene.[899] Dabei wurden die Prozessablaufdaten so generiert, dass insg. 3.000 Bewerber die ersten zwei Prozessschritte (*„Vorbereitung der Bewerbung“* und *„Online Bewerbung“*) abgeschlossen haben. Bis zum Stichtag[900] wurden ca. 2.400 schriftliche Bewerbungsanträge verschickt und sind an der Universität angekommen. Davon wurden über 1.600 bereits vom Zulassungsbüro bearbeitet. Ca. 1.200 Anträge wurden durch den Zulassungsausschuss bewertet. Auch die Anzahl der bereits zugelassenen sowie abgelehnten Anträge wird dargestellt.

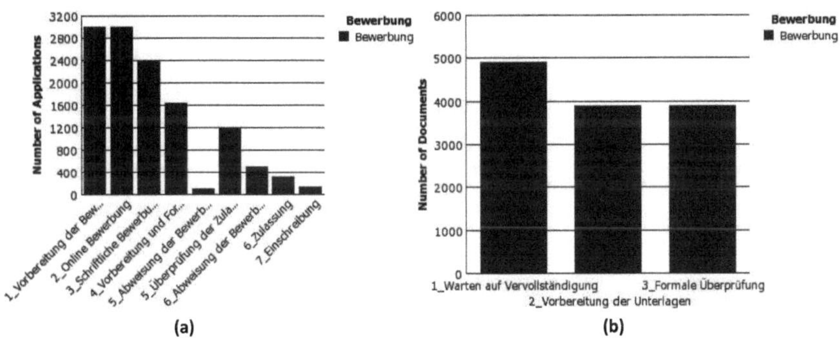

Abb. 75: Fallstudie B – Die Anzahl der bearbeiteten Anträge (a) und die Anzahl der Dokumente (b) (Status: completed)

Wie ersichtlich, kann die Anzahl der in jedem Prozessabschnitt bearbeiteten Bewerbungsanträge entlang des gesamten Prozesses mithilfe eines Prototyps transparent dargestellt werden. So können auch die Abhängigkeiten zwischen den Prozessschrit-

---

[899] In den Demonstrationsdaten wird hierfür in der Faktentabelle der *„Status“* als *„completed“* markiert.

[900] Wie in der letzten Fallstudie, wurde auch hier ein Stichtag definiert, an dem die Analysen durchgeführt werden, um den aktuellen und den historischen Stand zu unterscheiden. Der Stichtag in dieser Fallstudie ist Ende Juli 2009.

ten und Aktivitäten analysiert werden. Beispielsweise kann ein Prozessmanager aus einer Datenkonstellation wie sie diese Demonstrationsdaten darstellen, erkennen, dass aus den 2.400 eingegangenen schriftlichen Bewerbungen und den 3.000 abgeschlossenen Online-Bewerbungen noch ca. 600 Bewerbungen für das Zulassungsbüro zu erwarten sind, und dass zum Stichtag noch ca. 800 Anträge bearbeitet werden müssen. Infolge kann eine Anpassung der Kapazitätsplanung erfolgen. Weitere Analysen dazu werden mit den aktuellen Daten im nächsten Analyseszenario erörtert. Des Weiteren können die Zulassungsquote und die Ablehnungsquote anhand hier dargestellter Anzahl zu Bewerbern, Ablehnungen und Zulassungen berechnet werden.

Bei den Analysen können nicht nur Bewerbungsvorgänge im Ganzen betrachtet werden. Eine Bewerbung besteht aus verschiedenen Bewerbungsunterlagen, zu denen jeweils einzeln vom ProDIA-Werkzeug Daten generiert werden. In Abb. 75 (b) wird die Anzahl dieser Dokumente für alle Aktivitäten im Prozessschritt *„Vorbereitung und formale Überprüfung“* beim Zulassungsbüro abgebildet. In Abschnitt 8.2.1.2 wurde gezeigt, dass die Aktivität *„Vorbereitung der Unterlagen für die Digitalisierung“* ein sehr aufwändiger Arbeitsschritt ist. Bei Kapazitätsengpässen ist es möglich, diese Aufgabe an ein externes Dienstleistungsunternehmen abzugeben. Hierbei ist es von besonderer Bedeutung, das Volumen der zu bearbeitenden Dokumente detailliert zu dokumentieren. Diese Informationen könnten der Universität dabei helfen, einerseits die eigene Kapazität besser zu planen und andererseits die von einem Dienstleister erbrachten Leistungen abzurechnen.

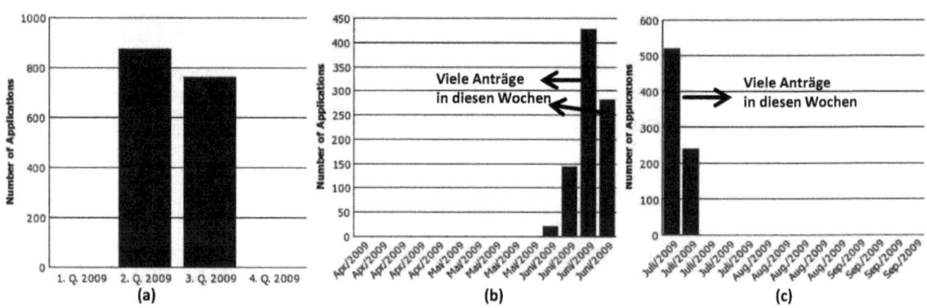

Abb. 76: Fallstudie B – Die Anzahl der Bewerbungsanträge im Lauf der Bewerbungsperiode (Status: completed)

Zur Kapazitätsplanung hilft nicht nur die Anzahl der Anträge. Da Bewerbungen im Lauf der Bewerbungsperiode sukzessiv an der Universität eingereicht werden, ist es hilfreich zu wissen, in welchem Zeitraum der Bewerbungsperiode die meisten Anträge eintreffen. Dadurch könnte die Universität im Voraus planen, zusätzliche Ressourcen für diesen Zeitraum bereitzustellen. Wie in Abb. 76 (a) dargestellt wird, hat die Bewerbung zwischen dem zweiten und dritten Quartal 2009 stattgefunden. Abb. 76 (b) und Abb. 76 (c) stellen eine detaillierte Übersicht (jede Woche) für jeweils eins dieser zwei Quartale dar. Hierbei ist deutlich zu erkennen, dass besonders viele Anträge in den letzten zwei Juniwochen und der ersten Juliwoche eingereicht wurden.

Diese Analyse zur Anzahl der Anträge in einer Bewerbungsperiode kann zwar mit dem BPI-Prototyp abgebildet werden, ist jedoch aufgrund des fehlenden Prozesskontexts keine typische BPI-Analyse. Sie wird hier trotzdem dargestellt, weil sie wichtige Ergebnisse zur Kapazitätsplanung für den gesamten Prozess liefert und im realen Betrieb tatsächlich durchgeführt wird. Hierbei ist zu erkennen, dass BPI-Analysen mit konventionellen BI-Analysen nicht komplett getrennt werden können.

Relevanz für die Evaluation:

Dieses Beispiel zeigt erneut, wie der prototypingbasierten Ansatz dabei hilft, Analyseszenarios zu konkretisieren. Mithilfe der Beispieldaten konnte gezeigt werden, wie der Prozess anhand verschiedener Faktoren analysiert werden kann.

Zur Realisierung dieses Analyseszenarios ist es zunächst erforderlich, den Status jeder einzelnen Bewerbung zu erfassen und zu dokumentieren, um abgeschlossene und noch offene Aktivitätsinstanzen voneinander unterscheiden zu können. Des Weiteren erfordert dieses Szenario einen integrierten Datenbestand, in dem die Prozessstruktur abgebildet ist. Außerdem ist eine hohe Datenqualität erforderlich, um die Anzahl der Anträge bzw. der Bewerbungsunterlagen bei verschiedenen Aktivitäten analysieren zu können.

Zur Effektivität des ProDIA-Werkzeugs stellt folgende Übersicht über die relevante Konfiguration für die Abbildung dieses Analyseszenarios dar:

- Konfiguration einer sequentiellen und für die Aggregation auch hierarchischen Prozessstruktur.
- Konfiguration und Generierung von 3.000 Bewerbungsanträgen, die hinsichtlich des Bewerbungsdatums im definierten Bewerbungszeitraum normal verteilt sind.
- Konfiguration und Generierung von 9.000 Einzeldokumenten (Bewerbungsunterlagen).

- Konfiguration eines Bündelungsvorgangs, sodass je drei unterschiedliche Bewerbungsunterlagen zu einer Bewerbung gebündelt werden.
- Konfiguration der Einflussfaktoren für die Berechnung der Kennzahl *„Dauer“* für jede Aktivität.
- Konfiguration der Wahrscheinlichkeitsfaktoren für jede Aktivität für die Berechnung der Kennzahl „Status“ (insb. *„completed“*).

b. Analysen zur Anzahl der laufenden Anträge

Beschreibung des Analyseszenarios:

Der zweite Teil zur Analyse der Bewerbungsanträge behandelt noch nicht abschließend bearbeitete Anträge. Sowohl im Gruppeninterview als auch im ersten Workshop wurde auf Probleme bei der Transparenz des Zulassungsverfahrens hingewiesen. Es wurde gewünscht, mithilfe eines BPI-Systems folgende Fragen zu laufenden Anträgen zu beantworten: Wie viele Anträge müssen noch bearbeitet werden? Wo befinden sie sich? Können die Anträge noch rechtzeitig bearbeitet werden? Darauf basierend wurde dieses Analyseszenario im ersten Workshop konkretisiert.

Abb. 77 (a) stellt eine Übersicht über die Anzahl der noch zu bearbeitenden Anträge in den Demonstrationsdaten dar. In diesem Beispiel haben alle Bewerber die ersten zwei Prozessschritte abgeschlossen. Von den 3.000 Bewerbungen befinden sich zum Zeitpunkt der Analyse über 1.000 Bewerbungen bei der *„schriftlichen Bewerbung“*. Ein Teil dieser Bewerber hat seine schriftlichen Bewerbungen bereits versendet und die Universität wird diese voraussichtlich in den kommenden Tagen erhalten.[901] Außerdem ist zu sehen, dass noch über 600 Anträge beim Zulassungsbüro im Prozessschritt *„Vorbereitung und formale Überprüfung“* und ca. 500 Anträge beim Zulassungsausschuss im Prozessschritt *„Überprüfung der Zulassung“* zu bearbeiten sind. Diese Informationen sind relevant für eine zeitnahe Analyse des Zulassungsverfahrens, um auf dieser Grundlage Maßnahmen zu konzipieren, diesen rechtzeitig abzuschließen. Für detaillierte Analysen ist es sinnvoll, die Kennzahlen auf die Aktivitätsebene herunterzubrechen.

[901] Um eine durchgehende Dokumentation und Analyse des Prozesses darstellen zu können und v.a. den Prozessabschnitt *„schriftliche Bewerbung“* dokumentieren zu können, wurde angenommen, dass der Bewerber den Bearbeitungsstatus dieses Prozessschritts manuell im System einträgt. Diese Annahme basierte darauf, dass die Bewerbung sehr wahrscheinlich zu einer reinen Online-Bewerbung umgestellt wird und dadurch das Problem der Datenerfassung für diesen Prozessabschnitt wegfällt.

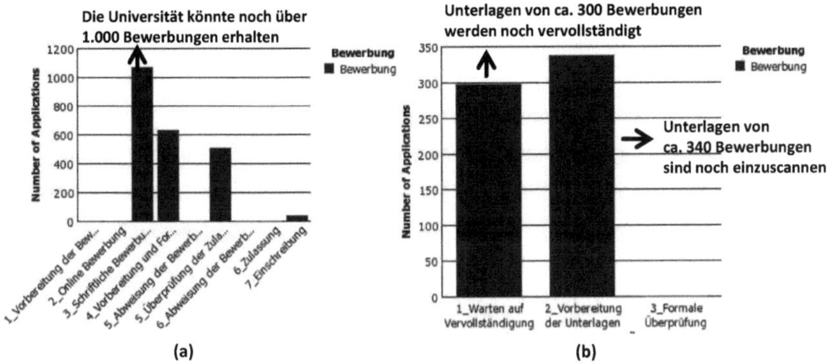

Abb. 77: Fallstudie B – Die Anzahl der laufenden Anträge (Status: ongoing)

Abb. 77 (b) zeigt eine verfeinerte Darstellung für den Prozessschritt *„Vorbereitung und formale Überprüfung"* im Zulassungsbüro. Von den generierten Beispieldaten ist hier zu erkennen, dass von den über 600 Bewerbungen, die im Zulassungsbüro zur Bearbeitung liegen, bei knapp 300 Bewerbungen die zugehörigen Unterlagen nicht vollständig sind. Die Bewerber werden in diesem Fall aufgefordert, ihre Bewerbungen zu vervollständigen. Darüber hinaus ist zu beobachten, dass ca. 340 Bewerbungen noch digitalisiert werden müssen. Zusammen mit einer Schätzung der Anzahl noch zu erwartender Anträge kann die Universität planen, ob zusätzliche Kapazitäten für den Dokumentenscan zur Verfügung gestellt werden sollen.

Relevanz für die Evaluation:

Auch dieses Analyseszenario wurde mithilfe des szenario- und prototypingbasierten Konzepts schrittweise identifiziert.

Dabei konnte der nicht-artikulierte Informationsbedarf aus dem Analyseszenario abgeleitet werden. Hier zeigt sich einen Bedarf an einer Near-Time-Informationsversorgung. Dafür ist es erforderlich, den aktuellen Bearbeitungsstatus einzelner Bewerbungen zu erfassen und zu dokumentieren.

Ergänzend zu den in Abschnitt a gezeigten Konfigurationsdaten ist noch folgende Konfiguration für die Datengenerierung relevant:

- Konfiguration der Wahrscheinlichkeitsfaktoren für jede Aktivität für die Berechnung der Kennzahl „Status" (insb. *„ongoing"*).

c. Analysen zur Anzahl der Einschreibungen

Beschreibung des Analyseszenarios:

Aus Abb. 77 (a) ist zu erkennen, dass in den Demonstrationsdaten einige Bewerber zwar eine Zulassung erhalten, aber trotzdem den Prozessschritt *„Einschreibung“* nicht abgeschlossen haben. Der Grund findet sich bei den bereits diskutierten Mehrfachbewerbungen. Um diesem Problem zu begegnen werden i.d.R. mehr Zulassungen ausgesprochen als Studienplätze vorhanden sind. Dabei spielt die Annahmequote (der Anteil der Einschreibungen an den gesamten Zulassungen) eine bedeutende Rolle. Analysemöglichkeiten zu Einschreibungen und Annahmequote wurden während des ersten Workshops erfasst. Die konkreten Analysen dazu wurden im zweiten Workshop diskutiert.

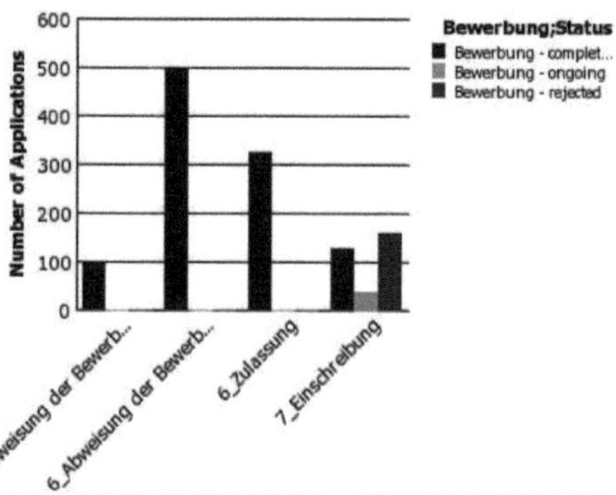

Number of Applications		5_Abweisung der Bewerbung	6_Abweisung der Bewerbung	6_Zulassung	7_Einschreibung
Bewerbung	completed	98	498	324	128
	ongoing	0	0	0	38
	rejected	0	0	0	158

Abb. 78: Fallstudie B – Analysen zur Anzahl der Ablehnungen, Zulassungen und Einschreibungen (Status: completed, ongoing und rejected)

Abb. 78 stellt die Anzahl der abgelehnten, der zugelassenen und der eingeschriebenen Bewerber in den Demonstrationsdaten dar und nutzt dabei die drei im Datenmodell vorgesehenen Standard-Statuswerte.[902] Bei der Aktivität *„Einschreibung“* wird eine Einschreibung erst dann durch den Status *„completed“* gekennzeichnet, wenn

[902] Der Status *„completed“* bedeutet bei der Aktivität *„Abweisung der Bewerber“*, dass eine Bewerbung abgelehnt wurde. Bei der Aktivität *„Zulassung“* bedeutet der Status *„completed“* eine abgeschlossene Zulassung.

sich ein Bewerber nach Erhalten einer Zulassung an der Universität eingeschrieben hat. Der Bearbeitungsstatus *„ongoing“* sagt aus, dass ein Bewerber zwar eine Zulassung erhalten hat, sich aber vor Ablauf der Einschreibungsfrist noch nicht an der Universität eingeschrieben hat. Der Status *„rejected“* bezeichnet hier hingegen eine abgeschlossene Bewerbung, bei der ein zugelassener Bewerber sich nicht rechtzeitig an der Universität eingeschrieben hat.

Wie ersichtlich, haben sich 128 (abgeschlossene Aktivitätsinstanzen in der Aktivität *„Einschreibung“*) von den 324 zugelassenen Bewerbern (abgeschlossene Aktivitätsinstanzen in der Aktivität *„Zulassung“*) in diesem Beispiel eingeschrieben. Die Annahmequote liegt damit bei ca. 40%. Mit dieser Information könnte die Universität die verfügbaren Studienplätze bei der Zulassung in der nächsten Bewerbungsperiode gezielt überbuchen. Außerdem ist es in Kombination mit den zuvor vorgestellten Analysen möglich, die Abhängigkeiten zwischen der Anzahl der Bewerbungsanträge, der Anzahl der Ablehnungen, der Anzahl der Zulassungen sowie der Anzahl der Einschreibungen zu analysieren. Des Weiteren könnten die Analysen mit der Kennzahl *„Dauer“* ergänzt werden, um mögliche Abhängigkeiten zu überprüfen, ob bspw. die Bearbeitungsdauer bei der Zulassung Einfluss zur Annahmequote hat. Weitere Analysen zu Dauer werden in Abschnitt 8.2.2.3 erörtert.

Relevanz für die Evaluation:

Auch dieses Analyseszenario zeigt die Relevanz des iterativen Vorgehens. Nach der Diskussion der Analysemöglichkeiten zur Einschreibung wurden die Prozessstruktur ergänzt, neue Prozessablaufdaten generiert und das Analyseszenario im zweiten Workshop evaluiert.

Zur Umsetzung dieses Szenarios sollten die drei Status jeder Bewerbung – *„completed“*, *„ongoing“* und *„rejected“* – für die Prozessaktivitäten der Ablehnung, der Zulassung und Einschreibung erfasst und historisiert hinterlegt werden.

Die relevanten Konfigurationsparameter für dieses Analyseszenario umfassen insbesondere:

- Konfiguration der Wahrscheinlichkeitsfaktoren für jede Aktivität für die Berechnung aller drei Status (*„ongoing“, „completed“ und „rejected“*).
- Konfiguration der Annahmequote von ca. 40%: Basierend auf einem Zufallsgenerator werden ca. 40% alle Objekte, deren Ausführung bei der Aktivität *„Zulas-*

sung“ abgeschlossen wurde, bei der Aktivität *„Einschreibung“* als *ted“* markiert.

8.2.2.2 Analysen zu den Anträgen durch die Differenzierung mit weiteren Rahmenbedingungen

Die bisher diskutierten Analyseszenarios betrachten eine Bewerbung als ein Objekt, das nicht weiter differenziert wird. Eine Bewerbung wird jedoch einerseits durch bestimmte Vorgaben, wie einer Quotierung des Anteils von Frauen und Ausländern, beeinflusst. Andererseits sollen die Analysen der Bewerbungsanträge nach Studiengang differenziert werden können. Im ersten Workshop wurden solche Analysen diskutiert. Da die Datenbasis für den ersten Workshop nicht dafür vorbereitet war, konnten die entsprechenden Analysen noch nicht mithilfe des Prototyps ausprobiert werden. Dennoch konnten auf Basis der Erfahrung durch die bisherigen Analysen erste Analyseszenarios ausreichend identifiziert werden. Daraufhin wurden neue Prozessablaufdaten generiert und die Szenarios im zweiten Workshop evaluiert.

a. Analysen zu Anträgen durch die Differenzierung mit Frauen- und Ausländerquoten

Beschreibung des Analyseszenarios:

Die untersuchte Universität betreibt seit Jahrzehnten Frauenförderung, um sowohl mehr Wissenschaftlerinnen für Forschung und Lehre als auch mehr Studentinnen zu gewinnen. Diese Anstrengungen haben in den letzten Jahren Früchte getragen und der Frauenanteil der Universität ist stetig gestiegen. Die Gewinnung von mehr Studentinnen lässt sich einerseits durch gezielte Werbung an die Studieninteressierten erreichen. Andererseits lässt sich diese durch das Zulassungsverfahren steuern.

Abb. 79 (a.1) und Abb. 79 (a.2) zeigen die Anzahl der Bewerbungen, differenziert zwischen den männlichen (M) und weiblichen (F) Bewerbern. In den generierten Demonstrationsdaten haben von den insgesamt 3.000 Bewerbern 922 Frauen eine Online-Bewerbung eingereicht. Der Frauenanteil unter den gesamten Bewerbern liegt bei 30,7%.[903] Von den 922 weiblichen Bewerberinnen haben 101 Frauen ihre Zulassungen bereits erhalten. Das ergibt bei den zugelassenen Bewerberinnen eine

[903] Es wurde angenommen, dass die Universität darauf abzielt, eine Frauenquote bei den Einschreibungen von 30% zu erreichen.

Quote von über 31%. Letztendlich haben sich 36 von insg. 128 Bewerbern an der Universität eingeschrieben. Die Frauenquote an den neu eingeschriebenen Studierenden liegt bei ca. 28%. Dieses Beispiel zeigt, dass trotz des relativ hohen Frauenanteils unter den Bewerbern und an den verschickten Zulassungen die Frauenquote der eingeschriebenen Studierenden das Ziel von 30% nicht erreicht hat. Auf Basis dieser Informationen könnten neue Maßnahmen für die nächste Bewerbungsperiode entwickelt werden. Beispielsweise könnte im Vorfeld noch mehr gezielte Werbung gemacht werden oder es könnten zukünftig noch mehr weibliche Bewerber zugelassen werden.

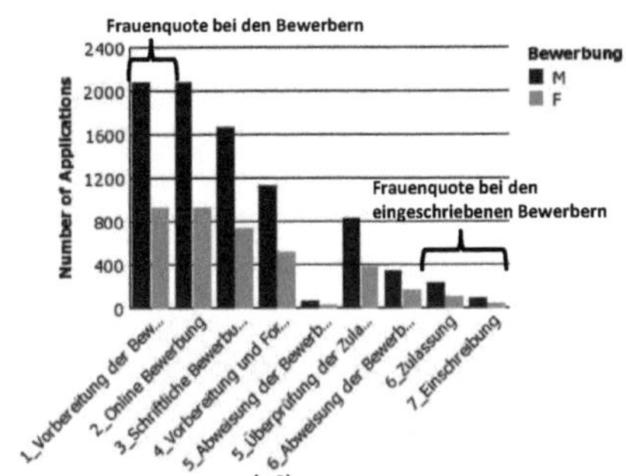

(a.2)

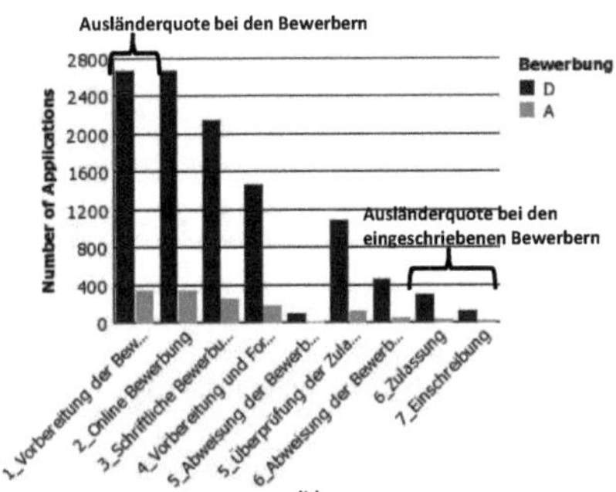

(b)

Number of Applications	1_Vorbereitung der Bewerbung	2_Online Bewerbung	3_Schriftliche Bewerbung	4_Vorbereitung und Formale Überprüfung	5_Abweisung der Bewerbung	5_Überprüfung der Zulassung	6_Abweisung der Bewerbung	6_Zulassung	7_Einschreibung
M	2078	2078	1660	1119	67	830	334	223	92
F	922	922	737	516	31	370	164	101	36

(a.1)

Abb. 79: Fallstudie B – Die Anzahl der Bewerbungen mit der Differenzierung von Frauen- und Ausländerquoten (Status: completed)

Wie Abb. 79 (b) zeigt, können ähnliche Analysen auch mit den deutschen und ausländischen Bewerbern durchgeführt werden.[904]

Relevanz für die Evaluation:

Dieses und das nächste Analyseszenario zeigen erneut die Relevanz des iterativen Vorgehens. Das Vorgehen hat im gegebenen Fall geholfen, den nicht-artikulierten Informationsbedarf zu erheben. Nicht alle für eine BPI-Analyse benötigten Informationen können im Vorfeld erhoben und für die Untersuchung identifiziert werden. Die Identifikation kann jedoch, wie das Beispiel zeigt, durch mehrere Iterationen erfolgen.

[904] „D" steht für deutsche Bewerber und „A" steht für ausländische Bewerber.

Für dieses Analyseszenario sollten die entsprechenden Differenzierungsmerkmale (das Geschlecht und die Nationalität des Bewerbers) bei den Bewerbungen dokumentiert werden.

Für dieses Szenario sind insb. folgende Konfigurationsparameter des ProDIA-Werkzeugs relevant:

- Modellierung und Konfiguration der Eigenschaftsattribute zum Geschlecht und zur Nationalität eines Bewerbers.
- Konfiguration der zu generierenden Objekte: Die Wahrscheinlichkeit für einen weiblichen Bewerber: 31%. Die Wahrscheinlichkeit für einen ausländischen Bewerber: 11%.[905]
- Konfiguration der Wahrscheinlichkeitsfaktoren für Bewerbungsanträge für die Berechnung der Kennzahl Status (*insb. „rejected“*): Die Ablehnungswahrscheinlichkeit für „Frauen“ und „Ausländer“ (bei der *„Einschreibung“*) wird höher angegeben.

b. Analysen zu Anträgen durch die Differenzierung der Studiengänge

Beschreibung des Analyseszenarios:

Die Vergabe der Studienplätze ist die Aufgabe des jeweiligen Zulassungsausschusses jedes Studiengangs. Deshalb ist es sinnvoll, die Bewerbungsanträge verschiedener Studiengänge differenziert zu betrachten. Drei Studiengänge *(„Physik“, „Architektur“* und *„Informatik“*) werden beispielhaft im Prototyp abgebildet. Abb. 80 (a.1) und (a.2) zeigen die Anzahl der Bewerbungen jedes Studiengangs. Die Beispieldaten wurden so generiert, dass der Studiengang der Informatik fast doppelt so viele Bewerber wie die anderen Studiengänge hat. Auch hier ist es möglich, die Anhängigkeiten zwischen der Bewerbung, der Zulassung und der Einschreibung verschiedener Studiengänge zu analysieren. Dabei können bspw. die Zulassungsquote sowie die Annahmequote jedes Studiengangs analysiert und miteinander verglichen werden.

Weitere Analysen können durch die Kombination zusätzlicher Faktoren durchgeführt werden. Beispielsweise wird die Anzahl der weiblichen und männlichen Bewerber für den Studiengang der Informatik in Abb. 80 (b) dargestellt. Dadurch kann eine bestimmte Vorgabe, z.B. eine Frauenquote, für jeden Studiengang analysiert werden.

[905] Die Datengenerierung basiert auf einem Zufallsgenerator.

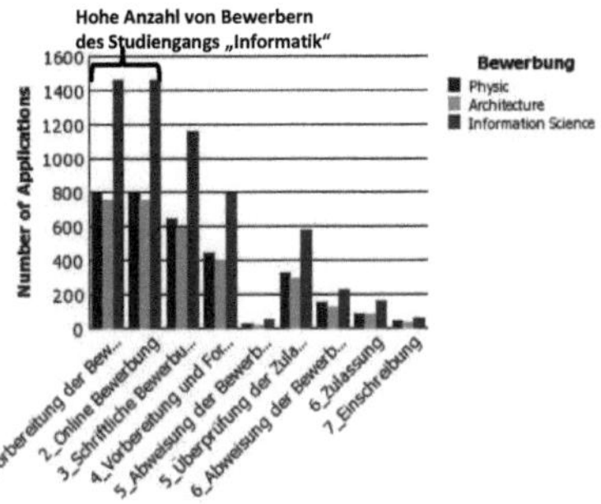

(a.2)

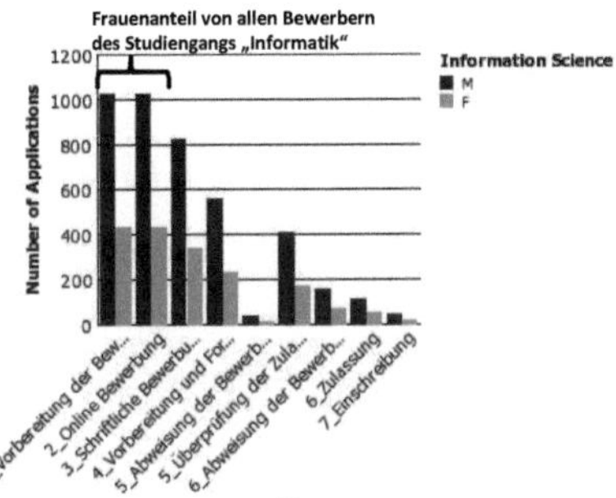

(b)

Number of Applications	1_Vorbereitung der Bewerbung	2_Online Bewerbung	3_Schriftliche Bewerbung	4_Vorbereitung und Formale Überprüfung	5_Abweisung der Bewerbung	5_Überprüfung der Zulassung	6_Abweisung der Bewerbung	6_Zulassung	7_Einschreibung
Physic	790	790	643	445	25	328	149	84	39
Architecture	754	754	592	402	20	294	122	81	31
Information Science	1456	1456	1162	780	53	578	227	159	58

(a.1)

Abb. 80: Fallstudie B – Die Anzahl der Bewerbungen mit der Differenzierung nach Studiengängen (Status: completed)

Relevanz für die Evaluation:

In diesem Analyseszenario entspricht die Relevanz für die Evaluation der des vorherigen Szenarios.

Auch hier konnte relevanter Informationsbedarf abgeleitet werden: Die von den Bewerbern gewählten Studiengänge sollten als Eigenschaft der Bewerbung dokumentiert und für die entsprechenden Analysen zur Verfügung gestellt werden.

Relevante Konfigurationsparameter für dieses Analyseszenario umfassen insb.:

- Modellierung und Konfiguration der Eigenschaftsattribute zum Studiengang eines Bewerbers.
- Konfiguration der zu generierten Objekte: Die Wahrscheinlichkeit für die Studiengänge *„Physik"*, *„Architektur"* und *„Informatik"* sind 25%, 25% und 50%.

8.2.2.3 Analysen zu Engpässen

In diesem Abschnitt werden zwei Analyseszenarios erörtert. Zunächst wurden im ersten Workshop die *„Analysen zu Engpässen"* durch das konkretere Szenario *„Analysen zur durchschnittlichen Dauer des Bewerbungs- und Zulassungsprozesses"* konkretisiert. Bei der Demonstration dieses Analyseszenarios im zweiten Workshop hat sich herausgestellt, dass Engpässe auch bei verschiedenen Gutachtern der Zulassungsausschüsse auftreten können. Daraufhin wurde ein neues Analyseszenario entwickelt.

a. Analysen zur durchschnittlichen Dauer des Bewerbungs- und Zulassungsprozesses

Beschreibung des Analyseszenarios:

Um mögliche Engpässe zu entdecken, spielt die Kennzahl *„Dauer“* eine wichtige Rolle. Hierbei kann v.a. die durchschnittliche Dauer verschiedener Aktivitäten und Prozessschritte nebeneinander gestellt werden.

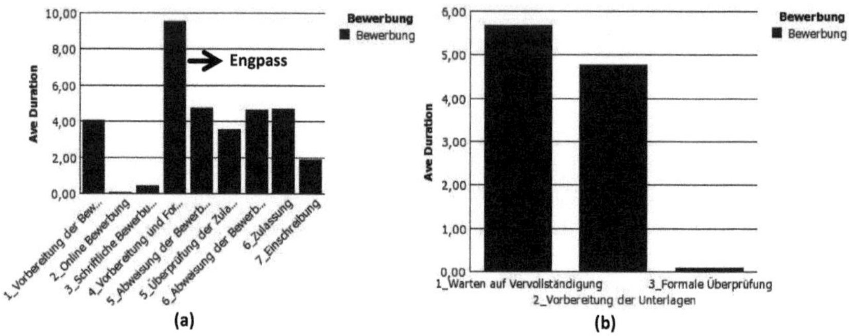

Abb. 81: Fallstudie B – Die durchschnittliche Dauer von der Bearbeitung der Bewerbungsanträge (Status: completed)

In Abb. 81 (a) wird die durchschnittliche Dauer der Prozessschritte auf der zweiten Prozessebene dargestellt. Es ist auffällig, dass die Bearbeitung des Prozessschritts *„Vorbereitung und formale Überprüfung“* überdurchschnittlich viel Zeit benötigt. Abb. 81 (b) zeigt eine detaillierte Analyse auf der Aktivitätsebene des Prozessschritts. So ist ersichtlich, dass sowohl das Warten auf unvollständige Unterlagen als auch die Digitalisierung der Dokumente viel Zeit benötigen. Würde es sich um reale Daten handeln, wäre es bei einem solchen Ergebnis naheliegend, Maßnahmen wie bspw. die Vorbereitung der Bewerbungsunterlagen während des Wartens oder mehr die Bereitstellung zusätzlicher Kapazität für den Dokumentenscan zu ergreifen.

Relevanz für die Evaluation:

Wie die obigen Analyseszenarios wurde auch dieses mithilfe des szenario- und prototypingbasierten Konzepts schrittweise konkretisiert.

Zur Realisierung eines BPI-Systems, das dieses Analyseszenario ermöglicht, müssten die Zeitstempel für jede einzelne Aktivitätsinstanz erfasst und für die Analysen zur Verfügung gestellt werden. Darauf basierend können die durchschnittliche sowie die gesamte Dauer für verschiedene Prozessebenen berechnet werden.

Folgende Konfiguration des ProDIA-Werkzeugs ist für die Abbildung dieses Analyseszenarios relevant:

- Modellierung der Start- und Endzeit für jede Aktivitätsinstanz.
- Konfiguration der Einflussfaktoren für verschiedene Aktivitäten für die Berechnung der Kennzahl Dauer. U.a. wird die durchschnittliche Dauer für die Aktivitäten *„Warten auf Vervollständigung"* und *„Vorbereitung der Unterlagen"* für jeweils 6 und 5 Tage konfiguriert.

b. Vergleich zweier Überprüfungsstellen

Beschreibung des Analyseszenarios:

Wenn die formale Überprüfung beim Zulassungsbüro abgeschlossen ist, werden die Bewerbungen in digitaler Form zum jeweiligen Prüfungsausschuss versendet. Die Mitglieder jedes Prüfungsausschusses haben die Möglichkeit, die Bewerbungen an verschiedenen Standorten unabhängig voneinander zu bewerten. Für diese Untersuchung werden im Prototyp zwei Überprüfungsstellen abgebildet, die gemeinsam für die Begutachtung der Bewerbungen zuständig sind. Ein Bewerbungsantrag wird nur an den nächsten Bearbeitungsschritt weitergeleitet, wenn die Überprüfung des Antrags von den beiden Stellen abgeschlossen ist. Durch einen Vergleich dieser beiden Überprüfungsstellen lassen sich mögliche Engpässe identifizieren.

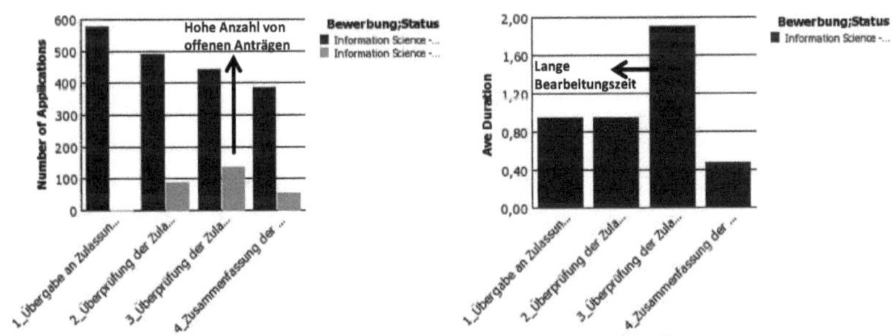

(a.2) (b)

Number of Applications		1_Übergabe an Zulassungsausschuss	2_Überprüfung der Zulassung 1	3_Überprüfung der Zulassung 2	4_Zusammenfassung der Ergebnisse
Information Science	completed	578	488	441	386
	ongoing	0	90	137	55
	Status	**578**	**578**	**578**	**441**

(a.1)

Abb. 82: Fallstudie B – Vergleich der zwei Überprüfungsstellen für den Studiengang der Informatik (Status: completed und ongoing)

In Abb. 82 (a.1) und (a.2) wird die Anzahl der Bewerbungsanträge des Studiengangs *„Informatik“* für den Prozessschritt *„Überprüfung der Zulassung“* dargestellt. Hierbei werden sowohl die abgeschlossenen (*„completed“*) als auch die noch offenen (*„ongoing“*) Anträge analysiert. Bei der Überprüfungsstelle 2 sind 441 von insg. 578 Anträgen abgeschlossen. Hingegen hat die Überprüfungsstelle 1 bereits 488 Anträge bearbeitet. Davon können 47 Anträge nicht an den weiteren Bearbeitungsschritt weitergegeben werden, da diese noch von der Stelle 2 überprüft werden müssen. Bei der Betrachtung der durchschnittlichen Dauer der Aktivitäten (siehe Abb. 82 (b)) ist deutlich zu erkennen, dass die zweite Überprüfungsstelle ca. doppelt so viel Zeit wie die erste Stelle benötigt.[906]

Relevanz für die Evaluation:

Dieses Beispiel zeigt, dass detaillierte Analysen für einen bestimmten Prozessabschnitt aus allgemeinen Analysen über die Prozessengpässe mithilfe des Konzepts abgeleitet werden konnten.

Wie im oben vorgestellten Analyseszenario müsste auch hier jede Aktivitätsinstanz mit Zeitstempeln erfasst werden. Außerdem sollten die Bearbeitungsstatus jeder Bewerbung dokumentiert werden, um die abgeschlossenen und die laufenden Anträge zu unterscheiden.

Um dieses Analyseszenario abzubilden, sind insb. folgende Konfigurationsparameter relevant:

- Konfiguration der sequenziellen Prozessstruktur: Die beiden Überprüfungsstellen werden mithilfe einer AND-Verzweigung in zwei XML-Dateien konfiguriert, damit ein Bewerbungsantrag von beiden Aktivitäten bearbeitet wird.
- Zuordnung zweier Rollenträger zu beiden Überprüfungsstellen.
- Konfiguration der Einflussfaktoren für beide Aktivitäten für die Berechnung der Kennzahl Dauer: Die Bearbeitungszeit des für die Überprüfungsstelle 2 zuständigen Rollenträgers ist doppelt so hoch wie die vom Rollenträger der Überprüfungsstelle 1.
- Konfiguration der Wahrscheinlichkeitsfaktoren für beide Aktivitäten für die Kennzahl *„Status“*: Die Wahrscheinlichkeit für einen abgeschlossen Antrag beim Rol-

[906] Ähnliche Analysen können auch mithilfe der Kennzahl *„Kosten“* durchgeführt werden. Da die Kostenfaktoren im Verwaltungskontext stark von der Bearbeitungszeit abhängig sind, werden die entsprechenden Analysen nicht extra im Rahmen dieser Arbeit dargestellt.

lenträger der Überprüfungsstelle 1: 85%. Die Wahrscheinlichkeit für einen abgeschlossen beim Rollenträger der Überprüfungsstelle 2: 75%.

8.2.3 Zusammenfassung der Erkenntnisse aus der Fallstudie

Im Vergleich mit der Fallstudie A fällt der Umfang dieser Fallstudie hinsichtlich der Anzahl der identifizierten Analyseszenarios etwas kleiner aus. Dies liegt hauptsächlich an der geringeren Komplexität der Prozessstruktur. Ein Universitätsprozess ist mit einem unternehmensübergreifenden Logistikprozess nicht zu vergleichen. Dennoch konnten auch in dieser Fallstudie die Relevanz und die Effektivität des szenario- und prototypingbasierten Konzepts untersucht werden. Aus der Vorstellung der Analyseszenarios ist zu erkennen, dass die Kommunikation über die möglichen Analyseszenarios zwischen allen Beteiligten durch den prototypingbasierten Ansatz verbessert werden konnte. Dabei konnten die identifizierten Analyseszenarios jeweils im ersten und zweiten Workshop von den Beteiligten bestätigt bzw. weiter entwickelt werden, ohne dass die Teilnehmer miteinander direkt kommuniziert haben. Die Analyseszenarios wurden schrittweise konkretisiert und um neue Szenarios ergänzt. Aus den so identifizierten Analyseszenarios lässt sich (nicht-artikulierter) Informationsbedarf ableiten. Das Vorgehen lässt sich wie folgend zusammenfassen:

- Die Dokumentenanalyse und das Gruppeninterview: 2 allgemein formulierte Analyseszenarios.
- Erster Workshop: Insg. 6 Analyseszenarios. Drei davon konnten direkt konkretisiert werden. Drei weitere neue Analyseszenarios wurden identifiziert und im zweiten Workshop evaluiert.
- Zweiter Workshop: Insg. 7 Analyseszenarios. Davon wurde ein Analyseszenario neu entwickelt.

Wie bei der Vorstellung der Ergebnisse bereits dargestellt, konnten auch in dieser Fallstudie Anforderungen an die Informationsbereitstellung aus den identifizierten Analyseszenarios gewonnen werden. Neben der Informationsart (bei allen Szenarios) wurden weitere Aspekte wie z.B. Aktualität (Szenario 8.2.2.1 b), Qualität (Szenario 8.2.2.1 a) sowie Detailliertheit (Szenario 8.2.2.2 a, b und Szenario 8.2.2.3 b) diskutiert.

Auch die Beteiligten dieser Fallstudie bestätigten die Relevanz des Konzepts, nämlich dass die Komplexität der Analysen sowie die Zusammenhänge verschiedener

Analysefaktoren durch die Anwendung des Konzepts beherrschbarer gemacht wurden.

Im Vergleich zur Fallstudie A werden sowohl physische als auch informationelle Objekte in dieser Fallstudie behandelt. Die Bewerbungsunterlagen, die postalisch verschickt werden, sind physische Objekte. Sobald diese beim Zulassungsbüro digitalisiert werden, werden die Bewerbungen informationelle Objekte, die von mehreren Aktivitäten gleichzeitig bearbeitet werden können. In diesem Beispiel wird dies durch ein AND-Gateway ermöglicht, sodass die Bewerbungen von zwei Überprüfungsstellen eines Zulassungsausschusses gleichzeitig bewertet werden können. Eine weitere Herausforderung für die Durchführung dieser Fallstudie war die Abbildung einer Bewerbung aus drei verschiedenen Dokumenten. Die Abbildung wird mit dem ProDIA-Werkzeug durch eine Bündelungsaktivität realisiert. Dabei werden Rahmenbedingungen so definiert, dass jeweils eines dieser drei Dokumente in einem Containerobjekt als eine Bewerbung zusammengefasst wird. Außerdem konnten alle anderen Analyseszenarios mithilfe der Beispieldaten, die das ProDIA-Werkzeug generierte, abgebildet werden.

Durch die in diesem Kapitel vorgestellten zwei Fallstudien wird auch das Teilziel 4 – die Evaluation des Konzepts – behandelt (siehe Abb. 83).

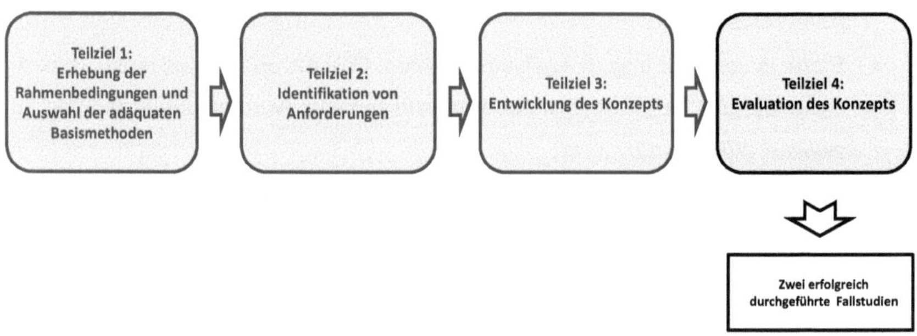

Abb. 83: Ergebnis des Teilziels 4

9 Zusammenfassung und Ausblick

9.1 Zusammenfassung der Arbeit

Den Ausgangspunkt dieser Arbeit bildet die steigende Bedeutung des Geschäftsprozessmanagements, bei dem betriebliche Aufgaben statt aus einer traditionellen funktionalen Sicht prozessorientiert organisiert werden. Hierbei werden Anwendungssysteme eingesetzt, die prozessorientierte Aufgaben unterstützen. In den letzten Jahren wurde in der Literatur oft über die Anwendung von BI-Techniken diskutiert, die v.a. zur Unterstützung von Geschäftsprozessanalysen verwendet werden können. Solche Techniken werden unter dem Begriff *Business Process Intelligence* subsumiert.[907] Motiviert ist diese Forschungsarbeit durch die Herausforderungen, die bei der Informationsbedarfsanalyse für die Entwicklung von BPI-Systemen entstehen.[908] Dabei ist es besonders von Bedeutung, den nicht-artikulierten Informationsbedarf des neuen Anwendungsbereichs der BPI zu identifizieren.[909] Das Ziel dieser Arbeit war deshalb die Entwicklung und Evaluation eines geeigneten Konzepts zur Informationsbedarfsanalyse für BPI-Systeme.[910]

Ausgehend von der Zielsetzung wurden sechs Forschungsfragen abgeleitet. Die erste Forschungsfrage zum Verständnis und zur Besonderheit von BPI-Systemen wurde in den Kapiteln 2 und 3 behandelt, in denen auf die beiden Anwendungsbereiche – Geschäftsprozessmanagement und Business Intelligence – eingegangen und darauf aufbauend der Begriff *Business Process Intelligence* definiert wurden.[911] Dabei wurde die Prozessorientierung, die durch die Abhängigkeiten zwischen Prozessaktivitäten bestimmt wird, als die Besonderheit von BPI-Systemen erkannt. Diese Erkenntnis bestimmte in den weiteren Untersuchungsschritten, welcher methodische Ansatz zur Informationsbedarfsanalyse für BPI-Systeme in dieser Arbeit gewählt wird.

Zur Beantwortung der zweiten Forschungsfrage über die bestehenden Methoden zur Informationsbedarfsanalyse wurden verschiedene Basismethoden zur Informationsbedarfsanalyse sowie spezielle Ansätze für die Entwicklung von BI-Systemen in

[907] Vgl. Abschnitt 3.3.
[908] Vgl. Herausforderungen in Abschnitt 1.1.
[909] Vgl. Abschnitt 1.1 und Abschnitt 5.4.
[910] Vgl. Abschnitt 1.2.
[911] Vgl. die Definition des Begriffs sowie die Besonderheiten von BPI-Systemen in Abschnitt 3.3.1.

Kapitel 4 vorgestellt. Diese sind ebenfalls Grundlage für eine Methodische Auswahl, die im nächsten Schritt behandelt wurde.

Ausgehend vom gestaltungsorientierten Forschungsansatz dieser Arbeit wurden konkrete, aufeinander aufbauende Teilziele aus den Forschungsfragen (3) bis (6) abgeleitet. Diese sind:

- *Teilziel 1: Erhebung der Rahmenbedingungen und Auswahl der adäquaten Basismethoden.*
- *Teilziel 2: Identifikation von Anforderungen.*
- *Teilziel 3: Entwicklung des Konzepts.*
- *Teilziel 4: Evaluation des Konzepts.*

Diese vier Teilziele beschreiben gleichzeitig die Lösungswege, denen das Gestaltungsziel dieser Arbeit durch eine iterative Entwicklung auf Basis der Design Science folgte.[912] Das Teilziel 1 wurde in Kapitel 5 behandelt. Anhand der bestehenden Methoden und Ansätze der Informationsbedarfsanalyse sowie der Besonderheiten von BPI-Systemen wurden die Rahmenbedingungen bezüglich der Informationsbedarfsanalyse für BPI-Systeme überprüft. Darauf basierend wurde für das in dieser Arbeit zu entwickelnde Konzept eine Kombination aus der Szenario-Methode und dem Prototyping ausgewählt.[913] Hierbei wurde argumentiert, dass das zu entwickelnde Konzept darauf abzielt, Analyseszenarios von BPI-Systemen und schließlich den Informationsbedarf abzuleiten, indem mithilfe eines strukturierten Vorgehens Beispieldaten des Prozessablaufs generiert und darauf basierend Prototypen von BPI-Systemen realisiert werden. Dabei besteht das szenario- und prototypingbasierte Konzept aus zwei Gestaltungskomponenten: Einem Werkzeug („ProDIA-Werkzeug"), das solche Beispieldaten generiert und einem iterativen Vorgehensmodell, das für eine szenario- und prototypingbasierte Informationsbedarfsanalyse geeignet ist und die Nutzung des ProDIA-Werkzeugs unterstützt.[914]

Ausgehend von der Auswahl der Basismethoden und der Gestaltungsentscheidung wurde eine Literaturanalyse auf Basis bestehender Publikationen sowie eine Sekundäranalyse anhand drei Fallstudien für das Teilziel 2 zur Anforderungserhebung durchgeführt (vgl. Kapitel 6). Insgesamt wurden 15 Anforderungen identifiziert, die für

[912] Vgl. das Forschungsdesign und die Forschungsmethoden in Abschnitt 5.1 und 5.2.
[913] Vgl. Abschnitt 5.5.
[914] Vgl. Abschnitt 5.6.

die Entwicklung des Konzepts (Teilziel 3) relevant sind. Basierend auf diesen Anforderungen wurden die zwei Gestaltungskomponenten entwickelt (vgl. Kapitel 7). So lassen sich der zu untersuchende Geschäftsprozess und potenzielle Analyseszenarios von BPI-Systemen mithilfe der durch das ProDIA-Werkzeug generierten Prozessdaten prototypisch abbilden. Durch die iterative Vorgehensweise kann v.a. der nicht-artikulierte Informationsbedarf für das Untersuchungsobjekt schrittweise identifiziert werden.

Im letzten Schritt erfolgte die Evaluation des szenarios- und prototypingbasierten Konzepts anhand zweier Fallstudien, die jeweils im Logistik- und Universitätskontext durchgeführt wurden (Teilziel 4). Hierzu konnten die Relevanz und die Effektivität des Konzepts validiert werden (vgl. Kapitel 8). Dadurch konnten weitere Erkenntnisse gewonnen werden, die teilweise aufgrund der iterativen Entwicklung als neue Anforderungen in das Konzept aufgenommen wurden[915] und teilweise einen weiteren Forschungsbedarf darstellen.

9.2 Kritische Würdigung

Das im Rahmen dieser Arbeit entwickelte Konzept zeigt eine Option, mit der eine Informationsbedarfsanalyse für BPI-Systeme durchgeführt werden kann. Im Mittelpunkt steht dabei die Frage, wie die für die Entwicklung von BPI-Systemen relevanten Informationen erhoben werden können. Ausgehend von der Neuartigkeit von BPI scheint die Kombination aus der Szenario-Methode und dem Prototyping die geeigneten Basismethoden für dieses Konzept zu sein. Die fallstudienbasierte Evaluation unterstützt die Vermutung, dass mit einem solchen Ansatz v.a. der nicht-artikulierte Informationsbedarf schrittweise erhoben werden kann.

Hierbei werden v.a. die prozessorientierten Aspekte von BPI-Systemen berücksichtigt. Dabei können einerseits Prozessablaufdaten unter Berücksichtigung der Prozessablauflogik sowie weiterer Anforderungen generiert werden. Andererseits können die Prozessstruktur und die Abhängigkeiten zwischen den Prozessaktivitäten durch das entwickelte Datenmodell abgebildet werden. Damit ist es möglich, Prototypen von BPI-Systemen zu realisieren und Analyseszenarios darzustellen.

[915] Vgl. die iterative Entwicklung in Abschnitt 5.2.

Die Evaluation deutet darauf hin, dass das Konzept in der Tat für einen praktischen Einsatz geeignet ist. Hierbei wurden in den Fallstudien zwei verschiedene Typen von Geschäftsprozessen, jeweils für physische und informationelle Objekte, untersucht.[916] Des Weiteren ermöglichte es das Konzept, die vage formulierten Bedarfe schrittweise zu konkretisieren und so effizient den nicht-artikulierten Informationsbedarf zu identifizieren.[917]

Gleichwohl hat diese Forschungsarbeit aus Sicht des Verfassers zwei Limitationen.

- Von den in Abschnitt 3.3.1 dargestellten Techniken von BPI-Systemen wurde nur ein OLAP-basiertes Analysesystem prototypisch realisiert.[918] Der Grund für die Auswahl dieser Technik lag einerseits an der Flexibilität der Analysemöglichkeiten und andererseits an der weniger anspruchsvollen Bedienung des Systems für die Fachanwender. Die Realisierung weiterer Analysesysteme wurde nicht im Rahmen dieser Arbeit behandelt. Wie bei der Anforderungserhebung und bei der Entwicklung des ProDIA-Werkzeugs dargestellt wurde, sind die generierten Prozessablaufdaten allerdings nicht werkzeugspezifisch und können ggf. für bestimmte Arten von Analysesystemen aufbereitet werden. Somit sollte es grundsätzlich möglich sein, Prototypen für weitere Analysesysteme zu realisieren, z.B. mit Process-Mining-Funktionalität.
- Das Konzept wurde auf Basis der 15 Anforderungen entwickelt, die aus einer Literaturanalyse und drei Fallstudien abgeleitet sind. Trotz einer systematischen Ableitung kann nicht sichergestellt werden, dass das ProDIA-Werkzeug tatsächlich alle denkbaren Aspekte einer prozessorientierten Analyse vollständig abdeckt. Dies liegt einerseits an der Breite der Anwendungsmöglichkeiten von BPI-Systemen. Andererseits ist BPI ein neuartiger Ansatz zu dem noch wenige publizierte Erfahrungen vorliegen. Trotzdem wurde das im Rahmen dieser Arbeit entwickelte Konzept bei verschiedenen Typen von Geschäftsprozessen, z.B. Prozesse für Distributionslogistik und Produktionslogistik, Verwaltungsprozesse etc., erfolgreich erprobt. Im Laufe der mehrschrittigen Iterationen der Entwicklung haben sowohl die 15 identifizierten Anforderungen als auch das entwickelte

[916] Außerdem wurde das Konzept auch bei den in Kapitel 6 vorgestellten drei Fallstudien erprobt. Diese Vorgehensweise ist durch die iterative Entwicklung begründet.
[917] Der Nutzenbeitrag lässt sich am besten durch die aufeinander aufbauenden Analyseszenarios bei den zwei Fallstudien in Kapitel 8 erkennen.
[918] Vgl. eine prototypische Realisierung in Abschnitt 7.2.4.

ProDIA-Werkzeug eine gewisse Stabilität erwiesen. Das Tool konnte darüber hinaus auch erfolgreich und ohne Modifikationen in aufbauenden Praxisarbeiten und Projekten eingesetzt werden.[919]

9.3 Aufbauende Arbeiten und weiterer Forschungsbedarf

Der Forschungsbereich zu BI im Geschäftsprozessmanagement wird am Lehrstuhl für Wirtschaftsinformatik I der Universität Stuttgart weiterhin fortgeführt. Unter anderem wurden mehrere Abschlussarbeiten unter der Betreuung des Verfassers, basierend auf den Ergebnissen dieser Forschungsarbeit, durchgeführt. Zum einen hat Frau Duong mithilfe des hier vorgestellten Konzepts eine Informationsbedarfsanalyse von BPI-Systemen für einen Kreditvergabeprozess einer Bank durchgeführt. Hierbei handelte es sich um einen informationellen Prozess, in dem fünf potenzielle Analyseszenarios identifiziert werden konnten.[920] Zum anderen hat Frau Tao in ihrer Arbeit die Relevanz von BPI-Systemen im Kontext der RFID-gestützten Prozesse untersucht. Hierbei wurde ein Prototyp entwickelt, bei dem Prozessdaten aus verschiedenen Systemen für eine Prozessanalyse aufbereitet wurden. Für die Entwicklung des Prototyps wurde das im Rahmen dieser Arbeit vorgestellte Datenmodell verwendet.[921]

Weiterer Forschungsbedarf ergibt sich zum Teil aus den im letzten Abschnitt erörterten Limitationen:

- *Prototypische Realisierung mit weiteren Analysesystemen.* Hierbei können insb. Process-Mining-Systeme neben OLAP-Systemen für BPI-Analyse eine bedeutende Rolle spielen. Bei einer prototypischen Realisierung sollte v.*a.* darauf geachtet werden, dass die durch das ProDIA-Werkzeug generierten Prozessablaufdaten zielgerichtet für die entsprechenden Systeme aufbereitet werden. Beispielsweise können die generierten Prozessablaufdaten mit der vorgestellten Datenstruktur durch Join-Funktionen zu Input-Daten für Process-Mining-Werkzeuge wie ProM[922] konvertiert werden.

[919] Beispielsweise hat Frau Duong das ProDIA-Werkzeug in ihrer Abschlussarbeit angewendet. Vgl. Duong, M. D. (2013), S. 1 ff.
[920] Vgl. Duong, M. D. (2013), S. 1 ff.
[921] Vgl. Tao, Z. (2011), S. 1 ff.
[922] Vgl. Process Mining Group (2013), URL siehe Literaturverzeichnis.

- *Darstellung prozessorientierter Analyseszenarios mit OLAP-Funktionen.* Herkömmliche OLAP-Werkzeuge sind nicht für prozessorientierte Analysen konzipiert. Aus den zwei Fallstudien der Evaluation ist ersichtlich, dass die Prozessstruktur, trotz der manuell hinzugefügten Nummern bei den Beschreibungen, nicht übersichtlich dargestellt werden konnte. Hierbei bedarf es für das zu entwickelnde BPI-System einer Darstellungsmöglichkeit, mit der die OLAP-Funktionen übersichtlich und nachvollzielbar auf Basis der Prozessstruktur durchgeführt werden können. Im Rahmen dieser Arbeit wurde experimentiert, OLAP-Funktionen für einen Logistikprozess auf eine Landkarte (Google Maps) durchzuführen. Ein OLAP-Cube wurde auf Basis des multidimensionalen Datenmodells in einem MS SQL-Server erstellt. Die für die OLAP-Analysen benötigten Daten wurden durch MDX-Abfragen abgerufen und die entsprechenden Analysen lassen sich auf Basis der Prozessstruktur, die auf einer Landkarte abgebildet wird, darstellen.[923] Das Experiment zeigte, dass die richtige Visualisierungstechnik dabei hilft, prozessorientierte Analysen verständlicher darzustellen und somit relevante Analyseszenarios zu identifizieren. Hier besteht noch Forschungsbedarf.

Das im Rahmen dieser Arbeit entwickelte Konzept bietet eine Möglichkeit, den Informationsbedarf sowie die Nutzenpotenziale von BPI-Systemen mit begrenztem Aufwand und geringen Kosten zu überprüfen. Es erleichtert so dem Anwender, prozessorientierte BI-Systeme effektiv zu spezifizieren und zielgerichtet zu implementieren. Weitere Forschungsarbeiten können sich hierbei auch auf die Implementierung von BPI-Systemen in verschiedenen Anwendungskontexten konzentrieren. Hierbei bestehen Herausforderungen sowohl aus organisatorischer als auch aus technischer Sicht. Zum einen ist noch zu klären, wie, bzw. auf welchem Detaillierungsgrad, organisations-/unternehmensübergreifende Daten entlang des zu untersuchenden Geschäftsprozesses ausgetauscht bzw. integriert werden können/sollen. Zu diesem Punkt müssten neben den damit technischen Herausforderungen viele organisatorische und gesetzliche Fragen adressiert werden. Zum anderen sollen die neuen technologischen Entwicklungen sowohl als Herausforderungen als auch als Chancen für die Implementierung und die Verbreitung von BPI-Systemen berücksichtigt werden. Hierzu gehören die in der Arbeit erwähnten RFID-, Sensor- und GPS-Techniken,

[923] Das Experiment wurde mit der Unterstützung studentischer Hilfskräfte durchgeführt. In Anhang B werden einige Screenshots der Analysen dargestellt.

die teilweise Enabler für eine prozessübergreifende Datenerfassung und die Datenintegration sind. Neuere Entwicklungen wie z.B. Cloud Computing bieten neue Perspektiven für die Implementierung von BPI-Systemen. Beispielsweise ist es möglich, mithilfe von Cloud Computing Datenaustausch und Datenhaltung von BPI-Systemen durch einen dritten Anbieter zu betreiben. Somit werden viele organisatorische Fragen bezüglich der Verantwortlichkeit und der Sicherheit beantwortet oder die Diskussion darüber im Themenbereich des Cloud Computing verlagert.

Anhang

Anhang A: Datenstruktur zur Prozesskonfiguration – Eine beispielhafte Darstellung anhand der Fallstudie A

Tab. 23: Datenstruktur der Config.xsd

```
<xs:schema xmlns:xs="http://www.w3.org/2001/XMLSchema">
 <xs:element name="Config">
 <xs:complexType>
  <xs:sequence>
   <xs:element name="Number GStep" type="xs:integer"/>
   <xs:element name="Number Objects per Type" type="xs:integer"/>
   <xs:element name="Number Objects per Batch" type="xs:integer"/>
   <xs:element name="Start Date" type="xs:date"/>
   <xs:element name="End Date" type="xs:date"/>
   <xs:element name="Version" type="xs:string"/>
   <xs:element name="Start Object Key" type="xs:integer"/>
   <xs:element name="Start Container Key" type="xs:integer"/>
  </xs:sequence>
 </xs:complexType>
 </xs:element>
</xs:schema>
```

Tab. 24: Datenstruktur der Process.xsd

```
<xs:schema xmlns:xs="http://www.w3.org/2001/XMLSchema">
 <xs:element name="Process">
 <xs:complexType>
  <xs:sequence>
   <xs:element name="Process Key" type="xs:integer"/>
   <xs:element name="Business Process Number" type="xs:integer"/>
   <xs:element name="Business Process Description" type="xs:string"/>
   <xs:element name="Subprocess Number" type="xs:integer"/>
   <xs:element name="Subprocess Description" type="xs:string"/>
   <xs:element name="Activity Number" type="xs:integer"/>
   <xs:element name="Activity Description" type="xs:string"/>
   <xs:element name="Picking Process" type="xs:string"/>
   <xs:element name="Capacity" type="xs: decimal"/>
  </xs:sequence>
 </xs:complexType>
```

Tab. 25: Datenstruktur der Activities.xsd

```
<xs:schema xmlns:xs="http://www.w3.org/2001/XMLSchema">
 <xs:element name="Activity">
 <xs:complexType>
  <xs:sequence>
   <xs:element name="Activity Number" type="xs:integer"/>
   <xs:element name="Next Activity" type="xs:integer"/>
   <xs:element name=" Last Activity" type="xs:integer"/>
   <xs:element name="Party Responsible Key" type="xs: integer"/>
   <xs:element name="Mode of Transformation Key" type="xs: integer"/>
   <xs:element name="GPossibility" type="xs:decimal"/>
   <xs:element name="GStep" type="xs:integer"/>
   <xs:element name="Distance" type="xs:decimal"/>
   <xs:element name="Factor for Duration" type="xs:decimal"/>
   <xs:element name="Factor for Cost" type="xs:decimal"/>
   <xs:element name="Factor for CO2Value" type="xs:decimal"/>
   <xs:element name="Deviation Status Ongoing" type="xs:decimal"/>
   <xs:element name="Deviation Status Lost" type="xs:decimal"/>
   <xs:element name="Deviation Status Rejected" type="xs:decimal"/>
   <xs:element name="Deviation Status Completed" type="xs:decimal"/>
  </xs:sequence>
 </xs:complexType>
 </xs:element>
</xs:schema>
```

Tab. 26: Datenstruktur der Objecttypes.xsd

```
<xs:schema xmlns:xs="http://www.w3.org/2001/XMLSchema">
 <xs:element name="Object">
 <xs:complexType>
  <xs:sequence>
   <xs:element name="Object Key" type="xs:integer"/>
   <xs:element name="Object Description" type="xs:string"/>
   <xs:element name="Category Description" type="xs:string"/>
   <xs:element name="Batch Number" type="xs:string"/>
   <xs:element name="Date of Manufacturing" type="xs:date"/>
   <xs:element name=" Weight" type="xs:decimal"/>
   <xs:element name="Length" type="xs:decimal"/>
   <xs:element name="Width" type="xs:decimal"/>
   <xs:element name="Height" type="xs:decimal"/>
   <xs:element name="Manufacturer Key" type="xs:integer"/>
   <xs:element name="Manufacturer Description" type="xs:string"/>
   <xs:element name="Manufacturer Type" type="xs:string"/>
   <xs:element name="Manufacturer Address" type="xs:string"/>
   <xs:element name="Factor for Duration" type="xs:decimal"/>
   <xs:element name="Factor for Cost" type="xs:decimal"/>
   <xs:element name="Factor for CO2Value" type="xs:decimal"/>
   <xs:element name="Deviation Status Ongoing" type="xs:decimal"/>
   <xs:element name="Deviation Status Lost" type="xs:decimal"/>
   <xs:element name="Deviation Status Rejected" type="xs:decimal"/>
   <xs:element name="Deviation Status Completed" type="xs:decimal"/>
  </xs:sequence>
 </xs:complexType>
 </xs:element>
</xs:schema>
```

Tab. 27: Datenstruktur der Containertypes.xsd

```
<xs:schema xmlns:xs="http://www.w3.org/2001/XMLSchema">
 <xs:element name="Container">
 <xs:complexType>
  <xs:sequence>
   <xs:element name="Container Key" type="xs:integer"/>
   <xs:element name="Container Description" type="xs:string"/>
   <xs:element name="Type" type="xs:string"/>
   <xs:element name=" Weight" type="xs:decimal"/>
   <xs:element name="Length" type="xs:decimal"/>
   <xs:element name="Width" type="xs:decimal"/>
   <xs:element name="Height" type="xs:decimal"/>
   <xs:element name="Packing Date" type="xs:date"/>
   <xs:element name="Unpacking Date" type="xs:date"/>
  </xs:sequence>
 </xs:complexType>
 </xs:element>
</xs:schema>
```

Tab. 28: Datenstruktur der PartyResponsible.xsd

```
<xs:schema xmlns:xs="http://www.w3.org/2001/XMLSchema">
 <xs:element name="Party Responsible ">
 <xs:complexType>
  <xs:sequence>
   <xs:element name="Party Responsible Key" type="xs:integer"/>
   <xs:element name="Party Description" type="xs:string"/>
   <xs:element name="Capacity" type="xs: decimal"/>
   <xs:element name="Department Description" type="xs:string"/>
   <xs:element name="Company Description" type="xs:string"/>
   <xs:element name="Company Type" type="xs:string"/>
   <xs:element name="Company Address " type="xs:string"/>
   <xs:element name="Factor for Duration" type="xs:decimal"/>
   <xs:element name="Factor for Cost" type="xs:decimal"/>
   <xs:element name="Factor for CO2Value" type="xs:decimal"/>
   <xs:element name="Deviation Status Ongoing" type="xs:decimal"/>
   <xs:element name="Deviation Status Lost" type="xs:decimal"/>
   <xs:element name="Deviation Status Rejected" type="xs:decimal"/>
   <xs:element name="Deviation Status Completed" type="xs:decimal"/>
  </xs:sequence>
 </xs:complexType>
 </xs:element>
</xs:schema>
```

Tab. 29: Datenstruktur der ModeofTransformation.xsd

```
<xs:schema xmlns:xs="http://www.w3.org/2001/XMLSchema">
 <xs:element name="Mode of Transformation">
 <xs:complexType>
  <xs:sequence>
   <xs:element name="Mode of Transformation Key" type="xs:integer"/>
   <xs:element name=" Description" type="xs:string"/>
   <xs:element name=" Category" type="xs:string"/>
   <xs:element name="Capacity" type="xs: decimal"/>
   <xs:element name="Factor for Duration" type="xs:decimal"/>
   <xs:element name="Factor for Cost" type="xs:decimal"/>
   <xs:element name="Factor for CO2Value" type="xs:decimal"/>
   <xs:element name="Deviation Status Ongoing" type="xs:decimal"/>
   <xs:element name="Deviation Status Lost" type="xs:decimal"/>
   <xs:element name="Deviation Status Rejected" type="xs:decimal"/>
   <xs:element name="Deviation Status Completed" type="xs:decimal"/>
  </xs:sequence>
 </xs:complexType>
 </xs:element>
</xs:schema>
```

Anhang B: Ein Prototyp zur Visualisierung von OLAP-Analysen auf Google Maps

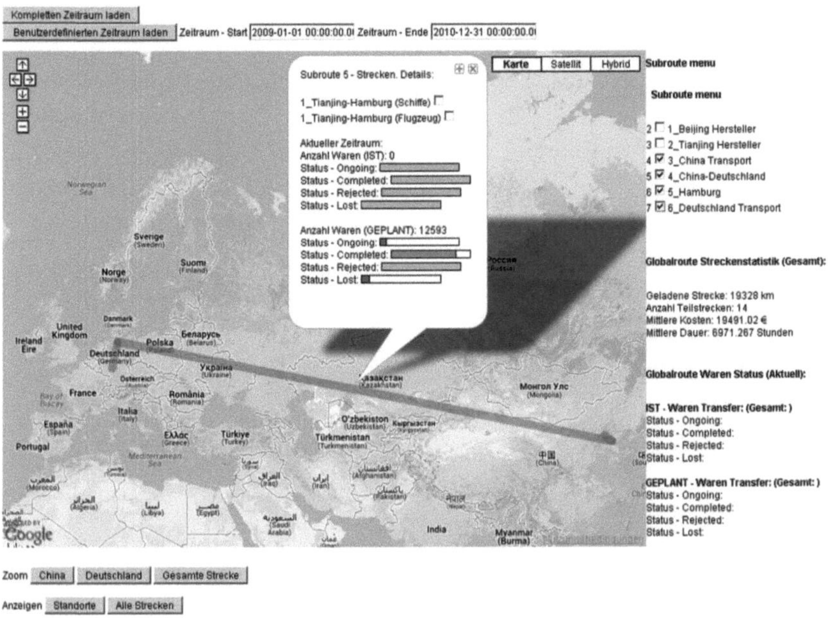

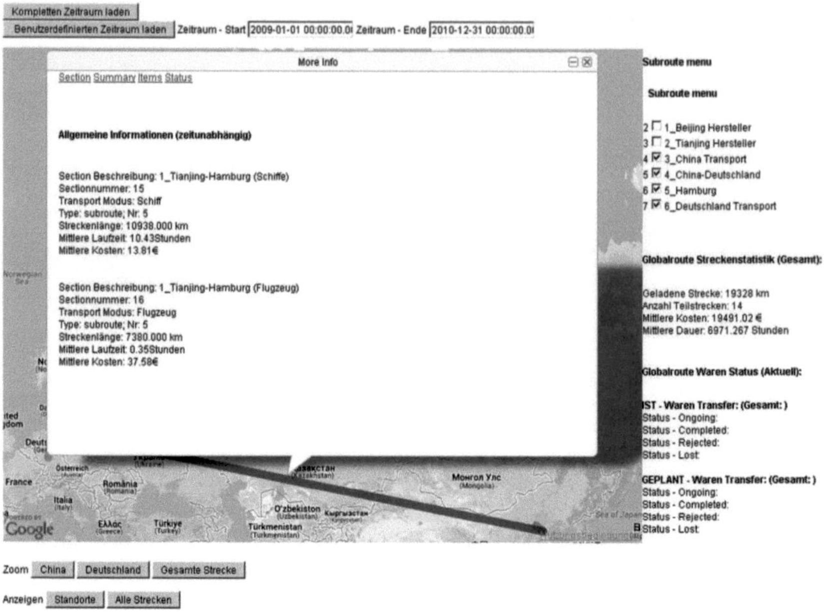
Kompletten Zeitraum laden
Benutzerdefinierten Zeitraum laden
Zeitraum - Start 2009-01-01 00:00:00.0
Zeitraum - Ende 2010-12-31 00:00:00.0
More Info
Section Summary Items Status
Allgemeine Informationen (zeitunabhängig)
Section Beschreibung: 1_Tianjing-Hamburg (Schiffe)
Sectionnummer: 15
Transport Modus: Schiff
Type: subroute; Nr: 5
Streckenlänge: 10938.000 km
Mittlere Laufzeit: 10.43Stunden
Mittlere Kosten: 13.81€
Section Beschreibung: 1_Tianjing-Hamburg (Flugzeug)
Sectionnummer: 16
Transport Modus: Flugzeug
Type: subroute; Nr: 5
Streckenlänge: 7380.000 km
Mittlere Laufzeit: 0.35Stunden
Mittlere Kosten: 37.58€
Subroute menu
Subroute menu
2 1_Beijing Hersteller
3 2_Tianjing Hersteller
4 3_China Transport
5 4_China-Deutschland
6 5_Hamburg
7 6_Deutschland Transport
Globalroute Streckenstatistik (Gesamt):
Geladene Strecke: 19328 km
Anzahl Teilstrecken: 14
Mittlere Kosten: 19491.02 €
Mittlere Dauer: 6971.267 Stunden
Globalroute Waren Status (Aktuell):
IST - Waren Transfer: (Gesamt:)
Status - Ongoing:
Status - Completed:
Status - Rejected:
Status - Lost:
GEPLANT - Waren Transfer: (Gesamt:)
Status - Ongoing:
Status - Completed:
Status - Rejected:
Status - Lost:
Zoom China Deutschland Gesamte Strecke
Anzeigen Standorte Alle Strecken

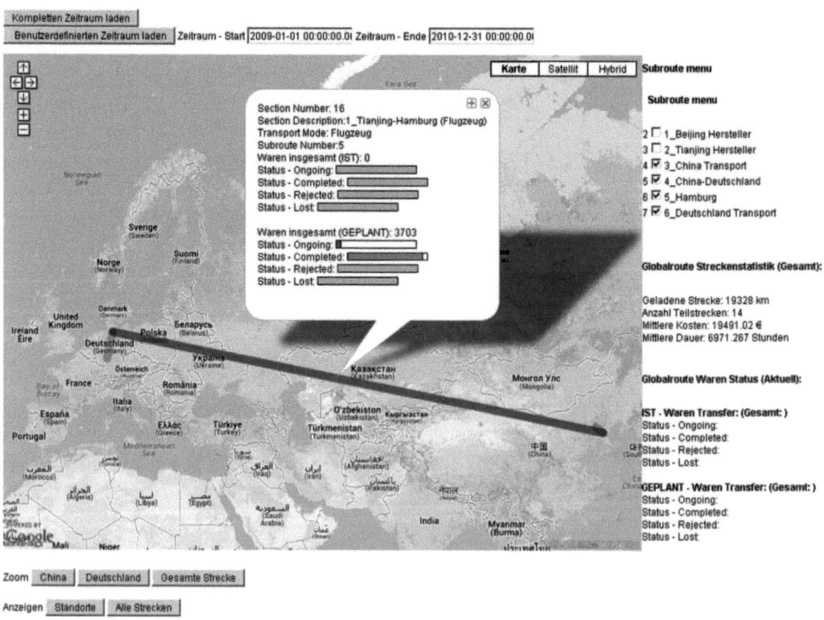
Kompletten Zeitraum laden
Benutzerdefinierten Zeitraum laden
Zeitraum - Start 2009-01-01 00:00:00.0
Zeitraum - Ende 2010-12-31 00:00:00.0
Karte Satellit Hybrid
Section Number: 16
Section Description:1_Tianjing-Hamburg (Flugzeug)
Transport Mode: Flugzeug
Subroute Number:5
Waren insgesamt (IST): 0
Status - Ongoing:
Status - Completed:
Status - Rejected:
Status - Lost:
Waren insgesamt (GEPLANT): 3703
Status - Ongoing:
Status - Completed:
Status - Rejected:
Status - Lost:
Subroute menu
Subroute menu
2 1_Beijing Hersteller
3 2_Tianjing Hersteller
4 3_China Transport
5 4_China-Deutschland
6 5_Hamburg
7 6_Deutschland Transport
Globalroute Streckenstatistik (Gesamt):
Geladene Strecke: 19328 km
Anzahl Teilstrecken: 14
Mittlere Kosten: 19491.02 €
Mittlere Dauer: 6971.267 Stunden
Globalroute Waren Status (Aktuell):
IST - Waren Transfer: (Gesamt:)
Status - Ongoing:
Status - Completed:
Status - Rejected:
Status - Lost:
GEPLANT - Waren Transfer: (Gesamt:)
Status - Ongoing:
Status - Completed:
Status - Rejected:
Status - Lost:
Zoom China Deutschland Gesamte Strecke
Anzeigen Standorte Alle Strecken

Literaturverzeichnis

Abts, D. und Mülder, W. (2010), Grundkurs Wirtschaftsinformatik: Eine Kompakte und Praxisorientierte Einführung, 7. Aufl., Vieweg+Teubner Verlag, Wiesbaden 2010

Accorsi, R., Ullrich, M. und Van der Aalst, W. M. P. (2012), Process Mining, in: Informatik Spektrum, 35, 2012, 5, S. 354-359

Ackoff, R. L. (1967), Management Misinformation Systems, in: Management Science, 14, 1967, 4, S. B147-B156

ADONIS Community (2012), ADONIS Community Edition, URL: http://www.adonis-community.com/business_process_management_home.html, Zugriff am: 04.06.2013

Agarwal, V. (2001), Assessing the benefits of Auto-ID Technology in the Consumer Goods Industry, University of Cambridge, Cambridge 2001

Alff, S. C. und Bungert, W. (2004), Business Intelligence, in: Scheer, A.-W., Abolhassan, F., Kruppke, H. und Jost, W. (Hrsg.), Innovation durch Geschäftsprozessmanagement, Springer-Verlag, Berlin und Heidelberg 2004, S. 155-170

Allweyer, T. (2005), Geschäftsprozessmanagement: Strategie, Entwurf, Implementierung, Controlling, W3L GmbH, Herdecke und Bochum 2005

Allweyer, T. (2009), BPMN 2.0 Business Process Model and Notation: Einführung in den Standard für die Geschäftsprozessmodellierung, 2. Aufl., Books on Demand GmbH, Norderstedt 2009

Alt, R. und Auth, G. (2010), Campus-Management-System, in: Wirtschaftsinformatik, 3, 2010, S. 185-188

Amberg, C. (2010), Unterstützung dispositiver Prozesse durch prozessorientierte Business Intelligence, in: Proceedings of the Zweites Forschungskolloquium Business Intelligence (FKBI 10), Dresden, Deutschland 2010, S. 1-10

Anton, A. I. (1996), Goal-based Requirements Analysis, in: Proceedings of the Second International Conference on Requirements Engineering, Colorado Springs, CO , USA 1996, S. 136-144

Arnold, D., Isermann, H., Kuhn, A., Tempelmeier, H. und Furmans, K. (2008), Handbuch Logistik, 3. Aufl., Springer-Verlag, Berlin und Heidelberg 2008

Atteslander, P. (2010), Methoden der empirischen Sozialforschung, 12. Aufl., Erich Schmidt Verlag, Berlin 2010

Aurum, A. und Wohlin, C. (2005), Requirements Engineering: Setting the Context, in: Aurum, A. und Wohlin, C. (Hrsg.), Engineering and Managing Software Requirements, Springer-Verlag, Berlin und Heidelberg 2005, S. 1-15

Baars, H. (2006), Distribution von Business-Intelligence-Wissen – Diskussion eines Ansatzes zur Nutzung von Wissensmanagement-Systemen für die Verbreitung von Analyseergebnissen und Analysetemplates, in: Chamoni, P. und Gluchowski, P. (Hrsg.), Analytische Informationssysteme: Business Intelligence-Technologien und -Anwendungen, 3. Aufl., Springer-Verlag, Berlin und Heidelberg 2006, S. 409-424

Baars, H. und Kemper, H.-G. (2008), Management Support with Structured and Unstructured Data – An Integrated Business Intelligence Framework, in: Information Systems Management, 25, 2008, 2, S. 132-148

Baars, H., Kemper, H.-G., Lasi, H. und Siegel, M. (2008a), Combining RFID Technology and Business Intelligence for Supply Chain Optimization – Scenarios for Retail Logistics, in: Proceedings of the 41. Hawaii International Conference on System Sciences (HICCS-41), Hawaii 2008a, S. 73-83

Baars, H. und Lasi, H. (2010), Innovative Business-Intelligence-Anwendungen in Logistik und Produktion, in: Chamoni, P. und Gluchowski, P. (Hrsg.), Analytische Informationsssyteme: Business Intelligence-Technologien und -Anwendungen, 4. Aufl., Springer-Verlag, Berlin und Heidelberg 2010, S. 419-438

Baars, H. und Sun, X. (2009), Multidimensional Analysis of RFID Data in Logistics, in: Proceedings of the 42. Hawaii International Conference on System Sciences (HICCS-42), Hawaii 2009, S. 1-10

Baars, H., Sun, X. und Reiter, A. (2008b), RFID for the Internal Logistics of Foods Manufacturers – A Case-based Exploration of Business Potential, Challenges, and Trends, in: 4th European Workshop on RFID Systems and Technologies, Freiburg 2008b, S. 1-8

Baars, H., Sun, X., Strüker, J. und Gille, D. (2008c), Profiling Benefits of RFID Applications, in: Proceedings of the Americas Conference on Information Systems (AMCIS '08), Toronto 2008c, S. 1-10

Balzert, H. (2009), Lehrbuch der Softwaretechnik: Basiskonzepte und Requirements Engineering, 3. Aufl., Spektrum Akademischer Verlag, Heidelberg 2009

Balzert, H. (2011), Lehrbuch der Softwaretechnik: Entwurf, Implementierung, Installation und Betrieb, 3. Aufl., Spektrum Akademischer Verlag, Heidelberg 2011

Bankhofer, U. und Vogel, J. (2008), Datenanalyse und Statistik: Eine Einführung für Ökonomen im Bachelor, Gabler Verlag, Wiesbaden 2008

Barnes, S. (2002), Knowledge Management Systems:Theory and Practice, Thomson Learning, Oxford 2002

Barth, T. und Barth, D. (2008), Controlling, 2. Aufl., Oldenbourg Wissenschaftsverlag, München 2008

Bauer, A. und Günzel, H. (2009), Data-Warehouse-Systeme Architektur, Entwicklung, Anwendung, 3. Aufl., dpunkt.verlag, Heidelberg 2009

Bauknecht, H. und Fischer, U. (2010), Zulassungsverfahren zum WS 2009/10, Zentrale Verwaltung der Universität Stuttgart, 2010

Beck, K. (2013), Kommunikationswissenschaft, 3. Aufl., UVK Verlagsgesellschaft mbH, Stuttgart 2013

Becker, J., Brelage, C., Crisandt, J., Dreiling, A., Holten, R., Ribbert, M. und Seidel, S. (2003), Methodische und technische Integration von Daten- und Prozessmodellierungstechniken für Zwecke der Informationsbedarfsanalyse, in: Becker, J. G., H. L.; Klein, St.; Kuchen, H.; Müller-Funk, U.; Vossen, G. (Hrsg.), Arbeitsberichte des Instituts für Wirtschaftsinformatik der Universität Münster, Münster 2003, S. 1-62

Becker, J., Brelage, C., Dreiling, A. und Ribbert, M. (2004), Business Process-Driven Information Requirements Engineering, in: Khosrow-Pour, M. (Hrsg.), Innovations Through Information Technology, Idea Group Publishing, USA 2004, S. 352-356

Becker, J. und Kahn, D. (2012), Der Prozess im Fokus, in: Becker, J., Kugeler, M. und Rosemann, M. (Hrsg.), Prozessmanagement: Ein Leitfaden zur prozessorientierten Organisationsgestaltung, 7. Aufl., Springer Gabler, Berlin und Heidelberg 2012, S. 3-17

Becker, J., Niehaves, B., Olbrich, S. und Pfeiffer, D. (2009), Forschungsmethodik einer Integrationsdisziplin – Eine Fortführung und Ergänzung zu Lutz Heinrichs „Beitrag zur Geschichte der Wirtschaftsinformatik“ aus gestaltungsorientierter Perspektive, in: Becker, J., Krcmar, H. und Niehaves, B. (Hrsg.), Wissenschaftstheorie und gestaltungsorientierte Wirtschaftsinformatik, Physica-Verlag, Heidelberg 2009, S. 1-22

Becker, J. und Pfeiffer, D. (2006), Beziehungen zwischen behavioristischer und konstruktionsorientierter Forschung in der Wirtschaftsinformatik, in: Zelewski, S. und Akca, N. (Hrsg.), Fortschritt in den Wirtschaftswissenschaften: Wissenschaftstheoretische Grundlagen und exemplarische Anwendungen, Deutscher Universitäts-Verlag, Wiesbaden 2006, S. 1-17

Becker, J. und Schütte, R. (2004), Handelsinformationssysteme, 2. Aufl., Redline Wirtschaft, Frankfurt am Main 2004

Becker, M. und Chamoni, P. (2006), Process Performance Management: Verzahnte Prozesse stets im Blick, in: BI Spektrum, 01-2006, 2006, S. 24-26

Becker, M. und Chamoni, P. (2008), Ein modellbasierter, integrierter Ansatz zur Gestaltung und Nutzung eines Process Warehouse, in: Proceedings of the Multikonferenz Wirtschaftsinformatik 2008 (MKWI 2008), München 2008, S. 155-166

Becker, T. (2008), Prozesse in Produktion und Supply Chain optimieren, 2. Aufl., Springer-Verlag, Berlin und Heidelberg 2008

Beckmann, H. (2003), Konzept des Supply Chain Managements, in: Beckmann, H. (Hrsg.), Supply Chain Management: Strategien und Entwicklungstendenzen in Spitzenunternehmen, Springer-Verlag, Berlin und Heidelberg 2003, S. 1-50

Behme, W., Holthuis, J. und Mucksch, H. (2000), Umsetzung multidimensionaler Strukturen, in: Mucksch, H. und Behme, W. (Hrsg.), Das Data Warehouse-Konzept, 4. Aufl., Wiesbaden 2000, S. 215-241

Beier, S., Grandison, T., Kailing, K. und Tantzau, R. (2006), Discovery Services - Enabling RFID Traceability in EPCglobal Networks, in: Proceedings of the International Conference on Management of Data (COMAD), Delhi, India 2006, S. 1-4

Beiersdorf, H. (1995), Informationsbedarf und Informationsbedarfsermittlung im Problemlösungsprozess "Strategische Unternehmungsplanung", Rainer Hampp Verlag, München und Mering 1995

Bergmann, R. und Garrecht, M. (2008), Organisation und Projektmanagement, Physica-Verlag, Heidelberg 2008

Bergsmann, S. (2012), End-to-End-Geschäftsprozessmanagement: Organisationselement, Integrationsinstrument, Managementansatz, Springer-Verlag, Wien und New York 2012

Berthel, J. (1975), Betriebliche Informationssysteme, C. E. Poeschel Verlag, Stuttgart 1975

Berthel, J. (2004), Informationsbedarf, in: Frese, E. und Von Werder, A. (Hrsg.), Handwörterbuch der Organisation, 4. Aufl., Schäffer-Poeschel, Stuttgart 2004, S. 872-885

Betge, D. (2006), Koordination in Advanced Planning and Scheduling-Systemen, Deutscher Universitäts-Verlag, Wiesbaden 2006

Biethahn, J., Mucksch, H. und Ruf, W. (2004), Ganzheitliches Informationsmanagement – Band 1: Grundlagen, 6. Aufl., Oldenbourg Wissenschaftsverlag, München 2004

Bissantz, N., Nagedorn, J. und Mertens, P. (2000), Data Mining, in: Mucksch, H. und Behme, W. (Hrsg.), Das Data Warehouse-Konzept: Architektur – Datenmodelle – Anwendungen, 4. Aufl., Gabler Verlag, Wiesbaden 2000, S. 377-407

BMU, UBA und Öko-Institut, e. V. (2011), Memorandum Product Carbon Footprint, 2011

Bode, J. (1997), Der Informationsbegriff in der Betriebswirtschaftslehre, in: Zeitschrift für betriebswirtschaftliche Forschung, 49, 1997, 5, S. 449-468

Böhm, R. und Fuchs, E. (2002), System-Entwicklung in der Wirtschaftsinformatik, 5. Aufl., vdf Hochschulverlag, Zürich 2002

Böhnlein, M. und Ulbrich-vom Ende, A. (2000), Business Process Oriented Development of Data Warehouse Structures, in: Jung, R. und Winter, R. (Hrsg.), Data Warehousing 2000: Methoden, Anwendungen, Strategien, Springer-Verlag, Berlin und Heidelberg 2000, S. 3-21

Bolsinger, H. (2005), Globalisierung und Netzwerke, in: Lachmann, W., Haupt, R. und Farmer, K. (Hrsg.), Globalisierung der Wirtschaft: Segen oder Fluch?, LIT Verlag, Münster 2005, S. 207-242

BONAPART (2012), BONAPART® BPEL Modeler, URL: http://bonapart.btc-ag.com/, Zugriff am: 11.06.2013

Bonifati, A., Casati, F., Dayal, U. und Shan, M.-C. (2001a), Warehousing Workflow Data: Challenges and Opportunities, in: Proceedings of the 27th International Conference on Very Large Data Bases, Roma, Italy 2001a, S. 649-652

Bonifati, A., Cattaneo, F., Ceri, S. und Paraboschi, S. (2001b), Designing data marts for data warehouses, in: ACM Transactions on Software Engineering and Methodology (TOSEM), 10, 2001b, 4, S. 452-483

Booch, G., Rumbaugh, J. und Jacobson, I. (2006), Das UML Benutzerhandbuch, Addison-Wesley, München 2006

Bortz, J. und Döring, N. (2006), Forschungsmethoden und Evaluation, 4. Aufl., Springer Medizin Verlag, Heidelberg 2006

Braun, L. (2002), Statistisches Prozessmanagement: Modellierung betrieblicher Prozessnetzwerke mit multivarianten Methoden, Tectum Verlag, Marburg 2002

Bretzke, W.-R. (2010), Logistische Netzwerke, 2. Aufl., Springer-Verlag, Berlin und Heidelberg 2010

Brooks-Harris, J. E. und Stock-Ward, S. R. (1999), Workshops: Designing and Facilitating Experiential Learning, Sage Publications, USA 1999

Brosius, H.-B., Koschel, F. und Haas, A. (2012), Methoden Der Empirischen Kommunikationsforschung: Eine Einführung, 6. Aufl., Springer-Verlag, Wiesbaden 2012

Buchanan, L. und O'Connell, A. (2006), A Brief History of Decision Making, in: Harvard Business Review, 84, 2006, 1, S. 32-41

Bucher, T. (2008), Interaktionseffekte zwischen prozessorientierter Organisation und Informationslogistik, in: Töpfer, A. und Winter, R. (Hrsg.), Active Enterprise Intelligence, Springer-Verlag, Berlin und Heidelberg 2008, S. 101-127

Bucher, T. und Dinter, B. (2008), Anwendungsfälle der Nutzung analytischer Informationen im operativen Kontext, in: proceedings of the Multikonferenz Wirtschaftsinformatik 2008 (MKWI 2008), München 2008, S. 167-179

Bucher, T. und Gericke, A. (2009), Process-centric Business Intelligence, in: Business Process Management, 15, 2009, 3, S. 408-429

Buhrymenka, A. (2012), Erfolgreiche Unternehmensführung durch den Einsatz von Corporate Performance Management, Diplomica Verlag, Hamburg 2012

Bulos, D. (1996), OLAP Database Design: A New Dimension, in: Database Programming and Design, 9, 1996, 6, S. 33-38

Burmester, L. und Goeken, M. (2005), Benutzerorientierter Entwurf von unternehmensweiten Data-Warehouse-Systemen, in: Ferstl, O. K., Sinz, E. J., Eckert, S. und Isselhorst, T. (Hrsg.), Wirtschaftsinformatik 2005: eEconomy, eGovernment, eSociety, Physica-Verlag, Heidelberg 2005, S. 1421-1440

Byrd, T. A., Cossick, K. L. und Zmud, R. W. (1992), A Synthesis of Research on Requirements Analysis and Knowledge Acquisition Techniques, in: MIS Quarterly, 16, 1992, 1, S. 117-138

Camp, D. (2005), Brainstorming, Cypress House, USA 2005

Carrier, M. und Wimmer, R. (1995), Prozess, in: Mittelstraß, J. (Hrsg.), Enzyklopädie Philosophie und Wissenschaftstheorie, Verlag J. B. Metzler, Stuttgart und Weimar 1995, S. 385-387

Casati, F., Castellanos, M., Dayal, U. und Salazar, N. (2007), A Generic solution for Warehousing Business Process Data, in: Proceedings of the 33rd international conference on Very large data bases Vienna, Austria 2007, S. 1128-1138

Casati, F., Dayal, U., Sayal, M. und Shan, M.-C. (2002), Business Process Intelligence, Software Technology Laboratory, HP Laboratories, Palo Alto, California 2002

Castellanos, M., Medeiros, d. A. K. A., Mendling, J., Weber, B. und Weijters, A. J. M. M. (2009), Business Process Intelligence, in: Cardoso, E. J. und Aalst, W. M. P. v. d. (Hrsg.), Handbook of Research on Business Process Modeling, Information Science Reference, United States of America und United Kindom 2009, S. 467-491

Chamoni, P. und Gluchowski, P. (2010), Analytische Informationssysteme – Einordnung und Überblick, in: Chamoni, P. und Gluchowski, P. (Hrsg.), Analytische Informationssysteme: Business Intelligence-Technologien und -Anwendungen, 4. Aufl., Springer-Verlag, Berlin und Heidelberg 2010, S. 3-23

Chaudhuri, S. und Dayal, U. (1997), An overview of data warehousing and OLAP technology, in: ACM SIGMOD Record, 26, 1997, 1, S. 65-74

Chen, P. P. (1976), The Entity-Relationship-Model – Towards a Unified View of Data, in: ACM Transactions on Database Systems, 1, 1976, 1, S. 9-36

Cheng, Y. und Li, Z. (2010), The Research & Application of Process-Oriented Business Intelligence in Manufacturing Industry in: Proceedings of the 2010 International Conference on Management and Service Science (MASS), Wuhan, China 2010, S. 1-4

Chow, L., Das, M. und Bostrom, P. (2010), Business Process Intelligence: Beyond the Convergence of BPM and BI, in: Fischer, L. (Hrsg.), 2010 BPM and Workflow Handbook, Future Strategies, USA 2010, S. 19-32

Codd, E. F., Codd, S. B. und Salley, C. T. (1993a), Beyond Decision Support, in: Computer World, 27, 1993a, 30, S. 87-89

Codd, E. F., Codd, S. B. und Salley, C. T. (1993b), Providing OLAP (On-Line Analytical Processing) to User-analysts: An IT Mandate, E.F. Codd Associates, 1993b

Colliat, G. (1996), OLAP, Relational, and Multidimensional Database Systems, in: SIGMOD Record, 25, 1996, 3, S. 64-69

Corbat, P. (2009), Logistik in Vertriebsunternehmen, Books on Demand, Norderstedt 2009

Corsten, D. und Gabriel, C. (2004), Supply Chain Management erfolgreich umsetzen, 2. Aufl., Springer-Verlag, Berlin und Heidelberg 2004

Corsten, H. und Gössinger, R. (2008), Einführung in das Supply Chain Management, 2. Aufl., Oldenbourg Wissenschaftsverlag, München 2008

Crowston, K. (1997), A Coordination Theory Approach to Organizational Process Design, in: Organization Science, 8, 1997, 2, S. 157-175

Cyert, R. M., Dill, W. R. und March, J. G. (1958), The Role of Expectations in Business Decision Making, in: Administrative Science Quarterly, 3, 1958, 3, S. 307-340

Davenport, T. H. (1993), Process Innovation – Reengineering Work through Information Technology, Harvard Business School Press, USA 1993

Davenport, T. H. und Short, J. E. (1990), The New Industrial Engineering: Information Technology and Business Process Redesign, in: Sloan School of Management, 31, 1990, 4, S. 1-31

Davis, B. (1982), Strategies for Information Requirements Determination, in: IBM SYST, 21, 1982, 1, S. 4-30

Davis, R. und Brabänder, E. (2007), ARIS Design Platform – Getting Started with BPM, Springer-Verlag, London 2007

Dayal, U., Hsu, M. und Ladin, R. (2001), Business Process Coordination: State of the Art, Trends, and Open Issues, in: Proceedings of the 27th International Conferenceon on Very Large Data Bases (VLDB), Roma, Italy 2001, S. 1-11

Doch, S. A. (2009), Logistische Leistungsdifferenzierung im Supply Chain Management, Universitätsverlag der TU Berlin, Berlin 2009

Draheim, D. (2010), Business Process Technology, Springer-Verlag, Berlin und Heidelberg 2010

Dresner, H. J. (2002), Business Activity Monitoring: 'New Age' BI?, Gartner Group, 2002

Drucker, P. F. (1974), Management: Tasks, Responsibilities, Practices, Harper & Row, New York 1974

Duong, M. D. (2013), Informationsbedarfsanalyse für prozessorientierte BI-Systeme – dargestellt am Beispiel des Kreditvergabeprozesses der Mercedes-Benz Bank AG, an der Universität Stuttgart, Stuttgart 2013

Eckerson, W. W. (2007), Q&A: Best Practices in Operational BI, in: Business Intelligence Journal, 12, 2007, 3, S. 7-9

Eckerson, W. W. (2011), Performance Dashboards: Measuring, Monitoring, and Managing your Business, 2. Aufl., John Wiley & Sons, New Jersey 2011

Eckstein, R. und Casabianca, M. (2002), XML: kurz & gut, 2. Aufl., O'Reilly Verlag, Köln 2002

Eco, U. und Trabant, J. (2002), Einführung in die Semiotik, 9. Aufl., UTB, Stuttgart 2002

Eder, J., Olivotto, G. E. und Gruber, W. (2001), A Data Warehouse for Workflow Logs, in: Proceedings of the International Conference on Engineering and Deployment of Cooperative Information Systems (EDCIS 2002), Beijing, China 2001, S. 1–15

Eder, J., Olivotto, G. E. und Gruber, W. (2002), A Meta Model for Structured Workfows Supporting Workfow Transformations, in: Proceedings of the sixth East-European Conference on Advances in Databases and Information Systems (ADBIS 2002), Bratislava, Slovakia 2002, S. 326-339

Ellebracht, H., Lenz, G. und Osterhold, G. (2009), Systemische Organisations- und Unternehmensberatung: Praxishandbuch für Berater und Führungskräfte, 3. Aufl., Gabler Verlag, Wiesbaden 2009

Emrich, C. (2004), Prozessmanagement und Unternehmenserfolg, Deutscher Universitätsverlag, Wiesbaden 2004

Engels, C. (2009), Basiswissen Business Intelligence, W3L GmbH, Witten 2009

EPCglobal (2013), EPCglobal Standards Overview, URL: http://www.epcglobalinc.org/standards/, Zugriff am: 11.06.2013

Erlenkötter, H. (2003), XML Extensible Markup Language von Anfang an, 3. Aufl., Rowohlt-Verlag, Reinbek 2003

EU-Verodnung (2002), Verordnung (EG) Nr. 178/2002 des europäischen Parlaments und des Rates, 2002

European Association of Business Process Management (EABPM) (2009), Business Process Management BPM Common Body of Knowledge – BPM CBOK: Leitfaden für das Prozessmanagement, Verlag Dr. Götz Schmidt, Wettenberg 2009

Fan, Y. und Bai, X. (2004), Real-Time Business Process Performance Management, in: Proceedings of IEEE International Conference on E-Commerce Technology for Dynamic E-Business, Beijing, China 2004, S. 341-344

Farkisch, K. (2011), Data-Warehouse-Systeme kompakt: Aufbau, Architektur, Grundfunktionen, Springer-Verlag, Berlin und Heidelberg 2011

Favre-Bulle, B. (2001), Information und Zusammenhang: Informationsfluss in Prozessen der Wahrnehmung, des Denkens und der Kommunikation, Springer-Verlag, Wien 2001

Felden, C., Chamoni, P. und Linden, M. (2010), From Process Execution towards a Business Process Intelligence in: Abramowicz, W. und Tolksdorf, R. (Hrsg.), Business Information Systems, Springer-Verlag, Berlin 2010, S. 195-206

Ferstl, O. K. und Sinz, E. J. (2012), Grundlagen der Wirtschaftsinformatik, 7. Aufl., Oldenbourg Wissenschaftsverlag, München 2012

Fink, A., Schneidereit, G. und Voß, S. (2005), Grundlagen der Wirtschaftsinformatik, 2. Aufl., Physica-Verlag, Heidelberg 2005

Fink, C. A. (2003), Prozessorientierte Unternehmensplanung, Deutscher Universitäts-Verlag, Wiesbaden 2003

Finkenzeller, K. (2012), RFID-Handbuch: Grundlagen und praktische Anwendungen von Transpondern, kontaktlosen Chipkarten und NFC, 6. Aufl., Carl Hanser Verlag, München und Wien 2012

Flanderka, F. und Stroetmann, C. (2009), Verpackungsverordnung: Kommentar für die Praxis unter vollständiger Berücksichtigung der 5. Änderungsverordnung, 3. Aufl., C.F. Müller, Heidelberg 2009

Fleisch, E. (2001), Business Perspectives on Ubiquitous Computing, an der University of St. Gallen, 2001

Fleisch, E. und Dierkes, M. (2003), Betriebswirtschaftliche Anwendungen des Ubiquitous Computing: Beispiele, Auswerkungen und Visionen, in: Mattern, F. (Hrsg.), Total vernetzt: Szenarien einer informatisierten Welt, Springer-Verlag, Berlin und Heidelberg 2003, S. 143-157

Fong, A., Valerdi, R. und Srinivasan, J. (2007), Using a Boundary Object Framework to Analyze Interorganizational Collaboration, Massachusetts Institute of Technology, Lean Aerospace Initiative, 2007

Forte, M. (2002), Unschärfen in Geschäftsprozessen, Weißensee-Verlag, Berlin 2002

Frese, E., Graumann, M. und Theuvsen, L. (2012), Grundlagen der Organisation: Entscheidungsorientiertes Konzept der Organisationsgestaltung, 10. Aufl., Gabler Verlag, Wiesbaden 2012

Friedl, G., Hilz, C. und Pedell, B. (2002), Integriertes Controlling mit SAP-Software, in: Kostenrechnungspraxis, 46, 2002, 3, S. 161-169

Gabriel, R., Gluchowski, P. und Pastwa, A. (2009), Datawarehouse & Data Mining, W3L-Verlag, Herdecke und Witten 2009

Gadatsch, A. (2012), Grundkurs Geschäftsprozess-Management: Methoden und Werkzeuge für die IT-Praxis, 7. Aufl., Vieweg + Teubner, Wiesbaden 2012

Gaitanides, M. (2012), Prozessorganisation: Entwicklung, Ansätze und Programme des Managements von Geschäftsprozessen, 3. Aufl., Vahlen, München 2012

Gallupe, R. B., Bastianutti, L. M. und Cooper, W. H. (1991), Unblocking brainstorms, in: Journal of Applied Psychology, 76, 1991, 1, S. 137-142

Gam, I. und Salinesi, C. (2006), A Requirement-driven Approach for Designing Data Warehouses, in: Proceedings of Requirements Engineering: Foundations for Software Quality (REFSQ'06), Luxembourg 2006, S. 1-14

Garz, D. und Kraimer, K. (1991), Qualitativ-empirische Sozialforschung: Konzepte, Methoden, Analysen, Westdeutscher Verlag, Opladen 1991

Gaukler, G. M., Seifert, R. W. und Hausman, W. H. (2007), Item-Level RFID in the Retail Supply Chain, in: Production and Operations Management, 16, 2007, 1, S. 65-76

Gausemeier, J., Plass, C. und Wenzelmann, C. (2009), Zukunftsorientierte Unternehmensgestaltung: Strategien, Geschäftsprozesse und IT-Systeme für die Produktion von morgen, Carl Hanser Verlag, München und Wien 2009

Gehr, F. und Hellingrath, B. (2007), Logistik in der Automobilindustrie: Innovatives Supply Chain Management für wettbewerbsfähige Zulieferstrukturen, Springer-Verlag, Berlin und Heidelberg 2007

Gehring, H. (1999), Betriebliche Anwendungssysteme: Prozessorientierte Gestaltung von Informationssystemen, Fern Universität Hagen, Hagen 1999

Genrich, M., Kokkonen, A., Moormann, J. u., zur Muehlen, M., Tregear, R., Mendling, J. und Weber, B. (2007), Challenges for Business Process Intelligence: Discussions at the BPIWorkshop 2007, in: BPM 2007 Workshops, 2007, S. 5-10

Gernert, C., Köppen, V., Darkow, O. und Schwarz, T. (2005), Von ARIS zum UML: Transformationen in der Prozessmodellierung, in: OBJEKTspektrum, 6, 2005, S. 54-59

GI-Fachgruppe WI-BI (2011), Umbenennung der GI-Fachgruppe „Management Support Systems“ (MSS) in „Business Intelligence“ – Positionspapier des Leitungsgremiums der GI-Fachgruppe Management Support Systems, 2011

Gibson, M., Arnott, D. und Jagielska, I. (2004), Evaluating the Intangible Benefits of Business Intelligence: Review & Research Agenda, in: Proceedings of the 2004 IFIP International Conference on Decision Support Systems (DSS2004): Decision Support in an Uncertain and Complex World, Prato, Italy 2004, S. 295-305

Gillot, J.-N. (2008), The Complete Guide to Business Process Management: Business Process Transformation or a Way of Aligning the Strategic Objectives of the Company and the Information System Through the Processes, Booksurge, USA 2008

Giorgini, P., Rizzi, S. und Garzetti, M. (2005), Goal-oriented Requirement Analysis for Data Warehouse Design, in: Proceedings of the 8th ACM international workshop on Data warehousing and OLAP (DOLAP '05), Bremen 2005, S. 47-56

Giorgini, P., Rizzia, S. und Garzetti, M. (2006), GRAnD: A goal-oriented Approach to Requirement Analysis in Data Warehouses, in: Decision Support Systems, 45, 2006, 1, S. 4-21

Gluchowski, P., Gabriel, R. und Dittmar, C. (2008), Management Support Systeme und Business Intelligence: Computergestützte Informationssysteme für Fach- und Führungskräfte, 2. Aufl., Springer-Verlag, Berlin und Heidelberg 2008

Gluchowski, P. und Kemper, H. G. (2006), Quo Vadis Business Intelligence?, in: BI-Spektrum, 01-2006, 2006, S. 12-19

Gluchowski, P., Kemper, H. G. und Seufert, A. (2009a), Was ist neu an Operational BI? – Innovative Prozess-Steuerung, in: BI-Spektrum, 01-2009, 2009a, S. 8-12

Gluchowski, P., Kurze, C. und Schieder, C. (2009b), A Modeling Tool for Multidimensional Data using the ADAPT Notation, in: Proceedings of the 42nd Hawaii International Conference on System Sciences (HICSS42), Hawaii 2009b, S. 1-10

Goeken, M. (2004a), Anforderungsmanagement bei der Entwicklung von Data-Warehouse-Systemen – Ein sichtenspezifischer Ansatz, in: Schelp, J. und Winter, R. (Hrsg.), Auf dem Weg zur Integration Factory: Proceedings der DW 2004 – Data Warehousing und EAI, Physica-Verlag, Heidelberg 2004a, S. 167-186

Goeken, M. (2004b), Referenzmodellbasierte Einführung von Führungsinformationssystemen – Grundlagen, Anforderungen, Methode, in: Wirtschaftsinformatik, 46, 2004b, S. 353-365

Goeken, M. (2006), Entwicklung von Data-Warehouse-Systemen, Deutscher Universitäts-Verlag, Wiesbaden 2006

Goguen, J. A. und Linde, C. (1993), Techniques for Requirements Elicitation, in: Proceedings of IEEE International Symposium on Requirements Engineering, San Diego 1993, S. 152-164

Golfarelli, M., Maio, D. und Rizzi, S. (1998), The Dimensional Fact Model: A Conceptual Model For Data Warehouses, in: International Journal of Cooperative Information Systems (IJCIS), 7, 1998, 2-3, S. 215-247

Golfarelli, M. und Rizzi, S. (1999), Designing the Data Warehouse : Key Steps and Crucial Issues, in: Journal of Computer Science and Information Management, 2, 1999, 3, S. 1-11

Golfarelli, M., Rizzi, S. und Cella, I. (2004), Beyond Data Warehousing: What's Next in Business Intelligence?, in: Proceedings of the 7th ACM international workshop on Data warehousing and OLAP, Washington 2004, S. 1-6

Gottesdiener, E. (2002), Requirements by Collaboration: Workshops for Defining Needs, Addison-Wesley, Boston 2002

Grasl, O., Rohr, J. und Grasl, T. (2004), Prozessorientiertes Projektmanagement, Carl Hanser Verlag, München und Wien 2004

Grief, J. (2005), ARIS in IT-Projekten, Vieweg & Sohn Verlag, Wiesbaden 2005

Grigori, D., Casati, F., Castellanos, M., Dayal, U., Sayal, M. und Shan, M.-C. (2004), Business Process Intelligence, in: Computers in Industry, 53, 2004, 3, S. 321-343

Grigori, D., Casati, F., Dayal, U. und Shan, M.-C. (2001), Improving Business Process Quality through Exception Understanding, Prediction, and Prevention, in: Proceedings of the 27th VLDB Conference, Roma 2001, S. 1-10

Grimm, R. (2005), Digitale Kommunikation, Oldenbourg Wissenschaftsverlag, München 2005

Gronau, N. und Lindemann, M. (2010), Einführung in das Informationsmanagement, GITO-Verlag, Berlin 2010

Grothe, M. und Gentsch, P. (2000), Business Intelligence: Aus Informationen Wettbewerbsvorteile gewinnen, Addison-Wesley, München 2000

GS1 Germany (2013), EPC/RFID, URL: http://www.gs1-germany.de/standards/epc_rfid/index_ger.html, Zugriff am: 27.06.2013

Gumm, H.-P. und Sommer, M. (2011), Einführung in die Informatik, 9. Aufl., Oldenbourg Wissenschaftsverlag, München 2011

Gutenberg, E. (1983), Grundlagen der Betriebswirtschaftslehre: Die Produktion, 24. Aufl., Springer-Verlag, Berlin, Heidelberg u.a. 1983

Hahne, M. (2002), Logische Modellierung Mehrdimensionaler Datenbanksysteme, Deutscher Universitäts-Verlag, Wiesbaden 2002

Hahne, M. (2005), SAP Business Information Warehouse: Mehrdimensionale Datenmodellierung, Springer-Verlag, Berlin und Heidelberg 2005

Hahne, M. (2010), Mehrdimensionale Datenmodellierung für analyseorientierte Informationssysteme, in: Chamoni, P. und Gluchowski, P. (Hrsg.), Analytische Informationssysteme: Business Intelligence-Technologien und -Anwendungen, 4. Aufl., Springer-Verlag, Berlin und Heidelberg 2010, S. 229-258

Hall, C. (2004a), Business Process Intelligence, in: Business Process Trends, 2, 2004a, 6, S. 1-11

Hall, C. (2004b), Optimizing Supply Chain Processes, in: Business Process Trends, 2, 2004b, 2, S. 1-11

Hall, T., Beecham, S. und Rainer, A. (2002), Requirements Problems in Twelve Software Companies: an Empirical Analysis, in: IEE Proceedings-Software, 149, 2002, 5, S. 153-160

Hammer, M. und Champy, J. (1993), Reengineering the Corporation: A Manifesto for Business Revolution, in: Business Horizons, 36, 1993, 5, S. 90-91

Hammergren, T. (1996), Data Warehousing: Building the Corporate Knowledgebase, Coriolis Group, London 1996

Hannich, M. (2008), Konzeption Business-Intelligence-basierter Prozessanalysen in der Produktionslogistik – Exemplarisch dargestellt am Beispiel der Automobilbranche, an der Universität Stuttgart, Stuttgart 2008

Hansen, H. R. und Neumann, G. (2009), Wirtschaftsinformatik 1, 10. Aufl., UTB, Stuttgart 2009

Harmon, P. (2004), Business Performance Management: The Other BPM, in: Business Process Trends, 2, 2004, 7, S. 1-12

Hasenmüller, P. (2009), Unternehmensrisiko Klimawandel: Risiken managen und Chancen strategisch nutzen, Gabler GWV Fachverlage Wiesbaden 2009

Häußermann, D. (2011), Informationsbedarfsanalyse in Business-Process-Intelligence-Projekten – Konzeption und Entwicklung eines Werkzeugs zur Prozesskonfiguration, an der Universität Stuttgart, Stuttgart 2011

Heck-Weinhart, G., Mutterer, G., Herrmann, C. und Rupprecht, J. (2003), Entwicklung eines angepassten Vorgehensmodells für Data Warehouse-Projekte bei der W&W AG, in: Winter, R. (Hrsg.), Data Warehouse Management, Springer-Verlag, Berlin 2003, S. 197-219

Heinrich, L. J. und Lehner, F. (2005), Informationsmanagement, 8. Aufl., Oldenbourg Wissenschaftsverlag, München 2005

Heinrich, L. J. und Stelzer, D. (2011), Informationsmanagement: Grundlagen, Aufgaben, Methoden, 10. Aufl., Oldenbourg Wissenschaftsverlag, München 2011

Heinze, T. (2001), Qualitative Sozialforschung, Oldenbourg Wissenschaftsverlag, München 2001

Hertel, J., Zentes, J. und Schramm-Klein, H. (2011), Supply-Chain-Management und Warenwirtschaftssysteme im Handel, 2. Aufl., Springer-Verlag, Berlin und Heidelberg 2011

Herzwurm, G. und Pietsch, W. (2009), Management von IT-Produkten: Geschäftsmodelle, Leitlinien und Werkzeugkasten für softwareintensive Systeme und Dienstleistungen, dpunkt.verlag, Heidelberg 2009

Heß, H. (2004), Marktführerschaft durch Prozess Performance Management: Konzepte, Trends und Anwendungszenarien, in: Scheer, A.-W., Abolhassan, F., Kruppke, H. und Jost, W. (Hrsg.), Innovation durch Geschäftsprozessmanagement, Springer-Verlag, Berlin, Heidelberg und New York 2004, S. 119-137

Heßmann, S. (2010), Umsatzrendite im Handel: Ansätze zur Reduzierung der Logistikkosten im Supply Chain Management, Books on Demand, Norderstedt 2010

Hevner, A. R., March, S. T. und Park, J. (2004), Design Science in Information Systems Research, in: MIS Quarterly, 28, 2004, 1, S. 75-105

Holbrook III, C. H. (1990), A scenario-based methodology for conducting requirements elicitation, in: ACM SIGSOFT Software Engineering Notes, 15, 1990, 1, S. 95-104

Holten, R. (1999), Entwicklung von Führungsinformationssystemen – Ein methodenorientierter Ansatz, Deutscher Universitäts-Verlag, Wiesbaden 1999

Holten, R., Dreiling, A., zur Muehlen, M. und Becker, J. (2002), Enabling Technologies for Supply Chain Process Management, in: Proceedings of the 2002 Information Resources Management Association Conference, Seattle, Washington 2002, S. 864-868

Holthuis, J. (2000), Grundüberlegungen für die Modellierung einer Data Warehouse-Datenbasis, in: Mucksch, H. und Behme, W. (Hrsg.), Das Data Warehouse-Konzept, 4. Aufl., Gabler Verlag, Wiesbaden 2000, S. 149-188

Holthuis, J. (2001), Der Aufbau von Data Warehouse-Systemen, 2. Aufl., Deutscher Universitäts-Verlag, Wiesbaden 2001

Horváth & Partners (2007), Balanced Scorecard umsetzen, 4. Aufl., Schäffer-Poeschel Verlag, Stuttgart 2007

Horváth, P. (2012), Controlling, 12. Aufl., Vahlen, München 2012

Huang, G. Q., Lau, J. S. K. und Mak, K. L. (2003), The Impacts of Sharing Production Information on Supply Chain Dynamics: a Review of the Literature, in: International Journal of Production Research, 41, 2003, 7, S. 1483-1517

Hubwieser, P. (2004), Fundamente der Informatik Ablaufmodellierung, Algorithmen und Datenstrukturen, Oldenbourg Wissenschaftsverlag, München und Wien 2004

Ibanez, M. und Rempp, H. (1996), European user survey analysis, European Software Institute, 1996

IEEE Std 610 (1990), IEEE Standard Glossary of Software Engineering Terminology, 1990

Inmon, W. H. (1999), Building the Operational Data Store, John Wiley & Sons, J Hoboken, NJ 1999

Inmon, W. H. (2005), Building the Data Warehouse, 4. Aufl., Wiley, Indianapolis, Indiana 2005

Inmon, W. H. (2006), The Spiral Development Methodology in DW 2.0, Inmon Data Systems, 2006

Inmon, W. H., Strauss, D. und Neushloss, G. (2008), DW 2.0: The Architecture for the Next Generation of Data Warehousing, Elsevier Science, Burlington 2008

Institute of Industrial Engineers (1993), Business Process Reengineering: Current Issues and Applications, Industrial Engineering & Management Press, U.S. 1993

Isermann, H. (1987), Ein Planungssystem zur Optimierung der Palettenbeladung mit kongruenten rechteckigen Versandgebinden, in: Operations-Research-Spektrum, 9, 1987, 4, S. 235-249

ISO (2008), ISO 9001:2008(E) Quality Management Systems – Requirements, 2008

Janneck, M., Adelberger, C., Fiammingo, S. und Luka, R. (2009), Von Eisbergen und Supertankern: Topologie eines Campus-Management-Einführungsprozesses, in: Proceedings of the 9. Internationale Tagung Wirtschaftsinformatik, Wien 2009, S. 453-462

Jarke, M., Lenzerini, M., Vassiliou, Y. und Vassiliadis, P. (2003), Fundamentals of Data Warehouses, 2. Aufl., Springer-Verlag, Berlin, Heidelberg und New York 2003

Jenkins, A. M., Naumann, J. D. und Wetherbe, J. C. (1984), Empirical Investigation of Systems Development Practices and Results, in: Information & Management, 7, 1984, 2, S. 73-82

Jung, B. (2002), Prozessmanagement in der Praxis – Vorgehensweisen, Methoden, Erfahrungen, TÜV-Verlag, Köln 2002

Jung, R. (2006), Architekturen zur Datenintegration, Deutscher Universitäts-Verlag, Wiesbaden 2006

Jung, R. und Winter, R. (2000), Data Warehousing: Nutzungsaspekte, Referenzarchitektur und Vorgehensmodell, in: Jung, R. und Winter, R. (Hrsg.), Data Warehousing Strategie: Erfahrungen, Methoden, Visionen, Springer-Verlag, Berlin, Heidelberg und New York 2000, S. 3-21

Kaplan, R. S. und Norton, D. P. (1992), The Balanced Scorecard – Measures That Drive Performance, in: Harvard Business Review, January-February, 1992, S. 71-79

Kecher, C. (2011), UML 2.0 – Das umfassende Handbuch, 4. Aufl., Galileo Computing, Bonn 2011

Keller, G., Nüttgens, M. und Scheer, A.-W. (1992), Semantische Prozeßmodellierung auf der Grundlage Ereignisgesteuerter Prozeßketten (EPK), Instituts für Wirtschaftsinformatik, Universität Saarbrücken 1992

Kemper, H.-G. und Baars, H. (2009), From Data Warehouses to Transformation Hubs – A Conceptual Architecture, in: Proceedings of the 17th European Conference on Information Systems (ECIS 2009), Verona 2009, S. 1548-1559

Kemper, H.-G., Baars, H. und Hannich, M. (2008), BI-Analysen von RFID-Daten in der Produktionslogistik – Exemplarisch dargestellt am Beispiel interner Produktionsprozesse und des Ladungsträgermanagements, Lehrstuhl für Wirtschaftsinformatik, Universität Stuttgart 2008

Kemper, H. G. (1999), Architektur und Gestaltung von Management-Unterstützungs-Systemen, Teubner Verlag, Wiesbaden 1999

Kemper, H. G. (2000), Conceptual Architecture of Data Warehouses – A Transformation-Oriented View, in: Proceedings of the 2000 Americas Conference on Information Systems (AMCIS), California 2000, S. 108-118

Kemper, H. G., Baars, H. und Lasi, H. (2011), Business-Intelligence-Ansätze in produzierenden Unternehmen – Neue Ansätze einer ganzheitlichen Informationsversorgung, in: Kemper, H. G., Pedell, B. und Schäfer, H. (Hrsg.), Management vernetzer Produktionssysteme: Innovation, Nachhaltigkeit und Riskomanagement, Vahlen, München 2011, S. 117-130

Kemper, H. G., Baars, H. und Mehanna, W. (2010), Business Intelligence: Grundlagen und praktische Anwendungen, 3. Aufl., Vieweg, Wiesbaden 2010

Kemper, H. G. und Finger, R. (2010), Transformation operativer Daten – Konzeptionelle Überlegungen zur Filterung, Harmonisierung, Aggregation und Anreicherung im Data Warehouse, in: Chamoni, P. und Gluchowski, P. (Hrsg.), Analytische Informationssysteme: Business Intelligence-Technologien und -Anwendungen, 4. Aufl., Springer-Verlag, Berlin und Heidelberg 2010, S. 159-174

Kettinger, W. J. und Teng, J. T. C. (1997), Business Process Change: a Study of Methodologies, Techniques, and Tools, in: MIS Quarterly, 21, 1997, 1, S. 55-80

Kimball, R. und Caserta, J. (2004), The Data Warehouse ETL Toolkit, Wiley, Indianapolis, Indiana 2004

Kimball, R. und Ross, M. (2013), The Data Warehouse Toolkit: The Definitive Guide to Dimensional Modeling, 3. Aufl., Wiley, Indianapolis, Indiana 2013

Kimball, R., Ross, M., Thornthwaite, W. und Mundy, J. (2008), The Data Warehouse Lifecycle Toolkit, 2. Aufl., Wiley, Indianapolis, Indiana 2008

Kindler, E. (2004), On the Semantics of EPCs: A Framework for Resolving the Vicious Circle, in: Proceedings of the second International Conference, BPM 2004, Potsdam 2004, S. 82-97

King, W. R. und Cleland, D. I. (1975), The Design of Management Information Systems: An Information Analysis Approach in: Management Science, 22, 1975, 3, S. 286-297

Klarl, H. (2011), Zugriffskontrolle in Geschäftsprozessen: Ein modellgetriebener Ansatz, Vieweg+Teubner Verlag, Heidelberg 2011

Kletti, J. (2006), MES – Manufacturing Execution System: Moderne Informationstechnologie zur Prozessfähigkeit der Wertschöpfung, Springer-Verlag, Berlin und Heidelberg 2006

Knebel, U., Leimeister, J. M. und Krcmar, H. (2007), Potentials of Tracking and Tracing Technologies – The Perspective of IT Decision Makers in Germany, in:

Proceedings of the 15th European Conference on Information Systems (ECIS), St. Gallen 2007, S. 1-12

Ko, R. K. L., Lee, S. S. G. und Lee, E. W. (2009), Business Process Management (BPM) Standards: A Survey, in: Business Process Management Journal, 15, 2009, 5, S. 744-791

Kobrin, M. (2010), Corporate Performance Management als Weiterentwicklung von Business Intelligence: Grundlagen, Implementierungskonzept und Einsatzbeispiele, Diplomica Verlag, Hamburg 2010

Koch, M., Baars, H., Lasi, H. und Kemper, H. G. (2010), Manufacturing Execution Systems and Business Intelligence for Production Environments, in: Proceedings of the 16th Americas Conference on Information Systems (AMCIS), Lima, Peru 2010, S. 1-10

Koch, S. (2011), Einführung in das Management von Geschäftsprozessen: Six Sigma, Kaizen und TQM, Springer-Verlag, Berlin und Heidelberg 2011

Komiya, S., Kato, J., Nagata, M. und Yamamoto, S. (2000), A Method for Implementing a System to Guide Interview-driven Software Requirements Elicitation, in: Hruska, T. und Hashimoto, M. (Hrsg.), Knowledge-based Software Engineering, IOS Press, Amsterdam, Netherlands 2000, S. 175-182

Koreimann, D. S. (1976), Methoden der Informationsbedarfsanalyse, Walter de Gruyter, Berlin und New York 1976

Korherr, B. (2008), Business Process Modelling – Languages, Goals, and Variabilities, an der Technische Universität Wien, Wien 2008

Krause, O. und Mertins, K. (2006), Performance Management: Eine Stakeholder-Nutzen-orientierte und Geschäftsprozess-basierte Methode, Deutsche Universitäts-Verlag, Wiesbaden 2006

Krcmar, H. (2010), Informationsmanagement, 5. Aufl., Springer-Verlag, Berlin und Heidelberg 2010

Kromrey, H. (2009), Empirische Sozialforschung, 12. Aufl., UTB Stuttgart 2009

Kronz, A. (2005), Management von Prozesskennzahlen im Rahmen der ARIS-Methodik, in: Scheer, A.-W., Jost, W., Heß, H. und Kronz, A. (Hrsg.), Corporate Performance Management – ARIS in der Praxis, Springer-Verlag, Berlin und Heidelberg 2005, S. 31-44

Kruppke, H., Jost, W. und Kindermann, H. (2006), ARIS – Software, Methode und Instrument, in: Scheer, A.-W., Kruppke, H., Jost, W. und Kindermann, H. (Hrsg.), Agilität durch ARIS Geschäftsprozessmanagement, Springer-Verlag, Berlin und Heidelberg 2006, S. 3-11

Kueng, P., Wettstein, T. und List, B. (2001), A Holistic Process Performance Analysis through a Performance Data Warehouse, in: Proceedings of the seventh Americas Conference on Information Systems (AMCIS), Boston 2001, S. 349-356

Kugeler, M. (2012), Supply Chain Management und Customer Relationship Management – Prozessmodellierung für Extended Enterprises, in: Becker, J., Kugeler, M. und Rosemann, M. (Hrsg.), Prozessmanagement: Ein Leitfaden zur prozessorientierten Organisationsgestaltung, 7. Aufl., Springer Gabler, Berlin und Heidelberg 2012, S. 421-455

Kummer, S., Grün, O. und Jammernegg, W. (2009), Grundzüge der Beschaffung, Produktion und Logistik, 2. Aufl., Pearson Studium, München 2009

Küpper, H.-U., Friedl, G., Hofmann, C., Hofmann, Y. und Pedell, B. (2013), Controlling – Konzeption, Aufgaben, Instrumente, 6. Aufl., Schäffer-Poeschel, Stuttgart 2013

Kurz, A. (1999), Data Warehousing, Enabling Technology, Bonn 1999

Laqua, I. (2010), Der sinnvolle Einsatz von Business Intelligence-Systemen in der Produktion, in: Zeitschrift für wirtschaftlichen Fabrikbetrieb (ZWF), 105, 2010, 3, S. 237-240

Lauber, R. und Göhner, P. (1999), Prozeßautomatisierung 1, 3. Aufl., Springer-Verlag, Berlin und Heidelberg 1999

Laudon, K., Laudon, J. und Schoder, D. (2009), Wirtschaftsinformatik: Eine Einführung, 2. Aufl., Pearson Studium, München 2009

Laux, H. und Liermann, F. (2005), Grundlagen der Organisation: Die Steuerung von Entscheidungen als Grundproblem der Betriebswirtschaftslehre, 6. Aufl., Springer-Verlag, Berlin, Heidelberg und New York 2005

Lee, A. J., Nica, A. und Rundensteiner, E. A. (1997), Keeping Virtual Information Resources Up and Running, in: Proceedings of the 1997 conference of the Centre for Advanced Studies on Collaborative research, IBM Press 1997, S. 1-14

Lehner, F., Wildner, S. und Scholz, M. (2008), Wirtschaftsinformatik: Eine Einführung, 2. Aufl., Carl Hanser Verlag, München und Wien 2008

Linden, M., Felden, C. und Chamoni, P. (2010), Dimensions of Business Process Intelligence, in: Business Process Management Workshops, Hoboken, NJ 2010, S. 208-213

Lischka, I. (2004), Auswahl der Studierenden durch die Hochschulen – ist nun blinder Aktionismus angesagt?, in: Das Hochschulwesen, 52, 2004, 4, S. 144-150

List, B., Bruckner, R., Machaczek, K. und Schiefer, J. (2002), A Comparison of Data Warehouse Development Methodologies – Case Study of the Process Warehouse, in: Proceedings of the 13th International Conference on Database and Expert Systems Applications (DEXA 2002), Aix-en-Provence, France 2002, S. 203-215

List, B., Schiefer, J., Quirchmayr, G. und Tjoa, A. M. (2003), The Process Warehouse: A Data Warehouse Approach for Business Process Management, in: Junghagen, S. und Linderoth, H. C. J. (Hrsg.), Intelligent Management in the Knowledge Economy, Edward Elgar Publishing, Cheltenham, UK 2003, S. 112-126

Loos, P. und Fettke, P. (2007), Zum Beitrag empirischer Forschung in der Informationsmodellierung, in: Loos, P. und Krcmar, H. (Hrsg.), Architekturen und Prozesse: Strukturen und Dynamik in Forschung und Unternehmen, Springer-Verlag, Berlin, Heidelberg und New York 2007, S. 33-50

Ludewig, J. und Lichter, H. (2013), Software Engineering: Grundlagen, Menschen, Prozesse, Techniken, 3. Aufl., dpunkt Verlag, Heidelberg 2013

Luhn, H. P. (1958), A Business Intelligence System, in: IBM Journal of Research and Development, 2, 1958, 4, S. 314-319

Malik, T. S. (2009), Process Management – Practical Guidelines to Successful Implementations, Global India Publications, New Delhi 2009

Malone, T. W. (1988), What is Coordination Theory?, Massachusetts Institute of Technology, Cambridge, Massachusetts 1988

Malone, T. W. und Crowston, K. (1994), The Interdisciplinary Study of Coordination, in: ACM Computing Surveys (CSUR), 26, 1994, 1, S. 87-119

Malone, T. W., Crowston, K., Lee, J., Pentland, B., Dellarocas, C., Wyner, G., Quimby, J., Osborn, C. S., Bernstein, A., Herman, G., Klein, M. und O'Donnell, E. (1999), Tools for Inventing Organizations: Toward a Handbook of Organizational Processes, in: Management Science, 45, 1999, 3, S. 425-443

Manhart, K. und Zimmermann, M. (2009), Basiswissen: SOA, BI, CRM, ECM: Grundlagen, Methoden, Praxis, tredition-Verlag, München 2009

Mansmann, S., Neumuth, T. und Scholl, M. H. (2007a), Multidimensional Data Modeling for Business Process Analysis, in: Proceedings of the 26th International Conference on Conceptual Modeling, Auckland, New Zealand 2007a, S. 23-38

Mansmann, S., Neumuth, T. und Scholl, M. H. (2007b), OLAP Technology for Business Process Intelligence: Challenges and Solutions in: Proceedings of the 9th International Conference of Data Warehousing and Knowledge Discovery, Regensburg 2007b, S. 111-122

March, S. T. und Smith, G. (1995), Design and Natural Science Research on Information Technology, in: Decision Support Systems, 15, 1995, 4, S. 251-266

Marjanovic, O. (2007), The Next Stage of Operational Business Intelligence: Creating new Challenges for Business Process Managment, in: Proceedings of the 40th Annual Hawaii International Conference on System Sciences IEEE Computer Society (HICSS`07), Hawaii, USA 2007, S. 1-10

Matthews, H. S., Hendrickson, C. T. und Weber, C. L. (2008), The Importance of Carbon Footprint Estimation Boundaries, in: Environmental Science & Technology, 42, 2008, 16, S. 5839-5842

Mau, M. (2003), Supply Chain Management: Prozessoptimierung entlang der Wertschöfungskette, Wiley-VCH Verlag, Weinheim 2003

Mayer, H. O. (2012), Interview und schriftliche Befragung: Grundlagen und Methoden empirischer Sozialforschung, 6. Aufl., Oldenbourg Wissenschaftsverlag, München 2012

Mayer, J. H. (1999), Führungsinformationssysteme für die internationale Management-Holding, Deutscher Universitäts-Verlag, Wiesbaden 1999

Mayer, R. und Brenner, M. (2009), Prozessmanagement als Controlleraufgabe, in: Controlling–Zeitschrift für erfolgsorientierte Unternehmenssteuerung, 21, 2009, 3, S. 153-160

Mazón, J.-N., Pardillo, J. und Trujillo, J. (2007), A Model-Driven Goal-Oriented Requirement Engineering Approach for Data Warehouses, in: Proceedings of the 2007 Conference on Advances in Conceptual Modeling – Foundations and Applications, Auckland, New Zealand 2007, S. 255-264

McCormick, B. H., DeFanti, A. und Brown, M. D. (1987), Visualization in Scientific Computing, in: Computer Graphics, 21, 1987, 6, S. 1-14

McCoy, D. W. (2002), Business Activity Monitoring: Calm Before the Storm, Gartner Group, 2002

McLeod, R. und Schell, G. P. (2007), Management Information Systems, 10. Aufl., Pearson Prentice Hall, Upper Saddle River, New Jersey 2007

Meindl, U. (1972), Überlegungen zur Informationsbedarfsanalyse bei der Entwicklung von Informationssystemen, Verlag Dokumentation, München-Pullach und Berlin 1972

Melchert, F., Winter, R. und Klesse, M. (2004), Aligning Process Automation and Business Intelligence to Support Corporate Performance Management, in: Proceedings of the tenth Americas Conference on Information Systems, New York 2004, S. 4053-4063

Merten, K. (2007), Einführung in die Kommunikationswissenschaft – Bd. 1: Grundlagen der Kommunikationswissenschaft, 3. Aufl., Lit Verlag, Berlin 2007

Mertens, P. (2002), Business Intelligence – Ein Überblick, an der Universität Erlangen-Nürnberg, Nürnberg 2002

Mertens, P. (2013), Integrierte Informationsverarbeitung 1: Operative Systeme in der Industrie, 18. Aufl., Gabler Verlag, Wiesbaden 2013

Mertens, P., Bodendorf, F., König, W., Schumann, M. und Hess, T. (2012), Grundzüge der Wirtschaftsinformatik, 11. Aufl., Springer-Verlag, Berlin und Heidelberg 2012

Meyer, C. (2011), Betriebswirtschaftliche Kennzahlen und Kennzahlen-Systeme, 6. Aufl., Verlag Wissenschaft & Praxis, Sternenfels 2011

Meyer, M. und Strauch, B. (2000), Organisationskonzepte im Data Warehousing, in: Jung, R. und Winter, R. (Hrsg.), Data Warehousing Strategie: Erfahrungen, Methoden, Visionen, Springer-Verlag, Berlin und Heidelberg 2000, S. 79-100

Microsoft (2013), Microsoft Visio, URL: http://office.microsoft.com/en-us/visio/, Zugriff am: 02.07.2013

Minkus, A. (2011), Informationsversorgung in Dienstleistungsorganisationen: Ziele, Werkzeuge und effiziente Ressourcennutzung, Gabler Verlag, Wiesbaden 2011

Mircea, M., Ghilic-Micu, B. und Stoica, M. (2010), Combining Knowledge, Process and BI to Deliver Agility in a Collaborative Environment, in: Fischer, L. (Hrsg.), 2010 BPM and Workflow Handbook, Future Strategies, USA 2010, S. 99-114

Montazemi, A. R. und Conrath, D. W. (1986), The Use of Cognitive Mapping for Information Requirements Analysis in: MIS Quarterly, 10, 1986, 1, S. 45-56

Moroff, G. (1992), Werkzeugmaschinen in der industriellen Produktion: Kennzeichnung, Planung und Einsatz moderner Fertigungskonzepte aus betriebwirtschaftlicher Sicht, Duncker & Humbolt, Berlin 1992

Moss, L. T. und Atre, S. (2003), Business Intelligence Roadmap: The Complete Project Lifecycle for Decision-Support Applications, Addison-Wesley, Boston 2003

Mucksch, H. und Behme, W. (2000), Das Data Warehouse-Konzept als Basis einer unternehmensweiten Informationslogistik, in: Mucksch, H. und Behme, W. (Hrsg.), Das Data Warehouse-Konzept: Architektur – Datenmodelle – Anwendungen, 4. Aufl., Gabler Verlag, Wiesbaden 2000, S. 3-80

Mutschler, B. und Reichert, M. (2006), Aktuelles Schlagwort – Business Process Intelligence, in: EMISA Forum, 26, 2006, 1, S. 27-31

Myers, M. D. und Newman, M. (2007), The Qualitative Interview in IS Research: Examining the Craft, in: Information and Organization, 17, 2007, 1, S. 2-26

Negash, S. (2004), Business Intelligence, in: Communications of the Association for Information Systems, 13, 2004, 1, S. 177-195

Neukomm, M. (2004), Value at Risk-Quantifizierung unter Verwendung von Hochfrequenzdaten: Empirische Analyse am Beispiel des Aktienkursrisikos, Deutscher Universitäts-Verlag, Wiesbaden 2004

Neumann, S., Rosemann, M. und Schwegmann, A. (2012), Simulation von Geschäftsprozessen, in: Becker, J., Kugeler, M. und Rosemann, M. (Hrsg.), Prozessmanagement: Ein Leitfaden zur prozessorientierten Organisationsgestaltung, 7. Aufl., Springer Gabler, Berlin und Heidelberg 2012, S. 401-419

Nica, A., Lee, A. J. und Rundensteiner, E. A. (1998), The CVS Algorithm for View Synchronization in Evolvable Large-Scale Information Systems, in: Proceedings of the 6th Int. Conf. on Extending Database Technology (EDBT'98), Valencia 1998, S. 359-373

Nicolai, C. (2009), Betriebliche Organisation, Lucius & Lucius, Stuttgart 2009

Niemöckl, M., Pillasch, J. und Probst, C. (2012), Das Integrierte Managementsystem bei einem IT-System-Dienstleistungsunternehmen / Computer Service Management-Unternehmen, in: Becker, J., Kugeler, M. und Rosemann, M. (Hrsg.), Prozessmanagement: Ein Leitfaden zur prozessorientierten Organisationsgestaltung, 7. Aufl., Springer Gabler, Berlin und Heidelberg 2012, S. 543-561

Nill, M. (2009), Vertrauen schaffen in die Berichterstattung von Klimagasemissionen, in: uwf UmweltWirtschaftsForum, 17, 2009, 2, S. 219-224

Nuseibeh, B. und Easterbrook, S. (2000), Requirements Engineering: A Roadmap, in: Proceedings of the Conference on The Future of Software Engineering, Limerick, Ireland 2000, S. 35-46

Nylund, A. L. (1999), Tracing the BI Family Tree, in: Knowledge Management, 1999, S. 70-71

Object Management Group (2013), Business Process Model and Notation, URL: http://www.bpmn.org/, Zugriff am: 11.06.2013

Oehler, K. (2006), Corporate Performance Management: Mit Business Intelligence Werkzeugen, Carl Hanser Verlag, München und Wien 2006

OMG (2010), Business Process Model and Notation (BPMN) Version 2.0, 2010

OMG (2012a), Object Management Group, URL: http://www.omg.org, Zugriff am: 02.07.2013

OMG (2012b), UML Resource Page, URL: http://www.uml.org/, Zugriff am: 02.07.2013

Österle, H. (1995), Business Engineering: Prozeß- und Systementwicklung Band 1: Entwurfstechniken, 2. Aufl., Springer-Verlag, Berlin und Heidelberg 1995

Österle, H., Becker, J., Frank, U., Hess, T., Karagiannis, D., Krcmar, H., Loos, P., Mertens, P., Oberweis, A. und Sinz, E. J. (2010), Memorandum zur gestaltungsorientierten Wirtschaftsinformatik, in: Österle, H., Winter, R. und Brenner, W. (Hrsg.), Gestaltungsorientierte Wirtschaftsinformatik: Ein Plädoyer für Rigor und Relevanz, 2010, S. 1-6

Österle, H., Becker, J., Frank, U., Hess, T., Karagiannis, D., Krcmar, H., Loos, P., Mertens, P., Oberweis, A. und Sinz, E. J. (2011), Memorandum on design-oriented Information Systems Research, in: European Journal of Information Systems, 20, 2011, 1, S. 7-10

Paim, F. R. S., Carvalho, A. E. und Castro, J. B. d. (2002), Towards a Methodology for Requirements Analysis of Data Warehouse Systems, in: Proceedings of the XVI Simpósio Brasileiro de Engenharia de Software (SBES2002), Gramado, Rio Grande do Sul, Brazil 2002, S. 146-161

Partsch, H. (2010), Requirements-Engineering systematisch: Modellbildung für softwaregestützte Systeme, 2. Aufl., Springer-Verlag, Berlin und Heidelberg 2010

Picot, A. und Hess, T. (2005), Geschäftsprozessmanagement im Echtzeitunternehmen, in: Kuhlin, B. und Thielmann, H. (Hrsg.), Real-Time Enterprise in der Praxis Springer-Verlag, Berlin und Heidelberg 2005, S. 31-48

Picot, A., Reichwald, R. und Wigand, R. T. (2003), Die grenzenlose Unternehmung, 5. Aufl., Gabler Verlag, Wiesbaden 2003

Pirk, K. und Wolf, V. (2001), Business Intelligence von IBM, in: Schütte, R., Rotthowe, T. und Holten, R. (Hrsg.), Data Warehouse Managementbandbuch: Konzepte, Software, Erfahrungen, Springer-Verlag, Berlin und Heidelberg 2001, S. 207-233

Pohl, K. (2008), Requirements Engineering: Grundlagen, Prinzipien, Techniken, 2. Aufl., dpunkt. Verlag, Heidelberg 2008

Poluha, R. G. (2010), Anwendung des SCOR-Modells zur Analyse der Supply Chain, 5. Aufl., EUL Verlag, Köln 2010

Posner, R. und Robering, K. (2003), Systematik, in: Posner, R., Robering, K. und Sebeok, T. A. (Hrsg.), Semiotik, Walter de Gruyter, Berlin 2003, S. 1-247

Preißler, P. R. (2008), Betriebswirtschaftliche Kennzahlen: Formeln, Aussagekraft, Sollwerte, Ermittlungsintervalle, Oldenbourg Wissenschaftsverlag, München 2008

Process Mining Group (2013), ProM, URL: http://www.processmining.org/prom/start, Zugriff am: 12.06.2013

Rechenberg, P. (2000), Was Ist Informatik?: Eine Allgemeinverständliche Einführung, 3. Aufl., Carl Hanser Verlag, München und Wien 2000

Reiter, A. (2007), RFID-basierte Informationssysteme in der Produktionslogistik – Stand und Nutzenpotenziale, an der Universität Stuttgart, Stuttgart 2007

Richter-von Hagen, C. und Stucky, W. (2004), Business-Process- und Workflow-Management: Prozessverbesserung durch Prozess-Management, Vieweg+Teubner Verlag, Wiesbaden 2004

Ridder, L. und König, H. (1992), CIMOSA: Architektur für Offene Systeme und Modellierung von Unternehmensprozessen, in: CIM Management, 8, 1992, 4, S. 4-11

Rockart, J. F. (1979), Chief Executives define Their own Data Needs, in: Harvard Business Review, 57, 1979, 2, S. 81-93

Rohloff, M. (1995), Integrierte Informationssysteme durch Modellierung von Geschäftsprozessen, in: König, W. (Hrsg.), Wirtschaftsinformatik '95: Wettbewerbsfähigkeit, Innovation, Wirtschaftlichkeit, Pysica-Verlag, Heidelberg 1995, S. 83-99

Rosemann, M., Schwegmann, A. und Delfmann, P. (2012), Vorbereitung der Prozessmodellierung, in: Becker, J., Kugeler, M. und Rosemann, M. (Hrsg.), Prozessmanagement: Ein Leitfaden zur prozessorientierten Organisationsgestaltung, 7. Aufl., Springer Gabler, Berlin und Heidelberg 2012, S. 47-113

Rosemann, M. und zur Muehlen, M. (1997), Evaluation of Workflow Management Systems – A Meta Model Approach, in: Proceedings of the 2nd CAiSE/IFIP 8.1 International Workshop on Evaluation of Modelling Methods in Systems Analysis and Design (EMMSAD 97), Barcelona 1997, S. 1-12

Ross, D. T. und Schoman, K. E. (1977), Structured Analysis for Requirements Definition, in: Software Engineering, 3, 1977, 1, S. 6-15

Rowley, J. und Slack, F. (2004), Conducting a Literature Review, in: Management Research News, 27, 2004, 6, S. 31-39

Runkler, T. A. (2010), Data Mining: Methoden und Algorithmen intelligenter Datenanalyse, Vieweg+Teubner Verlag, Wiesbaden 2010

Rupp, C. (2009), Requirements-Engineering und -Management: Professionelle, iterative Anforderungsanalyse für die Praxis, 5. Aufl., Carl Hanser Verlag, München 2009

Rüttler, M. (1991), Information als strategischer Erfolgsfaktor: Konzepte und Leitlinien für eine informationsorientierte Unternehmensführung, Erich Schmidt, Berlin 1991

Sapia, C., Blaschka, M., Höfling, G. und Dinter, B. (1998), Extending the E/R Model for the Multidimensional Paradigm, in: Proceedings of the International Workshop on Data Warehouse and Data Mining (DWDM, in connection with ER'98), Singapore 1998, S. 105-116

Sayal, M., Casati, F., Dayal, U. und Shan, M.-C. (2002), Business Process Cockpit, in: Proceedings of the 28th VLDB Conference, Hong Kong, China 2002, S. 1-4

Schaefer, S. (2008), Controlling und Informationsmanagement in Strategischen Unternehmensnetzwerken, Gabler Verlag, Wiesbaden 2008

Schantin, D. (2004), Makromodellierung von Geschäftsprozessen, Gabler Verlag, Wiesbaden 2004

Scheer, A.-W. (1997), Wirtschaftsinformatik: Referenzmodelle für industrielle Geschäftsprozesse, 7. Aufl., Springer-Verlag, Berlin und Heidelberg 1997

Scheer, A.-W. (2001), ARIS – Modellierungsmethoden Metamodelle Anwendungen, 4. Aufl., Springer-Verlag, Berlin, Heidelberg und New York 2001

Scheer, A.-W. (2002), ARIS – Vom Geschäftsprozess zum Anwendungssystem, 4. Aufl., Springer-Verlag, Berlin, Heidelberg und New York 2002

Schiefer, J., Jeng, J.-j., Kapoor, S. und Chowdhary, P. (2004), Process Information Factory: A Data Management Approach for Enhancing Business Process Intelligence, in: Proceedings of the IEEE International Conference on E-Commerce Technology (CEC'04), San Diego 2004, S. 162-169

Schira, J. (2009), Statistische Methoden der VWL und BWL: Theorie und Praxis, 3. Aufl., Pearson Studium, München 2009

Schmelzer, H. J. und Sesselmann, W. (2013), Geschäftsprozessmanagement in der Praxis: Kunden zufrieden stellen, Produktivität steigern, Wert erhöhen, 8. Aufl., Carl Hanser Verlag, München 2013

Schneider, G., Geiger, I. K. und Scheuring, J. (2008), Prozess- und Qualitätsmanagement: Grundlagen der Prozessgestaltung und Qualitätsverbesserung mit zahlreichen Beispielen, Repetitionsfragen und Antworten, Compendio Bildungsmedien, Zürich 2008

Scholl, A. (2009), Die Befragung: Sozialwissenschaftliche Methode und kommunikationswissenschaftliche Anwendung, 2. Aufl., UVK Verlagsgesellschaft, Konstanz 2009

Scholz-Reiter, B., Stahlmann, H.-D. und Nethe, A. (1999), Process Modelling, Springer-Verlag, Berlin und Heidelberg 1999

Schönsleben, P. (2011), Integrales Logistikmanagement: Operations und Supply Chain Management innerhalb des Unternehmens und unternehmensübergreifend, 6. Aufl., Springer-Verlag, Berlin und Heidelberg 2011

Schuler, H. (1995), Prozesssimulation, VCH Verlagsgesellschaft, Weinheim 1995

Schulte-Zurhausen, M. (2010), Organisation, 5. Aufl., Vahlen, München 2010

Schulze, D., Spilke, J. und Lehner, W. (2004), Informationsbedarfsanalyse als Grundlage der Datenmodellierung im Rahmen des Precision Dairy Farming, in: Proceedings of the 25. GIL-Jahrestagung, Bonn 2004, S. 323-330

Schumann, H. und Müller, W. (2000), Visualisierung: Grundlagen und allgemeine Methoden, Springer-Verlag, Berlin und Heidelberg 2000

Schütt, M. (2006), Informationsmanagement auf elektronischen B2B-Marktplätzen: Unterstützung der elektronischen Beschaffung durch integrierte Informationsprozesse, Deutscher Universitäts-Verlag, Wiesbaden 2006

Schwegmann, A. und Laske, M. (2012), Istmodellierung und Istanalyse, in: Becker, J., Kugeler, M. und Rosemann, M. (Hrsg.), Prozessmanagement: Ein Leitfaden zur prozessorientierten Organisationsgestaltung, 7. Aufl., Springer Gabler, Berlin und Heidelberg 2012, S. 165-195

Scott Morton, M. S. (1983), State of the Art of Research in Management Support Systems, Center for Information Systems Research, Massachusetts Institute of Technology, Sloan School of Management, Cambridge, Massachusetts 1983

Seeck, S. (2010), Erfolgsfaktor Logistik: Klassische Fehler Erkennen und Vermeiden, Gabler Verlag, Wiesbaden 2010

Seibt, D. (2001), Anwendungssystem, in: Mertens, P., Beck, A., Becker, J., König, W., Krallmann, H., Rieger, B., Scheer, A.-W., Seibt, D., Stahlknecht, P., Strunz, H., Thome, R. und Wedekind, H. (Hrsg.), Lexikon der Wirtschaftsinformatik, Springer-Verlag, Berlin, Heidelberg und New York 2001, S. 46-47

Seidlmeier, H. (2010), Prozessmodellierung mit ARIS: Eine beispielorientierte Einführung für Studium und Praxis, 3. Aufl., Vieweg+Teubner Verlag, Wiesbaden 2010

Sen, A. und Sinha, A. P. (2005), A Comparision of Data Warehousing Methodologies, in: Communications of the Association for Information Systems, 48, 2005, 3, S. 79-84

Siegel, M. (2007), RFID-basierte BI-Analysen in der Supply Chain – exemplarische Darstellung und Bewertung von Szenarien, an der Universität Stuttgart, Stuttgart 2007

Sinz, E. J. und Ulbrich-vom Ende, A. (2010), Architektur von Data-Warehouse-Systemen, in: Chamoni, P. und Gluchowski, P. (Hrsg.), Analytische Informationssysteme: Business Intelligence-Technologien und -Anwendungen, 4. Aufl., Springer-Verlag, Berlin und Heidelberg 2010, S. 229-258

Software AG (2013), Software AG, URL: http://www.softwareag.com/de/, Zugriff am: 02.07.2013

Sommerville, I. (2012), Software Engineering, 9. Aufl., Pearson Studium, München 2012

Song, M. und van der Aalst, W. M. P. (2008), Towards Comprehensive Support for Organizational Mining, in: Decision Support Systems, 46, 2008, 1, S. 300-317

Spath, D. und Weisbecker, A. (2008), Business Process Management Tools 2008: Eine evaluierende Marktstudie zu aktuellen Werkzeugen, Fraunhofer IRB Verlag, Stuttgart 2008

Spitta, T. und Bick, M. (2008), Informationswirtschaft: Eine Einführung, 2. Aufl., Springer-Verlag, Berlin und Heidelberg 2008

Stadtler, H. (2005), Supply Chain Management and Advanced Planning – Basics, Overview and Challenges, in: European Journal of Operational Research, 163, 2005, 3, S. 575-588

Stähler, D., Meier, I., Scheuch, R., Schmülling, C. und Somssich, D. (2009), Enterprise Architecture, BPM und SOA für Business-Analysten: Leitfaden für die Praxis, Carl Hanser Verlag, München 2009

Stahlknecht, P. und Hasenkamp, U. (2005), Einführung in die Wirtschaftsinformatik, 11. Aufl., Springer-Verlag, Berlin und Heidelberg 2005

Staud, J. L. (2006), Geschäftsprozessanalyse: Ereignisgesteuerte Prozessketten und objektorientierte Geschäftsprozessmodellierung für Betriebswirtschaftliche Standardsoftware, 3. Aufl., Springer-Verlag, Berlin und Heidelberg 2006

Stickel, E. (2001), Informationsmanagement, Oldenbourg Wissenschaftsverlag, München 2001

Störrle, H. (2005), UML 2 erfolgreich einsetzen: Einführung und Referenz, Addison-Wesley, München 2005

Strauch, B. (2002), Entwicklung einer Methode für die Informationsbedarfsanalyse im Data Warehousing, an der Universität St. Gallen, Bamberg 2002

Strauch, B. und Winter, R. (2002), Vorgehensmodell für die Informationsanalyse im Data Warehousing, Physica-Verlag, Heidelberg 2002

Strobel, M. und Müller, U. (2012), Flusskostenrechnung – Ein ERP-basiertes Instrument zur systematischen Reduzierung des Materialeinsatzes, in: Tschandl, M. und Posch, A. (Hrsg.), Integriertes Umweltcontrolling: Von der Stoffstromanalyse zum Bewertungs- und Informationssystem, 2. Aufl., Gabler Verlag, Heidelberg 2012, S. 145-161

Stroh, F. (2010), Methodische Unterstützung von Informationsbedarfsanalysen für die Gestaltung und den Betrieb analytischer Informationssysteme, an der Universität St. Gallen, München 2010

Stroh, F., Winter, R. und Wortmann, F. (2010), Methodenunterstützung der Informationsbedarfsanalyse analytischer Informationssysteme, in: Wirtschaftsinformatik, 53, 2010, 1, S. 37-48

Struckmeier, H. (1997), Gestaltung von Führungsinformationssystemen: Betriebswirtschaftliche Konzeption und Softwareanforderungen, Deutscher Universitäts-Verlag, Wiesbaden 1997

Sun, X. und Baars, H. (2010), Datengeneratoren für die Unterstützung von Design-Science-Projekten im Umfeld RFID-basierter Analyseanwendungen in: Proceedings of the Multikonferenz Wirtschaftsinformatik 2010, Göttingen 2010, S. 2375-2386

Supply Chain Council (SCC) (2012), Supply Chain Operations Reference (SCOR) Model – Overview Version 10.0, 2012

Supply Chain Council (SCC) (2013), What is SCOR?, URL: http://supply-chain.org/scor, Zugriff am: 02.07.2013

Sürie, C. und Wagner, M. (2008), Supply Chain Analysis, in: Stadtler, H. und Kilger, C. (Hrsg.), Supply Chain Management and Advanced Planning: Concepts, Models, Software and Case Studies, 4. Aufl., Springer-Verlag, Berlin und Heidelberg 2008, S. 37-64

Sutcliffe, A. G. (1998), Scenario-Based Requirements Analysis, in: Requirements Engineering, 3, 1998, 1, S. 48-65

Sutcliffe, A. G. und Ryan, M. (1998), Experience with SCRAM, a SCenario Requirements Analysis Method, in: Proceedings of the Third International Conference on Requirements Engineering, Colorado Springs, CO , USA 1998, S. 164-171

Tao, Z. (2011), Transformation of RFID data for decision support – expert interviews, concept development, and prototypical realization, an der Universität Stuttgart, Stuttgart 2011

The Standish Group (1995), The CHAOS Report, 1995

The Standish Group (2010), CHAOS Summary 2010, 2010

Töpfer, A. (2007), Betriebswirtschaftslehre: Anwendungs- und prozessorientierte Grundlagen, 2. Aufl., Springer-Verlag, Berlin und Heidelberg 2007

Totok, A. (2000), Modellierung von OLAP- und Data-Warehouse-Systemen, Deutscher Universitäts-Verlag, Wiesbaden 2000

Totok, A. und Jaworski, R. (1998), Modellierung von multidimensionalen Datenstrukturen mit ADAPT, Institut für Wirschaftswissenschaften der Technischen Universität Braunschweig, 1998

Turban, E., Sharda, R. und Delen, D. (2011), Decision Support and Business Intelligence Systems, 9. Aufl., Pearson/Prentice Hall, Upper Saddle River, N.J 2011

van der Aalst, W. M. P. (2011), Process Mining: Discovery, Conformance and Enhancement of Business Processes, Springer-Verlag, Berlin und Heidelberg 2011

van der Aalst, W. M. P., Hofstede, A. H. M. t. und Weske, M. (2003), Business Process Management: A Survey, in: Proceedings of the International Conference, BPM 2003, Eindhoven, Netherland 2003, S. 1-12

van der Aalst, W. M. P., Reijersa, H. A., Weijters, A. J. M. M., van Dongen, B. F., Alves de Medeiros, A. K., Song, M. und Verbeek, H. M. W. (2007), Business Process Mining: An Industrial Application in: Information Systems, 32, 2007, 5, S. 712-732

van der Aalst, W. M. P. und van Hee, K. (2004), Workflow Management: Models, Methods, and Systems, Academic Service, Hong Kong 2004

van der Aalst, W. M. P. und Weijters, J. M. M. (2004), Process Mining: A Research Agenda, in: Computers in Industry, 53, 2004, 3, S. 231-244

van der Vlist, E. (2002), XML Schema, O'Reilly Media, Köln 2002

van Lamsweerde, A. (2000), Requirements Engineering in the Year 00: A Research Perspective, in: Proceedings of the 22nd international conference on Software engineering (ICSE `00), Limerick, Ireland 2000, S. 5-19

Vanthienen, J., Martens, D., Goedertier, S. und Baesens, B. (2008), Placing Process Intelligence within the Business Intelligence Framework, in: Proceedings of the EIS 2008, Atlanta, US 2008, S. 1-2

Vassiliadis, P., Simitsis, A. und Skiadopoulos, S. (2002), Conceptual Modeling for ETL Processes, in: Proceedings of the 5th ACM international workshop on Data Warehousing and OLAP, Virginia, USA 2002, S. 14-21

VDI-RICHTLINIEN (2000), VDI 3633: Simulation von Logistik-, Materialfluß- und Produktionssystemen Grundlagen, Verein Deutscher Ingeneure, Düsseldorf 2000

VDI-RICHTLINIEN (2007), VDI 4490: Operative Logistikkennzahlen von Wareneingang bis Versand, Verein Deutscher Ingeneure, Düsseldorf 2007

Vogel, O., Arnold, I., Chughtai, A., Ihler, E., Kehrer, T., Mehlig, U. und Zdun, U. (2009), Software-Architektur: Grundlagen – Konzepte – Praxis, 2. Aufl., Spektrum Akademischer Verlag, Heidelberg 2009

Vogt, J.-O. (2011), Supply Chain Intelligence, in: Wenger, W., Geiger, M. J. und Kleine, A. (Hrsg.), Business Excellence in Produktion und Logistik: Festschrift für Prof. Dr. Walter Habenicht, Gabler Verlag, Heidelberg 2011, S. 265-283

vom Brocke, J., Simons, A., Niehaves, B., Riemer, K., Plattfaut, R. und Cleven, A. (2009), Reconstructing the Giant: On the Importance of Rigour in Documenting the Literature Search Process, in: Proceedings of the 17th European Conference on Information Systems, Verona, Italy 2009, S. 1-12

Voß, S. und Gutenschwager, K. (2001), Informationsmanagement, Springer-Verlag, Berlin und Heidelberg 2001

Vranesic, I., Rosenkranz, C. und Holten, R. (2010), The Role of Brokering Situations in Data Warehouse Development: Creating Knowledge Fit with Brokers and Boundary Objects, in: Proceedings of the International Conference on Information Systems 2011, Shanghai 2010, S. 1-20

Wall, F. (2006), Informationsmanagement, Vahlen, München 2006

Webster, J. und Watson, R. (2002), Analyzing the Past to Prepare for the Future: Writing a Literature Review, in: MIS Quarterly, 26, 2002, 2, S. xiii-xxiii

Weck, R. J. (2003), Informationsmanagement im globalen Wettbewerb: Voraussetzungen und Potentiale einer erfolgreichen Positionierung, Oldenbourg Wissenschaftsverlag, München 2003

Weischer, C. (2007), Sozialforschung, UVK Verlagsgesellschaft, Konstanz 2007

Werner, H. (2010), Supply Chain Management: Grundlagen, Strategien, Instrumente und Controlling, 4. Aufl., Gabler Verlag, Wiesbaden 2010

Weske, M. (2007), Business Process Management: Concepts, Languages, Architectures, Springer-Verlag, Berlin, Heidelberg und New York 2007

Weske, M., Aalst, W. M. P. v. d. und Verbeek, H. M. W. (2004), Advances in Business Process Management, in: Data & Knowledge Engineering, 50, 2004, 1, S. 1-8

Wetherbe, J. C. (1991), Executive Information Requirements: Getting It Right in: MIS Quarterly, 15, 1991, 1, S. 51-65

White, C. (2003), BAM and Business Intelligence, in: DM Review Magazine, 13, 2003, S. 47-54

White, C. (2006), The Next Generation of Business Intelligence: Operational BI, in: DM Review Magazine, 2006, S. 1-17

Wiedmann, T. und Minx, J. (2007), A Definition of Carbon Footprint, in: Ecological Economics Research Trends, 7, 2007, 1, S. 1-9

Winter, R. (2000), Zur Positionierung und Weiterentwicklung des Data Warehousing in der betrieblichen Applikationsarchitektur, in: Jung, R. und Winter, R. (Hrsg.), Data Warehousing Strategie: Erfahrungen, Methoden, Visionen, Springer-Verlag, Berlin und Heidelberg 2000, S. 127-142

Wirth, R. und Hipp, J. (2000), CRISP-DM: Towards a Standard Process Model for Data Mining, in: Proceedings of the 4th International Conference on the Practical Applications of Knowledge Discovery and Data Mining, New York 2000, S. 29-39

Wirtz, K. (2002), Der Data-Warehouse-Rahmenplan: Entwicklung Eines Konzeptionellen Schemas, Gabler Verlag, Wiesbaden 2002

Witte, E. (1972), Das Informationsverhalten in Entscheidungsprozessen, J.C.B.Mohr, Tübingen 1972

Witte, E., Hauschildt, J. und Grün, O. (1988), Innovative Entscheidungsprozesse: Die Ergebnisse des Projektes "Columbus", J.C.B. Mohr, Tübingen 1988

Witte, H. (2007), Allgemeine Betriebswirtschaftslehre: Lebensphasen des Unternehmens und betriebliche Funktionen, 2. Aufl., Oldenbourg Wissenschaftsverlag, München 2007

Wittges, H. (2005), Verbindung von Geschäftsprozessmodellierung und Workflow-Implementierung, Gabler Verlag, Wiesbaden 2005

Wittmann, W. (1959), Unternehmung und unvollkommene Information, Westdeutscher Verlag, Köln 1959

WKWI und GI FB WI (2011), Profil der Wirtschaftsinformatik, 2011

Young, R. R. (2002), Recommended Requirements Gathering Practices, in: Defense Software Engineering, 15, 2002, 4, S. 9-12

Zowghi, D. und Coulin, C. (2005), Requirements Elicitation: A Survey of Techniques, Approaches, and Tools, in: Aurum, A. und Wohlin, C. (Hrsg.), Engineering and Managing Software Requirements, Springer-Verlag, Berlin und Heidelberg 2005, S. 19-46

zur Muehlen, M. und Hansmann, H. (2012), Workflowmanagement, in: Becker, J., Kugeler, M. und Rosemann, M. (Hrsg.), Prozessmanagement: Ein Leitfaden zur prozessorientierten Organisationsgestaltung, 7. Aufl., Springer Gabler, Berlin und Heidelberg 2012, S. 367-400

zur Muehlen, M. und Shapiro, R. (2009), Business Process Analytics, in: Rosemann, M. und vom Brocke, J. (Hrsg.), Handbook on Business Process Management, Springer-Verlag, Berlin und Heidelberg 2009, S. 137-158

zur Mühlen, M. (2001), Process-driven Management Information Systems – Combining Data Warehouses and Workflow Technology, in: Proceedings of the Fourth International Conference on Electronic Commerce Research (ICECR-4), Dallas 2001, S. 550-566